国防科工委“十五”规划教材.动力机械及工程热物理

固体火箭发动机传热学

郑　亚　陈　军　鞠玉涛　武晓松　编著

北京航空航天大学出版社

北京理工大学出版社　西北工业大学出版社

哈尔滨工业大学出版社　哈尔滨工程大学出版社

内容简介

本书主要论述固体火箭发动机中的传热和热防护问题。在总体内容安排上，突出了专业特点，并注重工程计算和应用。

全书共分 3 部分。第 1 部分包括第 1 章至第 3 章，主要阐述 3 种传热方式的基本原理和计算；第 2 部分包括第 4 章至第 9 章，讨论传热理论在固体火箭发动机中的应用，着重介绍固体火箭发动机中燃烧室及喷管等主要受热部件的传热计算及热防护方法；第 3 部分是第 10 章和第 11 章。第 10 章主要针对固体火箭发动机传热具有的瞬态和高强度特点，以一维热传导问题为例简单介绍了非傅里叶效应，第 11 章介绍计算传热学的初步知识。

本书可作为高等院校火箭发动机专业的研究生教材或高年级本科生的选修教材，也可供从事固体火箭设计的科技人员参考。

图书在版编目(CIP)数据

固体火箭发动机传热学/郑亚等编著. —北京：北京航空航天大学出版社，2006.8

ISBN 7-81077-821-8

Ⅰ. 固… Ⅱ. 郑… Ⅲ. 固体推进剂火箭发动机—传热学 Ⅳ. V435

中国版本图书馆 CIP 数据核字(2006)第 059671 号

固体火箭发动机传热学

郑 亚 陈 军 鞠玉涛 武晓松 编著

责任编辑 蔡 喆 鲍亚平

北京航空航天大学出版社出版发行

北京市海淀区学院路 37 号(100083)

发行部电话：010-82317024 传真：010-82328026

http://www.buaapress.com.cn E-mail:bhpress@263.net

涿州市新华印刷有限公司印装 各地书店经销

*

开本：787×960 1/16

印张：18.5 字数：414 千字

2006 年 8 月第 1 版 2006 年 8 月第 1 次印刷

印数：4 000 册

ISBN 7-81077-821-8 定价：26.00 元

国防科工委“十五”规划教材编委会

（按姓氏笔画排序）

总 序

国防科技工业是国家战略性产业，是国防现代化的重要工业和技术基础，也是国民经济发展和科学技术现代化的重要推动力量。半个多世纪以来，在党中央、国务院的正确领导和亲切关怀下，国防科技工业广大干部职工在知识的传承、科技的攀登与时代的洗礼中，取得了举世瞩目的辉煌成就；研制、生产了大量武器装备，满足了我军由单一陆军，发展成为包括空军、海军、第二炮兵和其他技术兵种在内的合成军队的需要，特别是在尖端技术方面，成功地掌握了原子弹、氢弹、洲际导弹、人造卫星和核潜艇技术，使我军拥有了一批克敌制胜的高技术武器装备，使我国成为世界上少数几个独立掌握核技术和外层空间技术的国家之一。国防科技工业沿着独立自主、自力更生的发展道路，建立了专业门类基本齐全，科研、试验、生产手段基本配套的国防科技工业体系，奠定了进行国防现代化建设最重要的物质基础；掌握了大量新技术、新工艺，研制了许多新设备、新材料，以“两弹一星”、“神舟”号载人航天为代表的国防尖端技术，大大提高了国家的科技水平和竞争力，使中国在世界高科技领域占有了一席之地。十一届三中全会以来，伴随着改革开放的伟大实践，国防科技工业适时地实行战略转移，大量军工技术转向民用，为发展国民经济作出了重要贡献。

国防科技工业是知识密集型产业，国防科技工业发展中的一切问题归根到底都是人才问题。50 多年来，国防科技工业培养和造就了一支以“两弹一星”元勋为代表的优秀的科技人才队伍，他们具有强烈的爱国主义思想和艰苦奋斗、无私奉献的精神，勇挑重担，敢于攻关，为攀登国防科技高峰进行了创造性劳动，成为推动我国科技进步的重要力量。面向新世纪的机遇与挑战，高等院校在培养国防科技人才，传播国防科技新知识、新思想，攻克国防基础科研和高技术研究难题当中，具有不可替代的作用。国防科工委高度重视，积极探

索，锐意改革，大力推进国防科技教育特别是高等教育事业的发展。

高等院校国防特色专业教材及专著是国防科技人才培养当中重要的知识载体和教学工具，但受种种客观因素的影响，现有的教材与专著整体上已落后于当今国防科技的发展水平，不适应国防现代化的形势要求，对国防科技高层次人才的培养造成了相当不利的影响。为尽快改变这种状况，建立起质量上乘、品种齐全、特点突出、适应当代国防科技发展的国防特色专业教材体系，国防科工委全额资助编写、出版200种国防特色专业重点教材和专著。为保证教材及专著的质量，在广泛动员全国相关专业领域的专家、学者竞投编著工作的基础上，以陈懋章、王泽山、陈一坚院士为代表的100多位专家、学者，对经各单位精选的近550种教材和专著进行了严格的评审，评选出近200种教材和学术专著，覆盖航空宇航科学与技术、控制科学与工程、仪器科学与技术、信息与通信技术、电子科学与技术、力学、材料科学与工程、机械工程、电气工程、兵器科学与技术、船舶与海洋工程、动力机械及工程热物理、光学工程、化学工程与技术、核科学与技术等学科领域。一批长期从事国防特色学科教学和科研工作的两院院士、资深专家和一线教师成为编著者，他们分别来自清华大学、北京航空航天大学、北京理工大学、华北工学院、沈阳航空工业学院、哈尔滨工业大学、哈尔滨工程大学、上海交通大学、南京航空航天大学、南京理工大学、苏州大学、华东船舶工业学院、东华理工学院、电子科技大学、西南交通大学、西北工业大学、西安交通大学等，具有较为广泛的代表性。在全面振兴国防科技工业的伟大事业中，国防特色专业重点教材和专著的出版，将为国防科技创新人才的培养起到积极的促进作用。

党的十六大提出，进入21世纪，我国进入了全面建设小康社会、加快推进社会主义现代化的新的发展阶段。全面建设小康社会的宏伟目标，对国防科技工业发展提出了新的更高的要求。推动经济与社会发展，提升国防实力，需要造就宏大的人才队伍，而教育是奠基的柱石。全面振兴国防科技工业必须始终把发展作为第一要务，落实科教兴国和人才强国战略，推动国防科技工业走新型工业化道路，加快国防科技工业科技创新步伐。国防科技工业为有志青年展示才华，实现志向，提供了缤纷的舞台，希望广大青年学子刻苦学习科学文化知识，树立正确的世界观、人生观、价值观，努力担当起振兴国防科技工业、振兴中华的历史重任，创造出无愧于祖国和人民的业绩。祖国的未来无限美好，国防科技工业的明天将再创辉煌。

张华祝

前言

科学技术的发展和工程应用的需要，使人们越来越认识到传热问题的重要性。近年来，国内外不断出现一些新的传热学教材和专著，包括一些针对通用领域内传热基础和应用的新版书籍以及在机械、化工、电子、航空航天和兵器等专业领域的教材，但主要内容一般仍为传热学的基本理论和计算，并在此基础上考虑各自特有的专业特点和需要。

随着固体火箭发动机在军用和民用领域的广泛应用，固体火箭的性能指标，如飞行速度和工作时间等不断提高以及各种新的高能推进剂和高强度材料的应用，固体火箭发动机中的传热和热防护越来越成为固体火箭发动机设计中的一个突出问题。例如，2003 年 2 月，以固体火箭作为助推器的"哥伦比亚"号航天飞机发射时绝热泡沫材料脱落，击伤了航天飞机的机翼，使"哥伦比亚"号返航时解体，机上 7 名宇航员全部殉难；2005 年 7 月，同样以固体火箭助推的"发现"号航天飞机在发射过程中又有少量绝热瓦和绝热泡沫脱落，热防护问题再次引起人们的重视和担忧。即使是对中小型固体火箭发动机，其热强度问题也由于传热量的增加和发动机壳体的变薄而变得更加突出，越来越被研究、设计者所重视。因此，掌握传热计算和热防护设计方法，对于提高固体火箭发动机的性能是十分重要的。

固体火箭发动机传热学一直是固体火箭专业的重要课程。国内专门针对固体火箭发动机的传热学教材是 20 世纪 80 年代南京理工大学苏志明教授编著的《固体火箭发动机传热学》。该教材的内容侧重于传热学的基础知识，全书共 9 章，其中第 1 章至第 7 章是有关传热学的基础理论和基本计算，这也是一般传热学教材和书籍的基本内容；仅第 8 章和第 9 章是有关固体火箭发动机传热计算和热防护的内容，专业特点不够突出还有待改进。20 世纪 80 年代至今，经过近 20 年的发展，在传热学和固体火箭发动机专业领域都出现了一些新的研究成果，迫切需要补充到教材中去。

本书是在原《固体火箭发动机传热学》教材基础上重新编写的。全书共分 3 部分。第 1 部分包括第 1 章至第 3 章，主要阐述 3 种传热方式的基本原理和计算。第 2 部分包括第 4 章至第 9 章，讨论传热理论在固体火箭发动机中的应用，着重讨论固体火箭发动机中燃烧室及喷管等主要受热部件的传热计算及热防护方法。第 3 部分是第 10 章和第 11 章，其中第 10 章主要针对固体火箭发动机传热具有的瞬态和高强度特点，以一维热传导问题为例简单介绍了非傅里叶效应，这一部分主要参考了姜任秋所著《热传导质扩散与动量传递中的瞬态中击效应》的有关内容；第 11 章介绍计算传热学的初步知识。在总体内容安排上，有以下特点：(1) 突出了专业特点，大部分篇幅是有关固体火箭发动机的传热计算和热防护的内容；(2) 在介绍有关传热学的基本内容时，着重给出传热的基本概念和基本计算公式，但对公式不做过多的数学推导;(3) 注重工程计算和应用,由于篇幅所限,省略了某些与固体火箭发动机传热工程计算无关的内容,例如有关辐射传热角系数的计算等。通过对本教材的学习,使用者可以掌握传热学的基本内容和方法,特别是固体火箭发动机传热的工程计算和热防护设计等专业技能,如果参阅通用的传热学教材或书籍会更有收获。

参加本书编写的有郑亚(第 1 章至第 3 章、第 10 章)、陈军(第 4 章至第 6 章)、鞠玉涛(第 7 章至第 9 章)和武晓松(第 11 章、附录),全书由郑亚和武晓松统编定稿。王栋和陈雄也参加了编写工作。参与书稿录入和插图工作的研究生有周超、张家仙、吉秋平和封锋等。孙思诚教授审阅了全书,并提出不少宝贵意见。在此谨对他们表示衷心感谢!

限于编者的水平,书中错误和不妥之处,恳切希望读者提出批评指正。

编　者

2006 年 5 月

主要符号

A	面积;截面积,m^2;常数
A_p	自由通气面积,m^2
A_t	喷管喉部截面积,m^2
a	导温系数(热扩散率),m^2/s;声速,m/s
C	常数
C_b	黑体辐射系数,$W/(m^2 \cdot K^4)$
C_f	摩擦系数
c	比热容,$J/(kg \cdot K)$
c_p	比定压热容,$J/(kg \cdot K)$
c_h	热量传播速度,m/s
c_s	波前速度,m/s
D	直径,m
D_i	燃烧室内径;两个同心圆的内圆直径,m
D_e	燃烧室外径;两个同心圆的外圆直径,m
d	直径,m
d_c	临界隔热层直径,m
d_{eq}	当量直径,m
d_t	喷管喉部直径,m
E	辐[射]照度,W/m^2
E_λ	单色辐照度,$W/(m^2 \cdot \mu m)$
F	角系数
f	管流摩擦系数
f_0	火药力换算值,J/kg
G	密流,$kg/(m^2 \cdot s)$
g	重力加速度,m/s^2
H	焓,J;高度,m
h	换热系数,$W/(m^2 \cdot K)$
$\bar{h}$	平均换热系数;总换热系数的平均值,$W/(m^2 \cdot K)$
h_{eq}	总换热系数的有效值,$W/(m^2 \cdot K)$
$\bar{h}_{eq}$	总换热系数的平均有效值,$W/(m^2 \cdot K)$
I	比焓,J/kg
J	有效辐射,W/m^2

K	总传热系数,W/(m^2 · K)
L	辐射强度,W/(m^2 · sr);装药长度,m
L_c	燃烧室长度,m
L_λ	单色辐射强度,W/(m^2 · μm · sr)
l	长度;特征尺寸;射线平均行程,m
M	辐射力,W/m^2
Ma	马赫数
M_b	黑体辐射力,W/m^2
M_λ	单色辐射力,W/(m^2 · μm)
m	质量,kg;冷却率,1/s;传热指数,1/m
$\dot{m}$	质量流率,kg/s
$\dot{m}_b$	燃气生成率,kg/s
$\dot{m}_t$	通过喷管的质量流率,kg/s
N_s	质量速度,kg/(m^2 · s)
p	压强,Pa
p_0	滞止压强,Pa
Q	热量,J
q	热流密度,W/m^2
R	热阻,K/W
r	半径,m;恢复系数;推进剂燃速,m/s
S	萨瑟兰常数,K;装药燃烧面积,m^2
S_c	燃烧室传热表面积,m^2
T	热力学温度,K
T_0	滞止温度,K
T_b	管流平均温度,K
T_{eq}	室壁的平衡温度,K
T_f	膜温度,K
T_g	气体温度,K
T_i	初温,K
T_m	物体内中心温度;平板壁内中心温度,K
T_p	推进剂的定压燃烧温度,K
T_r	恢复温度,K
T_s	消融表面温度,K
T_w	壁面温度,K

$\overline{T}_w$　　室壁平均温度,K

T_∞　　主流温度,K

T^*　　参考温度,K

t　　时间,s

t_a　　喷管的允许工作时间,s

t_b　　装药燃烧时间,s

u_s　　消融速度;烧蚀速度,m/s

V　　速度,m/s

V_m　　截面平均速度,m/s

V_∞　　主流速度,m/s

W　　体积或容积,m^3;摩擦功,J

$\dot{W}$　　体积流率,m^3/s

x_{max}　　最大受热深度,m

x_T　　总受热深度,m

α　　吸收比,材料的线胀系数

α_g　　气体吸收比

β　　体积膨胀系数;线膨胀系数,1/K;导热系数的温度系数,1/K

γ　　比热比

δ　　厚度;流动边界层厚度,m

δ_c　　黏性底层厚度,m

δ_n　　隔热层厚度,m

δ_m　　室壁厚度,m

δ_{mc}　　喷管喉部的临界壁厚,m

δ_T　　热边界层厚度,m

ε　　发射率;装药充满系数

ε_g　　气体发射率

ζ_e　　扩张比

θ　　过余温度;角度

θ_i　　初始过余温度

θ_m　　中心层过余温度

θ_w　　壁面过余温度

$\bar{\theta}_w$　　壁内平均过余温度

λ　　导热系数,W/(m·K);波长,μm

μ　　动力黏度,Pa·s

υ	运动黏度,m^2/s;泊松比
Π	湿周长,m
ρ	密度,kg/m^3;反射比
σ	应力分量,MPa
σ_b	材料抗拉强度极限,MPa
τ	黏性切应力,MPa;透射比:发动机工作时间,s;应力分量,MPa
τ_0	松弛时间,s
τ_m	发动机的极限工作时间,s
τ_{mt}	喷管的极限工作时间,s
Φ	热流量,W;辐射功率,W
χ	热损失修正系数
Ψ	烧去装药的相对体积

量纲为 1 的参数及其定义

$Bi=\frac{hl}{\lambda}$	比渥数(Biot Number)
$Fo=\frac{at}{l^2}$	傅里叶数(Fourier Number)
$Gr=\frac{g\beta\Delta Tl^3}{\nu^2}$	格拉晓夫数(Grashof Number)
$Gz=Re\cdot Pr\frac{d}{l}$	格雷兹数(Graetz Number)
$Le=\frac{a}{D}$	路易斯数(Lewis Number)
$Nu=\frac{hl}{\lambda}$	努塞尔数(Nusselt Number)
$Pr=\frac{\nu}{a}$	普朗特数(Prandtl Number)
$Pe=Re\cdot Pr$	贝克来数(Peclet Number)
$Ra=Gr\cdot Pr$	瑞利数(Rayleigh Number)
$Re=\frac{Vl}{\nu}$	雷诺数(Reynolds Number)
$St=\frac{h}{\rho c_p V}$	斯坦顿数(Stanton Number)

符号对照表

本书符号及意义		国际符号及意义	
符　号	量的名称	符　号	量的名称
C_f	摩擦系数	μ	摩擦因数
f	管流摩擦系数	f_{d}	管流摩擦因数
h	换热系数	K	传热系数
		h	表面传热系数
I	比焓	h	比焓
L	辐射强度，W/(m^2 · sr)	I	辐[射]强度，W/sr
		L	辐[射]亮度，辐射度，W/(m^2 · sr)
M	辐射力，W/m^2	M	辐[射]出[射]度，W/m^2
W	体积或容积，m^3	V	体积或容积，m^3
$\dot{W}$	体积流率，m^3/s	q_V	体积流量，m^3/s
$\dot{m}$	质量流率，kg/s	q_m	质量流量，kg/s
$\dot{m}_b$	燃气生成率，kg/s	q_{mb}	燃气生成质量流量，kg/s
$\dot{m}_t$	通过喷管的质量流率，kg/s	q_{mt}	通过喷管的质量流量，kg/s

目　录

第1章　绪　论

热量传递是在自然界和人类的生活、生产和科学研究活动中普遍存在而且起着重要作用的一种现象。不管是在一个物体的内部还是在不同的物体之间，只要存在温度的不同，热量就会自发地从高温处传向低温处，就会自动地发生热量传递的过程。传热学是研究热量传递基本规律及应用的一门学科。与一般传热学书籍不同，本章不对各种不同领域的传热现象作详细的说明和介绍，而是重点介绍固体火箭发动机中的传热现象，同时简单的介绍热量传递的3种基本方式，并给出了研究传热现象所涉及的量纲和单位等。

1.1　固体火箭发动机中的传热现象

固体火箭发动机是一种结构简单、性能优良的动力装置，自问世以后即在军事上显示出巨大的优势和潜力。在历次战争中，特别是从20世纪的第二次世界大战到21世纪的伊拉克战争中得到越来越广泛的应用。同时它不仅作为宇宙飞船、航天飞机等飞行器的动力装置得到了飞速发展，而且也成为各种不同军用和民用领域重要的动力装置。现在人类不仅制造出了推力高达数十万N的巨型固体运载火箭，也研制出了推力远低于1 N的微型固体火箭发动机。尽管各种不同实际应用中的固体火箭发动机是不同的复杂动力系统，但它基本都是由固体推进剂装药、燃烧室、喷管、挡药板和点火装置等几个基本部件组成的。图1-1是一个典型的固体火箭发动机简图。

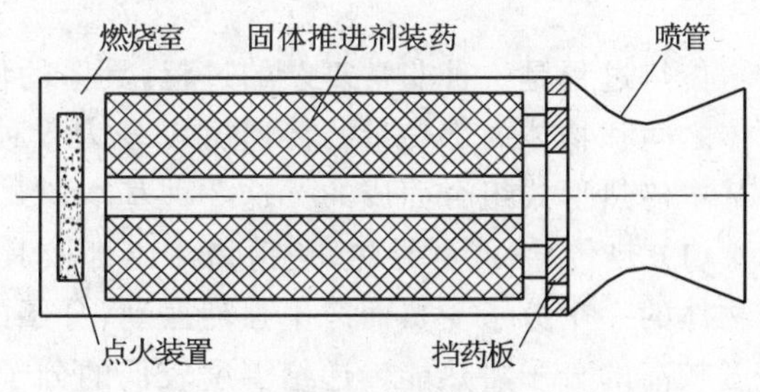

图1-1　固体火箭发动机简图

固体火箭发动机的燃烧室一般都做成圆筒形，工作时推进剂装药在其内进行燃烧，并产生预期的工作压强，而平时起着固体推进剂贮箱的作用。固体推进剂装药是发动机的能源，燃烧时生成足够数量的燃气，通过喷管膨胀加速排出，从而产生所需要的推力。采用挡药板来可靠地固定推进剂装药，防止燃烧过程中可能产生的装药碎块流出而造成喷管堵塞和能量损失。喷管可位于发动机前部或后部，具有先收敛后扩张的特殊管道形状（拉瓦尔喷管），保证流过的高温燃气能不断膨胀加速，形成超声速气流；喷管的最小截面（称临界截面或喉部）保证燃气在燃烧室内达到预期的工作压强。整个发动机的工作是靠点火装置来启动的。通常是由点火药和发火管置于点火药盒内来构成点火装置。当发火管接收外来能量发火时，先使点火药点燃；点火药燃烧产生具有一定压强的高温气体，流经整个装药表面而使装药加热点燃，并很快过渡到发动机稳定工作。

固体火箭发动机的工作过程是一个典型的由固体推进剂装药的化学能转变为固体火箭飞行动能的过程，固体推进剂装药燃烧后不断地产生大量的高温（最高达 3 000 K 以上）和有一定压强（几 MPa 到一二十 MPa）的燃气，并连续排出。发动机的各主要部件，或与燃气接触，或处于燃气包围之中，所以，发动机中的传热现象是多种形式的。燃气除了将热量传给装药以维持连续燃烧外，还同时把热量传给燃烧室壁、喷管及挡药板。这些部件在高温燃气的作用下，温度急剧上升，材料强度将有明显下降的趋势。当发动机工作时间较长时，这种强度下降的趋势就更为显著。特别是在喷管喉部，通道面积最小，燃气密流最大，来自热燃气的热流密度达到最大，工作条件最为恶劣。这样，在设计火箭发动机各部件结构时，就需要从它们在受热状态下的实际强度出发，或者要考虑在各部件上分别采取热防护措施。因此，也就需要了解各部件受热后的温度分布，须进行严格的传热计算。这就是固体火箭发动机传热学要解决的问题。

此外，由于燃气向周围传热，将造成燃气的热损失；这种热损失又反过来影响发动机内的能量转换规律及压强变化规律。长期以来，由于固体火箭发动机内传热现象的复杂性，在一般的内弹道研究中，热损失的影响通常都采用增加比热比或减少火药力的间接方法进行修正。近年来，随着计算技术的发展，已能够把非定常热传导包含在内弹道方程之中，从而使理论研究更进一步准确化。所以，在现代的内弹道学中，对传热学的研究不仅具有理论意义，而且也有重要的实际意义。

1.2 热量传递的基本形式

传热过程是一种非常复杂的过程，具体的传热现象可能是千变万化的，但研究结果表明，物体之间和物体内部热量的传递可以分为 3 种不同的基本形式，复杂的传热现象都是由这 3 种基本传热形式组合而成的。这 3 种基本形式是：热传导、热对流和热辐射。

(1) 热传导（或称导热）是指物体内部及其界面上质点直接接触而发生的热量传递现象。当物体的一个分子受热而产生强烈振动（分子的动能亦即热能）时，通过分子间的接触或碰撞，温度较高的分子将热能传递给温度较低的分子；或者，以自由电子的迁移、固体晶格振动等形式传递热能。这种过程的不断继续，热量就会由物体的一部分不断传递到另一部分或全部。因此，以导热形式的传热，只有当导热介质存在时才能实现。而且，只要有温度差，不仅在同一物体内部，而且在有固、液、气存在的所有系统中都会有导热发生；相反，有温度差而无导热介质，就不可能实现导热。

导热可分为稳定导热和不稳定导热。导热过程与时间无关的称为稳定导热，工业热设

备在正常工作中都属于这种情况。而工作时间很短的固体火箭发动机，不可能形成稳定的导热过程，这种发动机中各部件的导热就属于不稳定导热。本书侧重于讨论固体火箭发动机的一维稳定导热，根据固体火箭发动机热传导的特点和计算需要，同时也简单介绍一维不稳定导热。

(2) 热对流(或称对流)是指流体内温度不同时，依靠流体质点的相对运动，将热量由一部分传至另一部分的换热现象。很显然，这种换热现象只在液体和气体中才能发生，因为只有液体或气体内各部分才会发生相对位移。正是由于热对流是靠流体质点的相对运动来实现的，所以流体本身的性质及运动状态对这种热对流过程起着很重要的作用。

流体的流动可能是自由(或称自然)的，即由于流体内各部分质点密度不同(由于温度差)而引起的；也可能是受迫(或称强迫)的，即流体由于受某种外力(如水泵的抽吸)作用而发生运动。基于流体的这两种不同运动状态，亦可以把对流换热分为自由对流换热和受迫对流换热两种。

在对流换热的同时，一般也会有导热出现。例如，当流体在管内(或沿平板)流动流速较高时，会处于湍流(或称紊流)状态。这时，由于流体微团杂乱无章的脉动，不但引起流体微团之间的动量交换，而且还有微团之间的热量交换。这种对流换热的过程主要是依靠流体微团的相对运动来实现的。与此同时，也会伴随有分子间的导热现象出现，但是和对流换热相比只占很次要的地位，因为分子所携带的能量与流体微团所携带的能量相比要小得多。

在工程上通常不单纯研究“对流”和“传导”现象，而是着重于研究有实际意义的、流体流动时和与其直接接触的固体壁面之间的传热过程，称为对流换热过程。由于流体的黏性作用，紧贴固体壁面有一层很薄的所谓“边界层”，在这一薄层内存在很大的速度梯度(壁面上流体质点的速度为零)和温度梯度。很显然，对流换热主要是发生在边界层内，同时热传导发生在流体和固体壁面之间。

在火箭发动机工作时，燃气向各部件的传热主要是以对流形式进行，所以研究对流换热机理，对解决固体火箭发动机的传热问题有着特别重要的实际意义。

(3) 热辐射是一种借助于电磁波向外辐射热能的过程。温度大于 0 K 的一切物体都会不断地向外发射热射线(它是电磁波的一种)，热射线所携带的能量叫做辐射能。当两个物体温度不同时，依靠物体向外发射热射线和吸收热射线来传递能量叫做辐射换热。这种形式的换热不仅有能量的传递，而且伴随有能量形式上的转化，即一个物体的热能转化为热射线的辐射能，被另一物体吸收后又转化为该物体的热能。在固体火箭发动机中，辐射换热与对流换热相比是次要的。

辐射换热和前两种基本换热方式有很大的不同。无论是导热或热对流，物体之间必须通过直接接触来传递热量，所以也统称为接触换热；但发生辐射换热的两物体则可以不直接接触，这是因为电磁波的传播不需要中间介质，在真空中也可以传播。

导热、对流换热和辐射换热是为了便于研究物体之间的相互换热，而将传热过程分解成独立的3种基本传热形式。实际上，在一切热交换过程中，很少是一种基本传热形式单独出现，大多数情况总是同时出现的。以固体火箭发动机燃烧室壁的传热过程为例：当发动机工作时，在燃烧室内，由于燃气相对于燃烧室壁有一定的速度，炽热的燃气主要是以对流和辐射的方式将热量传给燃烧室壁；同时，通过导热的形式将热量由燃烧室内壁传向外壁；再主要通过对流形式（当在大气中飞行时），由外壁传向周围空气；与此同时，温度较高的燃烧室壁，对周围环境还有热辐射。

本书简要论述每一种基本传热形式的本质和过程，进行理论分析和数学计算，同时注重综合分析研究复杂的传热过程，重点是研究火箭发动机中的传热过程和火箭发动机部件的受热计算及有效的热防护。

1.3 量纲与单位

用于定量地描述物理现象的物理量（简称为量）具有量纲，并用一定的单位来度量。一个物理量只有一种量纲，但却可以用不同的单位来度量。同一类物理量，如长度、距离、直径、厚度和波长等，这些物理量均属于同一种类——长度，称这些物理量具有长度的量纲，用符号L表示，它是一个基本量纲。传热学中应用的基本量纲在表1-1中列出。

表1-1 传热学中的基本量纲

量的名称	量符号	量 纲
长度	l, L	L
质量	m	M
时间	t	T
热力学温度	T	Θ

对物理量及物理现象做量纲分析，可以判断物理公式是否有误，一个正确的物理方程中的所有项，应该具有相同的量纲。所有量纲指数为零的量，其量纲为1。

某一物理量的单位，随所采用的单位制的不同而不同，同一物理量的不同单位可以互相进行换算。本书采用国际单位制（SI）为计量单位。

表1-2给出了传热学常见量所用SI单位的标准。

在SI单位中，还专门规定了标准的数量倍增关系。使不同大小的单位保持一定间距。各种倍增关系——国际单位制词头汇总列在表1-3中。

表 1-2 传热学中各种物理量的 SI 单位

物理量	单位名称	单位符号
力	牛[顿]	N(kg·m/s^2)
质量	千克(公斤)	kg
时间	秒	s
长度	米	m
热力学温度	开[尔文]	K
能,功	焦[耳]	J(N·m)
功率	瓦[特]	W(J/s)
导热系数	瓦[特]每米开[尔文]	W/(m·K)
传热系数	瓦[特]每平方米开[尔文]	W/(m^2·K)
比热容	焦[尔]每千克开[尔文]	J/(kg·K)
热流密度	瓦[特]每平方米	W/m^2

表 1-3 国际单位制(SI)词头

倍增量	词头名称	符 号
10^{18}	艾[可萨](exa)	E
10^{15}	拍[它](peta)	P
10^{12}	太[拉](tera)	T
10^{9}	吉[咖](giga)	G
10^{6}	兆(mega)	M
10^{3}	千(kilo)	k
10^{2}	百(hecto)	h
10^{1}	十(deca)	da
10^{-1}	分(deci)	d
10^{-2}	厘(centi)	c
10^{-3}	毫(milli)	m
10^{-6}	微(micro)	μ
10^{-9}	纳[诺](nano)	n
10^{-12}	皮[可](pico)	p
10^{-15}	飞[母托](femto)	f
10^{-18}	阿[托](atto)	a

第 2 章 传热学基础

本章着重说明 3 种最基本的传热形式，分别介绍每一种传热过程所遵循的基本定律，即最基本的计算公式，同时介绍与传热相关的一些基本概念。

2.1 热传导

2.1.1 导热定律

实验结果表明，如果一个物体内存在着温度梯度，则热量就会从高温区向低温区转移，这种热量是以热传导的形式来传递的，可以用傅里叶(Fourier)定律来定量的描述通过导热传递的热流量，即

$$q=\frac{\Phi}{A}=-\lambda\frac{\partial T}{\partial n} \tag{2-1-1}$$

式中：Φ 为热流量，即单位时间内所传递的热量，W；q 为热流密度，即单位时间内通过等温面上单位表面积的热流量，W/m^2；A 为垂直于热流方向的横截面积，m^2；λ 为材料的导热系数，$W/(m\cdot K)$；$\frac{\partial T}{\partial n}$为温度梯度。

式(2-1-1)又称为导热的热流速率方程，式中的负号表示热量传递的方向和温度升高的方向(式中温度梯度的正方向)相反。对于一维稳态导热的情况，若取直角坐标系的 x 方向为等温面的法线方向，则有

$$q=-\lambda\frac{dT}{dx} \tag{2-1-2}$$

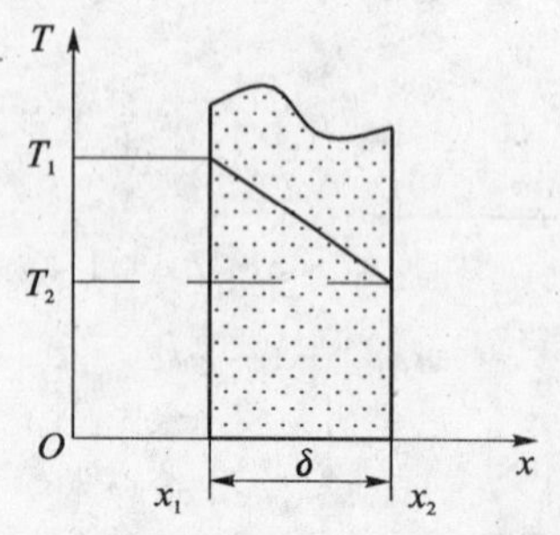

图 2-1 温度线性分布示意图

若物体内部的温度分布是线性的(如图 2-1 所示)，就可以在式(2-1-2)中将用导数形式表示的温度梯度写成代数形式，即

$$q=-\lambda\frac{T_2-T_1}{x_2-x_1}=\lambda\frac{T_1-T_2}{\delta} \tag{2-1-3}$$

在导热系数为定值的均匀物质的稳态导热过程中，上述线性关系总是成立的。

导热系数是物质的一个重要热物理性质参数，表征物体传递热量能力的大小。通常导热系数与温度有密切的关系，

绝大多数物质的导热系数近似为温度的线性函数

$$\lambda = \lambda_0(1+\beta T) \tag{2-1-4}$$

式中：λ_0 为 273.15 K 时测定的导热系数，W/(m·K)；β 为导热系数的温度系数，1/K。

在实际传热计算时，往往把给定温度范围内的导热系数看成常数，以温度上下限的算术平均值所对应的导热系数进行计算，这样处理方便了计算，对于稳定导热的计算也有足够的准确性。附录1～附录6中给出了某些物质的导热系数。

不同物质的导热性能相差甚远，下面简单介绍气体、液体和固体的导热系数。

2.1.2　导热系数

1. 气体的导热系数

气体的导热性能最差，大多数气体的导热系数值在 0.006～0.600 W/(m·K)范围内变化。气体的导热系数随温度的升高而增大，除了在压强特别高($p>2\times10^3$ MPa)和很低($p<2.6\times10^3$ Pa)的情况下，气体的导热系数基本上不随压强而变化。在附录1和附录2中给出大气压强下常见气体的导热系数数据，可以在相当宽的压强范围内应用。固体火箭发动机的工作压强多处于中等压强范围内，所以压强对燃气导热系数的影响较小。混合气体的导热系数通常依靠实验方法测定。火箭推进剂燃气成分复杂，主要有CO_2、CO、H_2、N_2、NO和H_2O的蒸气等组成，其导热系数的确定将在后面加以讨论。

2. 液体的导热系数

液体的导热系数值在 0.07～0.70 W/(m·K)范围内变化。除了水以外，绝大多数液体导热系数随温度变化很慢(大多数随温度升高还略有减小)，而且基本上与压强无关。水的导热系数在0℃到大约150℃的范围内随温度的升高而增大，其后又随温度的升高而减小，而且比其他液体大好几倍，因而水是一种很好的冷却剂。在附录3中给出了水在大气压强下及饱和状态下的导热系数。

3. 固体的导热系数

固体的导热系数随材料不同在很大范围内变化。大多数纯金属材料的导热系数随温度升高而有所降低；而铝及其合金、合金钢等却随温度升高而增加，并且与其成分有关。非金属材料的导热系数随温度的升高而增加。此外，还与物质的结构，多孔性及湿度等有关。导热系数小于 0.20 W/(m·K)的材料，常被用于隔热，习惯上称之为隔热、绝热或保温材料，如石棉、泡沫塑料等。在附录4～附录6中给出了某些金属及非金属材料的导热系数。

2.2　热对流

在运动着的流体与固体壁面间进行的对流传热，同时存在着导热和对流的作用，所以比起单纯的导热过程要复杂。

2.2.1 牛顿冷却定律

对流传热的机理以及对流和热传导之间的关系可用图 2-2 来说明。

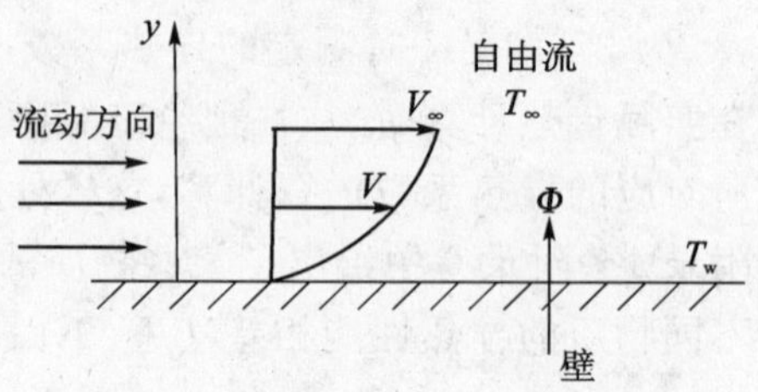

图 2-2 平壁上的对流换热

图 2-2 表示加热壁面上的对流换热情况。与热传导类似，流体与壁面间对流换热量的大小，首先和两者之间的温差有关，温差愈大，传过的热量也愈多。同时还和流体与固体壁面直接接触面积的大小有关。为了表示对流的全部效应而引入对流换热系数，对流换热的热流量可以用牛顿(Newton)冷却定律计算，即

$$q = \frac{\Phi}{A} = h(T_w - T_\infty) \tag{2-2-1}$$

式中：A 为换热面积，m^2；T_w 和 T_∞ 分别为壁面和主流温度，K；h 为对流换热系数，$W/(m^2 \cdot K)$。

2.2.2 对流换热微分方程

在流体和固体密切接触的边界，由于流体黏性的作用，使紧贴在壁面上的流体的速度为零。该处壁面和流体之间只有通过热传导的方式传热，固体壁面以导热传给流体的热量又通过流体的流动以热对流的方式将这些热量带走。对比式(2-1-2)和式(2-2-1)，可得到对流换热的微分方程为

$$h(T_w - T_\infty) = -\lambda\left(\frac{dT}{dy}\right)_w \tag{2-2-2}$$

这说明用傅里叶定律也可以计算出流体和固体壁面之间的对流换热的热流量。但是，要准确确定固体表面处流体的温度梯度是非常困难的。

2.2.3 对流换热系数

对流换热系数(h，简称换热系数)是描述换热强度的物理量，表示流体和壁面之间温差为 1 K 时，在单位时间内通过单位表面积所传递的热量。h 和流体的运动状态、速度、黏度、热物性(导热系数、比热容、密度)以及与流体接触的固体表面的性质及几何形状等参数密切相关。确定各种流动条件下的 h 是研究对流换热的主要任务，这将在以后的章节中专门讨论。因为换热系数与壁面上静止流体薄层的热传导过程有关，所以有时也称为膜热导(film conductance)，而 $1/hA$ 则可以理解为对流换热的热阻。

当加热平板置于室内空气中时，由于接近平板处空气受热而产生密度梯度，空气将产生运

动，这种现象属于自由对流（或称自然对流）。空气受风扇等驱动在平板上掠过时便会产生受迫对流。这两种对流的换热系数各不相同。一般也把沸腾和凝结划在对流换热范围内。表 2－1给出了对流换热系数的大致数值范围。

表 2－1　对流换热系数的一般数值范围

换热方式	$h/(W \cdot m^{-2} \cdot K^{-1})$
空气自由对流	5～25
空气受迫对流	10～500
水受迫对流	100～15 000
水沸腾	2 500～25 000
水蒸气凝结	5 000～100 000

2.3　热辐射

在发生热传导和热对流的同时，几乎总伴随着第 3 种换热方式，即辐射换热。热辐射与热传导和热对流在本质上是不同的。热传导和热对流都是通过介质来传递热量，而热辐射则是一种电磁波的传播，这种形式的热传递可以在介质中进行，也可以在完全真空中进行。这里只限于讨论由于温差所引起的电磁波传播，即由于物体间温度的不同，通过热辐射进行的换热过程。

为了学习和研究热辐射问题，需要引入黑体的概念：能将辐射到它表面上的所有辐射能全部吸收下来的物体称之为黑体。理想黑体向外发射辐射能的速率与其温度的 4 次方成正比，即

$$q = \frac{\Phi}{A} = \sigma T^4 \qquad (2-3-1)$$

式中：Φ 为辐射功率，W；A 为黑体表面积，m^2；T 为黑体绝对温度，K；$\sigma = 5.67 \times 10^{-8}$ W/($m^2 \cdot K^4$)为斯忒藩-玻耳兹曼常数。

式(2－3－1)称为斯忒藩-玻耳兹曼定律，此定律只适用于黑体，并只能应用于热辐射，其他类型的电磁波辐射不能这样简单处理。两相互平行的温度分别为 T_1 和 T_2 黑体大平壁之间的辐射换热量可按

$$\Phi = A\sigma(T_1^4 - T_2^4) \qquad (2-3-2)$$

计算。

式(2－3－2)形式上是简单的，但由于辐射换热现象十分复杂，很少有像式(2－3－2)那么简单的计算。这里只是着重说明辐射换热的一般机理，以及它与热传导及热对流的差异。下一章中还将继续讨论辐射换热的计算。

2.4 初始条件和边界条件

讨论传热问题和进行传热计算,必须对初始条件和边界条件有一般的了解。下面主要介绍导热过程计算的初始条件和边界条件。

2.4.1 初始条件

初始条件,一般指的是热作用开始时刻或计算起始时刻物体内的温度分布,可以分为两种情况。

(1) 热作用开始时刻物体内各处温度都相同,即

$$T(x,y,z,t)\mid_{t=0} = T_{\mathrm{i}} = \mathrm{Const} \tag{2-4-1}$$

(2) 物体内初始温度是空间坐标的函数,即

$$T(x,y,z,t)\mid_{t=0} = T_{\mathrm{i}}(x,y,z) \tag{2-4-2}$$

在求解导热问题时,采用第 1 种初始条件求解相对简单,若采用第 2 种初始条件将会增加数学上的难度。在稳定导热条件下不存在初始条件,因为稳定导热过程的进行不随时间发生变化。

2.4.2 边界条件

边界条件,指在所研究物体的特定位置或边界上热物理量的值,或是指反映边界上导热过程与周围环境相互作用的条件。导热和对流的边界条件大体上可以分为 3 类。

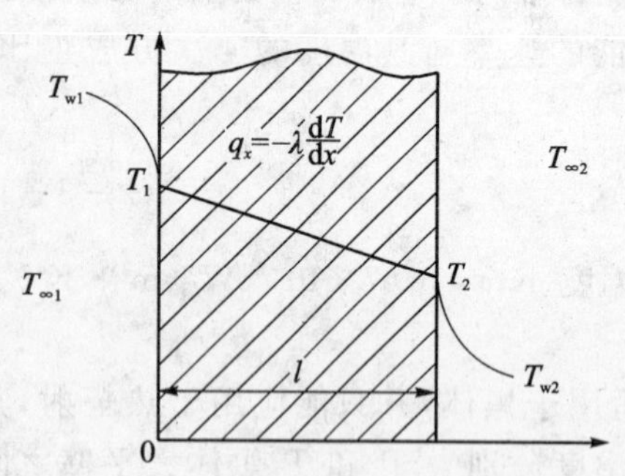

图 2-3 第 3 类边界条件的确定

(1) 已知边界(壁面)的温度分布。在稳定导热情况下,边界(壁面)温度不随时间而变化,称常壁温边界条件。

(2) 已知边界的热流密度分布,或知道温度梯度。热流密度不变时,称为常热流边界条件。

(3) 边界与具有给定温度和换热系数的流体相接触。这时,在边界上用热传导的方式传给表面的热量,应等于用对流方式由表面移走的热量,如图 2-3 所示。把对流微分方程式(2-2-2)应用到物体两边的边界上,可以得到第 3 类边界条件的数学表达式。

对左边的表面,边界条件为

$$h_1(T_{\infty 1} - T_{\mathrm{w1}}) = -\lambda\left(\frac{\mathrm{d}T}{\mathrm{d}x}\right)\bigg|_{x=0} \tag{2-4-3}$$

对右边的表面,边界条件为

$$h_2(T_{w2}-T_{\infty 2})=-\lambda\left(\frac{dT}{dx}\right)\bigg|_{x=l} \qquad (2-4-4)$$

这两个边界条件把任意瞬间物体内的温度分布与物体表面和介质间的传热状况联系起来。这类边界条件常用于传导——对流系统，在分析传热问题中具有很大的实际意义。应当注意，式(2-4-3)和式(2-4-4)中已知的是流体的 T_∞ 和 h，而物体表面上的 dT/dx 和 T_w 都是未知的，这正是第3类边界条件与第1类和第2类边界条件的区别所在。

预先知道所有初始条件和边界条件是不可能的，但这些条件都是受物理条件控制的。根据所研究问题的实际情况，起始条件和边界条件也可以采用其他形式，特别是在边界上同时存在自然对流换热和辐射换热等情况时。在实际传热学问题中，除上面3类边界条件外，还会遇到其他类型的边界条件，比如：

(1) 两表面温度不同的物体相接触时的导热；

(2) 移动物体表面间的传热。

第3章　一维传热计算

工程上的很多传热现象,热量的传递可以看做只在一个方向进行,或者说温度仅沿一个方向变化,这就是一维传热过程。如平板导热,当平板的高度和宽度是其厚度的10倍以上时,就可以近似地作为一维导热问题处理。又如圆筒壁,当其长度远大于壁厚时,其温度可近似看做仅仅是径向距离的函数,而忽略沿轴向的变化,则其热传导也属于一维传热范畴。这种用一维分析来近似解决多维问题的方法,能使传热微分方程得到简化,比较容易求解。本章主要研究一维传热问题。

在稳定传热过程中,物体的温度分布不随时间变化。这种传热过程在工程上是很普遍的,例如连续工作的内燃机、锅炉、蒸汽管、冷凝器以及各种热交换器,在运转一段时间后的传热过程都属于稳定传热。工作时间较长的固体火箭发动机在正常点火后的传热过程也可以看做稳定传热过程。因此,研究稳定传热在工程上是有其重要实际意义的。

稳定传热的特点是:

(1) 物体内温度分布不随时间变化,$\partial T/\partial t=0$;

(2) 沿热流方向上通过各传热面的热流量相等,$\Phi=\mathrm{Const}$。

在本章中,重点讨论一维稳定传热问题的解法。同时,根据固体火箭发动机传热计算的需要,也简单介绍一维不稳定热传导问题的解法。

3.1　一维稳定热传导

本节讨论热传导中最简单的一维稳定热传导问题。从不同坐标系中的导热微分方程出发,求解平壁、圆筒壁和物体内有内热源等简单,但在工程中有很大实用价值的一维稳定热传导问题。

3.1.1　导热微分方程

为方便微分方程的推导和说明,在直角坐标系中,取如图3-1所示的六面体作为分析热传导的控制体,得出通用的三维不稳定导热微分方程,并由此导出一维稳定导热微分方程。根据热力学第一定律,控制体所吸收热量随时间的变化量,应等于通过导热传入和传出的热量之差与控制体内生成的热量两部分之和,其中导热传入的热量由傅里叶导热定律描述。于是有

$$\rho c\frac{\partial T}{\partial t}=\frac{\partial}{\partial x}\left(\lambda\frac{\partial T}{\partial x}\right)+\frac{\partial}{\partial y}\left(\lambda\frac{\partial T}{\partial y}\right)+\frac{\partial}{\partial z}\left(\lambda\frac{\partial T}{\partial z}\right)+q_{\mathrm{v}} \tag{3-1-1}$$

式中：ρ 为密度；c 为比热容；q_{v} 为物体内部的热流密度（有内热源时）。

在很多工程计算中，λ 可以取为常数，则式(3-1-1)简化成

$$\frac{\partial T}{\partial t}=a\left(\frac{\partial^2 T}{\partial x^2}+\frac{\partial^2 T}{\partial y^2}+\frac{\partial^2 T}{\partial z^2}\right)+\frac{q_{\mathrm{v}}}{\rho c} \tag{3-1-2}$$

式中：$a=\lambda/\rho c$ 为热扩散率，又称导温系数，是非稳定导热过程中的一个重要参数。

对于一维稳定导热问题，式(3-1-2)中的时间偏导数项为零，并可以消掉两个对空间坐标的偏导数项，从而得出直角坐标系中含内热源的一维稳定热传导方程，即

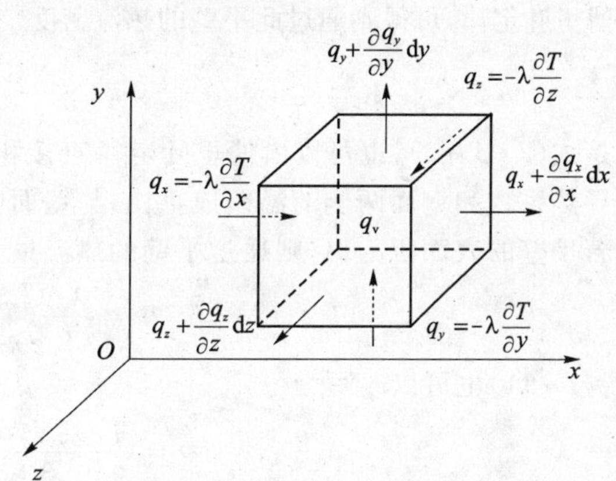

图 3-1　三维控制体的热传导

$$\frac{\mathrm{d}^2 T}{\mathrm{d}x^2}+\frac{q_{\mathrm{v}}}{\lambda}=0 \tag{3-1-3}$$

圆柱坐标系和球坐标系中的一维稳定导热微分方程分别为

$$\frac{\mathrm{d}^2 T}{\mathrm{d}r^2}+\frac{1}{r}\frac{\mathrm{d}T}{\mathrm{d}r}+\frac{q_{\mathrm{v}}}{\lambda}=0 \tag{3-1-4}$$

$$\frac{\mathrm{d}^2 T}{\mathrm{d}r^2}+\frac{2}{r}\frac{\mathrm{d}T}{\mathrm{d}r}+\frac{q_{\mathrm{v}}}{\lambda}=0 \tag{3-1-5}$$

式中：r 为圆柱坐标系或球坐标系中的径向坐标轴。

无内热源时，导热微分方程具有最简单的形式，即一维拉普拉斯方程

$$\frac{\mathrm{d}^2 T}{\mathrm{d}x^2}=0 \tag{3-1-6}$$

同样，无内热源时，在圆柱坐标系和球坐标系中一维稳定导热微分方程分别为

$$\frac{\mathrm{d}^2 T}{\mathrm{d}r^2}+\frac{1}{r}\frac{\mathrm{d}T}{\mathrm{d}r}=0 \tag{3-1-7}$$

$$\frac{\mathrm{d}^2 T}{\mathrm{d}r^2}+\frac{2}{r}\frac{\mathrm{d}T}{\mathrm{d}r}=0 \tag{3-1-8}$$

3.1.2　单层与多层平壁的热传导

研究如图 2-1 所示均匀材料构成的壁厚为 δ 的平壁，假定其导热系数为常数，无内热源，两侧面温度均匀恒定，分别为 T_1 和 T_2。该问题为典型的一维稳定导热问题，对式(3-1-6)进行积分，代入平壁两侧的两个边界条件，可得

$$T = T_1 - \frac{x}{\delta}(T_1 - T_2) \tag{3-1-9}$$

式(3-1-9)表示平板内温度的分布按线性变化(见图 2-1),温度梯度为常数。将式(3-1-9)代入傅里叶定律,可得到通过此平壁的热流密度

$$q = \frac{\lambda}{\delta}(T_1 - T_2) \tag{3-1-10}$$

这就是式(2-1-3),也可以由傅里叶定律直接积分得出。可以看出,一维平壁导热的热流密度与导热系数和壁面两侧的温差成正比,与壁面的厚度成反比。

若平壁的表面积为 A,则通过平壁的热流量为

$$\Phi = \frac{\lambda A}{\delta}(T_1 - T_2) \tag{3-1-11}$$

式(3-1-11)也可以改写为

$$\Phi = \frac{T_1 - T_2}{\delta/(\lambda A)} = \frac{T_1 - T_2}{R} \tag{3-1-12}$$

将热流量的表达式写成式(3-1-12)的形式,是为了引入热阻的概念。借用电工学欧姆定律中电阻的概念,式(3-1-12)中的分母 $R=\delta/\lambda A$ 称为导热热阻,简称热阻,可以看成是阻碍热量传递的阻力。同样,热流密度公式中的 δ/λ 称为单位面积热阻。

对图 3-2 所示一维多层平壁的情况,假定各层平壁之间紧密接触,则各接触面上应有相同的温度;同时,在稳定导热情况下,通过各层平壁的热流量应该相同,即

$$\Phi = \frac{T_1 - T_2}{R_1} = \frac{T_2 - T_3}{R_2} = \frac{T_3 - T_4}{R_3} \tag{3-1-13}$$

式中:$R_1=\delta_1/(\lambda_1 A)$;$R_2=\delta_2/(\lambda_2 A)$;$R_3=\delta_3/(\lambda_3 A)$;分别为不同平壁的热阻。

联立求解式(3-1-13),可得到通过此 3 层平壁的热流量为

$$\Phi = \frac{T_1 - T_4}{R_1 + R_2 + R_3} \tag{3-1-14}$$

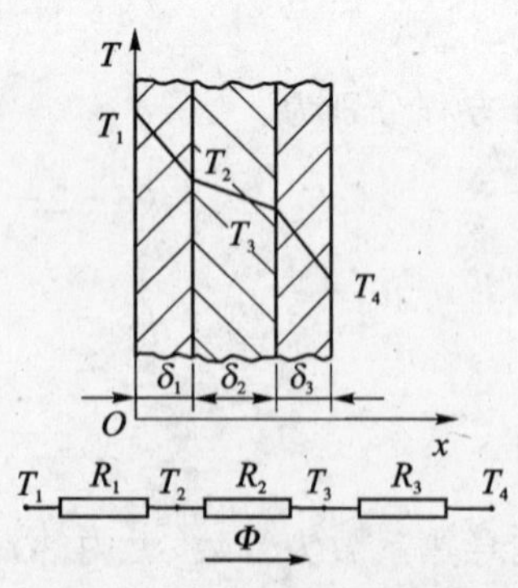

图 3-2　3 层平壁的导热

式(3-1-14)与电工学的欧姆定律仍具有相似性,分子为总温差,分母为总热阻。总热阻相当于各个串联热阻之和。上面的公式和结论很容易推广到 n 层平壁的一般情况,通过 n 层平壁的热流量为

$$\Phi = \frac{T_1 - T_{n+1}}{\sum_{i=1}^{n} R_i} \tag{3-1-15}$$

式中:$\sum_{i=1}^{n} R_i$ 为 n 层平壁的总热阻,是各层平壁的热阻 $R_i=\delta_i/(\lambda_i A)$之和。

式(3-1-15)不仅可以用于图 3-2 所示的多层平壁相叠

时的导热计算,也可以用于图 3-3 所示的更为复杂的复合平壁的计算。图中材料 B,C,D 纵向重叠,共同和 A,E,F 横向平行相叠。这时,只要并行的 B,C,D 3 种材料的导热系数相差不是很大,就可以按一维问题用式(3-1-15)进行计算,其中的总热阻$\sum R$可以用求串联、并联总电阻的类似方法求出。但是,当材料 B,C,D 的导热系数相差较大时,则可能出现沿纵向的二维热流,用一维方法计算会引起较大的误差。

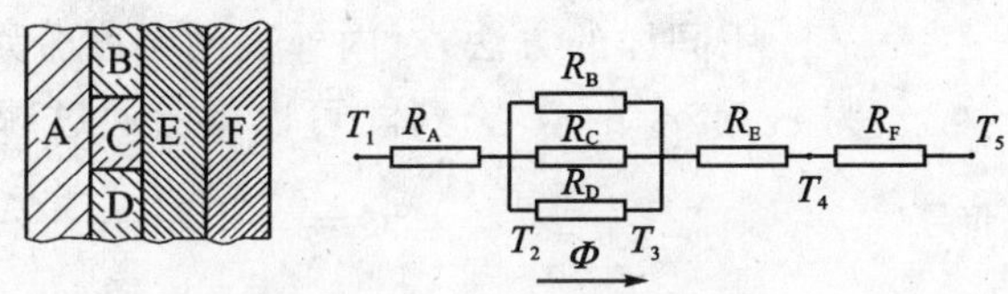

图 3-3　复合平壁的导热

3.1.3　圆筒壁面和球壁面的热传导

图 3-4 所示是一个均质单层圆筒壁的横截面图,假定其导热系数为常数,无内热源,筒壁两侧温度均匀恒定,分别为 T_1 和 T_2,圆筒的内外半径分别为 r_1 和 r_2,圆筒的长度为 L。对圆柱坐标系的一维稳定导热式(3-1-7)积分并代入边界条件,可得圆筒壁内温度的分布为

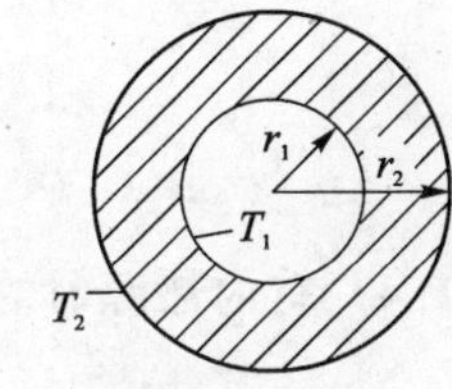

图 3-4　单层圆筒壁的热传导

$$T = T_1 - \frac{T_1 - T_2}{\ln(r_2/r_1)}\ln(r/r_1) \qquad (3-1-16)$$

将式(3-1-16)代入傅里叶定律,得到通过半径(r)处的圆筒壁的热流密度为

$$q = \frac{T_1 - T_2}{(r/\lambda)\ln(r_2/r_1)} \qquad (3-1-17)$$

一般情况下,在计算圆筒壁的传热中,习惯用单位筒长而不用单位面积的热流密度,将式(3-1-17)乘以 r 处的圆筒周长 $2\pi r$,得到单位筒长的热流密度为

$$q_l = \frac{2\pi\lambda(T_1 - T_2)}{\ln(r_2/r_1)} \qquad (3-1-18)$$

同样,可以得出通过长度为 L 的圆筒壁的热流量为

$$\Phi = \frac{2\pi\lambda L(T_1 - T_2)}{\ln(r_2/r_1)} \qquad (3-1-19)$$

可以看出,圆筒壁中热阻为 $\ln(r_2/r_1)/(2\pi\lambda L)$,$\Phi$ 和 q_l 都是常数,不随 r 变化;而通过单位面积的热流密度则和 r 成反比。

对于如图 3-5 所示的多层圆筒壁,采用 3.1.2 节多层平壁相同的假定和推导方式,很容易得出通过 n 层圆筒壁的热流量为

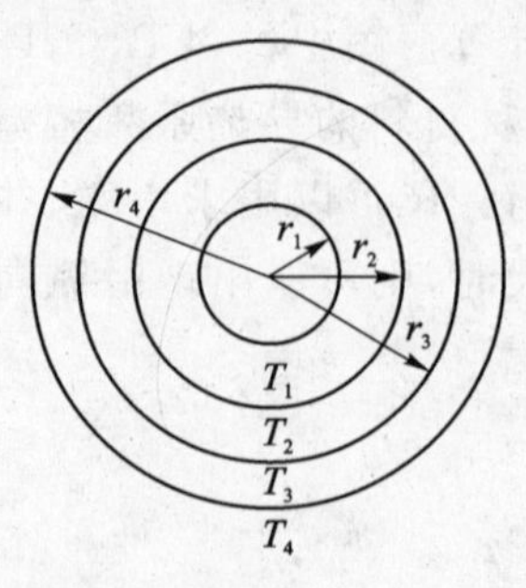

图 3-5　多层圆筒壁的热传导

$$\Phi = \frac{T_1 - T_{n+1}}{\sum_{i=1}^{n} R_i} \tag{3-1-20}$$

式中热阻为

$$R_i = \frac{\ln(r_{i+1}/r_i)}{2\pi\lambda_i L}$$

用同样的方法，对内外表面温度分别为 T_1 和 T_2，内外半径为 r_1 和 r_2 的空心球体，可以得出通过球壁的热流量为

$$\Phi = \frac{4\pi\lambda(T_1 - T_2)}{1/r_1 - 1/r_2} \tag{3-1-21}$$

对于最内层表面和最外层表面温度分别为 T_1 和 T_{n+1}，由 n 层组成的多层球体，通过球壁的热流量为

$$\Phi = 4\pi \frac{T_1 - T_{n+1}}{\sum_{i=1}^{n} \frac{r_{i+1} - r_i}{\lambda_i r_i r_{i+1}}} \tag{3-1-22}$$

3.1.4　有内热源时的热传导

3.1.2 节和 3.1.3 节讨论的都是物体内没有内热源的一维稳态导热问题；但是在工程应用中经常遇到有内热源的导热问题，例如镶嵌金属丝的火箭装药的燃烧、带电的电缆、一些电加热的元器件和半透明介质对热辐射的吸收等。下面分别考虑有内热源的平壁和圆柱体的导热问题。在这种情况下，通过各等温面的热量不再相等，不能直接对傅里叶方程积分；一般可以借助导热微分方程及相应的边界条件，先求温度分布再用傅里叶定律确定热流量或热流密度。

1. 具有均匀体积内热源的平壁

如图 3-6 所示，平壁厚度为 2δ，体积内均匀热流密度为 q_v，平壁导热系数为 λ，壁面对流换热系数为 h，壁面温度为 T_w，流体温度为 T_∞。

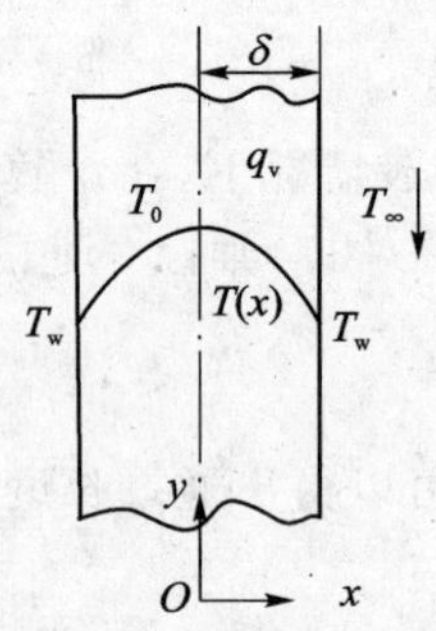

图 3-6　具有均匀体积内热源的平壁

因为物体及边界条件对称，把坐标原点放在平壁的中间，对壁面的一半求解即可，由式(3-1-3)，边界条件为

$$\left.\frac{\mathrm{d}T}{\mathrm{d}x}\right|_{x=0} = 0, \qquad -\lambda\left.\frac{\mathrm{d}T}{\mathrm{d}x}\right|_{x=\delta} = h(T_{x=\delta} - T_\infty)$$

对式(3-1-3)积分两次，可得温度分布的二次抛物线表达式

$$T = \frac{q_v}{2\lambda}x^2 + C_1 x + C_2 \tag{3-1-23}$$

再由边界条件确定积分常数 C_1 和 C_2 后，得到平壁一半厚度中的温度分布为

$$T = \frac{q_v \delta^2}{2\lambda}(1 - \frac{x^2}{\delta^2}) + \frac{q_v \delta}{h} + T_\infty \tag{3-1-24}$$

2. 具有均匀体积内热源的圆柱

如图 3-7 所示，考虑一半径为 r_1 的圆柱体，体积内热源具有均匀热流密度 q_v，导热系数为 λ，圆柱体外流体温度为 T_∞。

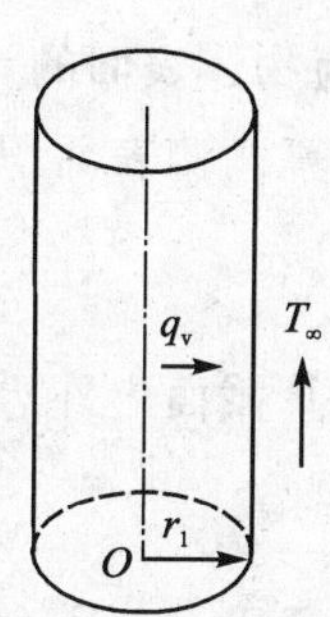

图 3-7 有均匀体积内热源的圆柱

圆柱坐标系中一维稳定导热微分方程为式(3-1-4)，此时求解的边界条件为

$$\left.\frac{dT}{dr}\right|_{r=0} = 0, \quad T\big|_{r=r_1} = T_\infty$$

将式(3-1-4)积分两次，可得温度分布表达式为

$$T = -\frac{r^2}{4}\frac{q_v}{h} + C_1 \ln r + C_2 \tag{3-1-25}$$

再由边界条件确定积分常数后，得到具有均匀体积内热流密度的圆柱体的温度分布，即

$$T = \frac{q_v r_1^2}{4\lambda}(1 - \frac{r^2}{r_1^2}) + T_\infty \tag{3-1-26}$$

3.1.5 几种特殊传热问题的处理方法

3.1.2～3.1.4 节所讨论的导热问题，是形状非常规则、表面温度均匀、导热系数为常数的简单情况；而工程中所遇到的实际问题往往要复杂一些，例如物体的导热系数不是常数、物体形状不很规则、其表面温度也可能不均匀等。这类问题在要求不高时，可采用下述方法做近似处理；对复杂问题或要求较高时，则需要用计算传热学的方法来解决。

1. 变导热系数的导热问题

一般导热系数(λ)是随温度变化的，但只要温度变化范围不是很大，都可以进行线性化处理，即在以 λ 为纵坐标和以 T 为横坐标的坐标系中为一直线，表达式为

$$\lambda = \lambda_0(1 + bT) \tag{3-1-27}$$

式中：λ_0 为所在温度范围内导热系数延长线在纵坐标上的截距；b 为变化系数。

将式(3-1-27)代入直角坐标系下一维稳定热传导方程(3-1-6)，积分可得

$$T = T_0 + \frac{1}{6\lambda_0}\sqrt{(\lambda_2^2 - \lambda_1^2)\frac{x}{\delta} + \lambda_1^2} - \frac{1}{b} \tag{3-1-28}$$

式中：λ_1 和 λ_2 分别代表温度为 T_1 和 T_2 时的导热系数。

同样对变导热系数时的导热定律表达式(2-1-2)直接积分，可以得出热流密度为

$$q = \frac{T_1 - T_2}{\delta}\lambda_0\left[1 + \frac{b}{2}(T_1 + T_2)\right] \tag{3-1-29}$$

2. 不规则形状物体的导热问题

对不规则形状的物体，可以用类似平壁公式的形式近似计算，即

$$\Phi = \frac{\lambda}{\bar{\delta}} A^* (T_1 - T_2) \tag{3-1-30}$$

式中：A^* 为物体表面的计算面积；$\bar{\delta}$ 为物体的平均壁厚。

(1) 计算两侧表面积 $A_1 \neq A_2$ 的平壁导热，当 $A_2/A_1 < 2$ 时，计算面积取

$$A^* = \frac{1}{2}(A_1 + A_2) \tag{3-1-31}$$

(2) 计算截面内外边界呈均匀平滑曲线的柱形筒壁导热，当 $A_2/A_1 > 2$ 时，计算面积取

$$A^* = \frac{A_2 - A_1}{\ln(A_2/A_1)} \tag{3-1-32}$$

(3) 计算沿 3 个坐标方向的长度彼此近似的各种闭合物体的导热，计算面积取

$$A^* = \sqrt{A_1 A_2} \tag{3-1-33}$$

3. 表面温度不均匀的物体导热问题

当表面各个部分温度差别不大时，可以用平均温度($\bar{T}$)来代表整个表面的温度。$\bar{T}$ 的表达式为

$$\bar{T} = \frac{T_1 A_1 + T_2 A_2 + T_3 A_3 + \cdots}{A_1 + A_2 + A_3 + \cdots} = \frac{\sum TA}{\sum A} \tag{3-1-34}$$

式中：A_1, A_2, A_3 分别为表面各部分的面积；T_1, T_2, T_3 为相应表面的温度。

当表面部分的温度相差较大时，就不宜采用求平均温度的办法。这时，可以把全部表面分为各自温度相差不大的若干个分区，然后分别对各个分区进行导热计算，最后将所得导热量相加就可得到总的导热量。

3.2　一维不稳定热传导

3.1 节讨论的都是物体内温度场不随时间变化的所谓稳定导热过程，大多数工业热设备在正常工作状态下就属于这种情况。在另外一些情况下，例如枪炮射击的初始阶段、内燃机工作初期以及火箭发动机开始工作后的一段时间内等，其共同特点都是物体内或壁内温度随时间在不断变化，通过的热流量也在随时间变化，这种状态下的导热就称为不稳定导热。下面以几种典型情况为例来研究不稳定导热的计算问题。

3.2.1　不稳定导热在特殊情况下的解法

物体在瞬间加热或冷却时，热量传递的快慢是由物体内部的导热热阻和表面的对流换热热阻所决定的。存在着 3 种不同的情况：① 可以忽略导热热阻；② 可以忽略对流换热热阻；③ 两种热阻都必须同时考虑。本节分别研究前两种情况，它不仅计算简单，而且有实用价值。

1. 导热热阻很小的情况

导热良好的金属物体的加热(或冷却)过程,物体内的导热热阻很小以至于可以忽略不计。在这种情况下,采用集总热容分析法求解。所谓集总热容法,是假定与表面对流换热热阻相比,物体内部导热热阻很小或可以忽略不计,这时,主要的温度梯度产生于表面的流体层内,而物体内的温度分布可以认为是均匀的,所以又叫平均温度法。

从物体与周围流体的能量平衡关系出发,物体表面的对流热损失等于物体热能的减少,即

$$\Phi = hA(T - T_{\infty}) = -\rho c W \frac{\mathrm{d}T}{\mathrm{d}t} \tag{3-2-1}$$

式中: h 为对流换热系数; A 为对流表面积; T, T_{∞} 分别为物体和流体的温度; c, ρ, W 分别为物体的比热容、密度和体积。

引进称为过余温度的新变量 $\theta = T - T_{\infty}$, $\theta_{\mathrm{i}} = T_{\mathrm{i}} - T_{\infty}$, T_{i} 为 $t=0$ 时物体的初始温度,则式(3-2-1)改写为

$$-\rho c W \frac{\mathrm{d}\theta}{\mathrm{d}t} = hA\theta \tag{3-2-2}$$

已知物体初始温度差为 θ_{i},对式(3-2-2)分离变量并积分,可得

$$\ln \frac{\theta}{\theta_{\mathrm{i}}} = -\frac{hA}{\rho c W} t \tag{3-2-3}$$

或写成

$$\theta = \theta_{\mathrm{i}} \mathrm{e}^{-\frac{hA}{\rho c W} t} = \theta_{\mathrm{i}} \mathrm{e}^{-mt} \tag{3-2-4}$$

此式适用于一般不稳定导热的情况,式中:

$$m = \frac{hA}{\rho c W} \tag{3-2-5}$$

称为冷却率,指数 mt 的量纲为 1,可以表示成两个量纲为 1 的量的乘积

$$mt = \frac{hA}{\rho c W} t = \left(\frac{hW}{\lambda A}\right)\left(\frac{A^2 \lambda}{\rho c W^2} t\right) \tag{3-2-6}$$

定义

$$Bi = \frac{h\left(\dfrac{W}{A}\right)}{\lambda} = \frac{hl}{\lambda} \tag{3-2-7}$$

称为毕渥数(Biot Number),是热阻比,其量纲为 1 即物体内部的导热热阻 $l/\lambda A$ 与物体表面对流换热热阻 $1/hA$ 的比值。Bi 值小,表示物体的导热能力比对流换热大得多,物体内的温度梯度很小。$Bi \to 0$ 意味着物体的导热热阻趋于零,物体内温度分布趋于一致,只随时间变化,工程上认为 $Bi < 0.1$ 就接近这种极限情况,就可以采用集总热容法处理。实验证明,当 Bi 值小于0.1时,应用式(3-2-4)计算物体温度与时间的关系,其计算结果与实际情况相比,误差不超过 5%。式(3-2-6)的另一括号项是傅里叶数(Fourier Number),记为

$$Fo = \frac{A^2 \lambda t}{\rho c W^2} = \frac{at}{l^2} \tag{3-2-8}$$

傅里叶数的物理意义可以理解为两个时间间隔相除，其量纲为1，即 $t/(l^2/a)$。在不稳定导热过程中，Fo 越大，意味着热扰动在物体内部的传播越深入，从而使物体内各点的温度越接近周围流体的温度。

综上所述，式(3-2-4)可以写为

$$\theta = \theta_i e^{-BiFo} \tag{3-2-9}$$

如果忽略导热热阻，有 $Bi \approx 0$，则 $\theta = \theta_i$。

2. 忽略对流热阻的情况

对于大部分绝热材料的传热问题，材料的导热热阻远远大于对流换热热阻，Bi 很大。而 $Bi \to \infty$ 是它的极限情况，这意味着对流换热热阻趋于0。对于这种情况，在 $t>0$ 的所有时间内，表面温度是常数，并实际上等于环境温度 T_∞。

在 Bi 很大的条件下，传热过程的进行主要取决于物体的导温系数(a)的大小。冷却率(m)与 a 成正比，即

$$m = Ka \tag{3-2-10}$$

式中：K 为比例系数，其大小仅取决于物体的几何形状和尺寸。对于不同几何形状的物体，其 K 值为

平壁

$$K = \left(\frac{\pi}{2\delta}\right)^2 \tag{3-2-11}$$

球体

$$K = \left(\frac{\pi}{r}\right)^2 \tag{3-2-12}$$

圆柱体

$$K = \left(\frac{2.4}{r}\right)^2 + \left(\frac{\pi}{l}\right)^2 \tag{3-2-13}$$

平行六面体

$$K = \left(\frac{\pi}{l_1}\right)^2 + \left(\frac{\pi}{l_2}\right)^2 + \left(\frac{\pi}{l_3}\right)^2 \tag{3-2-14}$$

式中：δ 为平壁厚度的一半；r 为球及圆柱的半径；l 为圆柱体的长度；l_1, l_2, l_3 为平行六面体的边长。单位均取m。

在工程上，当 $Bi>100$ 时，便可以按上述方法计算。由式(3-2-10)并由式(3-2-4)所求出的温度 T 是物体中心的温度 T_m。

3.2.2 对流边界条件下的解法

瞬间传热过程的最一般情况，是考虑表面对流换热热阻和物体内导热热阻均不能忽略的

情况。本节讨论这种固体表面具有对流边界条件传热问题的分析解法。

1. 无限大平板

无限大平板是指平板的长和宽与厚度相比足够大的平板，如图 3-8 所示，平板厚度为 2δ，初始时平板各处温度均匀一致并等于 T_i。两侧表面突然受不随时间变化的温度为 T_∞ 的流体冷作用，表面的对流换热系数为常数。

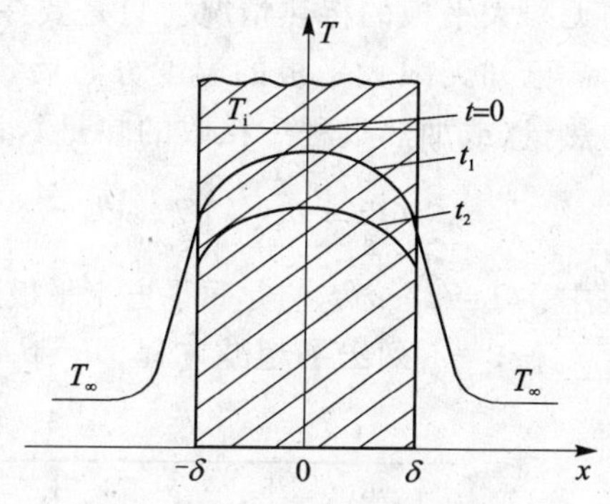

图 3-8　平板的瞬态导热

由于平板两边同时冷却，所以温度场必以其中心截面为对称面。中心截面上的温度梯度为零，故在该处没有热量传递，可以看做是绝热的，只要研究半个板壁就可以了。

由式(3-1-2)可以得出无内热源的一维不稳定导热微分方程

$$\frac{\partial T(x,t)}{\partial t} = a\frac{\partial^2 T(x,t)}{\partial x^2} \tag{3-2-15}$$

若采用过余温度 $\theta = T(x,t) - T_\infty$ 表示，则有

$$\frac{\partial \theta}{\partial t} = a\frac{\partial^2 \theta}{\partial x^2} \tag{3-2-16}$$

初始条件和边界条件为

$$t = 0, \theta = \theta_i, \left.\frac{\partial \theta}{\partial x}\right|_{x=0} = 0, \left.\frac{\partial \theta}{\partial x}\right|_{x=\delta} = -\frac{h}{\lambda}\theta_w \tag{3-2-17}$$

式中：初始过余温度 $\theta_i = T_i - T_\infty$；壁面过余温度 $\theta_w = T_w - T$。后一个边界条件是由壁面传给流体的热流密度和通过壁面的导热热流密度相等得出的。

式(3-2-16)采用经典的分离变量法求解，可得到平板壁内的温度分布

$$\theta(x,t) = \theta_i \sum_{n=1}^{\infty} \frac{2\sin\beta_n}{\beta_n + \sin\beta_n\cos\beta_n}\cos\left(\beta_n\frac{x}{\delta}\right)e^{-\beta_n^2 Fo} \tag{3-2-18}$$

式中：$Fo = at/\delta^2$ 为傅里叶数；β_n 为超越方程

$$Bi = \beta_n \tan\beta_n \tag{3-2-19}$$

的根。它仅是 Bi 的函数，有无穷多个，每个根都满足所研究问题的边界条件。

通过式(3-2-18)可以计算出每一时刻平板壁内的温度分布。分别取 $x=0$ 和 $x=\delta$，就得到平板壁内中心层的过余温度和壁面的过余温度，分别为

$$\theta_m(t) = \theta(0,t) = \theta_i \sum_{n=1}^{\infty} \frac{2\sin\beta_n}{\beta_n + \sin\beta_n\cos\beta_n}e^{-\beta_n^2 Fo} \tag{3-2-20}$$

$$\theta_w(t) = \theta(\delta,t) = \theta_i \sum_{n=1}^{\infty} \frac{2\sin\beta_n\cos\beta_n}{\beta_n + \sin\beta_n\cos\beta_n}e^{-\beta_n^2 Fo} \tag{3-2-21}$$

式(3-2-18)、式(3-2-20)及式(3-2-21)同样适用于一面冷却(或受热),而另一面热绝缘的无限大平板的传热情况。只是要注意,这时的δ代表平板的总厚度。

已知无限大平板的温度分布后,就可以求得经过t时间每平方米平板在冷却过程中放出的热量(或加热过程中接收的热量),计算公式为

$$Q_t = \rho c\int_{-\delta}^{\delta}[\theta_i - \theta(x,t)]\mathrm{d}x = Q_i\left[1 - \sum_{n=1}^{\infty}\frac{2\sin^2\beta_n}{\beta_n^2 + \beta_n\sin\beta_n\cos\beta_n}\mathrm{e}^{-\beta_n^2 Fo}\right] \quad (3-2-22)$$

式中:$Q_i = 2\rho c\delta\theta_i$,它是每平方米平板两侧从初始温度$T_i$冷却到流体温度$T_\infty$时所放出的热量。

表3-1列出了超越方程$Bi=\beta_n\tan\beta_n$的前5个根值,供计算时查用。

表3-1 超越方程的根

Bi	β_1	β_2	β_3	β_4	β_5
∞	1.57=π/2	4.71=3π/2	7.85=5π/2	11=7π/2	14.15=9π/2
1 000.00	1.57	4.71	7.84	10.98	14.13
100.00	1.56	4.66	7.77	10.88	14.00
50.00	1.54	4.62	7.70	10.78	13.87
20.00	1.50	4.49	7.50	10.51	13.54
10.00	1.43	4.31	7.23	10.20	13.21
4.00	1.26	3.93	6.81	9.81	12.87
2.50	1.14	3.73	6.64	9.68	12.76
1.00	0.86	3.43	6.44	9.53	12.65
0.50	0.65	3.29	6.36	9.48	12.61
0.10	0.31	3.17	6.30	9.44	12.57
0.01	0.10	3.14	6.28	9.42	12.57
0	0	3.14=π	6.28=2π	9.42=3π	12.57=4π

式(3-2-18)给出的解是个无穷级数,计算起来不方便。但从式(3-2-18)不难看出,$\theta(x,t)/\theta_i$是$Fo,Bi,x/\delta$的函数,即

$$\frac{\theta(x,t)}{\theta_i} = f\left(Fo,Bi,\frac{x}{\delta}\right) \quad (3-2-23)$$

工程上已按式(3-2-23)的函数关系,计算整理成便于应用的图线形式。图3-9为无限大平板中心温度θ_m/θ_i随Fo与Bi的变化关系;图3-10为θ/θ_m随$1/Bi$与x/δ的变化关系。从式(3-2-22)不难看出:Q_t/Q_i亦是Fo和Bi的函数,这种关系已计算并绘制成曲线,如图3-11所示。

如果想求出中心温度T_m,只须从图3-9查出θ_m/θ_i,就可得到

$$T_m = \theta_i\left(\frac{\theta_m}{\theta_i}\right) + T_\infty \quad (3-2-24)$$

如果要求出离开中心各点的温度$T(x,t)$,就必须从图3-9和图3-10分别查出θ_m/θ_i和θ/θ_m,然后两者相乘可得

$$\frac{\theta}{\theta_i} = \frac{\theta_m}{\theta_i}\frac{\theta}{\theta_m} \quad (3-2-25)$$

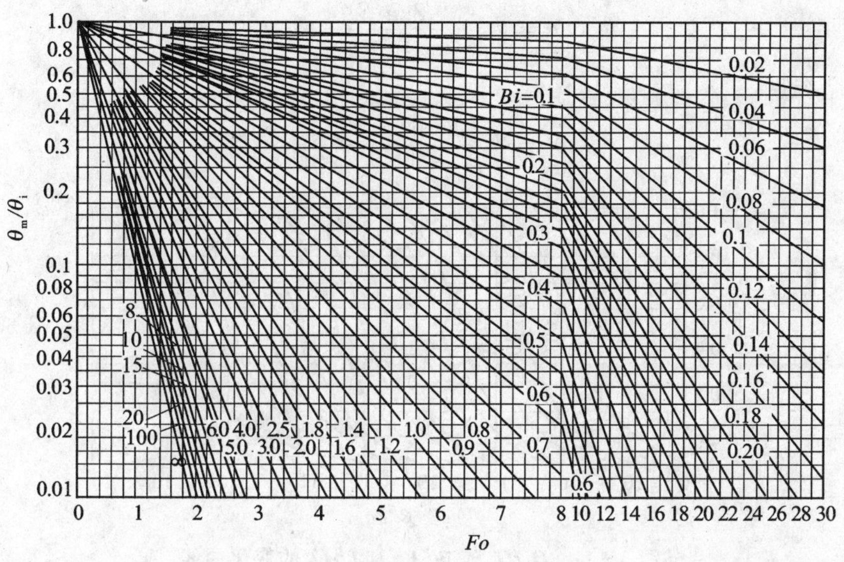

图 3-9　θ_m/θ_i 随 Bi 与 Fo 的变化曲线

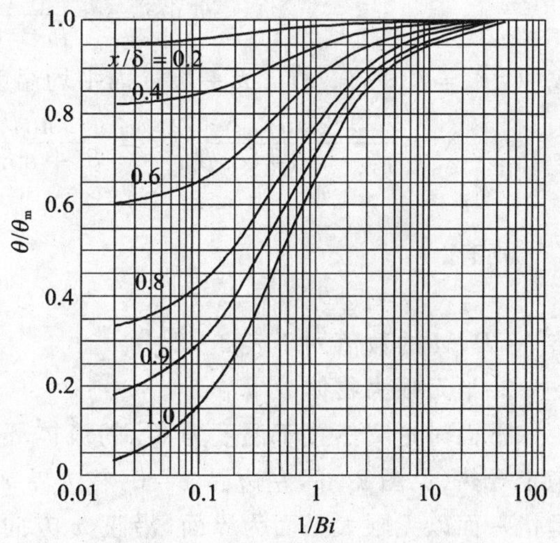

图 3-10　θ/θ_m 随 Bi 与 x/δ 的变化曲线

于是,有

$$T(x,t) = \theta_i\left(\frac{\theta}{\theta_i}\right) + T_\infty \quad (3-2-26)$$

计算无限大平板在 t 时刻的热损失,可通过图 3-11 查出 Q_t/Q_i,则得到

$$Q_t = Q_i\left(\frac{Q_t}{Q_i}\right) \qquad (3-2-27)$$

应该指出,式(3-2-18)、式(3-2-20)～式(3-2-22)及图 3-9～图 3-11 都是在对流边界条件(第 3 类边界条件)下冷却时得到的解,对于加热过程同样也是正确的,这时过余温度仍定义为 $\theta = T - T_\infty$,吸热时它为负值。

实际计算表明,式(3-2-18)、式(3-2-20)～式(3-2-22)中的无穷级数随 Fo 的增大很快收敛,仅取级数的第 1 项对工程计算已足够准确。当 $Fo \geqslant 0.3$ 时,其计算误差不超过 1%;当 $Fo \geqslant 0.5$ 时,计算误差约为 0.1%。于是

$$\theta(x,t) = \theta_i \frac{2\sin\beta_1}{\beta_1 + \sin\beta_1\cos\beta_1}\cos\left(\beta_1 \frac{x}{\delta}\right)e^{-\beta_1^2 Fo} \qquad (3-2-28)$$

中心层过余温度

$$\theta_m(t)=\theta_i\frac{2\sin\beta_1}{\beta_1+\sin\beta_1\cos\beta_1}e^{-\beta_1^2 Fo} \tag{3-2-29}$$

表面过余温度

$$\theta_w(t)=\theta_i\frac{2\sin\beta_1\cos\beta_1}{\beta_1+\sin\beta_1\cos\beta_1}e^{-\beta_1^2 Fo} \tag{3-2-30}$$

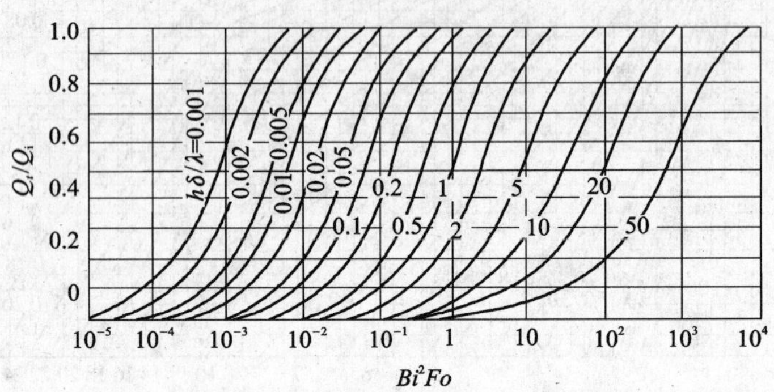

图 3-11　Q_t/Q_i 随 Bi^2Fo 和 $h\delta/\lambda$ 的变化曲线

而平板壁内平均过余温度

$$\bar{\theta}_w(t)=\theta_i\frac{2\sin\beta_1}{\beta_1+\sin\beta_1\cos\beta_1}\frac{\sin\beta_1}{\beta_1}e^{-\beta_1^2 Fo} \tag{3-2-31}$$

式中：$\bar{\theta}_w=\bar{T}_w-T_\infty$，$\bar{T}_w$ 为平板壁内平均温度。为计算方便，记

$$N=\frac{2\sin\beta_1}{\beta_1+\sin\beta_1\cos\beta_1},P=\frac{2\sin\beta_1\cos\beta_1}{\beta_1+\sin\beta_1\cos\beta_1},M=\frac{2\sin\beta_1}{\beta_1+\sin\beta_1\cos\beta_1}\frac{\sin\beta_1}{\beta_1} \tag{3-2-32}$$

则有

$$\theta_m(t)=N\theta_i e^{-\beta_1^2 Fo},\theta_w(t)=P\theta_i e^{-\beta_1^2 Fo},\bar{\theta}_w(t)=M\theta_i e^{-\beta_1^2 Fo} \tag{3-2-33}$$

将 N,P,M 的数值列于表 3-2 中。

2. 半无限大物体

下面讨论突然置于温度为 T_∞ 的流体环境中表面换热系数为常数时，半无限大物体的不稳定导热（见图 2-3，左边界 $x=0$，右边界 $x=\infty$，物体内起始温度为 T_i）。所谓半无限大物体是指一面以无限大平面为界面，沿正 x 方向上伸展至无穷远的物体。在工程实践中，对一个有限厚度的物体，当一个界面上有热作用时，只要在所考虑的时间内受热层比物体本身厚度小得多，就可以看做是半无限大物体。例如工作时间很短的固体火箭发动机，中间底（或战斗部底）受热层比其厚度小得多，受热问题便可以按半无限大的物体表面受热来处理。

无内热源的一维导热微分方程为式（3-2-15），初始条件与半无限大平板相同，而边界条件为

$$T(x,t)\big|_{x=\infty}\to T_i,\ -\lambda\frac{\partial T}{\partial x}\bigg|_{x=0}=h(T_\infty-T_w) \tag{3-2-34}$$

通过对导热微分方程进行积分，并利用初始、边界值条件，最终可得半无限大物体中的温度分布为

$$\frac{T-T_i}{T_\infty - T_i} = 1-\mathrm{erf}\left(\frac{x}{2\sqrt{at}}\right)-\left[\exp\left(\frac{hx}{\lambda}+\frac{h^2at}{\lambda^2}\right)\right]\left[1-\mathrm{erf}\left(\frac{x}{2\sqrt{at}}+\frac{h\sqrt{at}}{\lambda}\right)\right] \tag{3-2-35}$$

式中：

$$\mathrm{erf}(u) = \frac{2}{\sqrt{\pi}}\int_0^u \mathrm{e}^{-\eta^2}\,\mathrm{d}\eta$$

称为高斯误差函数。图 3－12 给出了自变量 u 从 0 到 2 的相应误差函数曲线。由于在实际问题中热物理参数和其他条件本身有较大的误差，所以对这类导热问题，通常可以不必从数学表上去查取更精确的数值。

表 3－2　*N*,*P*,*M* 的数值

Bi	β_1^2	P	M	N	Bi	β_1^2	P	M	N
0.00	0.000 0	1.000	1.000	1.000	2.2	1.222	0.535 0	0.960	1.186
0.01	0.010 0	0.997	1.000	1.002	2.4	1.277	0.510 0	0.956	1.193
0.02	0.019 9	0.993	1.000	1.003	2.6	1.332	0.488 0	0.952	1.200
0.04	0.039 7	0.987	1.000	1.006	2.8	1.380	0.468 0	0.948	1.205
0.06	0.058 4	0.981	1.000	1.010	3.0	1.420	0.448 0	0.944	1.210
0.08	0.077 8	0.974	1.000	1.013	3.5	1.52	0.406 0	0.935	1.221
0.10	0.096 8	0.967	1.000	1.016	4.0	1.59	0.370 0	0.926	1.229
0.12	0.115 4	0.960	1.000	1.020	4.5	1.66	0.338 0	0.919	1.235
0.14	0.133 7	0.954	1.000	1.023	5.0	1.73	0.314 0	0.912	1.240
0.16	0.151 8	0.948	1.000	1.026	5.5	1.78	0.293 0	0.906	1.244
0.18	0.169 7	0.942	1.000	1.029	6.0	1.82	0.273 0	0.901	1.248
0.20	0.187 4	0.936	1.000	1.031	7.0	1.90	0.241 0	0.892	1.254
0.22	0.204 8	0.930	1.000	1.034	8.0	1.95	0.216 0	0.885	1.257
0.24	0.222 0	0.924	0.999	1.037	9.0	2.00	0.196 0	0.879	1.260
0.26	0.239 0	0.918	0.999	1.040	10	2.04	0.180 0	0.874	1.262
0.28	0.255 8	0.912	0.999	1.042	12	2.08	0.152 0	0.866	1.265
0.30	0.272 3	0.906	0.999	1.045	14	2.12	0.132 0	0.859	1.267
0.35	0.312 5	0.891	0.998	1.052	16	2.16	0.116 0	0.855	1.268
0.40	0.351 6	0.877	0.998	1.058	18	2.20	0.104 0	0.851	1.269
0.45	0.389 4	0.863	0.997	1.064	20	2.24	0.094 0	0.847	1.270
0.50	0.426 4	0.849	0.996	1.070	25	2.27	0.076 0	0.841	1.271
0.55	0.462 4	0.836	0.995	1.076	30	2.30	0.065 0	0.836	1.271
0.60	0.497 0	0.823	0.994	1.081	35	2.33	0.056 0	0.832	1.272
0.70	0.564 0	0.798	0.992	1.092	40	2.35	0.050 0	0.829	1.272
0.80	0.626 0	0.774	0.990	1.102	50	2.37	0.040 0	0.826	1.272
0.90	0.684 0	0.751	0.988	1.111	60	2.39	0.033 3	0.824	1.273
1.00	0.740 0	0.729	0.986	1.119	70	2.40	0.028 6	0.822	1.273
1.20	0.841 0	0.689	0.981	1.134	80	2.41	0.025 0	0.820	1.273
1.40	0.931 0	0.653	0.977	1.148	90	2.41	0.022 2	0.819	1.273
1.60	1.016 0	0.619	0.972	1.159	100	2.42	0.020 0	0.818	1.273
1.80	1.090 0	0.587	0.968	1.169	∞	2.467	0.000 0	0.810	1.273
2.00	1.162 0	0.559	0.964	1.179					

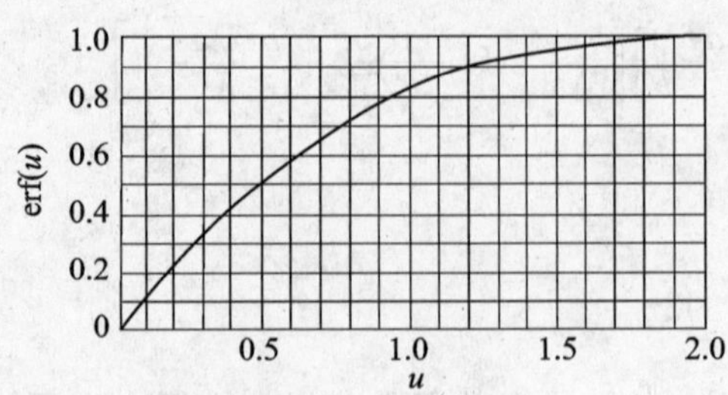

图 3-12　误差函数曲线

式(3-2-35)可用来确定短时间内有限厚物体的温度分布。图 3-13 以曲线形式给出了式(3-2-35)的解。当 $x=0$ 时，由式(3-2-35)得到表面温度

$$\frac{T_w - T_i}{T_\infty - T_i} = 1 - \left[\exp\left(\frac{h^2 a t}{\lambda^2}\right)\right]\left[1 - \mathrm{erf}\left(\frac{h\sqrt{a t}}{\lambda}\right)\right] \tag{3-2-36}$$

当 $T(x,t)=T_i$ 时，就可求得在 t 瞬间热作用达到的最大深度，用 x_{max} 表示。这时式(3-2-35)左边为 0，于是有

$$\mathrm{erf}\left(\frac{x_{max}}{2\sqrt{at}}\right) + \left[\exp\left(\frac{hx_{max}}{\lambda} + \frac{h^2 a t}{\lambda^2}\right)\right]\left[1 - \mathrm{erf}\left(\frac{x_{max}}{2\sqrt{at}} + \frac{h\sqrt{at}}{\lambda}\right)\right] = 1 \tag{3-2-37}$$

根据 erf(u)的性质，只有当 $u\to\infty$ 时，才有 erf(u)→1，式(3-2-37)才能成立。但当 $u=\dfrac{x_{max}}{2\sqrt{at}}=2$ 时，erf(u)=0.995≈1

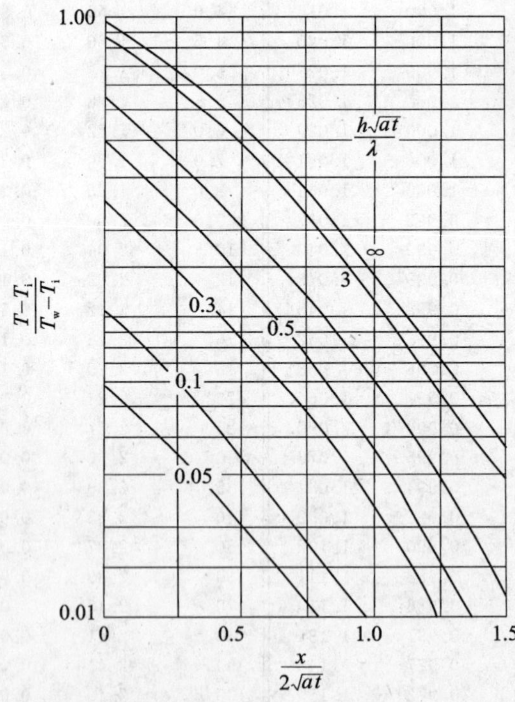

图 3-13　对称边界条件下半无限大物体内的温度分布

由此可求得最大受热深度与时间的关系，即

$$x_{\max} \approx 4\sqrt{at} \tag{3-2-38}$$

由式(3－2－38)可见，$x_{\max}$与t和a乘积的平方根成正比。导温系数愈大，则受热层愈厚。对于同一导温系数，热作用开始时受热层增加较快，随时间的增加，逐渐趋向缓慢。

式(3－2－35)所表示的分析解是在全部受热时间内，当x趋于无限大、温度趋于T_i时的情况下获得的。对于厚度为δ的单面受热有限厚平壁，如果在受热时间内，壁厚大于最大受热深度，即

$$\delta \geqslant x_{\max} = 4\sqrt{at} \tag{3-2-39}$$

或

$$Fo = \frac{at}{\delta^2} \leqslant \frac{1}{16} = 0.063 \tag{3-2-40}$$

则可将此有限厚平壁当成半无限大物体处理，应用式(3－2－35)求解，所得结果误差很小。

3.3　对流换热

在第2章中已经指出，对流换热实际上是在热传导和热对流两种机理联合作用下发生的流体和固体表面之间的热量交换。描述对流换热量的基本方程是牛顿冷却公式，即用对流换热系数h来解决涉及对流边界条件的传热问题。本章着重阐述理论求解和实验确定对流换热系数的途径：由对流换热过程的物理模型，建立微分方程组，进而利用边界层理论建立积分方程组来求得近似解；通过分析层流及湍流边界层内动量传递和热量传递的一般规律，导出摩擦系数和换热系数的类比律，由摩擦系数求换热系数；依靠相似理论指导实验来确定换热准则方程式的具体形式。本章还将介绍一些对流换热的经验公式。

3.3.1　影响对流换热的主要因素

对流换热是指流体和固体壁面直接接触时相互间的换热过程，它是流体中对流和传导所组成的综合传热过程，是一个比较复杂的物理现象，和很多因素密切相关。这里只是定性地分析各种因素对对流传热过程的影响，并把它们归纳为3大类。

1. 流动状态和流动的起因

流动状态是指流体处于层流流动还是湍流流动。在层流流动中，流体的运动是有秩序分层进行的，各层的流体微团沿着与轴线或通道平行的方向，保持一定的顺序流动，互不超越。如果固体壁面与流体之间存在温差，则在壁面与流体接触的界面上，或各相邻两流体层间将会发生以分子导热方式进行的热传递。

在湍流流动中，流体微团的运动杂乱无章，流动速度和流动方向时刻都在变化，流体中会产生涡流。当固体壁面与流体之间存在温差时，热量的转移除依靠导热作用外，同时还受涡流

扰动的对流影响,并更多地依靠热对流的作用。

流动状态对换热的影响可用雷诺数(Re)来反映(当 Re 小于某值时,流动呈层流状态;而当 Re 大于某值时,流动便会出现湍流状态)。在其他条件相同时,流速(V)增加,Re 也增大,对流热传递作用将相应得到加强,h 也随之变大,所以湍流时的换热必定比层流强。

在分析流态影响时,还必须注意流体流动的起因。一般的说,受迫流动流速高,而自由流动流速低,故受迫流动时的对流换热强度大,换热系数大。例如空气自由流动的换热系数约为 5~25 W/(m²·K),而受迫流动的换热系数可达 10~100 W/(m²·K)或更大。

2. 流体的物理性质

不同流体的物性不同,同一种流体温度不同,物性也会变化,这些都对换热产生影响。影响换热的物性主要是定压比热容(c_p)、导热系数(λ)、密度(ρ)及黏度(动力黏度(μ)或运动黏度(ν))等。

导热系数比较大的流体,会增强流体内部、流体与壁面之间的换热。如水的导热系数是空气的 20 多倍,故水的换热系数远比空气大,一般为 100~1 000 W/(m²·K)。

比热容和密度大的流体,其单位体积能够携带更多的热量,故以对流作用转移热量的能力也就大。如常温下水的体积热容 $\rho c_p \approx 4\ 180$ kJ/(m³·K),而空气却只有 1.2 kJ/(m³·K),相差悬殊,这样就造成它们对流换热系数的巨大差别。

一般的说,黏度大,换热系数将减小,这是因为流体的黏度阻碍流体的运动,从而影响流体把热量迅速带走。

物性随温度而变,因此,流体内的温度分布对流体的物性、速度分布和换热强度都有明显的影响。导热系数、比热容和动力黏度只是温度的函数,而与压强无关。运动黏度和导温系数不仅与温度有关,还与压强有关。

3. 换热表面的大小、形状和位置

换热面的几何因素(大小、形状、竖放或横放、换热面向下或向上、内部或外部)对流体的运动状态、速度分布及温度分布都有很大的影响,从而影响换热。

通过上述分析可以看出,对流换热过程是相当复杂的,影响因素相当多,换热系数将是所有这些因素的复杂函数,即

$$h = f(V, T_w, T_\infty, \lambda, c_p, \rho, \mu, l, \cdots) \tag{3-3-1}$$

可见求取换热系数不是那么简单的事。研究对流换热的目的之一,就是寻求各种条件下式(3-3-1)具体的理论公式或经验公式。

当前确定换热系数的方法不外是理论分析法、实验研究法和数值计算法 3 种。常用的理论分析法有:

(1) 根据边界层微分方程组求出精确的数学解;

(2) 根据边界层积分方程组求出近似解;

(3) 利用动量、热量和质量 3 种传递过程的类比求出换热过程的解(半理论近似解)。

理论分析是根据所研究换热系统，建立起具有普遍意义的微分方程组，然后利用给定的单值性条件求解，得出理论公式。但如前所述，由于对流系统本身的复杂性，几乎不可能找到满足各种单值性条件的理论解。这样一来，理论解只能适用于某些特定简化条件下的情况，因而具有一定的局限性。

通过直接实验测量的方法，一般只能求出符合该实验条件下的换热系数，不能随意推广到其他对流换热系统，所以也有很大的局限性。而对各种各样的对流系统，都逐一通过直接实验来求出换热系数，既不可能也无必要，现在通常采用以量纲分析或相似理论为基础的实验研究法。这种方法是把实验数据整理成用量纲为 1 的参数表示的准则关系式，使所得的实验关系式既能用于原实验系统，还可以推广应用到与该实验现象相似的其他对流系统中去。这样，从某一特定的实验所得到的结果便具有一定的普遍意义。用这种方法整理出来的准则关系式称为经验公式。

3.3.2　速度边界层和热边界层

流体力学和对流换热理论分析及实验研究都表明，靠近壁面处流体速度和温度变化最显著，直接影响以对流和导热作用进行的热量传递过程，流动的这部分区域称为边界层。

1. 速度边界层

以平板上的流动为例。当流体以均匀速度 V_∞ 流过平板时，由于流体黏性引起摩擦作用，从平板的前缘开始逐渐形成一层流动速度发生变化的区域。在这个区域内，紧贴壁面处的流体速度必定等于零，同时在壁面上方沿法线方向，流体速度(V)迅速增大，经过厚度为 δ 的薄层，V 增大到接近于主流速度 V_∞(见图 3－14)。把 $y=\delta$ 的薄层称为流动边界层或速度边界层，δ 为速度边界层厚度，通常将 $V=0.99V_\infty$ 处离壁面的垂直距离定义为边界层厚度。在边界层内，V 从 0 变到 V_∞，因此法向速度梯度很大，而且，越靠近壁面，速度梯度越大；在边界层外，流速保持 V_∞ 不变，称为主流区，如图 3－14 所示。在边界层内和边界层外，又都有层流和湍流之分。

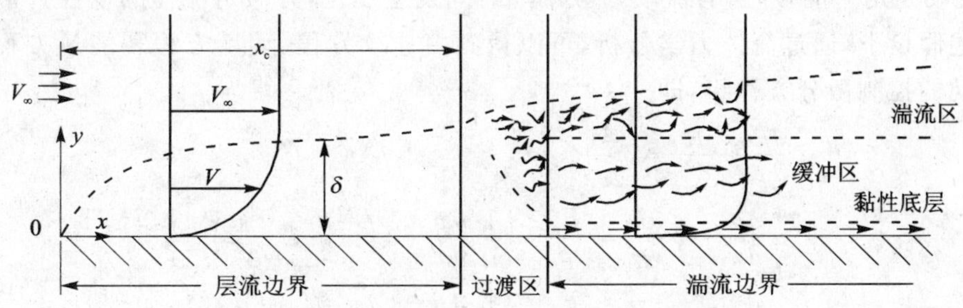

图 3－14　平板上的速度边界层

2. 热边界层

当流过平板的流体温度(T_∞)和壁面温度(T_w)不同时，用和速度边界层同样的方法，可以定义一个热边界层(温度边界层)。图3-15表示的是 $T_\infty > T_w$ 时平板上方同时存在速度边界层和热边界层的情况。在紧贴壁面处 $T_\infty = T_w$，然后沿壁面上方法线方向温度逐渐升高，在离开壁面 δ_T 处，流体的温度升高到 $T=0.99T_\infty$，称厚度为 δ_T 的这一区域为热边界层，δ_T 就是热边界层的厚度。只有在热边界层内温度才有变化，边界层外为等温流动区。

如图3-15所示，尽管热边界层内温度变化规律和速度边界层内的速度变化规律相似，但一般 $\delta_T \neq \delta$，两者之比取决于反映流体性质的普朗特数，这一点将在后面给予说明。

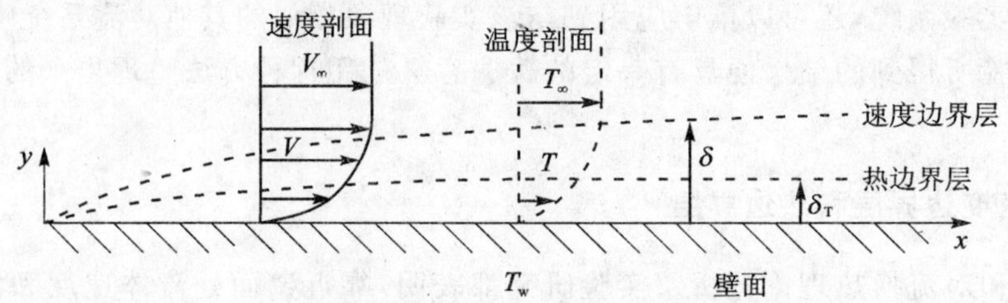

图3-15 热边界层和速度边界层(普朗特数 $Pr>1$)

3.3.3 对流换热微分方程组

求解复杂的对流换热问题，需要先建立相应的微分方程。在建立方程时先做如下假设：

(1) 流体是不可压缩的牛顿黏性流体，流体的黏性切应力(τ)与垂直于流动方向的速度梯度成正比，即

$$\tau_x = \mu \frac{\partial u}{\partial y} \tag{3-3-2}$$

式中：μ 为动力黏性系数；τ_x，u 分别为 x 方向的切应力和流速。

(2) 流动是定常的，即所有流动参数不随时间发生变化，并假定流体的物性为常数。

在上述假设下，通过流体力学分析，可以得到由连续方程、动量方程和能量方程组成的二维定常流动的控制微分方程组，即

$$\left.\begin{aligned}
&\frac{\partial u}{\partial x} + \frac{\partial v}{\partial y} = 0 \\
&u\frac{\partial u}{\partial x} + v\frac{\partial u}{\partial y} = \frac{F_x}{\rho} - \frac{1}{\rho}\frac{\partial p}{\partial x} + \nu\left(\frac{\partial^2 u}{\partial x^2} + \frac{\partial^2 u}{\partial y^2}\right) \\
&u\frac{\partial v}{\partial x} + v\frac{\partial v}{\partial y} = \frac{F_y}{\rho} - \frac{1}{\rho}\frac{\partial p}{\partial y} + \nu\left(\frac{\partial^2 v}{\partial x^2} + \frac{\partial^2 v}{\partial y^2}\right) \\
&u\frac{\partial T}{\partial x} + v\frac{\partial T}{\partial y} = a\left(\frac{\partial^2 T}{\partial x^2} + \frac{\partial^2 T}{\partial y^2}\right) + \frac{\mu}{\rho c_p}\phi + \frac{q_v}{\rho c_p}
\end{aligned}\right\} \tag{3-3-3}$$

式中：p 为压强；u,v 分别为 x 和 y 方向的速度分量；F_x,F_y 分别为单位体积流体的体积力在 x 和 y 方向的分量；q_v 为流体内热源；ϕ 为耗散项，其表达式为

$$\phi = 2\left[\left(\frac{\partial u}{\partial x}\right)^2 + \left(\frac{\partial v}{\partial y}\right)^2\right] + \left(\frac{\partial u}{\partial y} + \frac{\partial v}{\partial x}\right)^2 \tag{3-3-4}$$

若流场中没有内热源，并忽略体积力和耗散项，考虑到在边界层中，各量的数量级满足如下关系

$$\frac{\partial^2 u}{\partial x^2} \ll \frac{\partial^2 u}{\partial y^2}, \quad \frac{\partial^2 T}{\partial x^2} \ll \frac{\partial^2 T}{\partial y^2}, \quad \frac{\partial p}{\partial y} \ll \frac{\partial p}{\partial x} \tag{3-3-5}$$

可以在微分方程组中舍去那些数量级较小的项，从而得到形式大为简化的、适用于边界层中二维流动的微分方程组，即

$$\left.\begin{aligned} &\frac{\partial u}{\partial x} + \frac{\partial v}{\partial y} = 0 \\ &u\frac{\partial u}{\partial x} + v\frac{\partial u}{\partial y} = -\frac{1}{\rho}\frac{\mathrm{d}p}{\mathrm{d}x} + \nu\frac{\partial^2 u}{\partial y^2} \\ &u\frac{\partial T}{\partial x} + v\frac{\partial T}{\partial y} = a\frac{\partial^2 T}{\partial y^2} \end{aligned}\right\} \tag{3-3-6}$$

注意，式(3-3-6)中没有写出 y 方向的动量方程，它已简化成压强在 y 方向的梯度为零。

式(3-3-6)和式(2-2-2)一起组成了二维流动的稳定对流换热微分方程组。

3.3.4 相似准则

从描述物理过程的微分方程中导出现象的基本规律，并把影响复杂现象的多个物理量组合成相似特征数（又称为相似准则），可用以指导理论分析和实验。

例如，前面已经使用过雷诺准则和 $Re=\rho Vl/\mu$，它反映了流体流动过程中微团所受到的惯性力和黏性力的相对大小，Re 可以用来判断流动状态是层流还是湍流，同时也能反映流动状态对换热强度的影响。

同样，对流动和传热的方程进行相似分析，还可以推导出在传热研究中起重要作用的相似特征数，主要有：

普朗特数 $Pr=\nu/a$，由流体的运动黏度和导温系数相除构成，表示流体传递动量和传递热量能力的相对大小，可以直接表示速度边界层和温度边界层的相对厚度；

努塞尔数 $Nu=hl/\lambda$，是对流换热特征数，反映对流换热的强弱，表示换热表面上的过余温度梯度；

格拉晓夫数 $Gr=g\beta\Delta tl^3/\nu^2$，是从带有浮升力项的动量微分方程中推导出来的，表示自然对流中的驱动力，即浮升力与黏性力的相对大小。

此外，还有斯坦顿数 $St=Nu/(RePr)=h/(\rho c_p V)$，是表示对流换热强度的另一个特征数；科尔朋因子 $j=StPr^{2/3}$ 表示表面对流换热的特征数；贝克来数 $Pe=RePr=Vl/a$ 表示流体内对流热流与导热热流之比等等。

3.3.5 平板上受迫流动的换热

对于平板上的层流，边界层的厚度和对流换热系数可以通过精确求解边界层微分方程组来得到，也可以通过建立积分方程组的途径求得近似解，精确解和近似解的结果非常接近。而对于湍流，求解过程要复杂得多，为简单起见采用雷诺类比的方法。

1. 层流边界层的近似解

对平板上层流边界层进行近似求解时，使用边界层积分方程。这里只给出动量和能量积分方程的具体形式，即

$$\left.\begin{aligned}\frac{\mathrm{d}}{\mathrm{d}x}\int_0^{\delta}(V_\infty - V)V\mathrm{d}y &= \nu\left(\frac{\mathrm{d}V}{\mathrm{d}y}\right)_{\mathrm{w}} \\ \frac{\mathrm{d}}{\mathrm{d}x}\int_0^{\delta_{\mathrm{T}}}(T_\infty - T)V\mathrm{d}y &= a\left(\frac{\mathrm{d}T}{\mathrm{d}y}\right)_{\mathrm{w}}\end{aligned}\right\}\tag{3-3-7}$$

关于积分方程的推导可参阅流体力学书籍。注意，式中 V 是速度边界层内离开壁面法向距离 y 处，平行于壁面的流速；T_{w} 为壁面处的温度；y 的变化范围分别为 $0\sim\delta$ 和 $0\sim\delta_{\mathrm{T}}$。

可见，在积分过程中，必须代入预先确定的速度和温度分布函数，而这两个分布函数的形式只能是近似的，所以称为近似解，但近似解的精度能够满足一般的工程需要。若速度和温度函数都采用 3 次幂多项式来表示，则仅根据速度边界层和热边界层的特点，就可以分别导出速度和温度的分布函数，即

$$\left.\begin{aligned}\frac{V}{V_\infty} &= \frac{3}{2}\left(\frac{y}{\delta}\right) - \frac{1}{2}\left(\frac{y}{\delta}\right)^3 \\ \frac{T - T_{\mathrm{w}}}{T_\infty - T_{\mathrm{w}}} &= \frac{3}{2}\left(\frac{y}{\delta_{\mathrm{T}}}\right) - \frac{1}{2}\left(\frac{y}{\delta_{\mathrm{T}}}\right)^3\end{aligned}\right\}\tag{3-3-8}$$

将速度和温度分布函数代入层流边界层的积分方程式(3-3-7)中，可以得到近似解如下：

边界层厚度

$$\frac{\delta}{x} = \frac{4.64}{\sqrt{Re_x}}\tag{3-3-9}$$

表面局部摩擦系数

$$C_{fx} = \frac{0.646}{\sqrt{Re_x}}\tag{3-3-10}$$

表面平均摩擦系数

$$\overline{C_f} = \frac{1.292}{\sqrt{Re_l}}\tag{3-3-11}$$

热边界层和速度边界层的厚度比

$$\frac{\delta_{\mathrm{T}}}{\delta} = \frac{0.974\,6}{\sqrt[3]{Pr}}\tag{3-3-12}$$

换热系数

$$h_x = 0.331\frac{\lambda}{x}Re_x^{1/2}Pr^{1/3} \tag{3-3-13}$$

努塞尔数

$$Nu_x = 0.331Re_x^{1/2}Pr^{1/3} \tag{3-3-14}$$

沿板长 l 的平均换热系数

$$\bar{h} = 0.662\frac{\lambda}{l}Re_l^{1/2}Pr^{1/3} \tag{3-3-15}$$

沿板长 l 的平均努塞尔数

$$\overline{Nu} = 0.662Re_l^{1/2}Pr^{1/3} \tag{3-3-16}$$

在上述的表达式中，下标 x 表示平板上坐标 x 处的数值，下标 l 表示平板全长 l 处的数值。

2. 层流边界层的精确解

对方程式(3-3-6)表示的二维平板层流边界层问题可以进行精确求解，这时须对方程进行变量代换并求数值解，得到的布拉修斯(Blasius)精确解如下：

边界层厚度

$$\frac{\delta}{x} = \frac{4.92}{\sqrt{Re_x}} \tag{3-3-17}$$

表面局部摩擦系数

$$C_{fx} = \frac{0.664}{\sqrt{Re_x}} \tag{3-3-18}$$

表面平均摩擦系数

$$\overline{C_f} = \frac{1.328}{\sqrt{Re_l}} \tag{3-3-19}$$

热边界层和速度边界层的厚度比

$$\frac{\delta_T}{\delta} = Pr^{1/3} \tag{3-3-20}$$

换热系数

$$h_x = 0.332\frac{\lambda}{x}Re_x^{1/2}Pr^{1/3} \tag{3-3-21}$$

努塞尔数

$$Nu_x = 0.332Re_x^{1/2}Pr^{1/3} \tag{3-3-22}$$

沿板长 l 的平均换热系数

$$\bar{h} = 0.664\frac{\lambda}{l}Re_l^{1/2}Pr^{1/3} \tag{3-3-23}$$

沿板长 l 的平均努塞尔数

$$\overline{Nu} = 0.664Re_l^{1/2}Pr^{1/3} \tag{3-3-24}$$

由上述结果可以看出，当 $Pr=1.0$ 时，层流速度边界层和温度边界层的厚度相等。另外，式(3-3-21)是在 $\delta_T=\delta$ 的假定下推导出来的，严格地说，只适用于 $Pr=1.0$ 的流体。实际上，对于 $Pr>0.7$ 的气体，误差不大，也可以近似使用。上述各式中，含有 Pr 的公式的使用范围是 $0.6<Pr<15.0$，对于 Pr 超出此范围的各类流体，上述各式不适用。当来流与壁面温度相差很大时，在计算中要采用膜温度(film temperature) $T_f=(T_w+T_\infty)/2$ 来确定流体的物性参数。层流边界层精确解的这些要求和限制对层流近似解同样适用。

3. 湍流边界层的雷诺类比和换热准则方程

边界层流动微分方程式(3-3-6)既适用于层流也适用于湍流。由流体力学知道，对于湍流相关的物理量都是瞬时随机量，如果用其时均值和脉动量之和代入方程，就会出现很多两个脉动量乘积的时均值，这些新的未知量使方程组不再封闭；常用的方法是采用湍流动量扩散率和湍流热扩散率来使方程组封闭，并使方程组的形式和求解变得更复杂。为了求解湍流边界层传热问题，工程上采用一种称为雷诺类比的方法，即利用动量传递和热量传递具有相似规律的特性，寻求把摩擦阻力直接和传热系数联系起来的方法，用相对比较容易测得的表面摩擦系数来计算湍流的对流换热。事实上，雷诺类比既可用于层流换热也可用于湍流换热，这里讨论湍流换热问题。

引入湍流运动黏性系数(ν_t)和湍流导温系数(a_t)，并定义湍流普朗特数 $Pr=\nu_t/a_t$。边界层中对流传热的雷诺类比基于以下近似，当 $Pr=1.0$ 时，湍流的动量方程和能量方程形式是相同的，速度和温度变化规律相同，量纲为1的速度场和温度场重合，两者具有相同形式的解。因此，边界层中传热速率(q)和摩擦应力(τ_w)满足如下关系：

$$\frac{h_x}{\rho c_p V_\infty} = \frac{\tau_w}{\rho V_\infty^2} \tag{3-3-25}$$

由此可以定义一个新的相似特征数 St，称为斯坦顿数，$St=h_x/(\rho c_p V_\infty)$。于是，有

$$St = \frac{C_f}{2}, \quad C_f = \tau_w \Big/ \left(\frac{1}{2}\rho V_\infty^2\right) \tag{3-3-26}$$

式中：C_f 为表面的局部摩擦系数。这就是 $Pr=1.0$ 条件下，平板上对流换热的雷诺类比。对于 $Pr\neq1.0$ 的更普遍情况，可将雷诺类比修改为

$$StPr^{1/3} = j = \frac{C_f}{2} \tag{3-3-27}$$

称为平板的柯尔朋(Colburn)类比，适用于 $Pr=0.5\sim50.0$ 的情况。

平板上的湍流摩擦系数，也可以和层流中一样通过对动量积分方程求解。对于充分发展的湍流，实验表明边界层内速度分布满足1/7次方定律，即

$$\frac{V}{V_\infty} = \left(\frac{y}{\delta}\right)^{1/7}$$

将上式代入动量积分方程，同时用布拉休斯通过实验得出的摩擦应力与边界层厚度的关系

$$\tau_w = 0.0225\rho V_\infty^2 \left(\frac{\nu}{V_\infty \delta}\right)^{1/4} \tag{3-3-28}$$

经过运算和整理，最终可得

边界层厚度，

$$\frac{\delta}{x} = 0.317 Re_x^{-1/5} \tag{3-3-29}$$

表面局部摩擦系数

$$C_{fx} = 0.0577 Re_x^{-1/5} \tag{3-3-30}$$

表面平均摩擦系数

$$\overline{C_f} = 0.072 Re_l^{-1/5} \tag{3-3-31}$$

斯坦顿数

$$St_x = 0.0288 Re_x^{-1/5} Pr^{-2/3} \tag{3-3-32}$$

平均斯坦顿数

$$\overline{St} = 0.036 Re_l^{-1/5} Pr^{-2/3} \tag{3-3-33}$$

努塞尔数

$$Nu_x = 0.0288 Re_x^{4/5} Pr^{1/3} \tag{3-3-34}$$

平均努塞尔数

$$\overline{Nu} = 0.036 Re_l^{4/5} Pr^{1/3} \tag{3-3-35}$$

上述公式的使用范围为 $5\times10^5 < Re < 10^7$，$0.5 < Pr < 50.0$，整个平板都处于湍流的情况。式中所有物性参数都由 $T_f = (T_w + T_\infty)$ 确定。

以上公式只能适用于完全的湍流附面层，对平板上边界层从层流开始，达到临界雷诺数 (Re_c) 再发展为湍流的情况（见图 3-14），则当 $x < x_c$ 时不适用。为了计算包含有层流和湍流的整个平板上的摩擦阻力，可以在相应的方程中减去长度 x_c 之前的湍流摩擦阻力，再加上相应区域内的层流摩擦阻力。若取 $Re_c = 5\times10^5$，并且 $Re_c/Re_l = x_c/l$，则有

$$\overline{C_f} = 0.072 Re_l^{-1/5} - 0.072 Re_c^{-1/5}\left(\frac{x_c}{l}\right) + 1.328 Re_c^{-1/2}\left(\frac{x_c}{l}\right) = 0.072 Re_l^{-1/5} - 1670 Re_l^{-1} \tag{3-3-36}$$

$$\overline{St} = (0.036 Re_l^{-1/5} - 835 Re_l^{-1}) Pr^{-2/3} \tag{3-3-37}$$

$$\overline{Nu} = (0.036 Re_l^{4/5} - 835) Pr^{1/3} \tag{3-3-38}$$

3.3.6 管内受迫流动的换热

流体在管内受迫流动时，以管内直径 d 为特征量的雷诺数 (Re_d) 是流动状态的判别依据，一般 $Re_d < 2300$ 为层流，$Re_d > 10^4$ 为湍流，$2300 < Re_d < 10^4$ 是层流变为湍流的过渡状态。理论和实验研究都证明，不同的流动状态要用不同的传热计算公式，主要是根据实验整理出的经

验公式。

1. 管内层流流动的换热计算($Re_d<2\,300$)

对于圆管内常物性流体充分发展层流的换热，理论导出了如下简单计算公式

常热流情况

$$Nu_d=\frac{hd}{\lambda_b}=4.36\qquad(q=\text{Const})\tag{3-3-39}$$

常壁温情况

$$Nu_d=\frac{hd}{\lambda_b}=3.66\qquad(T_w=\text{Const})\tag{3-3-40}$$

式中下标“b”表示以管流平均温度 T_b 为定性温度。比较式(3-3-39)和式(3-3-40)可以看出，圆管内层流充分发展段的努塞尔数，常热流情况比常壁温情况约高 20%。

塞德(Seider)和塔特(Tata)对常壁温的管内层流换热进行了试验，整理出的经验公式为

$$\overline{Nu_d}=\frac{\bar{h}d}{\lambda_b}=1.86(Re_dPr)_b^{1/3}\left(\frac{d}{l}\right)^{1/3}\left(\frac{\mu_b}{\mu_w}\right)^{0.14}\tag{3-3-41}$$

或

$$\overline{Nu_d}=\frac{\bar{h}d}{\lambda_b}=1.86\left(Pe_b\cdot\frac{d}{l}\right)^{1/3}\left(\frac{\mu_b}{\mu_w}\right)^{0.14}\tag{3-3-42}$$

它反映了水和油在层流流动时的实验结果，可用来计算管长为 l 的层流平均对流换热系数。式中将热入口段的影响计入$(d/l)^{1/3}$项内，同时用$(\mu_b/\mu_w)^{0.14}$来修正由于热流方向和温差大小不同所引起的黏度场不同对换热造成的影响。式中下标“w”表示用壁面温度作定性温度。式(3-3-41)和式(3-3-42)式显然不能用于极长的管子，否则得出的换热系数将为零，因而对管长有一定限制。凯茨(Katz)等经过比较后，指出式(3-3-41)和式(3-3-42)的适用范围为

$$Pe_b\cdot\frac{d}{l}>10\tag{3-3-43}$$

式中：$Pe=V_md/a$，V_m为管内的平均速度。

对于像空气这种 Pr 在很大温度范围内都接近于 0.7 的流体，式(3-3-41)和式(3-3-42)不能适用。凯斯(Kays)用数值法求解，给出了常壁温条件下的计算式

$$\overline{Nu_d}=\frac{\bar{h}d}{\lambda_b}=3.66+\frac{0.104(Pe_b\cdot\frac{d}{l})}{1+0.016(Pe_b\cdot\frac{d}{l})^{0.8}}\tag{3-3-44}$$

其适用范围为

$$Pe_b\cdot\frac{d}{l}<1\,000\tag{3-3-45}$$

式(3-3-44)给出了气体如空气的层流流动在整个管长 l 范围内的平均对流换热系数。可以

看出，当 $l\to\infty$ 时，式(3-3-44)与式(3-3-40)是一致的。

对于 $Pe_b/l>1\ 000$ 的情况，可以采用平板层流边界层的解。

上面考虑的是单层圆管内的对流换热情况，在工程应用中还经常遇到气流在两个直径不同的同心圆管之间的圆环通道内流动时的对流换热问题。如图 3-16 所示，燃烧室内装有单根圆柱装药的固体火箭发动机工作时就是这种情况。设内外圆的直径分别为 D_i 和 D_e，内外壁的温度分别为 $T_{w,i}$ 和 $T_{w,e}$，内外壁的对流换热系数分别为 h_i 和 h_e，圆环形通道内气流的平均温度为 T_m，则可以分别计算内外两个努塞尔数为

$$Nu_i=\frac{h_iD_h}{\lambda},Nu_e=\frac{h_eD_h}{\lambda} \tag{3-3-46}$$

式中：D_h 为对应的当量直径，可按下式计算

$$D_h=\frac{4A}{\Pi}=4\,\frac{\frac{\pi}{4}(D_e^2-D_i^2)}{\pi(D_e+D_i)}=D_e-D_i \tag{3-3-47}$$

式中：A 为通道面积；Π 为对应的湿周长。

实验测出的不同 D_i/D_e 所对应的内外传热表面的努塞尔数，见表 3-3。

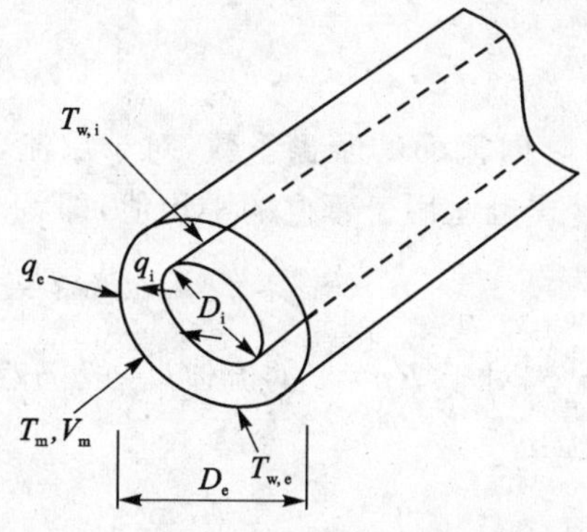

图 3-16　两个同心圆管之间的对流传热

表 3-3　两同心圆管之间对流换热的努塞尔数

(内外壁常温)

D_i/D_e	Nu_i	Nu_e
0	—	3.66
0.05	17.46	4.06
0.10	11.56	4.11
0.25	7.37	4.23
0.50	5.74	4.43
1.00	4.86	4.86

于是，内外传热表面的热流密度为

$$q_i=-h_i(T_{w,i}-T_m),q_e=h_e(T_{w,e}-T_m) \tag{3-3-48}$$

当内外传热表面为常热流时，即在内外传热表面上 q_i 和 q_e 分别均匀一致且为常数时，对应的努塞尔数用下式计算

$$Nu_i=\frac{Nu_{ii}}{1-\left(\frac{q_e}{q_i}\right)\theta_i^*},\quad Nu_e=\frac{Nu_{ee}}{1-\left(\frac{q_e}{q_i}\right)\theta_e^*} \tag{3-3-49}$$

式中：Nu_{ii}，Nu_{ee}，θ_i^* 和 θ_e^* 的数值见表 3-4。

表 3-4　两同心圆管之间对流换热的参数(内外壁常热流)

D_i/D_e	Nu_{ii}	Nu_{ee}	θ_i^*	θ_e^*
0	—	4.364	∞	0
0.05	17.810	4.792	2.180 0	0.029 4
0.10	11.910	4.834	1.383 0	0.056 2
0.20	8.499	4.883	0.905 0	0.104 1
0.40	6.583	4.979	0.603 0	0.182 3
0.60	5.912	5.099	0.473 0	0.245 5
0.80	5.580	5.240	0.401 0	0.299 0
1.00	5.385	5.385	0.346 0	0.346 0

计算时,根据对应表面是吸收热流或是散失热流,q_i 和 q_e 的数值可以是正的或负的。同样,h 和 Nu 的数值也可能是正的或负的。

2. 管内湍流流动的换热计算($Re_d > 10^4$)

对于圆管内的湍流对流换热,同样采用雷诺类比的方法,得出的圆管内雷诺类比公式为

$$St_x = \frac{h_x}{\rho c_p V_m} = \frac{f}{8} \tag{3-3-50}$$

式中:V_m 为管内流体在所研究横截面上的平均速度;f 为管内流动的摩擦系数,对于层流,可以用解析法得到,对于湍流,则必须由实验确定。同样的形式也适用于管内的平均值,即

$$\overline{St} = \frac{\bar{h}}{\rho c_p V_m} = \frac{\bar{f}}{8} \tag{3-3-51}$$

式(3-3-50)和式(3-3-51)只适用于 $Pr \approx 1$ 的情况。对于 $Pr \neq 1$ 的流体,一般仍然采用柯尔朋修正,即

$$j = St \cdot Pr^{2/3} = \frac{f}{8} \tag{3-3-52}$$

适用于 Pr 在 0.5 到 100.0 范围内的流体。

关于摩擦系数(f)的计算,在光滑管中,当 $10^4 < Re_d < 10^6$ 时,实验表明在以距圆管入口距离(x)和圆管直径(d)表示的距离比(x/d)达到 $0.623Re_d^{1/4}$ 之后,管内摩擦系数不再发生变化,而是一个常数,可用下式表示

$$f = 0.184Re_d^{-1/5} \tag{3-3-53}$$

将式(3-3-53)代入式(3-3-52)中,得到圆管内湍流的平均换热准则方程为

$$\overline{St} = 0.023Re_d^{-1/5}Pr^{-2/3} \tag{3-3-54}$$

或

$$\overline{Nu} = \frac{\bar{h}d}{\lambda} = 0.023Re_d^{0.8}Pr^{1/3} \tag{3-3-55}$$

式(3－3－55)的适用范围为 $10^4<Re_d<10^5$，$0.5<Pr<100.0$ 和 $l/d>60$。

计算摩擦系数也可以使用贝图霍夫(Petukhov)建议的公式

$$f=(0.79\log Re_d-1.64)^{-2} \tag{3-3-56}$$

其适用范围是 $4\,000<Re_d<5\times10^6$。

前面各式中的比热容用圆管中流体的进口 T_{b1} 和出口 T_{b2} 的平均值 T_b 计算，即

$$T_b=\frac{T_{b1}+T_{b2}}{2} \tag{3-3-57}$$

对于非光滑管，由于管壁的粗糙程度对传热的影响很大，莫地(Moody)建议，与粗糙度e/d对应的摩擦系数由下式计算

$$\frac{1}{\sqrt{f}}=1.74-0.87\log\left(2\frac{e}{d}+\frac{18.7}{Re_d\sqrt{f}}\right) \tag{3-3-58}$$

式中：e 为粗糙表面颗粒平均高度的平方根。不同粗糙度对应的摩擦系数也可以从图 3－17 中直接得出。

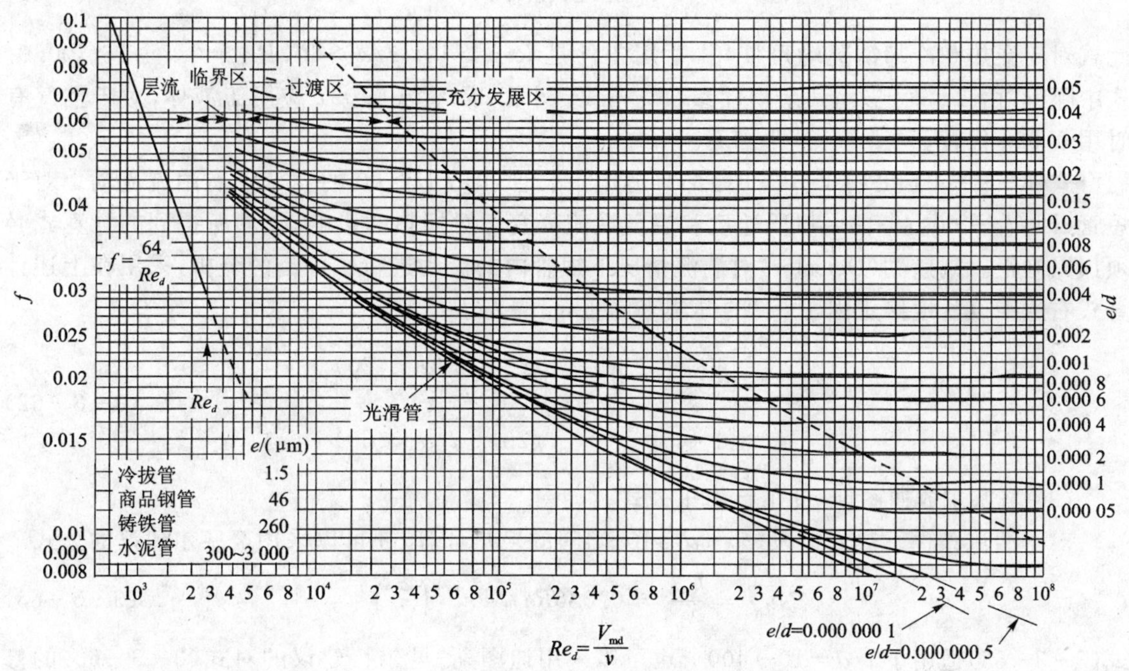

图 3－17　管道中的摩擦系数(莫地)

其他物性参数用 T_w 和 T_b 的平均值 T_f 计算，即

$$T_f=\frac{T_w+T_b}{2} \tag{3-3-59}$$

管内湍流对流换热的计算，还有其他一些经验公式，现将几个典型的介绍如下。

(1) 迪图斯-贝尔特(Dittus - Boelter)公式

对于光滑管内充分发展的湍流，迪图斯-贝尔特推荐下面公式

$$\overline{Nu_d} = \frac{\bar{h}d}{\lambda_b} = 0.023Re_{db}^{0.8}Pr_b^n, \quad n = \begin{cases} 0.4 & (T_w > T_b) \\ 0.3 & (T_w < T_b) \end{cases} \tag{3-3-60}$$

所取 n 值不同是考虑到流体黏度受温度的影响。式(3-3-60)适用于壁面温度与管流平均温度具有中等以下温差(对于气体不超过 55 K，对于水不超过 20～30 K，对于油类不超过 10 K)的情况；$l/d>60$；$Re_{db}=10^4\sim12\times10^4$；$Pr_b=0.7\sim120$。下标“$d$”表示以管内直径 d 为特征尺寸，“b”表示以管流平均温度 T_b 为定性温度。

(2) 塞德-塔特公式

对于大温差和黏度较高的流体(如油一类液体)，塞德和塔特考虑了动力黏度随温度变化的影响，提出

$$\overline{Nu_d} = \frac{\bar{h}d}{\lambda_b} = 0.027Re_{db}^{0.8}Pr_b^{1/3}\left(\frac{\mu_b}{\mu_w}\right)^{0.14} \tag{3-3-61}$$

此式对于受热和冷却情况均可使用，适用条件是 $Re_{db}>10^4$，$l/d>60$，$Pr_b=0.7\sim16\ 700.0$。式中除 μ_w 由 T_w 确定外，其余物性参数均按 T_b 计算；常系数 0.027 应用于液体，对于空气有时用 0.023 代替。

式(3-3-60)和式(3-3-61)都只适用于长管，即 $l/d>60$ 的充分发展湍流流动。对于短管(即 $l/d<60$)，考虑入口段速度和温度沿流程变化对换热的影响，上面所提到的计算式必须加以修正。戴斯勒(Deissler)对湍流情况下短管内的流动进行了广泛的分析，采用在上述计算式右边乘以长度修正因子(ε_l)的办法来修正，ε_l 的表达式为

$$\varepsilon_l = \begin{cases} 1+\left(\dfrac{d}{l}\right)^{0.7} & (2<l/d<20) \\ 1+6\left(\dfrac{d}{l}\right) & (20<l/d<60) \end{cases} \tag{3-3-62}$$

(3) 努塞尔或迪图斯-贝尔特修正公式

对于湍流条件下热入口段($x_{T_e}/d=10\sim45$)的换热计算，还可以采用努塞尔建议的公式

$$\overline{Nu_d} = \frac{\bar{h}d}{\lambda_b} = 0.036Re_{db}^{0.8}Pr_b^{1/3}\left(\frac{d}{l}\right)^{1/18} \tag{3-3-63}$$

式(3-3-63)适用于 $l/d=10\sim400$。也可以采用迪图斯-贝尔特建议的对式(3-3-60)的修正式，即

$$\overline{Nu} = 0.023Re_d^{0.8}Pr^n\left(1+0.067Re_d^{0.25}\,\frac{d}{l}\right) \tag{3-3-64}$$

(4) 格尼林斯基公式

上述经验公式几乎都是 20 世纪 30 年代前整理出的，比较新的公式是 20 世纪 70 年代格

尼林斯基(Gnielinski)由实验得出的经验公式，即

$$Nu_d = \frac{\left(\frac{f}{8}\right)(Re_d - 1\,000)Pr}{1 + 12.7\left(\frac{f}{8}\right)^{0.5}(Pr^{2/3} - 1)} \tag{3-3-65}$$

式(3-3-65)可以在较大的 Re_d 和 Pr 范围内使用，也同样适用于常热流和常壁温两种情况。式中 f 由式(3-3-56)计算，适用于 $0.5<Pr<2\,000.0$ 和 $4\,000<Re_d<4\times10^6$。

对于图 3-16 所示的圆形环通道内的湍流对流换热，有的学者建议由式(3-3-47)计算出当量直径后，采用上面的计算公式直接进行计算。

3.3.7　自由对流换热

前面讨论的流体与固体表面之间的对流换热，是流体受外力作用其压强发生变化而引起的受迫流动。对于自由对流，流动是由流体密度变化产生升浮力作用引起的。

1. 一般自由对流

分析微分方程式(3-3-3)中体积力 F 为流体重力时的动量方程，可以导出一个新的相似准则，即格拉晓夫(Grashof)准则。格拉晓夫数的定义是

$$Gr = \frac{g\beta\Delta Tl^3}{\nu^2} \tag{3-3-66}$$

式中：g 为重力加速度；β 为流体的体积膨胀系数，定义为

$$\beta = \frac{1}{W}\left(\frac{\partial W}{\partial T}\right)_p \tag{3-3-67}$$

式中：W 为流体体积。对于状态方程为 $p=\rho RT$ 的理想气体，$\beta=1/T$。

格拉晓夫准则是流体自由流动特有的相似准则。Gr 表示流体的净升力和黏性力的相对关系，Gr 的大小反映了自由对流的强弱程度，Gr 大，表示流体净升力作用增大。

另一个表示流体自由对流强弱的准则是瑞利(Rayleigh)准则，瑞利数定义为

$$Ra = Gr \cdot Pr = \frac{g\beta\Delta Tl^3}{\nu a} \tag{3-3-68}$$

对于垂直竖立平板表面的自由流动，实验表明，$Ra=10^9$ 是层流和湍流的转捩点。

自由对流系统的能量方程及对流换热方程与受迫对流系统是完全相同的。对自由对流可以导出和受迫对流相同的 Nu 和 Pe 等。

在工程应用中，对于常壁温的情况，经常将自由对流的平均 Nu 整理成

$$\overline{Nu} = \frac{\bar{h}l}{\lambda} = C(Gr \cdot Pr)_f^n \tag{3-3-69}$$

式中：l 为与物体形状相适应的特征尺寸。C，n 是由实验确定的常数，取决于物体的几何形状、放置方法、热流方向和 $Gr \cdot Pr$ 的范围，表 3-5 列出几种典型情况的数值。流体的所有物性都用膜温度 $T_f=(T_w+T_\infty)/2$ 作定性温度，T_∞ 为远离壁面的流体温度。

表 3-5　常壁温时的式(3-3-69)中的常数

表面形状及位置	流动情况示意图	C,n 值			特征尺寸	适用范围
		流　态	C	n		($Gr\cdot Pr$)
竖壁和竖管	H　T_w　T_∞	层流 湍流	0.59 0.10	1/4 1/3	高度(H)	$10^4\sim10^9$ $10^9\sim10^{13}$
横管		层流 湍流	0.53 0.13	1/4 1/3	外径(D)	$10^4\sim10^9$ $10^9\sim10^{12}$
热面朝上或冷面朝下的横板		层流 湍流	0.54 0.15	1/4 1/3	矩形取长度的平均值;非均匀平板取面积与周长之比值;圆盘取 0.9d	$2\times10^4\sim8\times10^6$ $8\times10^6\sim\times10^{11}$
热面朝下或冷面朝上的横板		层流	0.58	1/5		$10^5\sim10^{11}$

表中,对于竖管(柱),如其边界层厚度与圆管外径相比甚小时,边界层的发展可视为与表面曲率无关,此时,换热完全可以和竖壁换热一样计算。为此,斯帕罗(Sparrow)和格雷格(Gregg)导出下述判别式

$$\frac{D}{H}\geqslant\frac{35}{Gr_H^{1/4}}\tag{3-3-70}$$

凡满足此判别条件时,便可将竖管按竖壁处理,其平均努塞尔数的偏差不超过5%。式中:D,H 分别为竖管的外径和高度。对于外径小而又长的竖管,边界层厚度与直径相比较,圆管曲率的影响不可忽视。图 3-18 绘出了竖管平均换热系数($\overline{h_D}$)与竖壁平均换热系数($\overline{h_P}$)之比随 Gr_H 和 H/R 的变化曲线(R 为竖管外半径),可以看出,$\overline{h_D}\geqslant\overline{h_P}$。

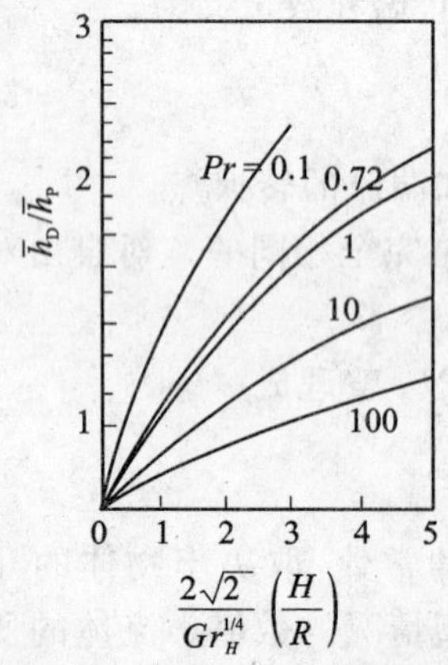

图 3-18　竖管换热系数校正值

对于壁面热流是常量(q_w=Const)的情况,T_w 是未知量。在多数文献所给出的经验公式中,采用修正的 Gr^* 来代替 Gr,即

$$Gr_x^* = Gr_x \cdot Nu_x = \frac{g\beta q_w x^4}{\lambda \nu^2} \tag{3-3-71}$$

式中:q_w 为壁面的热流密度。Gr_x^* 同样可以用于判别边界层的流动状态。实验证明,边界层内流动一般在 $Gr_x^* \cdot Pr = 3\times10^{12}$ 至 10^{14} 之间发生层流到湍流的转捩。

对于竖壁和竖管,局部换热系数可按下面经验公式计算:

层流

$$Nu_x = \frac{h_x x}{\lambda_f} = 0.60(Gr_x^* \cdot Pr)_f^{1/5} \qquad (10^5 < (Gr_x^* \cdot Pr)_f < 10^{11}) \tag{3-3-72}$$

湍流

$$Nu_x = \frac{h_x x}{\lambda_f} = 0.17(Gr_x^* \cdot Pr)_f^{1/4} \qquad (2\times10^{13} < (Gr_x^* \cdot Pr)_f < 10^{16}) \tag{3-3-73}$$

式中:下标“f”表示以膜温度 $T_f = (T_w + T_\infty)/2$ 作定性温度。求 H 高度内的平均换热系数时,可沿高度积分求其平均值,即

$$\bar{h} = \frac{1}{H}\int_0^H h_x \mathrm{d}x \tag{3-3-74}$$

观察湍流状态下的计算公式,式(3-3-69)中的 $n=1/3$,而式(3-3-73)中的 $n=1/4$,因而等式两边的特征尺寸恰好可以消去。所以,对于湍流自由流动,无论是常壁温或是常热流,局部换热系数根本不随特征尺寸变化,此时换热系数的局部值与平均值是一样的。利用这一特点,湍流自由流动换热实验研究可以采用较小尺寸的壁面进行,只要求实验现象的 $Gr \cdot Pr$ 值处于湍流范围。

2. 自由与受迫的混合对流

在传热过程中,由于流体内部温度不均匀,形成密度不均匀,从而产生自由对流。因此,即使是受迫对流换热,也伴随着流体的自由对流,这种自由与受迫的混合对流,将使对流换热规律变得复杂化。在中速或高速受迫对流中,流体自由对流的影响可以忽略。但对低速受迫流体而言,自由对流的影响就必须加以考虑,流速愈低影响愈明显。

联合 Re 和 Gr 的表达式,或将相应的受迫流动和自由流动的 Nu 的经验公式相除,可以确定自由对流的影响程度,得出一个定性的判据,一般用比 Gr/Re^2 来判别流体沿竖壁的流动状态。$Gr<Re^2$ 时,受迫对流占优势;反之,$Gr>Re^2$ 时,自由对流占优势。研究表明,$0.1\leqslant Gr/Re^2\leqslant10$ 时应作为混合对流考虑,而 $Gr/Re^2\geqslant10$ 时可作为纯自由对流处理而忽略受迫对流。

对于管内流动,有的文献在处理实验数据时,将自由对流对总热流的影响低于10%的情况视为纯受迫对流,而受迫对流对总热流的影响低于10%的情况则作为纯自由对流,这两种

情况以外的就是混合对流。按此原则划分实验点并标注在图 3－19 中，可绘出不同流动的区域界限，作为横管内对流换热计算时划分不同流动的参考。图中，Gr_d 是按管内径 d 和 $\Delta T=T_w-T_b$ 计算的，而所有物性参数均以 $T_f=(T_w+T_\infty)/2$ 为定性温度，适用范围是 $10^{-2}<Pr\cdot d/l<1$。

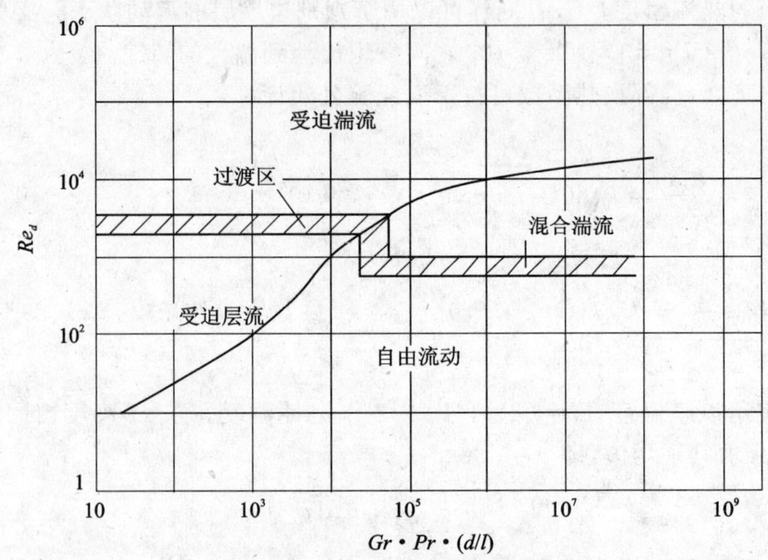

图 3－19　横管内流动区的划分

管内混合流动的换热计算，以横管为例，对于混合层流

$$\overline{Nu_d}=\frac{\bar{h}d}{\lambda_f}=1.75\left(\frac{\mu_b}{\mu_w}\right)^{0.14}\left[Gz_d+0.012(Gz_d\cdot Gr_d^{1/3})^{4/3}\right]^{1/3} \qquad (3-3-75)$$

对于混合湍流

$$\overline{Nu_d}=\frac{\bar{h}d}{\lambda_f}=4.69Re_{df}^{0.27}Pr_f^{0.21}Gr_{df}^{0.07}\left(\frac{d}{l}\right)^{0.36} \qquad (3-3-76)$$

式中：$Gz_d=Re_d\cdot Pr\cdot(d/l)$，称为格雷兹数(Graetz Number)；格拉晓夫数为 $Gr_d=g\beta\Delta Td^3/\nu^2$。

M. A. 米海耶夫综合考虑多种因素的影响，推荐如下公式来计算管内层流换热

$$\overline{Nu_d}=\frac{\bar{h}d}{\lambda_b}=0.15Re_{db}^{0.32}Pr_b^{0.33}(Gr_d\cdot Pr)_b^{0.1}\left(\frac{Pr_b}{Pr_w}\right)^{0.25}\varepsilon_l \qquad (3-3-77)$$

式中：管流的 Gr_d 用来考虑自由流动对换热的影响，而$(Pr_b/Pr_w)^{0.25}$ 则反映热流方向对换热影响的修正；ε_l 为考虑热入口段影响所引进的一个修正因子，可由表 3－6 查得。

表 3-6　修正因子 ε_l 的数值

l/d	1	2	5	10	15	20	30	40	≥50
ε_l	1.90	1.70	1.44	1.28	1.18	1.13	1.05	1.02	1.00

3.4　辐射换热

辐射换热现象在自然界普遍存在，尤其在高温加热和燃烧现象的领域占有特别重要的地位，在火箭发动机工作过程中，高温燃气和燃烧室壁等零部件之间的传热也涉及热辐射和辐射换热。本节将首先介绍热辐射的一般概念及基本规律，然后进一步讨论辐射换热的计算方法。

3.4.1　热辐射的一般概念

1. 热辐射的本质

通过发射电磁波向外辐射传递能量是各类物质的固有特性。按照波长的不同，电磁波可分为无线电波、红外线、可见光、紫外线、伦琴射线、γ 射线及宇宙射线等。图 3-20 表示全辐射光谱的波长分布情况。有实际意义的热辐射的波长主要分布在 0.1 μm 到 100.0 μm 之间，此范围内的电磁波通常称为热射线，其中包括可见光线（λ=0.38～0.76 μm）、部分红外线及紫外线，此范围内不同波长的热辐射能力往往也是不同的。

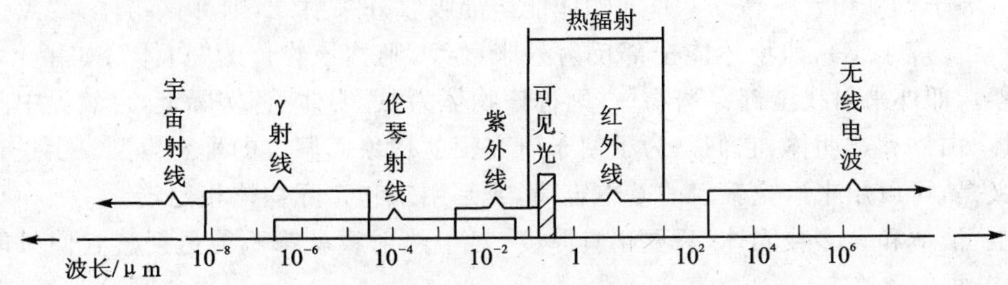

图 3-20　电磁波谱

电磁波在介质中传播的速度等于光速，即

$$c = \lambda\nu \tag{3-4-1}$$

式中：λ 为波长；ν 为频率。真空中的光速 c_0 最大，c_0=2.998×10^8 m/s 。

热射线的本质决定了物体间以辐射方式进行的热交换具有以下特点：

（1）不需要依靠物体间的直接接触或通过中间介质就可以进行热量传递；

（2）存在两次能量形式的转化，即物体的部分热能转化为热射线发射出去，当热射线投射到另一物体表面时，被物体部分或全部吸收，又重新转化为物体的热能而提高其温度；

(3) 热辐射所传递的能量随辐射物体的温度升高而增大。任何物体只要其温度 $T>0$ K，就会不断地发射热射线，温度越高，热辐射越强。当两物体温度不同时，高温物体辐射给低温物体的能量大于低温物体辐射给高温物体的能量，相互辐射的净效果是高温物体将能量传给低温物体。如果两物体温度相同，辐射换热仍在相互进行，只是每个物体在同一时间内辐射出去和吸收进来的能量相等，从而处于平衡热辐射状态，即物体之间没有净辐射热流。

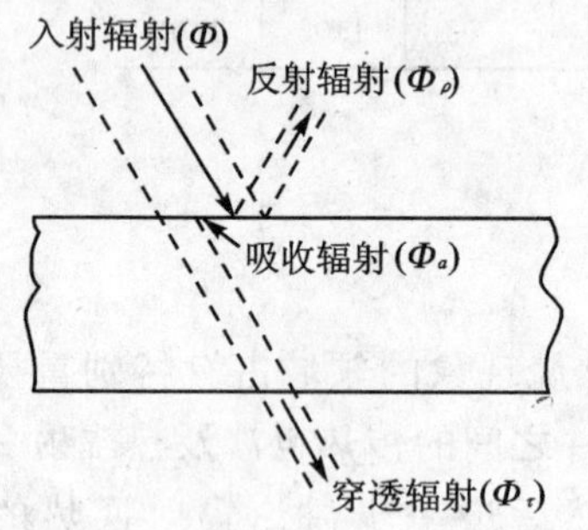

图 3-21　辐射能的吸收、反射和透射

2. 吸收率、反射率和透射率

当辐射能(Φ)入射到物体表面时，一部分 Φ_α 被物体吸收，一部分 Φ_ρ 被物体表面反射，而其余部分 Φ_τ 则穿过物体(如图 3-21 所示)，即

$$\Phi_\alpha+\Phi_\rho+\Phi_\tau=\Phi \tag{3-4-2}$$

或

$$\frac{\Phi_\alpha}{\Phi}+\frac{\Phi_\rho}{\Phi}+\frac{\Phi_\tau}{\Phi}=\alpha+\rho+\tau=1 \tag{3-4-3}$$

式中：α 称为吸收比，即吸收的与入射的辐射能之比；ρ 称为反射比，即反射的与入射的辐射能之比；τ 称为透射比，即透过的与入射的辐射能之比。α，ρ 和 τ 反映了物体的辐射特性，它们不仅和物体的性质、温度及表面状况有关，而且还和透射能量的波长分布情况有关。

如果 α 等于 1(ρ 和 τ 都等于零)，即物体能全部吸收外来射线，则称该物体为“黑体”；如果 ρ 等于 1(α 和 τ 等于零)，即物体能全部反射外来射线，则称该物体为“白体”；如果 τ 等于 1(α 和 ρ 等于零)，即外来射线全部穿透物体，则称该物体为“透明体”。实际上，自然界中并不存在绝对的黑体、白体和透明体，它们是为了便于研究辐射现象而假定的理想模型。引进这些概念的实际意义是，可以用来讨论辐射的基本定律，或是用来和实际物体相比较。

实际上，液体和大多数固体，只要稍具厚度，对于热射线就都不能透射。它们只能反射和吸收辐射能，即

$$\alpha+\rho=1 \tag{3-4-4}$$

式(3-4-4)表示，凡是反射辐射能强的物体吸收辐射能一定弱，反之亦然。但对于气体来说情况则不同，实际气体对热辐射是没有反射能力的，因而有

$$\alpha+\tau=1 \tag{3-4-5}$$

3. 镜反射和漫反射

物体对外来辐射的吸收和反射能力与物体表面层的结构状况密切相关，而且随物体表面粗糙度的不同，反射现象有两种极限情况。如图 3-22 所示，当物体表面非常平整时，反射将遵循几何光学的规律，即反射角(θ_2)等于入射角(θ_1)，这种反射称为镜反射；当表面相当粗糙

时，入射辐射被反射以后沿各个方向均匀分布，这种反射称为漫反射。对于大部分非金属材料，由于表面较粗糙，可作为漫反射处理。

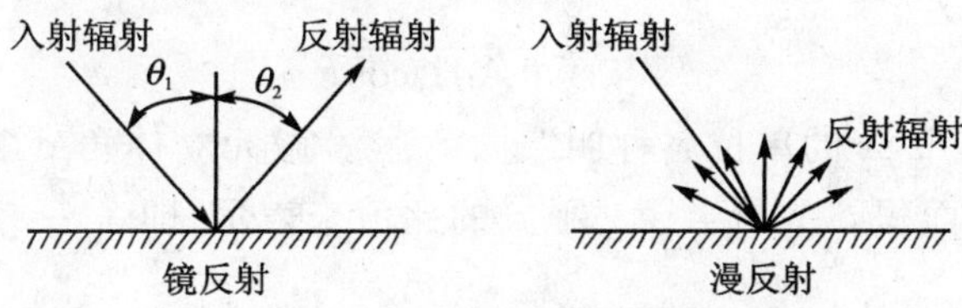

图 3-22　镜反射与漫反射

4. 辐射力和辐射强度

所有的物体表面都随时向其上方的整个空间(称为半球空间)发射不同波长的辐射线传播能量。为了度量物体辐射能力的大小，引进辐射力和辐射强度等基本概念。

(1) 辐射力

在单位时间内，物体表面单位面积向半球空间所有方向，以一切波长发射出的总辐射能，叫做该物体的辐射力，用 M 表示，单位是 W/m^2。注意，辐射力是物体本身辐射所发射的能量，不包括该表面反射的任何能量。

如果用 Φ 表示单位时间内从物体表面积 A 辐射出的能量，即辐射功率，则按辐射力的定义，有

$$M = \frac{\Phi}{A} \tag{3-4-6}$$

对于微元面积来说，可写成

$$M = \frac{d\Phi}{dA} \tag{3-4-7}$$

若仅指某一波长(λ)下波长间隔为 $d\lambda$ 范围内的辐射力，则称为单色辐射力，用 M_λ 表示，单位为 $W/(m^2 \cdot \mu m)$。辐射力与单色辐射力之间的关系应当是

$$M = \int_0^\infty M_\lambda d\lambda \tag{3-4-8}$$

(2) 辐射强度

辐射强度(L)定义为，在辐射场给定方向的单位立体角中与此方向垂直的单位表面积上，单位时间所发射的全波长能量。

为了阐明这一概念，参见图 3-23，在辐射物体表面上取一微元面积 dA，若在微元立体角 $d\Omega$ 内，沿着与面积 dA 的法线 n 方向成 θ 角的方向上，辐射到 dA_s 的辐射功率为 $d\Phi$，而面积 dA 在与

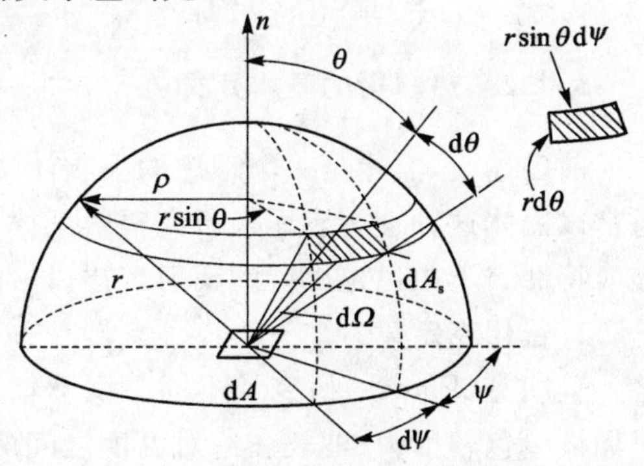

图 3-23　辐射强度的概念

辐射方向垂直的平面上的投影等于 $\mathrm{d}A\cos\theta$，则根据辐射强度的定义，可以写出 θ 角方向的辐射强度

$$L_\theta = \frac{\mathrm{d}\Phi}{\mathrm{d}A\mathrm{d}\Omega\cos\theta} \tag{3-4-9}$$

单位为 $\mathrm{W/(m^2 \cdot sr)}$，其中 sr 的单位名称叫"球面度"。微元立体角 $\mathrm{d}\Omega$ 的大小可用半球面上被微元立体角所截取的面积 $\mathrm{d}A_s$ 与半径 r 平方的比值来表示，即

$$\mathrm{d}\Omega = \frac{\mathrm{d}A_s}{r^2} \tag{3-4-10}$$

当 $\mathrm{d}A_s = r^2$ 时，球面积 $\mathrm{d}A_s$ 所对应的立体角 $\mathrm{d}\Omega$ 叫做 1 球面度，用 1 sr 表示。显然，整个半球面所对应的立体角等于 2πsr。

若辐射强度仅指波长为 λ 时间隔为 $\mathrm{d}\lambda$ 范围内所发射的能量，则称为单色辐射强度 L_λ，单位为 $\mathrm{W/(m^2 \cdot \mu m \cdot sr)}$。若沿 θ 方向的单色辐射强度用 $L_{\lambda\theta}$ 表示，则 θ 方向的辐射强度与单色辐射强度之间的关系应当是

$$L_\theta = \int_0^\infty L_{\lambda\theta}\mathrm{d}\lambda \tag{3-4-11}$$

考察式(3-4-9)，令

$$M_\theta = \frac{\mathrm{d}\Phi_\theta}{\mathrm{d}A\mathrm{d}\Omega} \tag{3-4-12}$$

称为定向辐射力，表示在辐射场给定方向的单位立体角内，单位表面积上，单位时间所发射的全波长能量，单位为 $\mathrm{W/(m^2 \cdot \mu m \cdot sr)}$。$M_\theta$ 与 L_θ 不同的是，所取的是辐射物体表面积，而不是其投影面积。这样式(3-4-9)可以写成

$$M_\theta = L_\theta\cos\theta \tag{3-4-13}$$

根据上述辐射力、定向辐射力和辐射强度的定义，它们之间的关系为

$$M = \int_{\Omega=2\pi} M_\theta \mathrm{d}\Omega = \int L_\theta\cos\theta\mathrm{d}\Omega \tag{3-4-14}$$

3.4.2 热辐射的基本定律

前已述及，黑体是一个理想的吸收体，它能吸收来自半球各个方向各种波长的全部能量。通常以黑体这种理想表面来研究辐射规律，并把它作为比较的标准来进一步研究实际物体的辐射特性。下面讨论黑体的辐射定律，以此为基础进一步讨论实际物体的辐射特性。

1. 普朗克定律

普朗克(Planck)研究了不同温度下辐射能按波长分布的规律，即 $M_\lambda = f(\lambda, T)$，最先推导了黑体单色辐射力、波长和绝对温度之间的精确表达式，即

$$M_{b\lambda} = \frac{C_1\lambda^{-5}}{\exp(C_2/(\lambda T)) - 1} \tag{3-4-15}$$

式中：$M_{b\lambda}$为黑体在波长 λ 和 $\lambda+d\lambda$ 之间的单色辐射力；λ 为波长；T 为黑体温度；C_1，C_2 分别为第1和第2辐射常数：$C_1=3.741\ 8\times10^8\ W\cdot\mu m^4/m^2$，$C_2=1.438\ 8\times10^4\ \mu m\cdot K$。式(3-4-15)叫做普朗克定律，图3-24给出了按此式并用不同横坐标表示的黑体光谱能量分布。

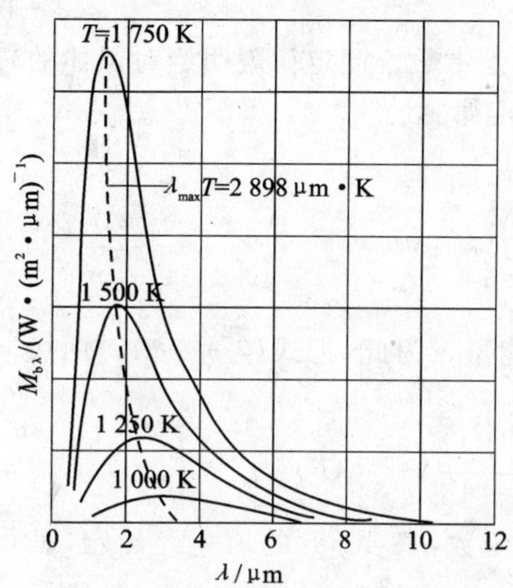

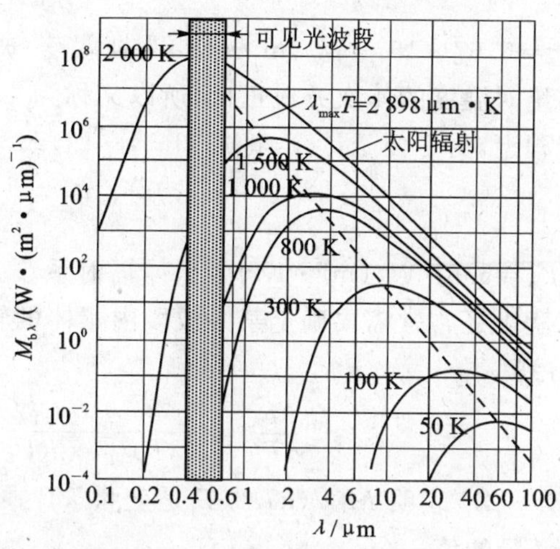

图3-24　黑体光谱能量分布

由图3-24可以看出：

(1) 黑体辐射是连续光谱并随温度的升高而急剧增大；

(2) 在一定温度下，黑体的 $M_{b\lambda}$在波长为 λ_m 时达到最大值，该最大值的位置随温度升高向短波方向移动。根据求极值的方法，可得

$$\lambda_m\cdot T=2\ 897.8\ \mu m\cdot K \tag{3-4-16}$$

这就是著名的维恩(Wien)位移定律，即 λ_m 与黑体绝对温度(T)的乘积为一常数。显而易见，黑体温度愈高，此最大值对应的 λ_m 也愈短。根据维恩位移定律，如果能测出黑体单色辐射力最大值所对应的 λ_m，也就可以推算出该黑体的温度；

(3) 每条曲线下方的面积表示在某一温度下黑体的(总)辐射力，即

$$M_b=\int_0^\infty M_{b\lambda}d\lambda \tag{3-4-17}$$

这个面积 M_b 随着 T 的增加而急剧地增大。

2. 斯忒藩-玻耳兹曼定律

为了计算辐射换热，需要知道 M 与 T 的关系。通过在整个波长上对普朗克辐射定律进行积分，可得出斯忒藩-玻耳兹曼定律

$$M_b=\int_0^\infty M_{b\lambda}d\lambda=\int_0^\infty\frac{C_1\lambda^{-5}}{\exp\dfrac{C_2}{\lambda T}-1}d\lambda=\frac{C_1\pi^4}{15C_2^4}T^4$$

令

$$\sigma = \frac{C_1 \pi^4}{15 C_2^4} \tag{3-4-18}$$

得到

$$M_b = \sigma T^4 \tag{3-4-19}$$

式中：$\sigma = 5.67 \times 10^{-8}$ W/($m^2 \cdot K^4$)为斯忒藩-玻耳兹曼常数。此定律表明绝对黑体的辐射力和物体绝对温度的 4 次方成正比，所以又称为 4 次方定律。

工程上，为了便于计算，将式(3-4-19)改写成

$$M_b = C_b \left(\frac{T}{100}\right)^4 \tag{3-4-20}$$

式中：$C_b = 5.67$ W/($m^2 \cdot K^4$)为黑体辐射系数。

工程上还常常需要确定某一波段内黑体的辐射能量。为此，把式(3-4-15)两边同除以σT^5，得到

$$\frac{M_{b\lambda}}{\sigma T^5} = \frac{C_1/\sigma}{(\lambda T)^5[\exp(C_2/\lambda T) - 1]} = f(\lambda T) \tag{3-4-21}$$

式(3-4-21)表明 $M_{b\lambda}/(\sigma T^5)$只是变量 λT 乘积的函数，只要 λT 的值一经确定，就可算出 $M_{b\lambda}/(\sigma T^5)$的值。令

$$F_{0-\lambda T} = \frac{\int_0^\lambda M_{b\lambda} \mathrm{d}\lambda}{\int_0^\infty M_{b\lambda} \mathrm{d}\lambda} = \frac{\int_0^{\lambda T} M_{b\lambda} \mathrm{d}(\lambda T)}{\sigma T^5} \tag{3-4-22}$$

称为黑体辐射函数，表示某一温度下，在波长从 0 到 λ 范围内黑体辐射能量占总辐射能量的百分数，计算结果列于表 3-7～表 3-9 中。

表 3-7　黑体辐射函数(λT<10 000 μm·K)

λT/(μm·K)	λT 增量/(μm·K)				
	0	20	40	60	80
500	0.000 0	0.000 0	0.000 0	0.000 0	0.000 0
600	0.000 0	0.000 0	0.000 0	0.000 0	0.000 0
700	0.000 0	0.000 0	0.000 0	0.000 0	0.000 0
800	0.000 0	0.000 0	0.000 0	0.000 0	0.000 0
900	0.000 1	0.0001	0.000 1	0.000 1	0.000 2
1 000	0.000 3	0.000 4	0.000 4	0.000 5	0.000 7
1 100	0.000 9	0.001 0	0.001 3	0.001 5	0.001 8
1 200	0.002 1	0.002 4	0.002 8	0.003 3	0.003 7
1 300	0.004 3	0.004 9	0.005 5	0.006 2	0.006 9
1 400	0.007 8	0.008 6	0.009 6	0.010 6	0.011 7
1 500	0.012 8	0.014 0	0.015 3	0.016 7	0.018 2
1 600	0.019 7	0.021 3	0.023 0	0.024 7	0.026 6
1 700	0.028 5	0.030 5	0.032 6	0.034 7	0.037 0

续表 3-7

λT/(μm·K)	λT 增量/(μm·K)				
	0	20	40	60	80
1 800	0.039 3	0.041 7	0.044 2	0.046 7	0.049 4
1 900	0.052 1	0.054 9	0.057 7	0.060 6	0.063 6
2 000	0.066 7	0.069 8	0.073 0	0.076 3	0.079 6
2 100	0.083 0	0.086 5	0.090 0	0.093 6	0.097 2
2 200	0.100 9	0.104 5	0.108 4	0.112 2	0.116 1
2 300	0.120 0	0.124 0	0.128 0	0.132 0	0.136 1
2 400	0.140 2	0.144 4	0.148 6	0.152 8	0.157 1
2 500	0.161 3	0.165 6	0.170 0	0.174 2	0.178 7
2 600	0.183 1	0.187 5	0.192 0	0.196 4	0.200 9
2 700	0.205 3	0.209 8	0.214 3	0.218 8	0.223 4
2 800	0.227 9	0.232 4	0.236 9	0.241 5	0.246 0
2 900	0.250 6	0.255 1	0.259 6	0.264 2	0.268 7
3 000	0.273 2	0.277 8	0.282 3	0.286 8	0.291 3
3 100	0.295 8	0.300 3	0.304 7	0.309 2	0.313 7
3 200	0.318 1	0.322 5	0.326 9	0.331 3	0.335 5
3 300	0.340 1	0.344 5	0.348 8	0.353 1	0.357 4
3 400	0.361 7	0.366 0	0.370 3	0.374 5	0.378 7
3 500	0.382 9	0.387 1	0.391 2	0.395 4	0.399 5
3 600	0.403 6	0.407 7	0.411 7	0.415 8	0.419 8
3 700	0.423 8	0.427 7	0.431 7	0.435 6	0.439 5
3 800	0.443 4	0.447 2	0.451 1	0.454 9	0.458 5
3 900	0.462 4	0.466 1	0.469 9	0.473 6	0.477 2
4 000	0.480 9	0.484 5	0.488 1	0.491 7	0.495 2
4 100	0.498 7	0.502 2	0.505 7	0.509 2	0.512 6
4 200	0.516 0	0.519 4	0.522 7	0.526 1	0.529 4
4 300	0.532 7	0.535 9	0.539 2	0.542 4	0.545 6
4 400	0.548 8	0.551 9	0.555 1	0.558 2	0.561 2
4 500	0.564 3	0.567 3	0.570 3	0.573 3	0.576 3
4 600	0.579 3	0.582 2	0.585 1	0.588 0	0.590 8
4 700	0.593 7	0.596 5	0.599 3	0.602 0	0.604 8
4 800	0.607 5	0.610 2	0.612 9	0.615 6	0.618 2
4 900	0.620 9	0.623 5	0.626 1	0.628 6	0.631 2
5 000	0.633 7	0.636 2	0.638 7	0.641 2	0.643 6
5 100	0.646 1	0.648 5	0.650 9	0.653 2	0.655 6
5 200	0.657 9	0.660 3	0.662 5	0.664 8	0.667 1
5 300	0.669 3	0.671 6	0.673 8	0.676 0	0.678 2
5 400	0.680 3	0.682 5	0.684 5	0.686 7	0.688 8
5 500	0.690 9	0.692 9	0.695 0	0.697 0	0.699 0
5 600	0.701 0	0.703 0	0.704 9	0.706 9	0.708 8
5 700	0.710 7	0.712 6	0.714 5	0.716 4	0.718 3
5 800	0.720 1	0.721 9	0.723 8	0.725 6	0.727 3

续表 3-7

$\lambda T/(\mu m \cdot K)$	λT 增量/$(\mu m \cdot K)$				
	0	20	40	60	80
5 900	0.729 1	0.730 9	0.732 6	0.734 3	0.736 1
6 000	0.737 8	0.739 5	0.741 1	0.742 8	0.744 4
6 100	0.746 1	0.747 7	0.747 93	0.750 9	0.752 5
6 200	0.754 1	0.755 6	0.757 2	0.758 7	0.760 3
6 300	0.761 8	0.763 3	0.764 8	0.766 2	0.767 7
6 400	0.769 2	0.770 6	0.772 1	0.773 5	0.774 9
6 500	0.776 3	0.777 7	0.779 1	0.780 4	0.781 8
6 600	0.783 1	0.784 5	0.785 8	0.787 1	0.788 4
6 700	0.789 7	0.791 0	0.792 3	0.793 6	0.794 8
6 800	0.796 1	0.797 3	0.798 5	0.799 8	0.801 0
6 900	0.802 2	0.803 4	0.804 5	0.805 7	0.808 9
7 000	0.808 0	0.809 2	0.810 3	0.811 5	0.812 6
7 100	0.813 7	0.814 8	0.815 9	0.817 0	0.818 1
7 200	0.819 1	0.820 2	0.821 3	0.822 3	0.823 4
7 300	0.824 4	0.825 4	0.826 4	0.827 5	0.828 5
7 400	0.829 5	0.830 4	0.831 4	0.832 4	0.833 4
7 500	0.834 3	0.835 3	0.836 2	0.837 2	0.838 1
7 600	0.839 0	0.839 9	0.840 9	0.841 8	0.842 7
7 700	0.843 6	0.844 4	0.845 3	0.846 2	0.847 1
7 800	0.847 9	0.848 8	0.849 6	0.850 5	0.851 3
7 900	0.852 1	0.850 3	0.853 9	0.854 6	0.855 4
8 000	0.856 2	0.857 0	0.857 8	0.858 6	0.859 4
8 100	0.860 1	0.860 9	0.861 7	0.862 4	0.863 2
8 200	0.863 9	0.864 7	0.865 4	0.866 1	0.866 9
8 300	0.867 6	0.868 3	0.869 0	0.869 7	0.870 4
8 400	0.871 1	0.871 3	0.872 5	0.873 2	0.873 8
8 500	0.874 5	0.875 2	0.875 9	0.876 5	0.877 2
8 600	0.877 8	0.878 5	0.879 1	0.879 7	0.880 4
8 700	0.881 0	0.881 6	0.882 2	0.882 9	0.883 5
8 800	0.884 1	0.884 7	0.885 3	0.885 9	0.886 5
8 900	0.887 1	0.887 7	0.888 2	0.888 8	0.889 4
9 000	0.889 9	0.890 5	0.891 1	0.891 6	0.892 2
9 100	0.892 7	0.893 3	0.893 8	0.894 3	0.894 9
9 200	0.895 4	0.895 9	0.896 5	0.897 0	0.897 5
9 300	0.898 0	0.898 5	0.899 0	0.899 5	0.900 0
9 400	0.900 5	0.901 0	0.901 5	0.902 0	0.902 5
9 500	0.903 0	0.903 5	0.903 9	0.904 4	0.904 9
9 600	0.905 4	0.905 8	0.906 3	0.906 7	0.907 2
9 700	0.907 6	0.908 1	0.908 5	0.909 0	0.909 4
9 800	0.909 9	0.910 3	0.910 7	0.911 2	0.911 6
9 900	0.912 0	0.912 4	0.912 9	0.913 3	0.913 7

表 3-8 黑体辐射函数(10 000≤λT<20 000 μm·K)

λT/(μm·K)	λT 增量/(μm·K)				
	0	200	400	600	800
10 000	0.914 1	0.918 1	0.921 8	0.925 3	0.928 7
11 000	0.931 8	0.934 7	0.937 5	0.940 1	0.942 6
12 000	0.945 0	0.947 2	0.9493	0.951 3	0.953 2
13 000	0.955 0	0.956 7	0.958 4	0.959 9	0.961 4
14 000	0.962 8	0.964 1	0.965 4	0.966 6	0.967 8
15 000	0.968 9	0.969 9	0.970 9	0.971 9	0.972 8
16 000	0.973 7	0.974 5	0.975 3	0.976 1	0.976 9
17 000	0.977 6	0.978 3	0.978 9	0.979 6	0.980 2
18 000	0.980 7	0.981 3	0.981 8	0.982 4	0.982 9
19 000	0.983 3	0.983 8	0.948 2	0.984 7	0.985 1

表 3-9 黑体辐射函数(20 000≤λT μm·K)

λT/(μm·K)	λT 增量/(μm·K)				
	0	2 000	4 000	6 000	8 000
20 000	0.985 5	0.988 8	0.991 2	0.992 9	0.994 2
30 000	0.995 2	0.996 0	0.996 6	0.997 1	0.997 5
40 000	0.997 8	0.998 1	0.998 3	0.998 5	0.998 7
50 000	0.998 8	0.998 9	0.999 0	0.999 1	0.999 2
60 000	0.999 3	0.999 3	0.999 4	0.999 4	0.999 5
70 000	0.999 5	0.999 6	0.999 6	0.999 6	0.999 6
80 000	0.999 6	0.999 7	0.999 7	0.999 7	0.999 7
90 000	0.999 7	0.999 7	0.999 7	0.999 8	0.999 8
100 000	0.999 8	0.999 8	0.999 8	0.999 8	0.999 8

利用表 3-7～表 3-9,可计算某一温度下,在波长从 λ_1 到 λ_2 范围内黑体的辐射力,即

$$M_{b\lambda_1-b\lambda_2} = \sigma T^4 (F_{0-\lambda_2 T} - F_{0-\lambda_1 T}) \tag{3-4-23}$$

3. 兰贝特定律

式(3-4-13)表示在 θ 方向上,M_θ 与 L_θ 之间的关系,在法线方向上 $\theta=0°$,有

$$M_n = L_n \tag{3-4-24}$$

对于漫辐射表面,辐射强度与方向无关,也就是向半球空间各个方向辐射强度相等,即

$$L_{\theta 1} = L_{\theta 2} = \cdots = L_n = L \tag{3-4-25}$$

黑体辐射就是典型的漫辐射。再考虑到式(3-4-24)的关系,式(3-4-13)可写成

$$M_\theta = L_n \cos\theta = M_n \cos\theta \tag{3-4-26}$$

这就是兰贝特(Lambert)定律,也称为余弦定律。该定律表明,对于漫辐射表面,在与法线成 θ 方向上的定向辐射力按余弦规律变化。法线方向 $\theta=0°$ 的定向辐射力最大,而 $\theta=90°$ 方向(沿辐射平面所在平面)的定向辐射力为最小并等于零(见图 3-25)。

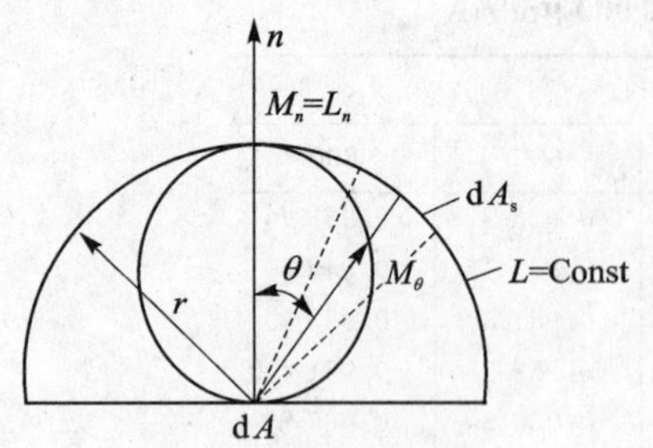

图 3-25　余弦定律的图示

兰贝特定律只适用于黑体或具有漫反射表面的物体。实际物体表面严格地说并非漫辐射表面，各个方向上的辐射强度并不相等，因而不能得出式(3-4-26)这种关系式。

对于黑体，式(3-4-14)写成

$$M_b = \int_{\Omega=2\pi} L_{b\theta}\cos\theta \mathrm{d}\Omega = \int_{\Omega=2\pi} L_b \cos\theta \mathrm{d}\Omega \tag{3-4-27}$$

又由图 3-23 中的几何关系可知

$$\mathrm{d}\Omega = \frac{\mathrm{d}A_s}{r^2} = \frac{r\mathrm{d}\theta \cdot r\sin\theta \mathrm{d}\Psi}{r^2} = \sin\theta \mathrm{d}\theta \mathrm{d}\Psi \tag{3-4-28}$$

将式(3-4-28)代入式(3-4-27)并积分可以得出

$$M_b = L_b \int_{\theta=0}^{2\pi}\int_{\Psi=0}^{2\pi} \cos\theta \sin\theta \mathrm{d}\theta \mathrm{d}\Omega = \pi L_b \tag{3-4-29}$$

式(3-4-29)表明，黑体或漫辐射表面的辐射力是任意方向辐射强度的 π 倍。对非漫辐射表面，此结论不能成立。

4. 基尔霍夫定律

(1) 发射率

为了使黑体的辐射规律能够应用于实际物体，并达到简化辐射换热计算的目的，需要引进发射率的概念。实际物体的辐射力与处于相同温度下黑体的辐射力之比称为该物体的发射率，即

$$\varepsilon = \frac{M}{M_b} \tag{3-4-30}$$

ε 也称为总半球发射率，有的文献称为黑度。从定义可以看出，ε 是一个总系数，表示沿上半球所有方向以各种不同波长向外发射的全部辐射能的比值。发射率具有如下特征：

① 实际物体的辐射力总是比黑体小。因此，所有实际物体的 ε 值皆小于 1，ε 表示实际物体辐射力接近于黑体的程度；

② 不同种类材料物体的发射率随温度的变化趋势不同。导体的发射率随温度的升高而增大，而非导体则正相反；

③ 表面状况对物体的发射率影响很大，有的能相差几倍甚至几十倍；

④ 实际物体表面的发射率在各个方向上不是常数，而是随方向变化的。

把实际物体表面的定向辐射力与处于相同温度下黑体的定向辐射力之比称为该表面的定向发射率，即

$$\varepsilon_\theta = \frac{M_\theta}{M_{b\theta}} = f(\theta) \tag{3-4-31}$$

物体的发射率一般取为对全波长在一定温度下各方向发射率的积分平均值，即

$$\varepsilon = 2\int_0^{\frac{\pi}{2}} \varepsilon_0 \cos\theta \sin\theta \mathrm{d}\theta \tag{3-4-32}$$

附录7中列出各种材料的 ε 值。如果把表列各 ε 值用于局部波长或超出温度条件范围，可能会引起较大误差。

(2) 单色发射率

实际物体表面的单色辐射力(M_λ)随波长(λ)和温度(T)的变化是不规则的。图3－26表示了在一定温度下实际表面的 M_λ 随 λ 的变化情况，把实际物体的单色辐射力与相同温度下、相同波长的黑体单色辐射力之比称为该物体的单色发射率，即

$$\varepsilon_\lambda = \frac{M_\lambda}{M_{b\lambda}} \tag{3-4-33}$$

从图3－26可以看出，对于实际表面，比值 ε_λ 不是定值，而是随 λ 变化的。理想化的做法是引入灰体的概念，把 ε_λ 不随 λ 变化而为常数的物体称为灰体，具有这种性质的辐射表面称为灰表面，灰体的单色辐射力曲线 $M_\lambda = f(\lambda, T)$ 的形状与相同温度下黑体的曲线应当是相似的，如图3－26所示，而且有

$$\varepsilon = \varepsilon_\lambda \tag{3-4-34}$$

也就是说，灰体的单色发射率与发射率相等。于是

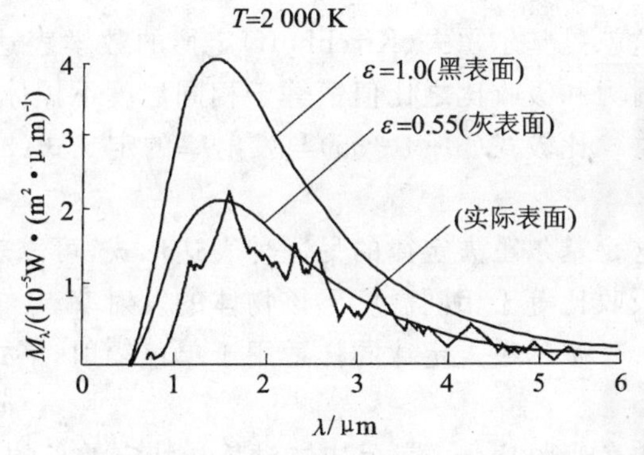

图3－26　单色辐出度曲线

$$M = \int_0^\infty \varepsilon_\lambda M_{b\lambda} \mathrm{d}\lambda = \varepsilon_\lambda \int_0^\infty M_{b\lambda} \mathrm{d}\lambda = \varepsilon \sigma T^4 \tag{3-4-35}$$

可以看出，灰体与黑体的辐射规律完全相同，只是在数值上有所差别，灰体的发射率表示了它与黑体在辐射数量上的百分比关系。理想的灰体在自然界中并不存在，但灰体是一个非常有用的理想化物体。

应当指出，尽管实际物体并不严格遵守四次方定律，但经验证明大多数工程材料及氧化表面都可近似当作灰体处理。在采用式(3－4－35)这种简便的公式进行计算时，可以把由此引起的误差归到实际物体的发射率中去修正。实际上，各种物体的发射率值都是通过实验方法测定的，这就使得采用式(3－4－35)而带来的误差得到补偿。

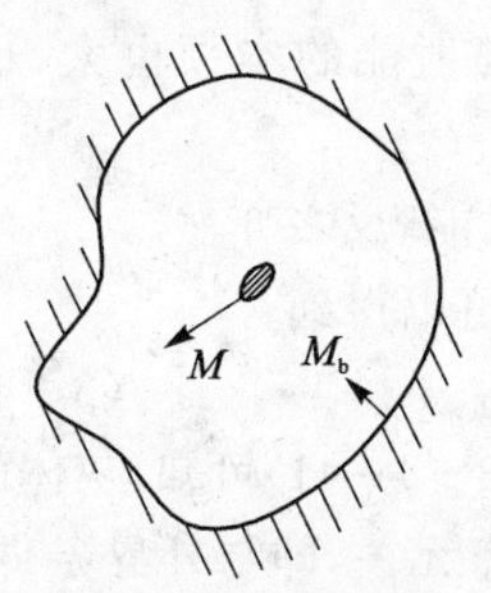

图3－27　黑体空腔的辐射换热

(3) 基尔霍夫定律

基尔霍夫定律描述实际物体发射率和吸收比之间的关系。设想一个理想实验，如图3－27所示，在内部真空的辐

射力为 M_b 的空腔黑体内，放置任一小物体，其表面积为 A，辐射力为 M，研究当两者温度相等时的辐射换热情况。

由于这个系统处于热平衡，即平衡热辐射状态，故小物体所辐射出去的能量 AM 和它吸收进来的能量 αAM_b 应当相等，即在单位时间内，应有

$$AM = \alpha AM_b$$

由此可得

$$\frac{M}{\alpha} = M_b \tag{3-4-36}$$

由于小物体是任意选取的，故可以把上述关系推广到任意物体，即

$$\frac{M_1}{\alpha_1} = \frac{M_2}{\alpha_2} = \cdots = \frac{M}{\alpha} = M_b \tag{3-4-37}$$

这就是基尔霍夫(Kirchhoff)定律的数学表达式，可以表述为：在热平衡条件下任何物体的辐射力和吸收比之比值恒等于相同温度下黑体的辐射力。

比较式(3-4-35)与发射率的定义式(3-4-30)，有

$$\alpha = \varepsilon \tag{3-4-38}$$

这是基尔霍夫定律的另一种表达形式，可以表述为：在热平衡条件下，任意物体对黑体辐射的吸收比等于相同温度下该物体的发射率。

基尔霍夫定律同样适用于单色辐射，下式亦是基尔霍夫定律的一种表达形式

$$\alpha_\lambda = \varepsilon_\lambda \tag{3-4-39}$$

单色吸收比(α_λ)表示物体对某一特定波长的入射辐射能吸收的百分数。

基尔霍夫定律表明：

① 在热平衡条件下，任何物体的辐射力与吸收比之比值为一常数，这个比值与物体的性质无关，仅与温度有关，即

$$\frac{M}{\alpha} = M_b = f(T) \tag{3-4-40}$$

② 由于所有实际物体的吸收比永远小于1，所以任何物体的辐射力都小于相同温度下黑体的辐射力；

③ 在同样温度下，物体吸收辐射能的能力大，则其向外发射辐射能的本领也大，也就是说，一个好的吸收体必定是一个好的发射体；

④ 物体能发射某波长的辐射能，也必定能吸收这一波长的辐射能，反之亦然。

对于灰体，综合式(3-4-34)、式(3-4-38)和式(3-4-39)，可以得到

$$\alpha = \alpha_\lambda = \varepsilon_\lambda = \varepsilon \tag{3-4-41}$$

由于灰体的辐射性质不随波长而变化，即 $\alpha_\lambda = \varepsilon_\lambda =$ 定值，因此根据式(3-4-41)可知，灰体的吸收比也应为定值。这就表明，灰体的吸收比与入射辐射的光谱能量分布无关，即与外界条件无关。于是，不论入射辐射是否来自黑体，也不论是否处于热平衡，对于灰体而言，式(3-4-41)总是成

立的，可以用发射率来代替吸收比。至此，引入灰体概念给工程计算带来的方便已十分清楚：对于近似灰体的大多数工程材料，在非热平衡的一般条件下，也可以用其发射率来代替吸收比。

但是必须注意，上述近似处理不能随意推广。如果入射辐射源温度很高，比如说太阳（约6 000 K）光辐射，其中可见光约占46%，由于物体颜色对可见光线的吸收呈强烈的选择性，而常温物体的红外线热辐射又与物体本身的颜色无关，所以暴露于太阳辐射之下的常温物体的吸收比和发射率是不可能相等的。

在非热平衡条件下，考虑到实际物体的非灰性质，工程计算上可以这样确定 α：对于温度为 T_1 的非金属固体表面，α 近似等于按入射辐射源温度 T_2 查取的该非金属表面的 ε；对于温度为 T_1 的金属固体表面，α 近似等于按 $T=\sqrt{T_1T_2}$ 查取的该非金属表面的 ε。其中，T_2 为入射辐射源温度。

3.4.3　黑体表面间的辐射换热

这里着重研究物体之间辐射换热在数量上的关系。由于黑体表面间对射线没有往返反射，能全部吸收入射到它们表面上的辐射能，使得黑体表面之间的辐射换热计算比较容易，因此首先以黑体表面为对象，讨论辐射换热的计算方法。

1. 角系数的定义

角系数 $F_{i,j}$ 定义为离开一个表面 i 的所有辐射热流中能够到达另一表面 j 的百分数。以二维平面为例，讨论如图3-28所示的两个黑体表面 A_1 与 A_2，它们具有不同的温度 T_1 和 T_2。从两表面上分别取微元表面 $\mathrm{d}A_1$ 和 $\mathrm{d}A_2$，两者的距离为 r，中间充满透明介质，微元表面的法线与连线 r 之间的夹角分别为 θ_1 和 θ_2。下面来分析这两个表面之间的辐射换热并导出角系数的表达式。

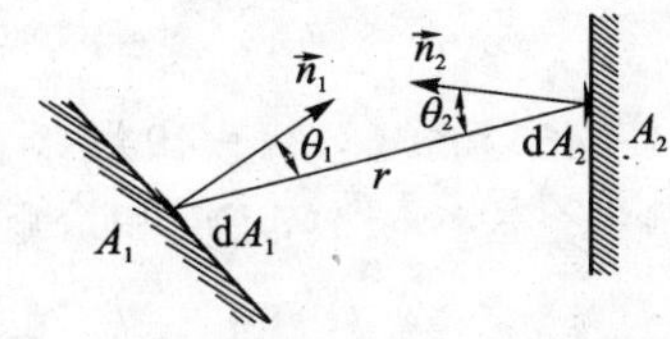

图3-28　两黑体表面间的辐射换热

根据辐射强度的定义式(3-4-9)，单位时间内从 $\mathrm{d}A_1$ 发射出并落到 $\mathrm{d}A_2$ 上的辐射能为

$$\mathrm{d}\Phi_{1\to2}=L_{b1}\,\mathrm{d}A_1\cos\theta_1\,\mathrm{d}\Omega_1 \tag{3-4-42}$$

式中：$L_{b1}\mathrm{d}A_1\cos\theta_1$ 是单位时间内从 $\mathrm{d}A_1$ 射向 $\mathrm{d}A_2$ 每单位立体角中的辐射能，而 $\mathrm{d}\Omega_1$ 是由 $\mathrm{d}A_1$ 中心看过去 $\mathrm{d}A_2$ 投影面积所占的立体角，即

$$\mathrm{d}\Omega_1=\frac{\mathrm{d}A_2\cos\theta_2}{r^2} \tag{3-4-43}$$

将式(3-4-43)代入式(3-4-42)，并注意到式(3-4-29)，$M_b=\pi L_b$，可得

$$\mathrm{d}\Phi_{1\to2}=M_{b1}\,\frac{\cos\theta_1\cos\theta_2}{\pi r^2}\mathrm{d}A_1\mathrm{d}A_2 \tag{3-4-44}$$

而由式(3-4-7)，由 $\mathrm{d}A_1$ 发出的净辐射换热量为

$$\mathrm{d}\Phi_1=M_{b1}\,\mathrm{d}A_1 \tag{3-4-45}$$

所以，从 $\mathrm{d}A_1$ 到 $\mathrm{d}A_2$ 的角系数 $F_{1,2}$ 为 $\mathrm{d}\Phi_{1\to2}$ 和 $\mathrm{d}\Phi_1$ 的比值，即

$$F_{1,2}=\frac{\mathrm{d}\Phi_{1\to 2}}{\mathrm{d}\Phi_1}=\frac{\cos\theta_1\cos\theta_2\,\mathrm{d}A_2}{\pi r^2} \tag{3-4-46}$$

其中 F 的前一个下标指发射表面，后一个下标指受射表面。在实际应用中，需要的是表面 1 到表面 2 的平均角系数，并简称角系数，仍用 $F_{1,2}$ 表示，则有

$$F_{1,2}=\frac{1}{A_1}\int_{A_2}\int_{A_1}\frac{\cos\theta_1\cos\theta_2}{\pi r^2}\mathrm{d}A_1\mathrm{d}A_2 \tag{3-4-47}$$

可见，角系数只是一个几何参数，而且这里所定义的角系数不仅适用于黑体表面，同样也适用于具有漫辐射(符合余弦定理)的表面。

2. 角系数的性质

(1) 互换性

式(3-4-47)可写成

$$A_1F_{1,2}=\int_{A_1}\int_{A_2}\frac{\cos\theta_1\cos\theta_2}{\pi r^2}\mathrm{d}A_2\mathrm{d}A_1 \tag{3-4-48}$$

若以 A_1 为参考面，则 A_2 表面的平均辐射角系数为 $F_{2,1}$。用与推导式(3-4-47)同样的方法，可以得到类似的关系式

$$A_2F_{2,1}=\int_{A_2}\int_{A_1}\frac{\cos\theta_1\cos\theta_2}{\pi r^2}\mathrm{d}A_1\mathrm{d}A_2 \tag{3-4-49}$$

式(3-4-48)和式(3-4-49)中，下标“1”和“2”的标定是任意的。两个关系式的积分是相同的，它是一个连续函数，不受积分顺序的影响，因而得到互换定理，即

$$A_1F_{1,2}=A_2F_{2,1} \tag{3-4-50}$$

(2) 封闭性

若有 n 个黑体表面组成一个封闭的空腔，各表面都分别具有均匀的温度。对于 A_1 表面来说，它向其余表面(如果 A_1 为凹面，还应包括它本身)投射的能量总和就等于它向外辐射的总能量。因此，该表面向所有表面的能量投射百分数的总和必然为 1，即

$$\sum_{j=1}^{n}F_{1,j}=F_{1,1}+F_{1,2}+F_{1,3}+\cdots+F_{1,n}=1 \tag{3-4-51}$$

(3) 分解性

参见图 3-29，若表面 2 分解为 $2a$，$2b$ 两部分，那么表面 1 对表面 2 的角系数可以按下式进行计算

$$F_{1,2}=F_{1,2a}+F_{1,2b} \tag{3-4-52}$$

当表面 2 可以分解为多个部分时，如图 3-29 所示，分解性仍然适用，即

$$F_{1,2}=F_{1,2a}+F_{1,2b}+F_{1,2c}+F_{1,2d} \tag{3-4-53}$$

但应注意，只能对角系数的后一个下标进行分解，而不能分解前一个下标。

3. 角系数的确定

由式(3-4-47)已经看到，角系数与温度无关，完全取决于几何关系。确定角系数的方法

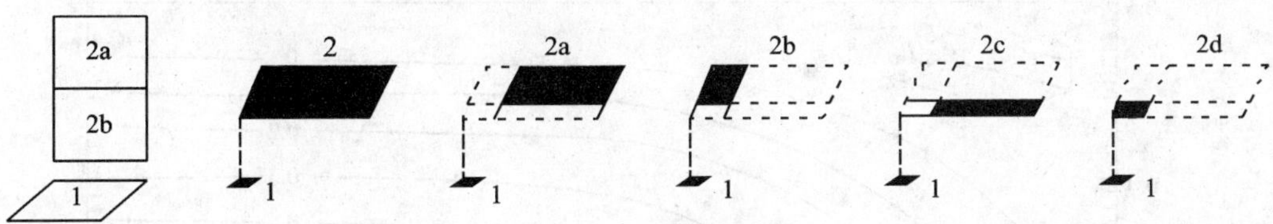

图 3－29　角系数的分解性

很多，如积分法、代数分析法和几何分析法等。在许多简单的情况下，角系数可以简便地确定。而对于复杂的几何形状，还需要采用数值计算法求解。角系数的求解方法可参考有关专业书籍，这里仅给出某些已经计算出的图线，如图 3－30～图 3－35 所示。

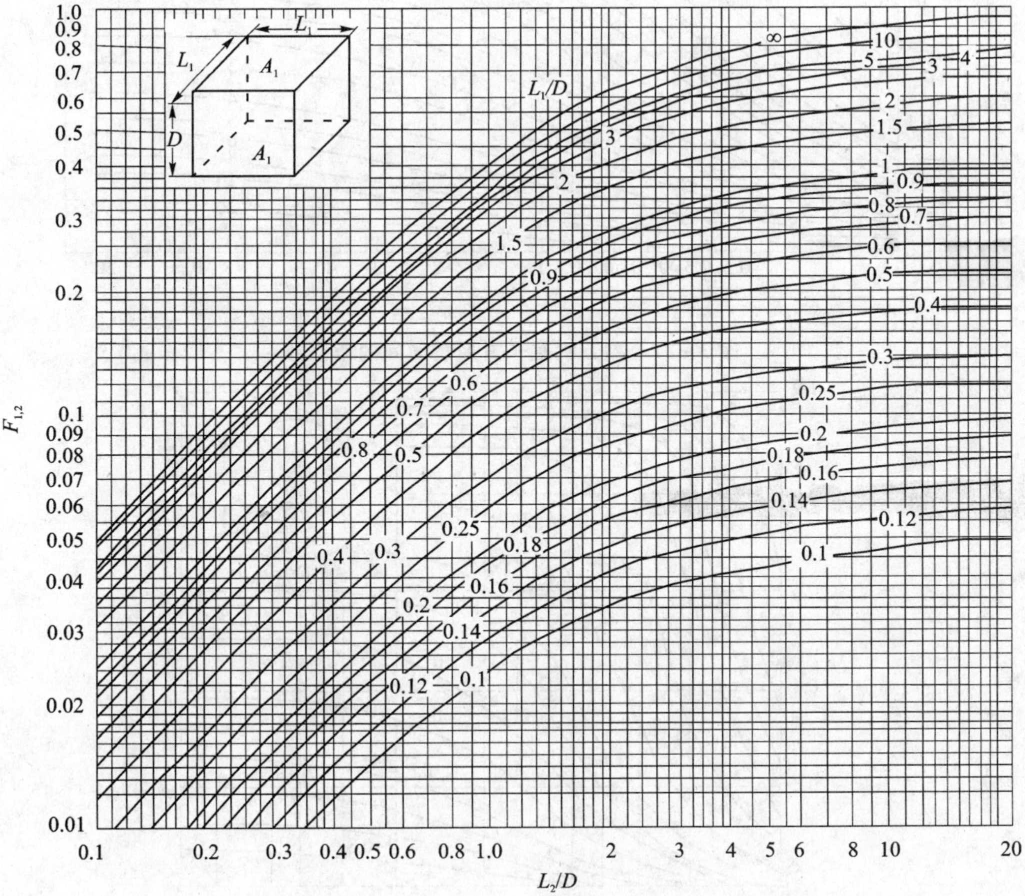

图 3－30　平行长方形表面间的角系数

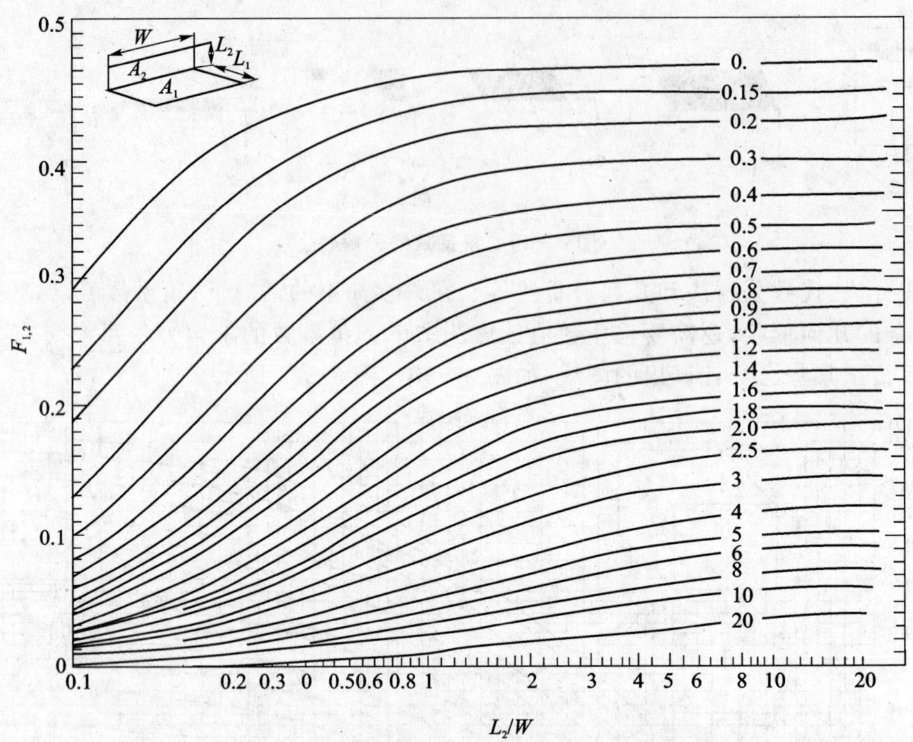

图 3-31 相互垂直长方形表面间的角系数

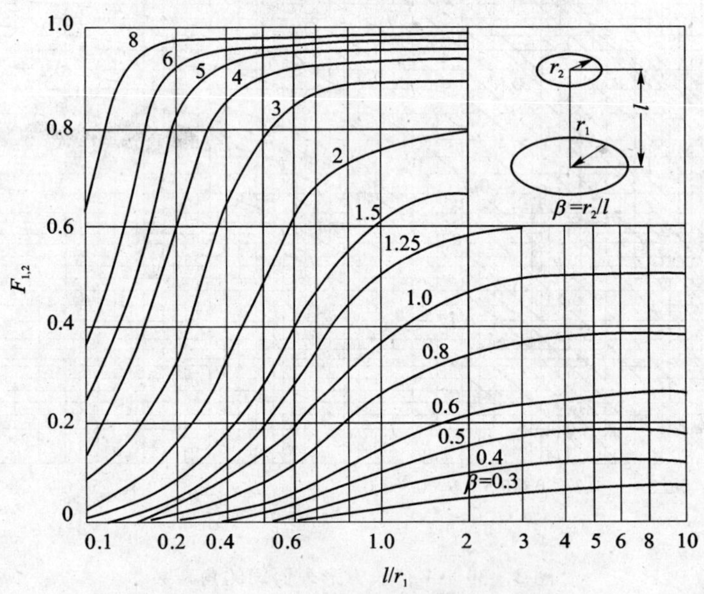

图 3-32 平行同轴圆盘间的角系数

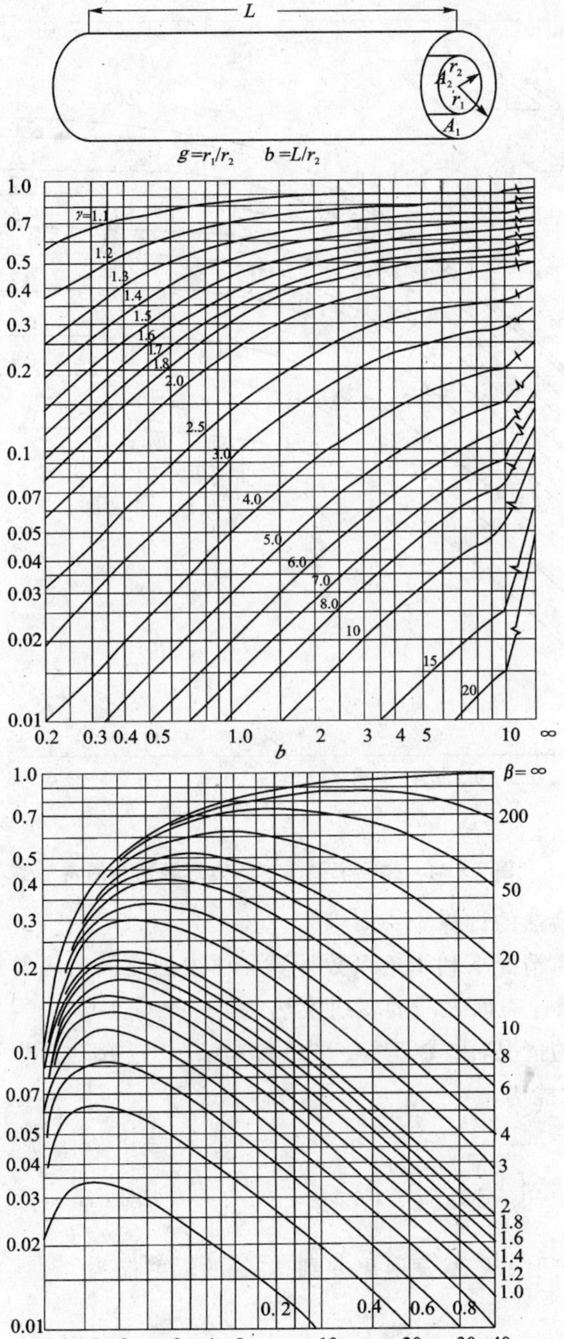

图 3－33　有限长同心圆柱体间的角系数

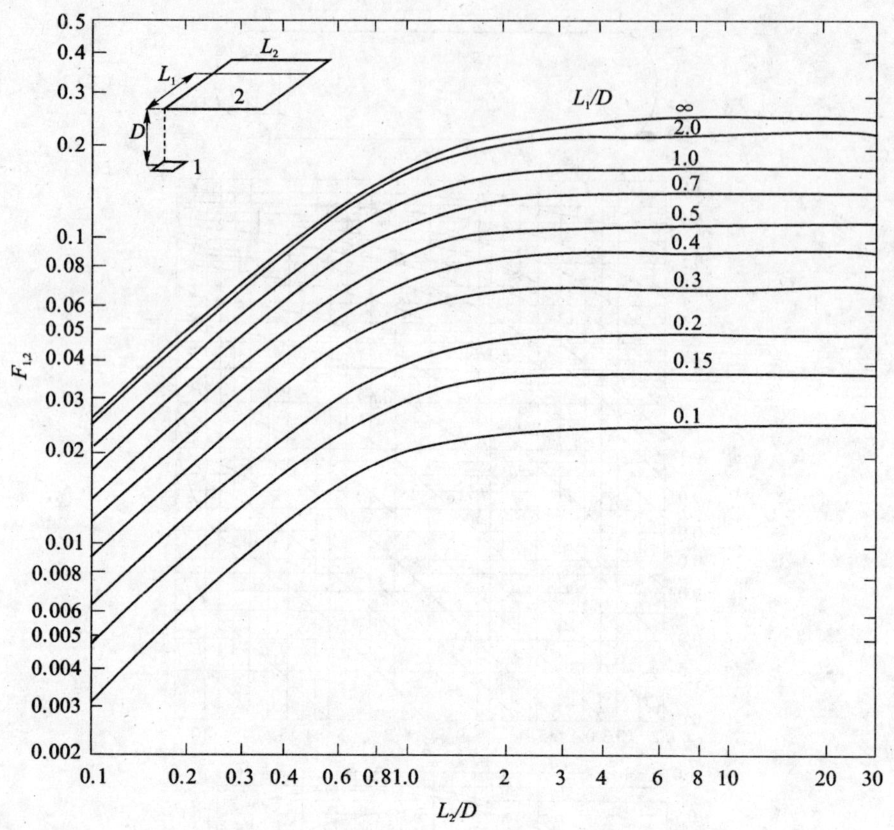

图 3-34 微元表面 1 到长方形表面 2 的角系数

4. 黑体表面辐射换热的计算

下面介绍几种简单情况下利用角系数计算黑体表面之间的辐射换热。

(1) 两任意放置黑体表面之间的辐射换热

对图 3-28 所示的情况，由式(3-4-44)和式(3-4-48)，可以得出单位时间内从 A_1 发射出并到达 A_2 的辐射能为

$$\Phi_{1\to2}=\iint_{A_1 A_2}\mathrm{d}\Phi_{1,2}=\iint_{A_1 A_2}M_{b1}\frac{\cos\theta_1\cos\theta_2}{\pi r^2}\mathrm{d}A_1\mathrm{d}A_2=A_1F_{1,2}M_{b1} \tag{3-4-54}$$

同样可以得出，单位时间内从 A_2 发射出并到达 A_1 的辐射能为

$$\Phi_{2\to1}=A_2F_{2,1}M_{b2} \tag{3-4-55}$$

代入互换性表达式(3-4-50)，得到 A_1、A_2 之间的净辐射换热量为

$$\Phi_{1,2}=\Phi_{1\to2}-\Phi_{2\to1}=A_1F_{1,2}(M_{b1}-M_{b2}) \tag{3-4-56}$$

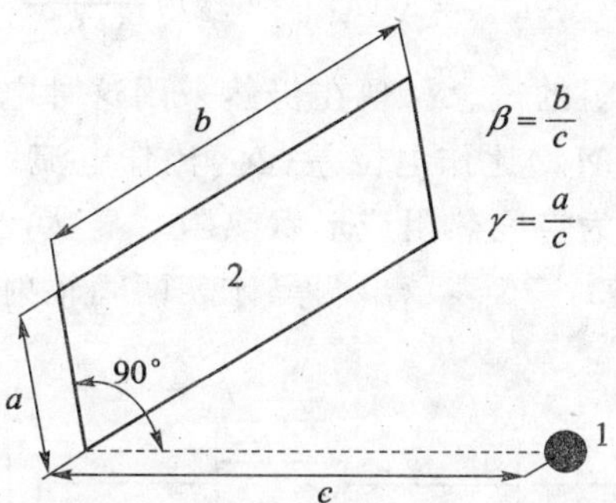

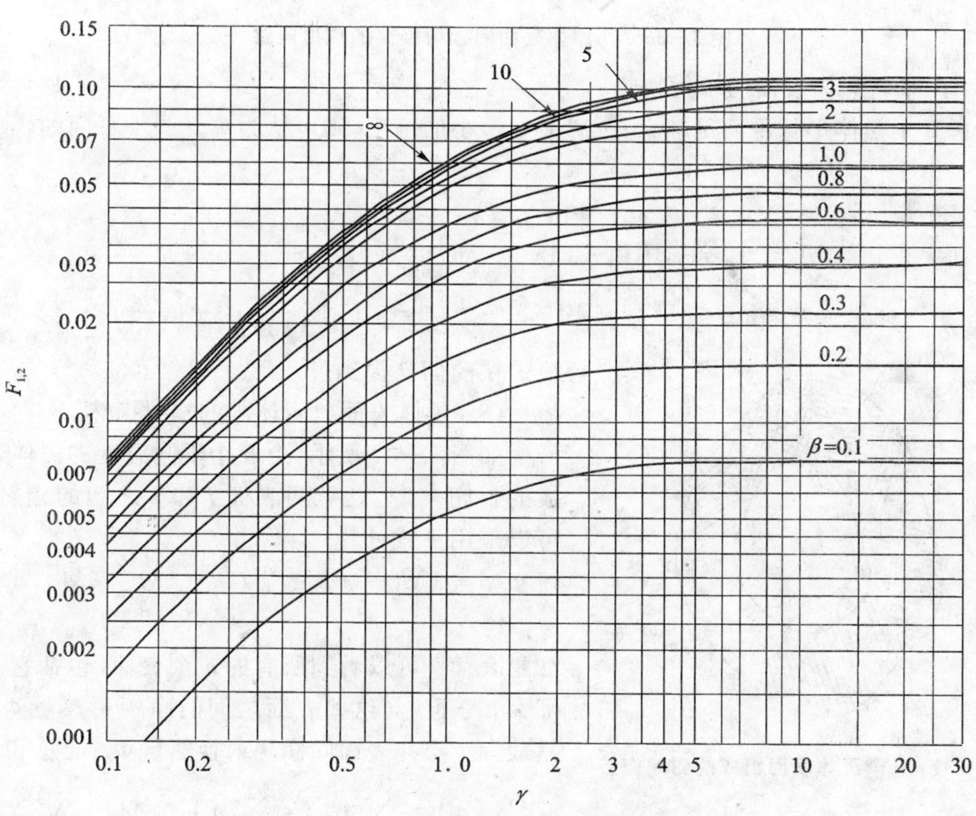

图 3－35　小球面 1 到长方形表面 2 的角系数

或

$$\Phi_{1,2}=(M_{b1}-M_{b2})\Big/\frac{1}{A_1F_{1,2}} \tag{3-4-57}$$

在讨论导热时，曾引入热阻的概念。现在仍然采用这种电模拟的办法，把热辐射换热现象和导电现象类比，即把$(M_{b1}-M_{b2})$比作电位差；$\Phi_{1,2}$比作电流；则电阻就是$1/A_1F_{1,2}$，由于它取决于表面间的几何关系，故称为空间热阻或形状热阻。显然，当表面间的角系数越小或表面积越小时，空间热阻就越大。图 3－36 表示出两黑体表面间辐射换热的模拟电路。

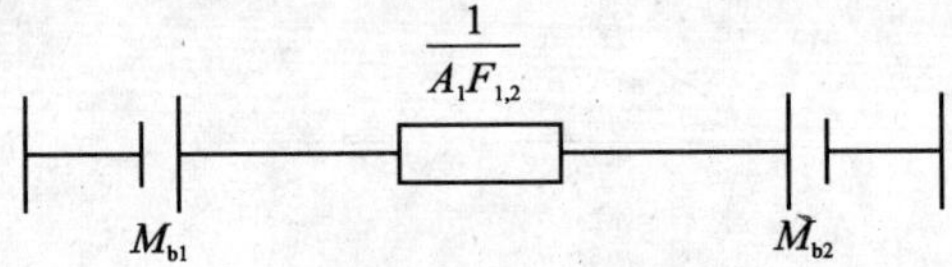

图 3－36　两黑体表面间辐射换热的模拟电路

（2）两平行黑体表面的辐射换热

考虑 2 个黑体平行平面足够大，距离又足够小的情况，则可认为离开一个平面的辐射全部到达另一个平面，所以

$$F_{1,2}=F_{2,1}=1$$

若两平面大小相等，$A_1=A_2=A$，则由式(3－4－56)得到

$$\Phi_{1,2}=A(M_{b1}-M_{b2})=A\sigma(T_1^4-T_2^4)=AC_b\left[\left(\frac{T_1}{100}\right)^4-\left(\frac{T_2}{100}\right)^4\right] \tag{3-4-58}$$

该式在前面已提到过。

（3）黑体表面封闭体内的辐射换热

如图 3－37 所示，由 n 个不同温度的黑体表面组成的封闭空腔，任意两表面 i 和 j 之间的辐射换热，可以采用下式计算

$$\Phi_{i,j}=(M_{bi}-M_{bj})F_{i,j}A_i=(M_{bi}-M_{bj})F_{j,i}A_j \tag{3-4-59}$$

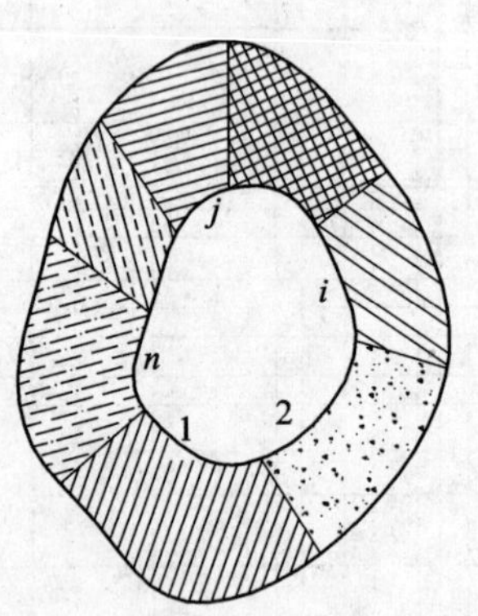

图 3－37　n 个黑体表面组成的封闭空腔

如果表面 i 可以看到所有的 n 个表面（包括它本身），那么，表面 i 与这些表面之间的净辐射热量 Φ_i，应当是表面 i 与各表面间净辐射换热量 $\Phi_{i,j}$ 的总和

$$\Phi_i=\sum_{j=1}^{n}\Phi_{i,j}=\sum_{j=1}^{n}A_iF_{i,j}(M_{bi}-M_{bj}) \tag{3-4-60}$$

应用式(3－4－51)则

$$\Phi_i = A_i M_{bi} - \sum_{j=1}^{n} A_i F_{i,j} M_{bj} \tag{3-4-61}$$

式(3-4-61)表明，表面 i 与周围所有表面之间总的净换热量，就是表面 i 所发射的总辐射能与各表面入射到表面 i 上辐射能的差额。

把电模拟方法应用于上述封闭体中的辐射换热，图 3-38 绘出了由 3 个黑体表面组成的封闭空腔模拟电路图。任何两表面(即节点)间都有相应的空间热阻 $1/A_i F_{i,j}$，节点的电位相当于该表面的辐射力 M_{bj}，并都有一个接地的通路。

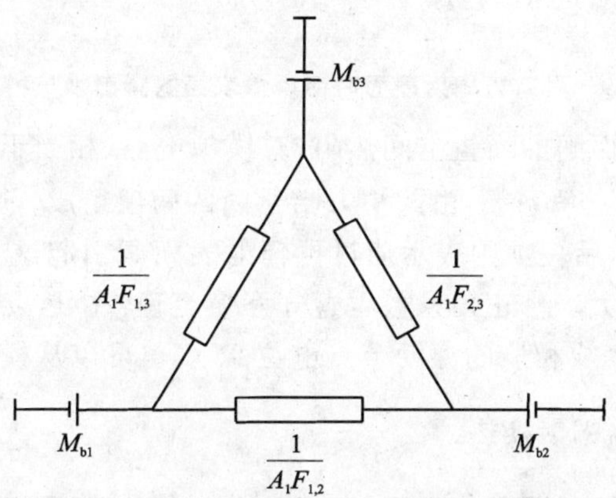

图 3-38　3 个黑体表面组成的空腔辐射换热模拟电路

(4) 有重辐射表面封闭体内的辐射换热

在辐射换热系统中，有时会遇到一种与周围环境实际上是绝热的表面，这种表面以漫反射的形式，把入射到它上面的辐射能或是反射出去，或是把它所吸收的全部辐射能重新辐射过去，故又称为重辐射表面。这种表面像反射镜一样，虽然它本身不参与能量交换，净辐射换热量为零，但它所起传递辐射能的作用却对其他表面间的辐射换热有影响。这种表面的温度"浮动"在由整个系统平衡状态所决定的某一数值上。

在模拟电路中，重辐射表面的辐射力是一个不固定的浮动电位，不必接地。图 3-39 表示由两个黑表面加上一个重辐射表面组成封闭空腔的辐射换热模拟电路。

两黑体表面间的净辐射换热量为

$$\Phi_{1,2} = \frac{M_{b1} - M_{b2}}{R_{eq}} = \left[A_1 F_{1,2} + \frac{1}{\dfrac{1}{A_1 F_{1,2}} + \dfrac{1}{A_2 F_{2,3}}} \right] (M_{b1} - M_{b2})$$

$$= A_1 \left[F_{1,2} + \frac{1}{\dfrac{1}{F_{1,2}} + \dfrac{A_1}{A_2 F_{2,3}}} \right] (M_{b1} - M_{b2}) = A_1 \overline{F_{1,2}} (M_{b1} - M_{b2}) \tag{3-4-62}$$

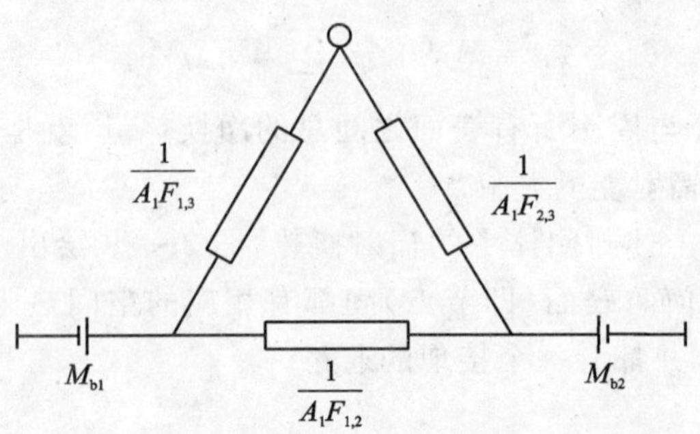

图 3-39　具有重辐射表面时两黑体表面的辐射换热模拟电路

式中：R_{eq}为A_1 和 A_2 两表面间的当量空间热阻，对模拟电路（相当于直流串-并联电路）使用欧姆定律可以求得；$\overline{F_{1,2}}$为修正角系数，由式中方括号内的两项组成，前一项 $F_{1,2}$ 表示表面 A_1、A_2 之间的直接辐射换热部分，后一项则表示通过再辐射表面所引起这 2 个表面间的辐射换热部分。显然，$\overline{F_{1,2}}$总是比 $F_{1,2}$ 大。修正角系数也遵守互换定理：$A_1\ \overline{F_{1,2}}=A_2\ \overline{F_{2,1}}$。

重辐射表面 A_3 的温度或相应的浮动节点电位 M_{b3}，也可以从模拟电路中求出。

3.4.4　灰体表面间的辐射换热

由于灰体表面对入射辐射既吸收又反射，于是在各灰体表面之间就会造成多次反射和吸收，使其辐射换热过程比黑体表面复杂些。但灰体表面具有吸收比和发射率都与波长无关的特点，所以换热量计算仍然比起实际物体大为简化。而工程材料大多可以作为灰体来处理，因此讨论灰体表面间的辐射换热对解决工程上的辐射换热问题有其实际意义。这里仅对漫辐射灰体表面进行分析。

1. 有效辐射

讨论如图 3-40 所示灰体表面的辐射现象。假定其透射比 τ 为零，灰体表面向外的实际辐射包括两个部分：由该表面温度和发射率所决定的本身辐射 M，以及将入射辐射部分反射出去的反射辐射（为区别起见，用 E 表示），这两部分之和为有效辐射，用符号 E 表示。以单位时间、单位表面积计，有

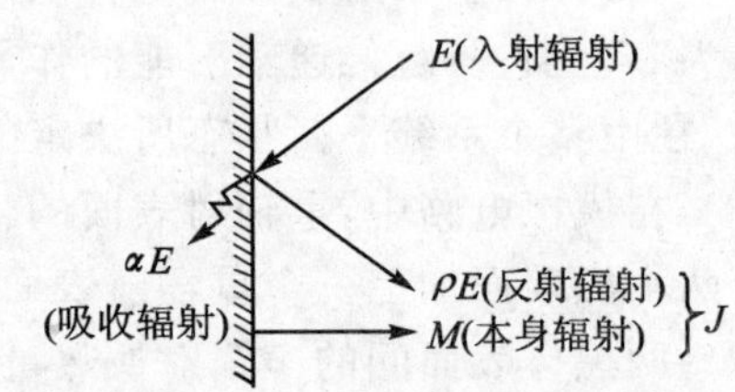

图 3-40　灰体表面的辐射现象

$$J=M+\rho E=\varepsilon M_{\rm b}+(1-\alpha)E \tag{3-4-63}$$

灰体表面单位时间内单位面积上的净辐射换热量是有效辐射与入射辐射之差，即

$$\frac{\Phi}{A}=J-E=\varepsilon M_{\rm b}+(1-\alpha)E-E=\varepsilon M_{\rm b}-\alpha E \tag{3-4-64}$$

从式(3-4-64)看，其净辐射换热量是本身辐射与吸收辐射之差。

将式(3-4-63)、式(3-4-64)合并消去 E，对于灰体，有 $\alpha=\varepsilon$，因此可得

$$\Phi = \frac{\varepsilon}{1-\varepsilon}A(M_b - J) = (M_b - J)\Big/\frac{1-\varepsilon}{A\varepsilon} \tag{3-4-65}$$

将电模拟应用于式(3-4-65)，把离开表面的 Φ 视为电流，$(M_b - J)$ 视为电位差，$(1-\varepsilon)/A\varepsilon$ 则视为电阻，它是由灰体的表面特征决定的，因此称为表面热阻。这样，未知的电位 J 便可通过表面热阻和已知的电位 M_b 来代替（如图 3-41 所示）。可以看出，当 α 或 ε 越大时，此电阻就越小，表面也就越接近于黑体表面。对于黑体表面，$\varepsilon=\alpha=1$，则表面热阻为零，$J=M_b$，即黑体表面的有效辐射就是黑体本身的辐射力。

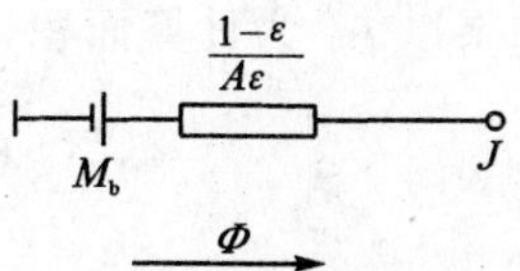

图 3-41　灰体表面的表面热阻

应当指出，在电模拟中，黑体表面是以其辐射力为电位，它取决于本身的温度。而对于灰体表面来说，应当把它的有效辐射作为电位，它是一个待定的电位，这是由于有效辐射不仅取决于灰体表面本身的温度及表面特性，而且还与周围的辐射有关。

2. 灰体表面间的辐射换热

两灰体表面间的净辐射换热量，取决于它们的有效辐射和表面的尺寸、形状及彼此间的相互位置。单位时间内，任意放置的两灰体表面间的净辐射换热量为

$$\Phi_{1,2} = A_1F_{1,2}(J_1 - J_2) = A_2F_{2,1}(J_1 - J_2) \tag{3-4-66}$$

图 3-42 是式(3-4-66)的模拟电路。

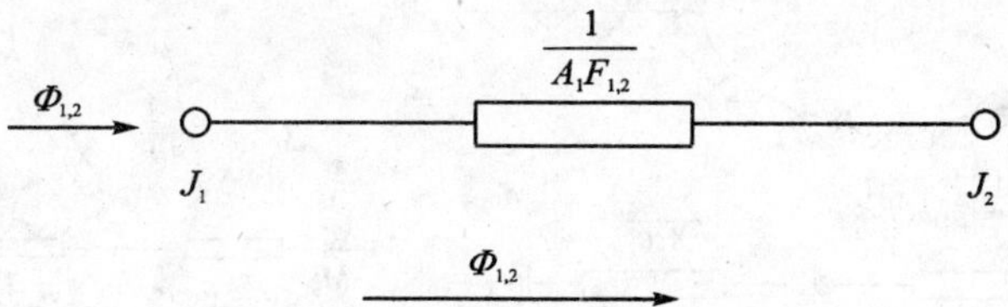

图 3-42　两灰体表面间的空间热阻

(1) 封闭体内灰体表面间的辐射换热

对于由 2 个表面组成的封闭空腔，根据式(3-4-65)，可写出离开表面 1 的净辐射功率为

$$\Phi_1 = \frac{A_1\varepsilon_1}{1-\varepsilon_1}(M_{b1} - J_1) \tag{3-4-67}$$

表面 2 所接受的净辐射功率为

$$\Phi_2 = \frac{A_2\varepsilon_2}{1-\varepsilon_2}(J_2 - M_{b2}) \tag{3-4-68}$$

由于空腔内只有 2 个表面参与辐射，所以 Φ_1 和 Φ_2 及式(3-4-66)中的 $\Phi_{1,2}$ 是相等的。联立式(3-4-66)～式(3-4-68)，消去 J，得到

$$\Phi_{1,2} = (M_{b1} - M_{b2})\Big/\left(\frac{1-\varepsilon_1}{A_1\varepsilon_1} + \frac{1}{A_1F_{1,2}} + \frac{1-\varepsilon_2}{A_2\varepsilon_2}\right) \tag{3-4-69}$$

式(3-4-69)的分母为当量热阻，它由3项组成，分别是由表面1的特性、几何关系及表面2的特性所引起的。图3-43给出了式(3-4-69)的模拟电路。

如果以A_1为计算面积，则式(3-4-69)可写成

$$\Phi_{1,2}=\frac{A_1(M_{b1}-M_{b2})}{\left(\frac{1}{\varepsilon_1}-1\right)+\frac{1}{F_{1,2}}+\frac{A_1}{A_2}\left(\frac{1}{\varepsilon_2}-1\right)} \tag{3-4-70}$$

对于由3个灰体表面组成的空腔，其模拟电路如图3-44所示。在这种情况下，表面1、2间和表面1、3间的净辐射换热量分别为

$$\Phi_{1,2}=(J_1-J_2)\bigg/\frac{1}{A_1F_{1,2}},\quad \Phi_{1,3}=(J_1-J_2)\bigg/\frac{1}{A_1F_{1,3}} \tag{3-4-71}$$

将基尔霍夫电流定律应用于模拟电路，亦即流进节点的电流之和为零，便可计算出有效辐射的数值，进而计算出表面间的净辐射换热量。对于3个表面组成的封闭体，尽管计算公式有些冗长，但仍可以在合适的时间内完成解题工作。然而，当表面数量增加到四个或四个以上时，要想求出分析解就相当困难了。这时，可采用数值法或者借助于模拟电路，即对相应电路的各个位置的电流进行测量。

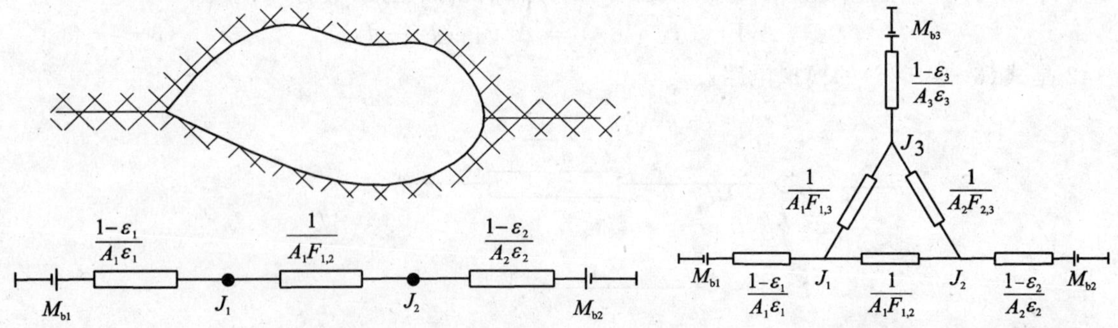

图3-43　两灰体表面空腔辐射换热模拟电路　　图3-44　3个灰体表面空腔辐射换热模拟电路

在3表面空腔中，如果表面3是一个重辐射表面，由于它不参与辐射换热，则该节点的J_3值是浮动的，不必与外电源相连接。其模拟电路如图3-45所示，是一个串-并联电路。

(2) 两平行灰体平面间的辐射换热

这里所讨论的是两个尺寸较大，且相距很近的平行平面，这样可略去两端的辐射损失，则有$F_{1,2}=F_{2,1}=1$。若$A_1=A_2=A$，则式(3-4-70)可简化为

$$\Phi_{1,2}=\frac{A_1(M_{b1}-M_{b2})}{\frac{1}{\varepsilon_1}+\frac{1}{\varepsilon_2}-1}=\varepsilon_{1,2}A\sigma(T_1^4-T_2^4)=\varepsilon_{1,2}AC_b\left[\left(\frac{T_1}{100}\right)^4-\left(\frac{T_2}{100}\right)^4\right]$$

$$=C_{1,2}A\left[\left(\frac{T_1}{100}\right)^4-\left(\frac{T_2}{100}\right)^4\right] \tag{3-4-72}$$

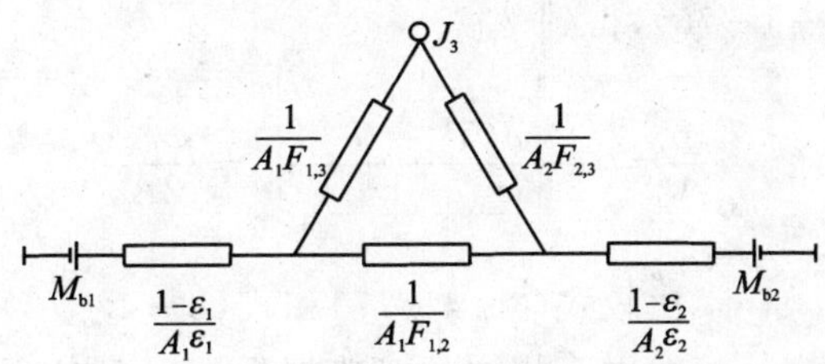

图 3-45　具有重辐射表面时两灰体表面的辐射换热模拟电路

式中：

$$\frac{1}{\varepsilon_{1,2}}=\frac{1}{\varepsilon_1}+\frac{1}{\varepsilon_2}-1 \tag{3-4-73}$$

$\varepsilon_{1,2}$为平行灰体平面的相当发射率；$C_{1,2}=\varepsilon_{1,2}\cdot C_b$，为平行灰体平面的相当辐射系数。

(3) 辐射遮热板

为了减少辐射换热损失，一种有效的办法是在发生辐射换热的表面之间增设辐射遮热板(或称为辐射屏)。遮热板在整个系统中并不放出或吸收任何热量，只是在热流通路中增加热阻，从而起到阻碍辐射换热的作用。

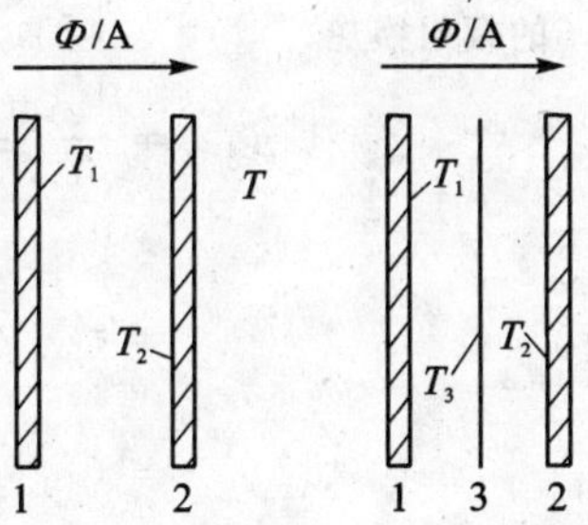

如图 3-46 所示，两平行平板 1,2 中加装了一块薄金属遮热板 3。增设遮热板后，热量不是由板 1 直接辐射给板 2，而是先辐射给遮热板 3，再由遮热板辐射给板 2。在稳态条件下，板 1 与板 3 之间的辐射换热量，必定恰好等于板 3 与板 2 之间的辐射换热量，这也是总的换热量，即

(a) 原辐射系统　(b) 加装遮垫板的辐射系统

图 3-46　遮热原理

$$\left(\frac{\Phi}{A}\right)_{1,3}=\left(\frac{\Phi}{A}\right)_{3,2}=\frac{\Phi}{A} \tag{3-4-74}$$

如果遮热板很薄，且导热系数很大，则可认为其两侧表面温度相等，均为 T_3。应用式(3-4-72)，可将上式写成

$$\frac{\Phi}{A}=\frac{\sigma(T_1^4-T_3^4)}{\frac{1}{\varepsilon_1}+\frac{1}{\varepsilon_3}-1}=\frac{\sigma(T_3^4-T_2^4)}{\frac{1}{\varepsilon_3}+\frac{1}{\varepsilon_2}-1} \tag{3-4-75}$$

为了便于比较，假设各板面的发射率相同，即

$$\varepsilon_1=\varepsilon_2=\varepsilon_3=\varepsilon$$

则由式(3-4-75)可得

$$T_3^4=\frac{1}{2}(T_1^4+T_2^4) \tag{3-4-76}$$

将式(3-4-76)代入式(3-4-75),得到

$$\frac{\Phi}{A}=\frac{1}{2}\left[\frac{\sigma(T_1^4-T_3^4)}{\frac{1}{\varepsilon_1}+\frac{1}{\varepsilon_3}-1}\right]=\frac{\Phi_{1,2}}{2A} \tag{3-4-77}$$

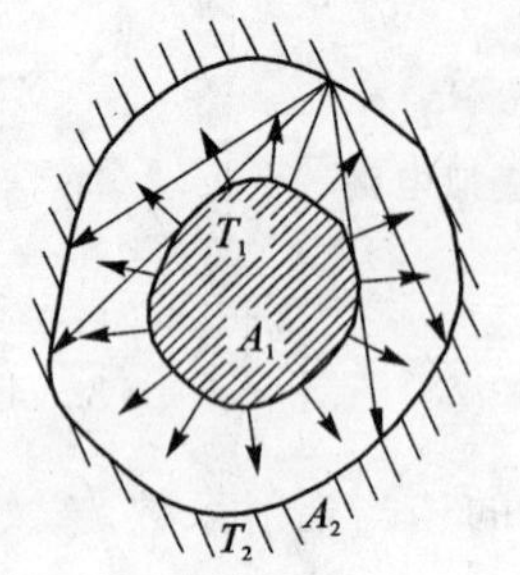

图 3-47　空腔与内包壁面间的辐射换热

比较式(3-4-77)和式(3-4-72)可见,加入一块与板壁间发射率相同的遮热板后,可使原来两板表面间的辐射换热量减少一半。同样可以证明,加入 n 块遮热板,将使换热量减少到原来的 $1/(n+1)$,如果采用反射比高的磨光金属板作遮热板,使 ε_3 远小于 ε_1 和 ε_2,则遮热效果将更显著。

(4) 封闭体与内包壁面间的辐射换热

如图 3-47 所示,表面 1 系凸形表面,位于表面 2 组成的封闭空腔内,因而表面 1 的有效辐射能量将全部落到表面 2 上,故 $F_{1,2}=1$。这样,式(3-4-70)可简化为

$$\begin{aligned}\Phi_{1,2}&=\frac{A_1(M_{b1}-M_{b2})}{\frac{1}{\varepsilon_1}+\frac{A_1}{A_2}\left(\frac{1}{\varepsilon_2}-1\right)}=\varepsilon'_{1,2}A_1\sigma(T_1^4-T_2^4)\\&=\varepsilon'_{1,2}A_1C_b\left[\left(\frac{T_1}{100}\right)^4-\left(\frac{T_2}{100}\right)^4\right]\\&=C'_{1,2}A_1\left[\left(\frac{T_1}{100}\right)^4-\left(\frac{T_2}{100}\right)^4\right]\end{aligned} \tag{3-4-78}$$

式中:

$$\frac{1}{\varepsilon'_{1,2}}=\frac{1}{\varepsilon_1}+\frac{A_1}{A_2}\left(\frac{1}{\varepsilon_2}-1\right) \tag{3-4-79}$$

$\varepsilon'_{1,2}$ 为空腔与内包壁面的相当发射率;$C'_{1,2}=\varepsilon'_{1,2}\cdot C_b$ 为空腔与内包壁面的相当辐射系数。式(3-4-78)适用于任何形状的灰体表面,但要求内包壁面为凸形表面。

对于 $A_2\gg A_1$,且具有较大 ε_2 值这样的特殊情况,A_1/A_2 很小,$(1/\varepsilon_2-1)$ 也很小,两者的乘积与 $1/\varepsilon_1$ 相比可以略去不计,则式(3-4-78)可简化为

$$\Phi_{1,2}=\varepsilon_1A_1C_b\left[\left(\frac{T_1}{100}\right)^4-\left(\frac{T_2}{100}\right)^4\right]=C_1A_1\left[\left(\frac{T_1}{100}\right)^4-\left(\frac{T_2}{100}\right)^4\right] \tag{3-4-80}$$

式中:$C_1=\varepsilon_1\cdot C_b$ 是内包壁面 1 的相当辐射系数。

利用式(3-4-80),可以很容易地计算出一个热物体表面在大房间内,向周围空间的辐射换热损失,这时 T_2 可用周围介质的温度代替。此外,测定物体的发射率也可以利用式(3-4-80),即只要测出 A_1,T_1,T_2 及 $\Phi_{1,2}$ 的数值,通过该式便可算出被测物体表面的发射率。

3.4.5　气体的热辐射

在此之前,研究固体间辐射换热时,一直是忽略作为介质的气体对辐射的作用。实际上,

与固体一样，很多气体也具有发射和吸收辐射射线的能力。工程上所遇到的辐射换热过程中，常常会有气体参与，而且气体与固体较之固体与固体之间的辐射换热还要复杂。因此，有必要在讨论辐射特点和规律的基础上，研究气体与包围它的容器壁之间的辐射换热计算方法。

1. 气体辐射的特点

气体发射和吸收辐射能的能力，与固体相比有很大的不同，具有以下显著特点：

(1) 不同气体发射和吸收辐射能的能力有很大差别。在工程上经常遇到的温度范围内，一般单原子气体和某些对称型双原子气体如 O_2、N_2、H_2 及这些气体的混合物，对热射线的发射和吸收能力很微弱，能使投射来的全部辐射能透射过去，故可认为是透明体；而多原子气体，尤其是 CO_2、H_2O(气态，下同)、SO_2、NH_3 和非对称型双原子气体如 CO，以及许多碳氢化合物对辐射就有相当大的发射和吸收能力。固体火箭推进剂燃烧生成的燃气中，除了含有透明性气体 O_2、N_2、H_2 等以外，还有较大分量的 CO_2、H_2O、SO_2 和 NH_3 等气体，这些气体是高温燃烧产物中主要的辐射源。所以，讨论气体的辐射规律，对研究火箭发动机的辐射换热有其实际意义。

(2) 气体发射和吸收辐射能对波长具有明显的选择性。固体表面的发射和吸收光谱是连续的，能够发射和吸收波长从 0 到∞的所有辐射能量。而气体却不同，发射和吸收辐射能的能力是由分子内部所具有的能级所决定的。气体只能发射和吸收若干波长范围 $\Delta\lambda$(称作光带)内的辐射能，对于这些波长范围之外的热射线则表现为透明体。因此，气体的发射和吸收光谱是间断的。

(3) 气体发射和吸收辐射能是在整个气体容积中进行的。固体的发射和吸收只在很薄的表面层中进行。而气体则不同，当光带中的热射线穿过气体层时，辐射能因沿途被气体分子所吸收，其强度逐渐减弱。辐射途中所碰到的分子数，不仅直接与射线穿过气体容积的路程(l)有关，还和气体的温度(T_g)及其分压强(p)有关。显然，T_g 低，p 高，分子浓度就大，辐射能减弱就明显，因此，表示气体对一定波长热射线吸收能力的单色吸收比，可写成如下函数关系

$$\alpha_\lambda = f(T_g, p, l) \tag{3-4-81}$$

2. 气体的辐射力、吸收比及发射率

(1) 气体的辐射力

根据基尔霍夫定律，物体具有吸收辐射能的能力，也必定具有发射辐射能的能力，并且只能发射那些与吸收的辐射能具有相同波长的辐射能。因此，气体的单色辐射力同样可以描述成如下函数

$$M_\lambda = f(T_g, p, l) \tag{3-4-82}$$

在每一光带 $\Delta\lambda=\lambda_2-\lambda_1$ 内，气体的辐射力为

$$M_{\Delta\lambda} = \int_{\lambda_1}^{\lambda_2} M_\lambda \mathrm{d}\lambda \tag{3-4-83}$$

总辐射力等于所有光带辐射力之和，即

$$M = \sum M_{\Delta\lambda} \tag{3-4-84}$$

这是计算气体辐射能力的一种原始方法。实际上，确定气体对辐射的发射和吸收能力是非常困难的，因为它与气体的温度、成分、密度和容积形状有关。对于常见的 CO_2 和 H_2O，根据实验测定，在 1 个大气压下，温度小于 2 500 K 时，辐射力可按下列经验公式计算

$$M_{CO_2} = 4.05(p_{CO_2} l)^{1/3} \left(\frac{T_g}{100}\right)^{3.5} \tag{3-4-85}$$

$$M_{H_2O} = 4.03 p_{H_2O}^{0.8} l^{0.6} \left(\frac{T_g}{100}\right)^{3} \tag{3-4-86}$$

式中：T_g 为气体的温度，K；p 为气体的分压强，bar；l 为射线平均行程，m。对于各种不同形状的气体容积，l 的值可查表 3-10 或按下式计算

$$l = 3.6\frac{W}{A} \tag{3-4-87}$$

式中：W 为气体所占容积，亦即容器的容积；A 为容器的表面积。

表 3-10　射线平均行程值

气体容积形状		l
直径为 d 的球体对整个表面辐射		$0.65d$
边长为 d 的立方体对每个侧面积辐射		$0.60d$
高度等于直径 d 的圆柱体	对全表面辐射	$0.60d$
	对底面中心辐射	$0.77d$
高度等于两倍直径 d 的圆柱体	对整个表面辐射	$0.73d$
	对侧表面辐射	$0.76d$
	对底面辐射	$0.60d$
直径为 d 的长圆柱	对整个表面辐射	$0.90d$
	对侧表面辐射	$0.95d$

从式(3-4-85)和式(3-4-86)可以看出，CO_2 和 H_2O 的辐射力并不遵循斯忒藩-玻尔兹曼定律所表示的 4 次方规律，而是分别与温度的 3.5 和 3 次方成正比，这种关系是在大气压强和小于 2 500 K 的温度条件下得到的。而火箭发动机中燃气的压强和温度均可能比此条件高，故使用上面的经验公式计算是不准确的。另外，气体的辐射特性还与波长密切有关，是典型的非灰体。但在工程计算上，为方便起见，仍然按 4 次方定律计算气体的辐射力，而把误差归到气体的发射率(ε_g)中去修正，ε_g 定义为

$$\varepsilon_g = \frac{M_g}{M_b} \tag{3-4-88}$$

即气体在温度为 T_g时的辐射力与相同温度下黑体的辐射力之比。于是

$$M_g = \varepsilon_g \sigma T_g^4 \tag{3-4-89}$$

气体发射率除了与气体性质、分压强、温度以及射线平均行程有关外，还包括因温度幂指数不同而作的修正。

(2) 气体的吸收比

为了深入了解气体的吸收现象，对在 $x=0$ 处具有辐射强度 $L_{\lambda 0}$ 的单色辐射射线进入气体层时的情况（如图 3－48 所示）进行讨论。由于气体的吸收作用，单色辐射强度的衰减量为 $\mathrm{d}L_{\lambda_x}$，它与局部辐射强度（L_{λ_x}）及气体层厚度（$\mathrm{d}x$）成正比，亦即

$$\mathrm{d}L_{\lambda_x} = -K_\lambda L_{\lambda_x}\mathrm{d}x \tag{3-4-90}$$

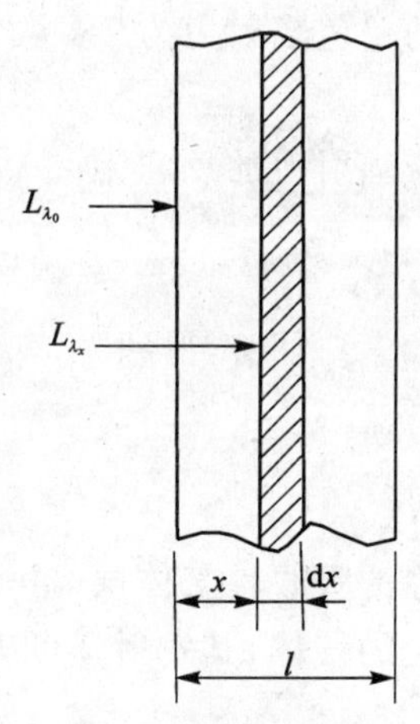

图 3－48 辐射能在气体层中的吸收

式中：K_λ 为单色辐射减弱系数，表示单位距离内辐射强度减弱的百分数，它不是常量，而是与气体的性质、压强、温度以及入射射线的波长有关。对于一次近似，在一定温度下 K_λ 随压强成线性增加；对既含有吸收性气体又含有非吸收性气体的混合气体而言，K_λ 与各吸收介质的分压强成正比。负号表明辐射强度随气体层厚度（x）增加而减弱。

将式（3－4－90）分离变量并积分，对于温度和压强都是均匀的气体，K_λ 是与 x 无关的常数，有

$$L_{\lambda_l} = L_{\lambda_0}\mathrm{e}^{-K_\lambda l} \tag{3-4-91}$$

式（3－4－91）为气体吸收定律或比尔（Beer）定律。可见，射线穿过气体层时其单色辐射强度是按指数规律减弱的。

根据单色透射比的定义，式（3－4－91）可写成

$$\tau_\lambda = \frac{L_{\lambda_l}}{L_{\lambda_0}} = \mathrm{e}^{-K_\lambda l} \tag{3-4-92}$$

由于气体的反射能力很小，故气体的单色吸收比为

$$\alpha_\lambda = 1-\tau_\lambda = 1-\mathrm{e}^{-K_\lambda l} \tag{3-4-93}$$

鉴于 K_λ 与气体的分压强成近似线性关系，可令

$$k_\lambda = \frac{K_\lambda}{p} \tag{3-4-94}$$

式中：k_λ 是 1 个大气压下的单色辐射减弱系数，与气体的性质及温度有关，所以也是反映气体状态的系数；p 是气体的分压强。将式（3－4－94）代入式（3－4－93），得到

$$\alpha_\lambda = 1-\mathrm{e}^{-k_\lambda pl} \tag{3-4-95}$$

式（3－4－95）表明，α_λ 不仅与气体本身的性质有关，还与 l，p 及 T_g 有关。

(3) 气体的发射率

根据基尔霍夫定律，气体单色发射率和单色吸收比相等，即

$$\varepsilon_\lambda = \alpha_\lambda = 1 - e^{-k_\lambda pl} \tag{3-4-96}$$

而对应的单色辐射力为

$$M_\lambda = \varepsilon_\lambda M_{b\lambda} \tag{3-4-97}$$

则各光带辐射力的总和为

$$M_g = \int_0^\infty M_\lambda d\lambda = \int_0^\infty (1 - e^{-k_\lambda pl}) M_{b\lambda} d\lambda \tag{3-4-98}$$

代入式(3-4-88)，得到

$$\varepsilon_g = \frac{\int_0^\infty (1 - e^{-k_\lambda pl}) M_{b\lambda} d\lambda}{\sigma T_g^4} \tag{3-4-99}$$

对于很厚的吸收性气体层($l \to \infty$)，$\varepsilon_g \to 1$，即十分接近于黑体辐射。从式(3-4-99)可以看出，对于一定的气体，其发射率可表示为

$$\varepsilon_g = f(T_g, pl) \tag{3-4-100}$$

对于大多数气体，发射率主要依靠实验测定。霍特儿(Hottel)和埃格伯特(Egbert)给出了二氧化碳和水蒸气的发射率随 T_g，分 p 和 l 的变化曲线，分别绘于图 3-49 和图 3-50 中。

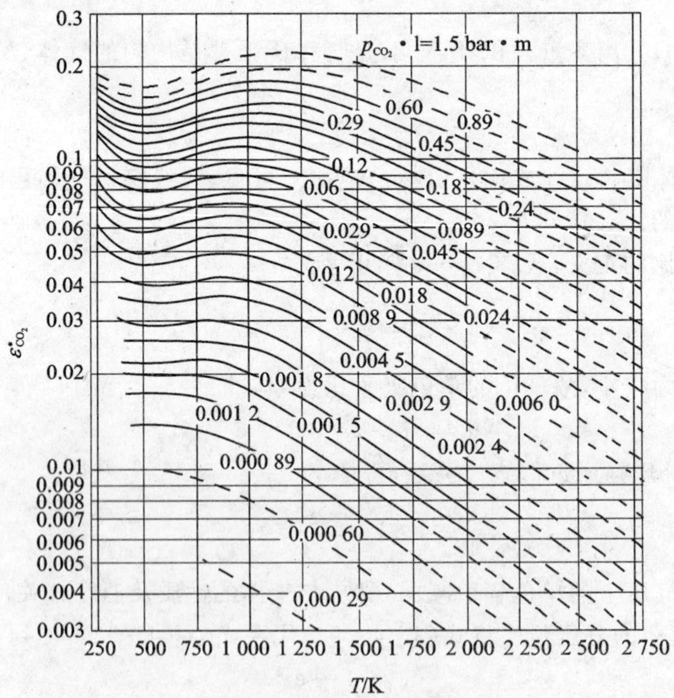

图 3-49　CO_2 的发射率

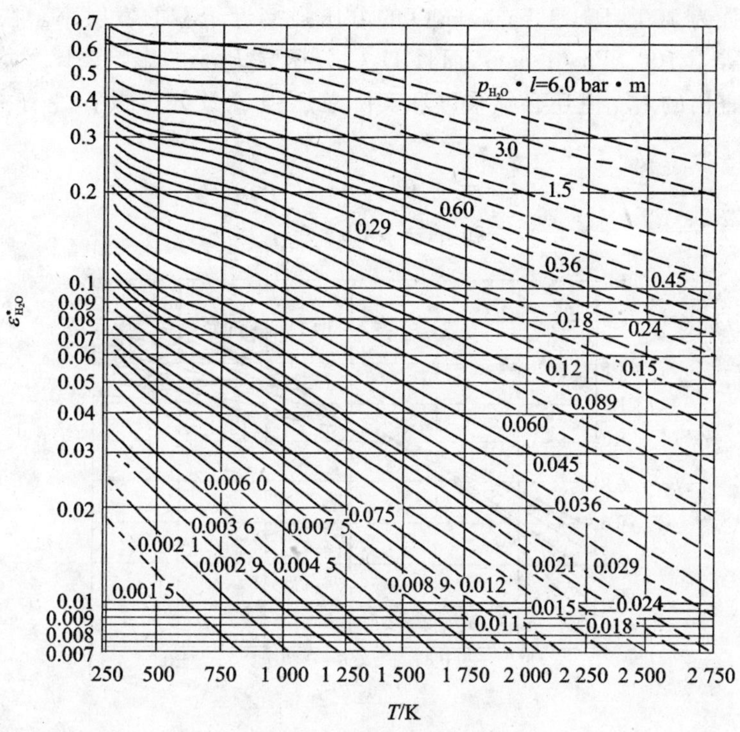

图 3-50　H_2O 蒸气的发射率

其中，图 3-49 是对应于总压强为 100 kPa(1 bar)、CO_2 分压强 p_{CO_2} 可变、由透明气体与 CO_2 组成的具有均匀系统温度 T_g 的混合气体，即

$$\varepsilon^*_{CO_2} = f_1(T_g, p_{CO_2} l) \tag{3-4-101}$$

当混合气体的总压强不是 100 kPa(1 bar)时，由压强变化引起的发射和吸收光带变化，可用图 3-51给出的修正值 C_{CO_2} 计算，即

$$\varepsilon_{CO_2} = C_{CO_2} \cdot \varepsilon^*_{CO_2} \tag{3-4-102}$$

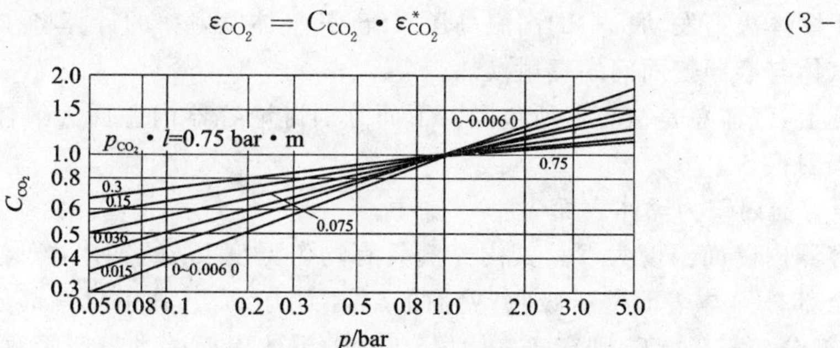

图 3-51　CO_2 发射率的压强修正

图 3－50 是总压强为 100 kPa (1 bar)、H_2O 的分压强接近于零的发射率。在实际计算中，系统总压强可能不等于 100 kPa (1 bar)，而且 H_2O 分压强 P_{H_2O} 的影响要比平均行程 l 的大，因此从图 3－50 中查出的 $\varepsilon^*_{H_2O}$ 值还必须乘以和实际总压强 p 及分压强 p_{H_2O} 有关的修正值 C_{H_2O}（见图 3－52），即

$$\varepsilon^*_{H_2O} = f_2(T_g, p_{H_2O}l, p_{H_2O}) \tag{3-4-103}$$

$$\varepsilon_{H_2O} = C_{H_2O} \cdot \varepsilon^*_{H_2O} \tag{3-4-104}$$

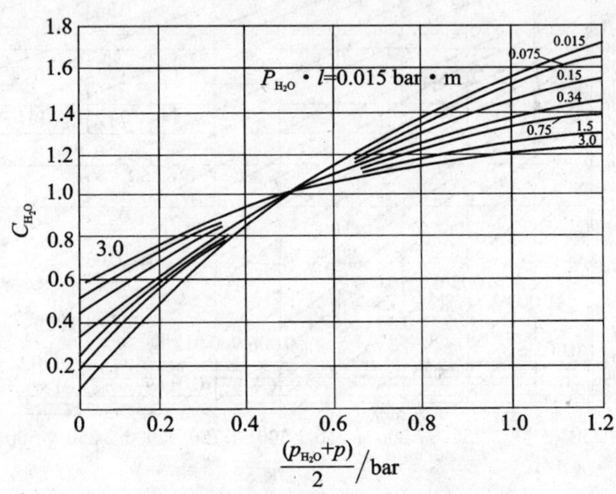

图 3－52　H_2O 发射率的压强修正

当混合气体内有 CO_2 和 H_2O 并存，而其余为透明性气体时，考虑到它们的辐射光带有部分重叠，混合气体的发射率应为

$$\varepsilon_g = \varepsilon_{CO_2} + \varepsilon_{H_2O} - \Delta\varepsilon \tag{3-4-105}$$

修正值 $\Delta\varepsilon$ 可从图 3－53 查出。不过，$\Delta\varepsilon$ 一般不大（仅 2%～4%），只有在精确计算时才需要考虑，工程计算一般可以略去。

对于固体火箭发动机中的高温高压系统，其气体发射率的计算将在第 7 章讨论。

3. 气体与容器壁面间的辐射换热

实际上，气体总是被容器所包围。下面分别讨论容器内壁面为黑体表面和灰体表面时与气体的辐射换热。

(1) 容器内壁为黑体表面

设容器内壁面温度为 T_w，其内充满具有均匀温度 T_g 的气体，气体的辐射力为 $\varepsilon_g\sigma T_g^4$，此辐射能全部被黑体表面壁所吸收；壁面的辐射力为 σT_w^4，其中只有部分能量 $\alpha_g\sigma T_w^4$ 被气体吸收，其余部分 $(1-\alpha_g)\sigma T_w^4$ 则穿透气体层，仍然被黑体表面壁本身所吸收。因此，容器壁单位表面积上的辐射换热量，即气体所发射出的净辐射能为

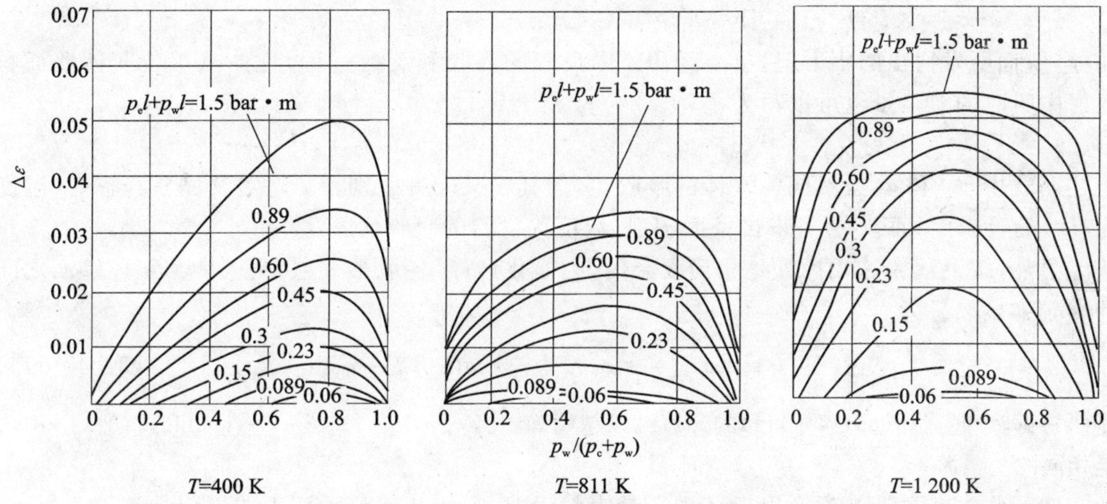

图 3-53　CO_2 和 H_2O 气体光带重叠的修正（p_c 表示 p_{CO_2}，p_w 表示 p_{H_2O}）

$$\frac{\Phi}{A}=\varepsilon_g\sigma T_g^4-\alpha_g\sigma T_w^4=\sigma(\varepsilon_g T_g^4-\alpha_g T_w^4) \tag{3-4-106}$$

式中：ε_g 为 温度为 T_g 时的气体发射率；α_g 为温度为 T_g 时的气体对来自温度为 T_w 的壁面辐射的吸收比。

α_g 既是 T_g 又是 T_w 的函数，而 $T_w\neq T_g$，气体又非灰体，故一般来说 $\alpha_g\neq\varepsilon_g$。工程上，对于含有 CO_2 和 H_2O 的混合气体，可用如下经验公式作近似计算

$$\alpha_g=\alpha_{CO_2}+\alpha_{H_2O}-\Delta\alpha \tag{3-4-107}$$

式中：

$$\alpha_{CO_2}=C_{CO_2}\cdot\varepsilon'_{CO_2}\left(\frac{T_g}{T_w}\right)^{0.65} \tag{3-4-108}$$

$$\alpha_{H_2O}=C_{H_2O}\cdot\varepsilon'_{H_2O}\left(\frac{T_g}{T_w}\right)^{0.45} \tag{3-4-109}$$

$$\Delta\alpha=\Delta\varepsilon\qquad(\text{在温度 } T_w \text{ 时}) \tag{3-4-110}$$

ε'_{CO_2} 和 ε'_{H_2O}的数值，应以 T_w 为横坐标，以 $p_{CO_2}l(T_w/T_g)$、$p_{H_2O}l(T_w/T_g)$作为新参数，分别查图 3-49 和图 3-50。

(2) 容器内壁为灰体表面时

在许多工程应用中，容器内壁可当作发射率为 ε_w 的灰体表面来考虑，且 $\varepsilon_w=\alpha_w$。在这种情况下，由气体辐射到壁面的能量 $\varepsilon_g\sigma T_g^4$ 中，壁面只吸收 $\varepsilon_w\varepsilon_g\sigma T_g^4$，其余部分$(1-\varepsilon_w)\varepsilon_g\sigma T_g^4$则被反射回气体中，被反射回气体的能量中又有一部分 $\alpha'_g(1-\varepsilon_w)\varepsilon_g\sigma T_g^4$被气体自身吸收，其余部分$(1-\alpha'_g)(1-\varepsilon_w)\varepsilon_g\sigma T_g^4$则穿透气体层再次到达壁面，壁面将再吸收 $\varepsilon_w(1-\alpha'_g)(1-\varepsilon_w)\varepsilon_g\sigma T_g^4\cdots$，

如此不断往返并逐渐减弱。于是，灰体壁面单位面积上从气体辐射中吸收的总热量为

$$\varepsilon_w\varepsilon_g\sigma T_g^4[1+(1-\alpha'_g)(1-\varepsilon_w)+(1-\alpha'_g)^2(1-\varepsilon_w)^2+\cdots]$$

同样，壁面所发射出的辐射能，也要经历不断反复的吸收和反射过程，气体从单位灰体壁面积辐射中吸收的总热量也可以写为

$$\varepsilon_w\varepsilon_g\sigma T_g^4[1+(1-\alpha_g)(1-\varepsilon_w)+(1-\alpha_g)^2(1-\varepsilon_w)^2+\cdots]$$

上述两式中 α'_g 和 α_g 虽然同为气体的吸收比，但其含义却有区别，α'_g 是对气体自身辐射（温度为 T_g）的吸收比，而 α_g 是对来自壁面辐射（温度为 T_w）的吸收比。

显然，按上述表达式计算是相当复杂的，为简化计算，各取第一项，则气体与灰体壁面之间的净辐射换热量为

$$\frac{\Phi}{A}=\varepsilon_w\varepsilon_g\sigma T_g^4-\varepsilon_w\alpha_g\sigma T_w^4=\varepsilon_w\sigma(\varepsilon_g T_g^4-\alpha_g T_w^4) \tag{3-4-111}$$

显而易见，ε_w 越大，式(3-4-111)的计算结果越精确。当 $\varepsilon_w=1$ 时，式(3-4-111)和式(3-4-106)是相同的。

为了弥补略去第 2 项及以后各项所带来的误差，霍特儿建议采用下式近似计算

$$\frac{\Phi}{A}=\varepsilon'_w\sigma(\varepsilon_g T_g^4-\alpha_g T_w^4) \tag{3-4-112}$$

式中：ε'_w 为灰体壁面的有效发射率，对于 $\varepsilon_w>0.8$ 的灰体表面，可取

$$\varepsilon'_w=\frac{\varepsilon_w+1}{2} \tag{3-4-113}$$

3.5 复合换热

前面分别讨论了导热、对流换热及辐射换热单独起作用时热量传递的规律，而实际工程应用中却很少有这 3 种换热基本形式单独进行的情况，往往是存在着以导热、对流换热及辐射换热相互组合的热量综合传递过程，几种基本换热形式同时存在并都发生作用的换热过程称为复合换热过程。

3.5.1 总换热系数与总传热系数

1. 总换热系数

对于气流与壁面之间的换热过程来说，除了对流换热之外，还同时存在辐射换热和导热。在这种复杂换热过程中，通常热对流是主要的，热辐射是次要的，而由于气体的导热系数很小，往往忽略气体导热的影响。这样，整个换热过程的热流密度(q)，应当等于对流换热的热流密度(q_c)与辐射换热的热流密度(q_r)之和，即

$$q=q_c+q_r \tag{3-5-1}$$

若流体温度为 T_∞，壁面温度为 T_w，h_c 为其间的对流换热系数，则由牛顿冷却定律，热流密度

为

$$q_c = h_c(T_\infty - T_w) \tag{3-5-2}$$

为了便于综合考虑对流和辐射这两部分换热量，常采用对流换热公式的形式来表达辐射换热，即

$$q_r = h_r(T_\infty - T_w) \tag{3-5-3}$$

则

$$h_r = \frac{q_r}{T_\infty - T_w} \tag{3-5-4}$$

h_r 为辐射换热系数。当 q_r 由辐射换热公式计算后，便可得到 h_r 的相应表达式。对于气体与容器壁面间的辐射换热，有

$$h_r = \frac{\varepsilon'_w \sigma(\varepsilon_g T_g^4 - \alpha_g T_w^4)}{T_\infty - T_w} \tag{3-5-5}$$

而对壁面与空气及周围环境之间的辐射换热，则有

$$h_r = \frac{C_1\left[\left(\frac{T_w}{100}\right)^4 - \left(\frac{T'_w}{100}\right)^4\right]}{T_\infty - T_w} \tag{3-5-6}$$

式中：T'_w 为周围环境表面的温度。

从式(3-5-5)和式(3-5-6)可以看出，h_r 随温度剧烈变化，而在多数情况下，h_c 随温度的变化却不大。

将式(3-5-2)及式(3-5-3)代入式(3-5-1)，得到

$$q = (h_c + h_r)(T_\infty - T_w) = h(T_\infty - T_w) \tag{3-5-7}$$

式中：h 为总换热系数，$h = h_c + h_r$，即为对流换热系数与辐射换热系数之和。

利用辐射换热系数把辐射换热量化成相当的对流换热量，也就是把此种复合换热所传递的热量，看成完全是由一个对流换热过程所传递的，这样处理可以简化计算，只要知道总换热系数和温差($T_\infty - T_w$)，就可方便地求得复合换热量。当然，针对具体换热问题进行计算时，首先还是应当抓住复合换热过程中起主导作用的一方，这样才能使换热计算进一步简化。当辐射换热量远大于对流换热量时，通常只需按辐射换热公式计算；反之，当以对流换热为主，辐射换热量较小并可以忽略时，则可以把对流换热量看做总换热量。

2. 总传热系数

工程上比较普遍的热传递过程是热流体通过固体壁把热量传给冷流体，这种过程通常称为传热过程。在这种情况下，热量通过固体壁纯属导热，而两侧流体与壁面之间的热量传递，除了对流换热外，根据流体的性质及温度的高低，还可能存在不容忽视的辐射换热。所以，传热过程往往是包括 2 种或 3 种基本的热传递形式。

对于上述传热过程的计算，仍然可以仿照牛顿冷却定律，把传热量写成

$$q = K(T_{\infty 1} - T_{\infty 2}) \tag{3-5-8}$$

式中：$T_{\infty 1}$ 和 $T_{\infty 2}$ 分别为热流体和冷流体的温度；K 为总传热系数，表示被固体壁隔开的热、冷流体的温度相差 1 K 时，单位时间内通过单位传热面积，从热流体向冷流体所传递的热量，即

$$K = \frac{q}{T_{\infty 1} - T_{\infty 2}} \tag{3-5-9}$$

总传热系数(K)表征的是整个传热过程，其值与总换热系数(h)及固体壁的导热系数(λ)的大小有关。流体间的固体壁形状、尺寸等不同时，K 值也会不同。本节仍以平壁、圆筒壁为例讨论传热过程的传热量计算。

3.5.2 通过平壁和圆筒壁的传热

1. 平壁传热

图 3－54 为一维单层平壁传热的示意图，平壁面积为 A，厚度为 δ，导热系数为 λ。平壁两侧分别与温度为 $T_{\infty 1}$、$T_{\infty 2}$ 的热、冷流体接触的总换热系数分别为 h_1 和 h_2，而壁面温度 T_{w1} 和 T_{w2} 为未知量。

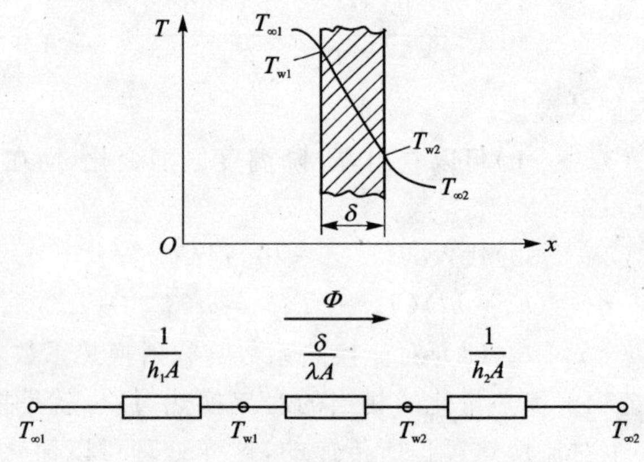

图 3－54　通过平壁的传热

通过平壁的传热过程由 3 部分组成：热流体与左侧壁面间的辐射和对流换热同时起作用的复合换热；通过壁面的导热；右侧壁面与冷流体间的辐射和对流换热同时起作用的复合换热。假设传热过程处于稳定状态，则从热流体到左壁面的换热量、通过平壁的导热量和从右壁面到冷流体的换热量三者应相等，即

$$\Phi = \frac{T_{\infty 1} - T_{w1}}{\dfrac{1}{h_1 A}} = \frac{T_{w1} - T_{w2}}{\dfrac{\delta}{\lambda A}} = \frac{T_{w2} - T_{\infty 2}}{\dfrac{1}{h_2 A}} \tag{3-5-10}$$

由此可得

$$\Phi=\frac{T_{\infty1}-T_{\infty2}}{\dfrac{1}{h_1A}+\dfrac{\delta}{\lambda A}+\dfrac{1}{h_2A}}=\frac{T_{\infty1}-T_{\infty2}}{R_K}=KA(T_{\infty1}-T_{\infty2}) \tag{3-5-11}$$

或

$$q=\frac{\Phi}{A}=K(T_{\infty1}-T_{\infty2}) \tag{3-5-12}$$

式中：

$$R_K=\frac{1}{h_1A}+\frac{\delta}{\lambda A}+\frac{1}{h_2A} \tag{3-5-13}$$

$$K=\frac{1}{\dfrac{1}{h_1}+\dfrac{\delta}{\lambda}+\dfrac{1}{h_2}} \tag{3-5-14}$$

R_K 为平壁的传热总热阻；K 为平壁的总传热系数。式(3-5-11)的模拟电路参见图 3-54。

从式(3-5-11)不难看出，当传热面积和热、冷流体间的总温差($T_{\infty1}-T_{\infty2}$)一定时，热流量的大小将取决于两流体的物性、流态及固体壁的形状、物性和厚度。确定传热过程的热流量，往往采用式(3-5-11)而不用式(3-5-10)，这是由于流体温度比壁面温度更容易测量，而壁面两侧的温度可通过式(3-5-10)求出。

对于多层平壁，热流量仍按式(3-5-11)计算。有 n 层平壁时的传热总热阻为

$$R_K=\frac{1}{h_1A}+\sum_{i=1}^{n}\frac{\delta_i}{\lambda_iA}+\frac{1}{h_2A} \tag{3-5-15}$$

总传热系数为

$$K=\frac{1}{\dfrac{1}{h_1}+\sum\limits_{i=1}^{n}\dfrac{\delta_i}{\lambda_i}+\dfrac{1}{h_2}} \tag{3-5-16}$$

2. 圆筒壁传热

图 3-55 表示内外直径分别为 d_1 和 d_2、长为 l 的单层圆筒，筒壁材料的导热系数为 λ，温度为 $T_{\infty1}$ 的热流体自筒内流过，温度为 $T_{\infty2}$ 的冷流体在筒外流过，内外两侧的总换热系数分别为 h_1 和 h_2，圆筒内外壁面温度分别为 T_{w1} 和 T_{w2}，均为未知量。

若热量只沿径向传递，且传递过程处于稳定状态，则热流体传给内壁面的热量、传导过圆筒壁的热量和外壁面传给冷流体的热量三者应相等。注意到 2 种流体所接触的圆筒内外壁面积的不同，可以写出热流量为

$$\Phi=\frac{T_{\infty1}-T_{w1}}{\dfrac{1}{\pi d_1h_1l}}=\frac{T_{w1}-T_{w2}}{\dfrac{1}{2\pi\lambda l}\ln\dfrac{d_2}{d_1}}=\frac{T_{w2}-T_{\infty2}}{\dfrac{1}{\pi d_2h_2l}} \tag{3-5-17}$$

可以得到

$$\Phi=\frac{T_{\infty1}-T_{\infty2}}{\dfrac{1}{\pi d_1h_1l}+\dfrac{1}{2\pi\lambda l}\ln\dfrac{d_2}{d_1}+\dfrac{1}{\pi d_2h_2l}}=\frac{T_{\infty1}-T_{\infty2}}{R_K} \tag{3-5-18}$$

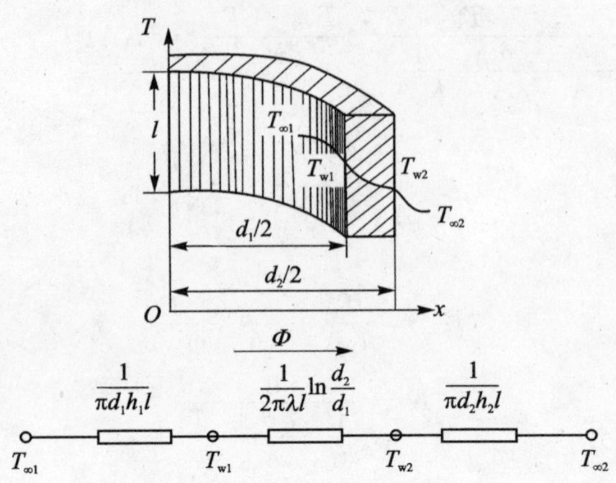

图 3－55　通过圆筒壁的传热

式中：

$$R_K = \frac{1}{\pi d_1 h_1 l} + \frac{1}{2\pi\lambda l}\ln\frac{d_2}{d_1} + \frac{1}{\pi d_2 h_2 l} \tag{3-5-19}$$

是圆筒壁的传热总热阻。式(3－5－18)的模拟电路如图 3－55 所示。

沿圆筒壁径向传热时，除了热流量 Φ 以外，按单位管长计的热流密度(q_l)也是不变的。因此，还常用 q_l 来计算传热量，即

$$q_l = \frac{\Phi}{l} = \frac{T_{\infty1} - T_{\infty2}}{\frac{1}{\pi d_1 h_1} + \frac{1}{2\pi\lambda}\ln\frac{d_2}{d_1} + \frac{1}{\pi d_2 h_2}} = K_l(T_{\infty1} - T_{\infty2}) \tag{3-5-20}$$

式中：

$$K_l = \frac{1}{\frac{1}{\pi d_1 h_1} + \frac{1}{2\pi\lambda}\ln\frac{d_2}{d_1}\ \frac{1}{\pi d_2 h_2}} \tag{3-5-21}$$

是单位筒长的总传热系数，表示被圆筒壁隔开的热、冷两流体在温度相差 1 K 时，单位时间内通过单位长度圆筒壁，从热流体向冷流体所传递的热量。

圆筒壁两侧壁面的温度，可由式(3－5－17)导出，即

$$T_{w1} = T_{\infty1} - \frac{q_l}{\pi d_1 h_1},\quad T_{w2} = T_{\infty2} - \frac{q_l}{\pi d_2 h_2} = T_{\infty1} - \frac{q_l}{\pi}\left(\frac{1}{d_1 h_1} + \frac{1}{2\lambda}\ln\frac{d_2}{d_1}\right) \tag{3-5-22}$$

对于直径较大而壁厚较小的圆筒壁，如固体火箭发动机中的燃烧室，也可以近似地用平壁传热计算来代替圆筒壁的传热计算，这时

$$q_l = K\pi d(T_{\infty1} - T_{\infty2}) = \frac{\pi d(T_{\infty1} - T_{\infty2})}{\frac{1}{h_1} + \frac{\delta}{\lambda} + \frac{1}{h_2}} \tag{3-5-23}$$

式中：K 为总传热系数，按式(3-5-14)计算；δ 为圆筒壁厚，$\delta=(d_2-d_1)/2$；d 为圆筒的计算直径：当 $h_1\gg h_2$ 时，$d=d_2$；当 $h_1\ll h_2$ 时，$d=d_1$；当 $h_1\approx h_2$ 时，$d=(d_2+d_1)/2$。计算经验表明，当 $d_2/d_1<2$ 时，按式(3-5-23)计算所产生的误差小于4%。

对于多层圆筒壁，热流量仍按式(3-5-18)计算，其中传热总热阻为

$$R_K=\frac{1}{\pi d_1 h_1 l}+\sum_{i=1}^{n}\frac{1}{2\pi\lambda_i l}\ln\frac{d_{i+1}}{d_i}+\frac{1}{\pi d_{n+1}h_2 l} \tag{3-5-24}$$

q_l 按式(3-5-20)计算，且单位管长的总传热系数为

$$K_l=\frac{1}{\dfrac{1}{\pi d_1 h_1}+\sum\limits_{i=1}^{n}\dfrac{1}{2\pi\lambda_i}\ln\dfrac{d_{i+1}}{d_i}+\dfrac{1}{\pi d_{n+1}h_2}} \tag{3-5-25}$$

3. 圆筒壁传热的临界隔热层直径

与增强传热相反，工程上为了减少因传热而引起的热量散失，必须减小总传热系数，或增加传热总热阻。为此可有两个途径：一个是减小流体与壁面之间的总换热系数，可以通过降低流体的流速或者使流体边界层保持为层流状态，来减小对流换热系数，也可以使用遮热板或把表面抛光以减小发射率，来减小辐射换热系数；另一个途径是增加固体壁的导热热阻，如使用导热系数较小的材料作为管壁以增加壁厚或者在传热表面上敷设隔热层。敷设隔热层是工程上经常采用的、最为简单的削弱传热的方法。这里以圆筒外包隔热层为例讨论传热量的变化情况。

如图3-56所示，导热系数为 λ 的隔热层，其内壁温度保持为 T_{w1}。温度为 T_{w2} 的外壁与温度为 T_∞ 的流体相接触，其间的总换热系数为 h。隔热层的内外直径分别为 d_1 和 d_2，半径分别为 r_1 和 r_2。根据圆筒壁传热计算方法所绘出的模拟电路，可以写出

$$q_l=\frac{T_{w1}-T_\infty}{\dfrac{1}{2\pi\lambda}\ln\dfrac{d_2}{d_1}+\dfrac{1}{\pi d_2 h}} \tag{3-5-26}$$

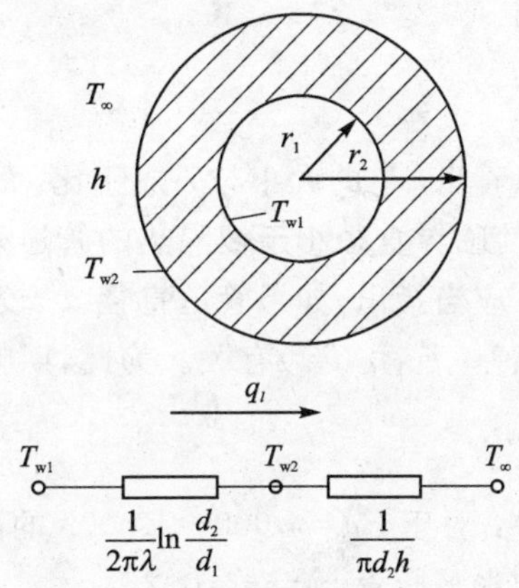

图3-56　圆筒外壁的隔热层

可以看出，当增加隔热层厚度时，导热热阻会增加，但随着外直径的加大，外表面的换热热阻反而减小，所以传热总热阻是增大还是减小，传热是增强还是削弱，需要看两者影响的综合结果。这一点与平壁是不同的，平壁上敷设隔热层，其结果是隔热层愈厚，总热阻愈大。

根据式(3-5-26)，把 q_l 随 d_2 的变化情况表示在图3-57中。由图3-57可以看出，随着 d_2 的增大，热损失 q_l 先增大尔后减小，存在一个最大值。称具有最大热损失时的隔热层外径为临界隔热层直径，用 d_c 表示。对于直径 d_1 小于 d_c 的情况，随着隔热层厚度的增加，由于换热热阻的减小超过导热热阻的增加，故管道的热损失 q_l 将增加；当 d_2 增加到 d_c 时，热损失

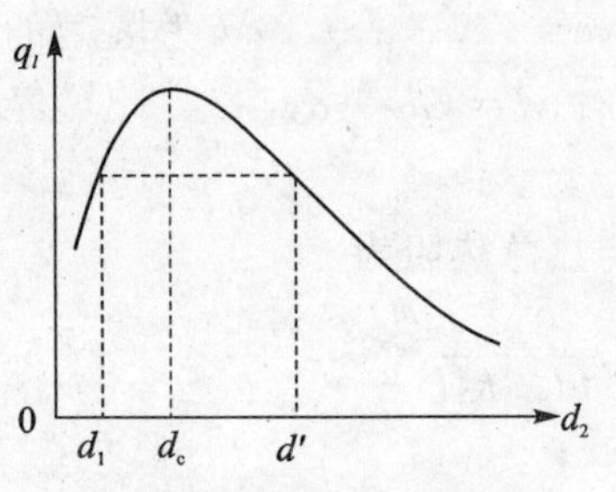

图 3-57　圆管热损失与隔热层外径的关系

达到最大；此后，若隔热层再增厚，有 $d_2>d_c$，则随着 d_2 的增大，导热热阻的增加超过换热热阻的减小，管道的热损失 q_l 逐渐减小。

由此可见，如果管道外径 d_1 小于 d_c，那么当 d_2 选择在图 3-57 中所示的 d_1 和 d' 之间时，其热损失反而比未包上隔热层的光管还高。只有当 $d_2>d'$ 时，才能起到降低热损失的目的。所以，对小口径管道隔热时，必须注意使所包上的隔热层具有足够的厚度。当然，对于工程上通常使用的大口径管道，若管道本身的外径 d_1 已经大于 d_c，则只要包上隔热层，不论其厚薄，总会使热损失减小，起到削弱传热的作用。

显然，临界隔热层直径越小越好。为此，需要分析 d_c 的影响因素。由式(3-5-26)，可以写出单位管长的传热总热阻为

$$R_{Kl}=\frac{1}{2\pi\lambda}\ln\frac{d_2}{d_1}+\frac{1}{\pi d_2 h} \tag{3-5-27}$$

q_l 为最大时，R_{Kl} 必然最小，所以 d_c 可由式(3-5-27)求极值得到，即

$$\frac{\mathrm{d}R_{Kl}}{\mathrm{d}(d_2)}=\frac{1}{2\pi\lambda d_2}-\frac{1}{\pi h d_2^2}=0$$

得到

$$d_c=\frac{2\lambda}{h} \tag{3-5-28}$$

可以看出，d_c 的大小与 λ 成正比，而与 h 成反比。因此，应尽量选用导热性差的材料作为隔热层，使临界直径小于被隔热的管道外径。

应当指出，如果管道直径 d_1 较小，则 h 会随 d_1 而变；同时，若管外流体为自由对流，h 还与温差($T_{w1}-T_\infty$)有关。为此，斯帕罗(E. M. Sparrow)把式(3-5-28)修正为

$$d_c=\left(\frac{1-m}{1+n}\right)\frac{2\lambda}{h} \tag{3-5-29}$$

式中：对于 $Re=4\,000\sim40\,000$ 的圆管强迫绕流的情况，$m=0.382$，$n=0$；对于管外为自由对流的水平圆管，$m=n=0.25$。

除了上面所讨论的管外包隔热层外，在管道内壁敷设隔热层也是削弱管道传热的一种方法。这种方法常用于工作时间长的固体火箭发动机的薄壁燃烧室中，不仅能够减少热损失从而提高发动机性能，而且还能减少燃烧室壁因受热所引起的强度下降。

第 4 章　固体火箭发动机中传热的基本知识

固体火箭发动机的工作原理是把储存在推进剂中的化学能通过燃烧转化为蕴藏在高温燃气中的热内能，再通过燃气的膨胀加速转化为高速喷出的燃气动能，最后通过对火箭作推进功转化为火箭的飞行动能，可见发动机整个工作过程均伴随着高温燃气。因此，在固体火箭发动机的原理分析及设计中，考虑传热的影响是必要的。

传热对火箭发动机的影响是多方面的，几乎包括发动机的所有零部件，如中间底、燃烧室壳体、喷管壳体、推进剂、隔热层和包覆层等。高温传热不仅降低金属壳体的材料强度，还造成发动机的能量损失，使分析与设计难度加大，发动机效率降低。因此，研究发动机的传热规律，是固体火箭发动机的重要课题之一。

4.1　固体火箭发动机中传热的特点及分析方法

在固体火箭发动机中，通常会发生热传递和质量传递的综合过程，该过程中伴随有吸热或放热的化学反应，是一种很复杂的过程。在所要研究的发动机室壁的热交换过程中，同时存在着导热、热对流和热辐射这 3 种基本热传递方式。火箭推进剂燃烧时，燃气通过热对流、热辐射和凝聚相微粒的直接接触导热，将热量传递给发动机室壁内表面；被加热的室壁以热传导的方式，将热量由内表面经过室壁向外表面传递；通过热对流和热辐射，热量自外表面向周围空间散失。

固体火箭发动机内的热交换是在高温、高流速和高压强的燃气环境中进行的，因而燃气和发动机室壁之间存在着十分强烈的热量传递，热流密度可达到 $5\times10^6\sim20\times10^6\ \mathrm{W/m^2}$，比航空燃气涡轮发动机燃烧室的热流密度大 10～30 倍，比蒸汽锅炉燃烧室的热流密度大 100 倍以上。

如图 4－1 所示，燃气的压强（p）、温度（T）、流速（V）及密流（ρV）沿发动机的轴向是变化的，这种变化造成发动机内各处的热流密度显著不同。

实际计算表明，燃气流速自燃烧室前端为零起逐渐增大，到燃烧室后端达到数百米每秒。燃气进入喷管内继续加速，到喷管出口处流速可达到数千米每秒。压强与温度沿燃烧室略为下降，在喷管内，尤其在喷管喉部附近压强下降十分明显。在燃烧室中，由于新生成燃气的不断加入，密流逐渐增大；而沿喷管的变化规律则由连续方程决定，即

$$\rho VA = \mathrm{Const} \qquad (4-1-1)$$

式中：A 为喷管通道的横截面积。可以看出，ρV 与 A 成反比关系，沿喷管呈现先迅速增大后迅速减小的变化规律。

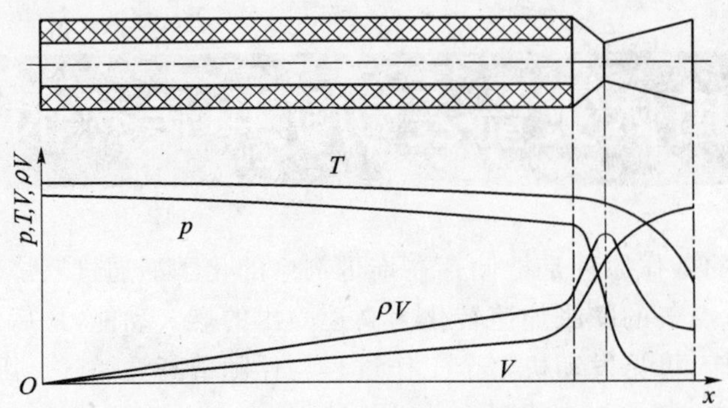

图 4-1　燃气参数 p,T,V 和 ρV 沿发动机纵轴的变化

在热量传递中，通过对流方式传给发动机室壁的热量，与燃气流中分子对壁面的撞击数直接有关。而流动燃气分子对壁面的撞击数又与流过壁面燃气单位体积内的分子数(可用燃气密度 ρ 表征)以及燃气流速成正比，即与密流成正比，这样，就决定了对流热流密度(q_c)与 ρV 呈相同的变化规律，如图 4-2 所示。ρV 在喷管喉部处最大，q_c 也达到最大值，通常可大于 12×10^6 W/m^2。

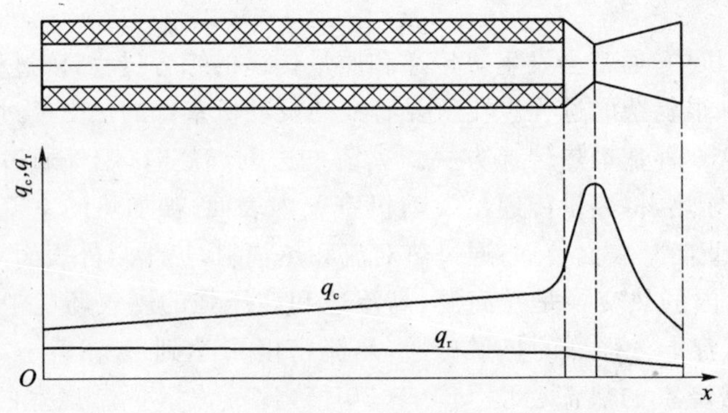

图 4-2　发动机内热流密度的分布

随着发动机工作压强的增大，密流也随之增大，燃气向发动机室壁的对流传热量也会增大。

前已述及，气体的辐射力与绝对温度的 3.0～3.5 次方成正比。由于燃气具有很高的温度，故燃气会在燃烧室中产生较大的辐射热流。热辐射最强烈之处是燃气温度最高的地方，即燃烧室前端，这里的辐射热流密度(q_r)达到 1.5×10^6～2×10^6 W/m^2。在喷管内，燃气温度降低，热辐射随之减少(参见图 4-2)。

整个发动机内的辐射换热量在数值上明显地小于对流换热量。对流换热在固体火箭发动机中，是具有决定意义的热交换形式。把发动机室壁内表面相同位置上的 q_c 和 q_r 综合起来，便可以得到总的热流密度(q)沿发动机长度的变化规律(与图 4-2 中 q_c 相似)。通常总的热流密

度，在燃烧室中可达到 $3\times10^6\sim10\times10^6$ W/m^2 以上，在喷管中则更高，而在喷管喉部附近可以达到非常大的数值，有的能达到 20×10^6 W/m^2。

4.1.1　固体火箭发动机内各区域的换热特点

在发动机燃气通道中，各处的燃气流动特性极不相同，表现出的热交换机理也不一样。根据某种因素在热交换机理中占优势的情况，可以把发动机内腔划分成各具特点的几个区域来考虑。

1. 推进剂装药侧表面和燃烧室圆筒形壁面间的燃气轴向流动区

对于自由装填无包覆装药（如单孔管状或椭圆形、圆柱形、十字形和无孔花瓣状装药等），该区包括整个装药长度所对应的燃烧室圆筒形部分。这个区域的特征是，当燃气沿轴向向后流动时，随着来自装药燃烧侧表面所产生燃气的不断加入，燃气流速沿流动方向增大，与燃烧室侧壁面的热交换随之增大。在这种情况下，强迫对流换热起主要作用。燃气在装药燃烧初期具有较大的流速，随着燃烧过程中装药的不断烧去，装药侧表面与燃烧室侧壁面所构成的燃气通道横截面积便逐渐增大，燃气流动速度逐渐减小，于是这个区域内的换热量也就逐渐减小。

如果采用的是内表面燃烧外表面包覆且自由装填的装药，包覆外侧表面与燃烧室侧壁面形成间隙，该间隙内充满了推进剂燃烧产物。如果在这种装药的后端装有填充物以防止间隙内燃气流动，则该区域燃气在轴向是滞止的，这时燃气将以自由对流和热传导的形式对燃烧室侧壁传热。

这里所指的这个区域，主要是指前一种情况，即有燃气沿轴向向后加速流动的情况。

2. 燃烧室前端底面与装药前端之间的空腔区

这个区域的特征是，燃气充满该空腔并作不规则的涡旋运动。对于端面包覆的装药，此空腔为燃气滞止区。此区内几乎没有燃气的强迫流动，自由对流换热和辐射换热占优势，因而传递给发动机室壁的热流量较小。

3. 喷管前空腔区

当燃气从装药侧面和燃烧室侧壁面构成的小通道流入喷管前具有较大自由截面的空腔时，在小通道出口处，燃气会因突然膨胀而产生涡旋。当采用单喷管结构时，单根或多根装药的燃烧产物沿着后底表面朝喷管轴线方向流动。而内孔燃烧的固定装药，其燃烧产物在后底四周形成一个滞止区。若采用多喷管结构，内孔燃烧所产生的燃气将与底面中心部分相撞击，再沿底面流散进入各喷管中。因此，在无中心喷管的多喷管底面上可能形成一个燃气完全滞止的临界点，在临界点周围的绕流中存在一个流速与坐标位置成线性关系的小环形区，而后是一个流速与坐标位置成某一幂次关系的大环形区。燃气在底面上的流速就这样由临界点的零，变大到喷管入口处的几百米每秒。可见多喷管后底上的气流分布极为复杂并伴随有涡流。

在这个区域内，燃烧室后端底面与侧表面，由于均被不规则的涡旋和具有很高速度的燃气在不同方向上进行冲刷,所以强迫对流换热起主要作用。对于大尺寸的火箭发动机,由于本区辐射性燃气的容积比较大,故热辐射也会起明显的作用。

4. 喷管空腔区

本区内由于流速的迅速增加,对流换热显著增强,使喷管在火箭发动机构件中成为主要的受热件。由于燃气温度的降低,辐射换热所占的比例减少,使得强迫对流换热成为本区域决定性的换热形式。当燃气中含有凝聚相微粒时,喷管表面的受热还会进一步增强。

上述仅是按典型火箭发动机来划分不同的热交换区域,目的在于对发动机内腔各部分的换热情况有一个概略的了解。随着火箭发动机结构的不同,各个区域的换热机理也会有所变化。在某些情况下,有的区域还可能不存在。例如,装药外侧面与燃烧室壁面紧密黏接固连仅在内孔燃烧时,燃烧室壁面附近的轴向流动区就不复存在。在对实际火箭发动机进行传热计算时,应当首先分析燃气的流动特征和传热条件,然后选用对应条件下能满足计算精度要求的换热计算式,这样才能获得满意的计算结果。

4.1.2 研究发动机传热的目的和方法

研究固体火箭发动机传热的主要目的在于:确定发动机构件受热时的温度状态,以便在设计固体火箭发动机时,以此为依据选择结构材料、进行强度计算以及采取必要的热防护措施;建立传向推进剂装药燃烧表面热流的关系式并进行计算,这种热流数值决定着推进剂的燃速;确定影响推进剂装药点火、发动机工作过程及其性能的热损失。

由于在传热学研究中将各基本传热方式视为彼此独立的,所以高温燃气对发动机构件的热交换,应等于不同方式的热交换之和。因此,讨论的方法仍然是,首先分析每一种基本传热形式的独立作用,然后确定出总的换热量。

值得一提的是,当前在计算固体火箭发动机构件的受热时,还没有一种精确的计算方法,多数仍然是依靠在类似的装置上大量试验所总结出来的半经验公式。一个时期以来,国内外学者已充分注意到固体火箭发动机传热研究的重要性,进行了大量的研究并取得了一些进展,加深了对发动机中传热机理的了解,使传热的计算方法日趋成熟。

4.2 燃气的热力参数

在火箭发动机中,传热主要是由高温燃气产生的,包括热传导、对流传热和辐射等所有传热形式,因此燃气是固体火箭发动机传热学中的主要研究对象。

为研究燃气在发动机中的传热规律,首先要确定燃气的基本物理性质,如燃气的组成、比热比、气体常数、分子量、比热容、焓、熵和燃烧温度等。这些参数均可称为燃气的热力参数。

固体火箭发动机中的燃烧产物(即燃气)是一个十分复杂的混合物系统,在分析中假设该系统处于化学平衡状态,其中包括 n 种气相组分($i=1, 2, \cdots, n$),m 种凝聚相组分($j=1, 2, \cdots,$

m)，l 种元素($k=1, 2, \cdots, l$)，并假定燃气为理想气体(燃气温度高，符合理想气体的基本条件)。下面以最小自由能为模型建立计算火箭发动机燃气热力参数的基本方程，并给出计算方法。

4.2.1　质量守恒方程

根据化学反应系统中化学元素守恒原理，可得

$$\sum_{i=1}^{n} a_{ik} n_{gi} + \sum_{j=1}^{m} a_{jk} n_{cj} = N_k \qquad (k=1,2,\cdots,l) \tag{4-2-1}$$

式中：a_{ik} 和 a_{jk} 为当量系数，a_{ik} 为 1 mol 气相组分 i 中含有的 k 元素的原子数，a_{jk} 为 1 mol 凝聚相组分 j 中含有的 k 原子数；n_{gi} 和 n_{cj} 分别为单位质量燃烧产物中气相组分 i 和凝聚相组分 j 的摩尔数，下标 g 表示气相，c 表示凝聚相；N_k 为单位质量燃烧产物中 k 元素的总原子数。

4.2.2　吉布斯(Gibbs)自由能判据方程

根据平衡系统的吉布斯自由能判据，系统自由能(G)在平衡时应达到最小，即

$$\delta G = 0 \tag{4-2-2}$$

因此，需要先表示出系统的自由能，再利用该判据建立所需的方程。

系统内燃烧产物总的自由能等于产物中各组分的自由能之和，即

$$G = \sum_{i=1}^{n} g_i n_{gi} + \sum_{j=1}^{m} g_j n_{cj} \tag{4-2-3}$$

其中 g 表示 1 mol 组分理想气体的自由能，并有

$$\left.\begin{aligned} g_i &= g_i^0 + R_0 T \ln p_i \\ g_j &= g_j^0 \end{aligned}\right\} \tag{4-2-4}$$

式中：R_0 为摩尔气体常数；p_i 为组分 i 的分压；g^0 为标准压强下 1 mol 组分的自由能，它只是温度(T)的函数。由自由能定义可得

$$\frac{g^0}{R_0 T} = \frac{H_T^0}{R_0 T} - \frac{S_T^0}{R_0} \tag{4-2-5}$$

H_T^0 和 S_T^0 为 T 下的标准焓和标准熵，可通过热力数据表(如 JANAF 热化学系数表)计算，即

$$\left.\begin{aligned} \frac{H_T^0}{R_0 T} &= a_1 + \frac{a_2}{2}T + \frac{a_3}{3}T^2 + \frac{a_4}{4}T^3 + \frac{a_5}{5}T^4 + \frac{a_6}{T} \\ \frac{S_T^0}{R_0 T} &= a_1 \ln T + a_2 T + \frac{a_3}{2}T^2 + \frac{a_4}{3}T^3 + \frac{a_5}{4}T^4 + a_7 \\ \frac{c_p^0}{R_0} &= a_1 + a_2 T + a_3 T^2 + a_4 T^3 + a_5 T^4 \end{aligned}\right\} \tag{4-2-6}$$

式中：$a_1, a_2, a_3, a_4, a_5, a_6, a_7$ 为热力数据表中的拟合系数；c_p^0 为 T 下的定压比热容。

根据道尔顿(Dolton)分压定律，有

$$p_i = \frac{n_{gi}}{n_g} p, \qquad p = \sum_{i=1}^{n} p_i \tag{4-2-7}$$

式中：p 为气相组分总的压强；n_g 为气相组分的总摩尔数。有

$$n_g = \sum_{i=1}^{n} n_{gi} \tag{4-2-8}$$

把式(4-2-4)、(4-2-7)和(4-2-8)代入式(4-2-3)得

$$\frac{G}{R_0 T} = \sum_{i=1}^{n} \left(\frac{g_i^0}{R_0 T} + \ln p + \ln \frac{n_{gi}}{n_g} \right) n_{gi} + \sum_{j=1}^{m} \frac{g_j^0}{R_0 T} n_{cj} \tag{4-2-9}$$

令

$$G(n) = \frac{G}{R_0 T}, \qquad c_{gi} = \frac{g_i^0}{R_0 T} + \ln p$$

则式(4-2-9)变为

$$G(n) = \sum_{i=1}^{n} \left(c_{gi} + \ln \frac{n_{gi}}{n_g} \right) n_{gi} + \sum_{j=1}^{m} \frac{g_j^0}{R_0 T} n_{cj} \tag{4-2-10}$$

式(4-2-10)即为自由能公式，它在一定温度和压强下，只是组分摩尔数 n(包括 n_{gi} 和 n_{cj})的函数。

4.2.3 热力计算方程组

为在满足自由能最小的同时满足质量守恒方程式(4-2-1)，引入拉格朗日(Lagrange)乘子 λ，对式(4-2-10)构造新的拉格朗日变换式

$$L_G = G(n) + \sum_{k=1}^{l} \lambda_k \left(N_k - \sum_{i=1}^{n} a_{ik} n_{gi} - \sum_{j=1}^{m} a_{jk} n_{cj} \right) \tag{4-2-11}$$

这时，极值条件为

$$\left.\begin{aligned} &\frac{\partial L_G}{\partial n_{gi}} = 0 \qquad (i = 1,2,\cdots,n) \\ &\frac{\partial L_G}{\partial n_{cj}} = 0 \qquad (j = 1,2,\cdots,m) \\ &\frac{\partial L_G}{\partial \lambda_k} = 0 \qquad (k = 1,2,\cdots,l) \end{aligned}\right\} \tag{4-2-12}$$

对式(4-2-11)按式(4-2-12)求导可得

$$\left.\begin{aligned} &c_{gi} + \ln \frac{n_{gi}}{n_g} - \sum_{k=1}^{l} \lambda_k a_{ik} = 0 && (i = 1,2,\cdots,n) \\ &\frac{g_j^0}{R_0 T} - \sum_{k=1}^{l} \lambda_k a_{jk} = 0 && (j = 1,2,\cdots,m) \\ &N_k - \sum_{i=1}^{n} a_{ik} n_{gi} - \sum_{j=1}^{m} a_{jk} n_{cj} = 0 && (k = 1,2,\cdots,l) \end{aligned}\right\} \tag{4-2-13}$$

式(4－2－13)中由于包含了 $\ln(n_{gi}/n_g)$项,故为非线性方程,求解困难。为便于求解,需进行线化处理,按泰勒级数在初值 y(包括气相初始摩尔数 y_{gi}和凝聚相初始摩尔数 y_{cj})处展开 $\ln n_{gi}$和 $\ln n_g$ 并忽略高阶项,得

$$\ln n_{gi}=\ln y_{gi}+\left(\frac{\partial \ln n_{gi}}{\partial n_{gi}}\right)_{n_{gi}=y_{gi}}(n_{gi}-y_{gi})=\ln y_{gi}+\frac{1}{y_{gi}}(n_{gi}-y_{gi})$$

$$\ln n_g=\ln y_g+\left(\frac{\partial \ln n_g}{\partial n_g}\right)_{n_g=y_g}(n_g-y_g)=\ln y_g+\frac{1}{y_g}(n_g-y_g)$$

代入式(4－2－13)可得

$$\left.\begin{aligned}&c_{gi}+\ln\frac{y_{gi}}{y_g}+\frac{n_{gi}}{y_{gi}}-\frac{n_g}{y_g}-\sum_{k=1}^{l}\lambda_k a_{ik}=0 && (i=1,2,\cdots,n)\\&\frac{g_j^0}{R_0T}-\sum_{k=1}^{l}\lambda_k a_{jk}=0 && (j=1,2,\cdots,m)\\&N_k-\sum_{i=1}^{n}a_{ik}n_{gi}-\sum_{j=1}^{m}a_{jk}n_{cj}=0 && (k=1,2,\cdots,l)\end{aligned}\right\}\qquad(4-2-14)$$

式(4－2－14)和式(4－2－8)即为求解热力组分的线性方程组,包括 $n+m+l+1$ 个方程,可求解 $n+m+l+1$ 个未知数,即 n 个 n_{gi}、m 个 n_{cj}、l 个 λ_k 和 1 个 n_g。

4.2.4　基本热力学导数

计算出燃气组分后,便可确定燃气的热力参数。对于平衡流动,计算热力参数的关键是计算基本热力学导数,这在热力学上称为热力学第一导数,它包括三项,即定压比热容 c_p 以及 $(\partial\ln v/\partial\ln T)_p$和$(\partial\ln v/\partial\ln p)_T$,$v$ 为比容,其余的热力导数及热力参数可由它们推导出来(可参见布莱德曼(Bridgman)热力学导数表)。因此,首先需求出三个基本的热力学导数。

将式(4－2－14)的第 1 式和第 2 式对温度求导(定压下),并利用式(4－2－5)和式(4－2－6)的第 1 式和第 2 式可得

$$\left.\begin{aligned}&\left(\frac{\partial \ln n_{gi}}{\partial \ln T}\right)_p-\sum_{k=1}^{l}a_{ik}\left(\frac{\partial\lambda_k}{\partial\ln T}\right)_p-\left(\frac{\partial\ln n_g}{\partial\ln T}\right)_p=\frac{(H_T^0)_i}{R_0T} && (i=1,2,\cdots,n)\\&-\sum_{k=1}^{l}a_{jk}\left(\frac{\partial\lambda_k}{\partial\ln T}\right)_p=\frac{(H_T^0)_j}{R_0T} && (j=1,2,\cdots,m)\end{aligned}\right\}$$

$$(4-2-15)$$

注意$\partial\ln\phi=(1/\phi)\partial\phi$,$\phi$ 为任意变量。

由式(4－2－1)对 T 在定压下求导,得

$$\sum_{i=1}^{n}a_{ik}n_{gi}\left(\frac{\partial\ln n_{gi}}{\partial\ln T}\right)_p+\sum_{j=1}^{m}a_{jk}\left(\frac{\partial n_{cj}}{\partial\ln T}\right)_p=0\qquad(k=1,2,\cdots,l)\qquad(4-2-16)$$

由式(4－2－8)对 T 在定压下求导得

$$\sum_{i=1}^{n} n_{gi}\left(\frac{\partial \ln n_{gi}}{\partial \ln T}\right)_p - n_g\left(\frac{\partial \ln n_g}{\partial \ln T}\right)_p = 0 \tag{4-2-17}$$

由式(4-2-15)、式(4-2-16)和式(4-2-17)三类共 $n+m+l+1$ 个方程组成的方程组，可求解三类 $n+m+l+1$ 个热力学导数，即$(\partial \ln n_{gi}/\partial \ln T)_p$、$(\partial n_{cj}/\partial \ln T)_p$、$(\partial \ln n_g/\partial \ln T)_p$ 以及$(\partial \lambda_k/\partial \ln T)_p$。焓由下式计算

$$h = \sum_{j=1}^{m+n} n_j (H_T^0)_j \tag{4-2-18}$$

式中：n_j为混合物(包括气相和凝聚相)第 j 组分的摩尔数。将式(4-2-18)对 T 求导，并利用式(4-2-6)可得定压比热容为

$$c_p = \left(\frac{\partial h}{\partial T}\right)_p = \sum_{j=1}^{m+n} n_j (c_p^0)_j + \sum_{i=1}^{n} n_{gi}\frac{(H_T^0)_i}{T}\left(\frac{\partial \ln n_{gi}}{\partial \ln T}\right)_p + \sum_{j=1}^{m}\frac{(H_T^0)_j}{T}\left(\frac{\partial n_{cj}}{\partial \ln T}\right)_p \tag{4-2-19}$$

又由状态方程

$$pv = n_g R_0 T \quad 或 \quad \frac{p}{\rho} = n_g R_0 T \tag{4-2-20}$$

两边同时求对数并对 $\ln T$ 求导得

$$\left(\frac{\partial \ln v}{\partial \ln T}\right)_p = 1 + \left(\frac{\partial \ln n_g}{\partial \ln T}\right)_p \tag{4-2-21}$$

$$\left(\frac{\partial \ln v}{\partial \ln p}\right)_T = -1 + \left(\frac{\partial \ln n_g}{\partial \ln p}\right)_T \tag{4-2-22}$$

前面求出$(\partial \ln n_g/\partial \ln T)_p$ 后，$(\partial \ln v/\partial \ln T)_p$ 便可由式(4-2-21)得出。而欲求$(\partial \ln v/\partial \ln p)_T$，还需知道$(\partial \ln n_g/\partial \ln p)_T$，它的计算过程与计算$(\partial \ln n_g/\partial \ln T)_p$ 的完全类似，只是把对 $\ln T$ 的微分变成对 $\ln p$ 的微分即可，这里不再赘述。因此，3 个基本热力学导数便确定了。确定基本热力学导数后其他热力学参数便可计算。

4.2.5 平衡流动的热力参数确定

确定 3 个基本热力学导数后，其余热力学导数便可由之推出，也可以查阅热力学表。

声速

$$a^2 = \left(\frac{\partial p}{\partial \rho}\right)_s = \frac{p}{\rho}\left(\frac{\partial \ln p}{\partial \ln \rho}\right)_s = -\frac{p}{\rho}\left(\frac{\partial \ln p}{\partial \ln v}\right)_s = \frac{-\frac{p}{\rho}c_p}{c_p\left(\frac{\partial \ln v}{\partial \ln p}\right)_T + \frac{p}{\rho T}\left(\frac{\partial \ln v}{\partial \ln T}\right)_p^2} \tag{4-2-23}$$

定容比热容

$$c_v = \left(\frac{\partial u}{\partial T}\right)_v = c_p + \frac{\frac{p}{\rho T}\left(\frac{\partial \ln v}{\partial \ln T}\right)_p^2}{\left(\frac{\partial \ln v}{\partial \ln p}\right)_T} \tag{4-2-24}$$

式中：u 为内能。

气体常数

$$R = c_p - c_v \tag{4-2-25}$$

比热比

$$\gamma = \frac{c_p}{c_v} \tag{4-2-26}$$

等熵指数

$$\gamma_S = \left(\frac{\partial \ln p}{\partial \ln \rho}\right)_S = -\gamma \Big/ \left(\frac{\partial \ln v}{\partial \ln p}\right)_T \tag{4-2-27}$$

等熵指数也可由声速公式 $a^2 = \gamma_S n_g R_0 T$ 求出。

由式(4-2-27)可知平衡流动的 γ 与 γ_S 之间并不相等，而是存在一定的差别。

上面的热力参数计算只适用于理想气体，考虑实际流动中包含有凝聚相产物，常应用平均计算方法来确定混合物系统的热力参数，主要包括(研究对象取 1 kg 燃气)：

凝聚相组分的质量分数

$$y_c = \frac{1}{1\,000} \sum_{j=1}^{m} n_{cj} M_{cj} \tag{4-2-28}$$

M_{cj} 为凝聚相 j 组分的分子量。

气相组分的平均分子量(kg/kmol)

$$M_g = \frac{1\,000(1 - y_c)}{n_g} \tag{4-2-29}$$

气相产物平均气体常数(J/(kg·K))

$$R_g = \frac{1\,000}{M_g} R_0 \tag{4-2-30}$$

含凝聚相产物平均气体常数(J/(kg·K))

$$R = \frac{1\,000}{n_g} \tag{4-2-31}$$

含凝聚相产物的定压比热容

$$c_p = \sum_{j=1}^{m+n} n_j c_{pj} \tag{4-2-32}$$

含凝聚相产物的定容比热容

$$c_v = c_p - \overline{R} \tag{4-2-33}$$

含凝聚相产物的比热比

$$\gamma = \frac{c_p}{c_v} \tag{4-2-34}$$

燃烧产物的熵

$$S = \sum_{j=1}^{m+n} n_j (S_T^0)_j - R_0 \sum_{i=1}^{n} n_{gi} \ln \frac{n_{gi}}{n_g} - R_0 n_g \ln p \tag{4-2-35}$$

燃烧产物的焓

$$h = \sum_{j=1}^{m+n} n_j (H_T^0)_j \tag{4-2-36}$$

对于冻结流动的热力参数，由于燃气组分保持不变，因此$(\partial \ln n_{gi}/\partial \ln T)_p$、$(\partial n_{cj}/\partial \ln T)_p$ 和 $(\partial \ln n_g/\partial \ln T)_p$ 均为 0，代入前面各式便可得到各热力参数。可见，冻结流动是上面推导中的一个特例。

4.2.6 热力参数计算的数值方法

利用线性方程组(4-2-14)，可求解 n 个 n_{gi}、m 个 n_{cj} 和 l 个 λ_k 共 $n+m+l$ 个未知数。考虑燃气组分越多，则该方程组求解未知数越多，花费计算时间就越长。实际上，对方程组(4-2-14)还可进一步简化，以减小方程组的数目，提高计算效率。

在方程式(4-2-14)的第 1 式中消去气相组分 n_{gi}，可大大减少方程组的数目。由式(4-2-14)的第 1 式表示出 n_{gi}，得

$$n_{gi} = y_{gi} \cdot \frac{n_g}{y_g} - y_{gi} \cdot \left(c_{gi} + \ln \frac{y_{gi}}{y_g}\right) + y_{gi} \cdot \left(\sum_{k=1}^{l} \lambda_k a_{ik}\right) = 0 \qquad (i = 1,2,\cdots,n) \tag{4-2-37}$$

将式(4-2-37)对 i 求和，考虑到 $\sum_{i=1}^{n} n_{gi} = n_g$，$\sum_{i=1}^{n} y_{gi} = y_g$，可得

$$\sum_{i=1}^{n}\left[y_{gi} \cdot \left(\sum_{k=1}^{l} \lambda_k a_{ik}\right)\right] = \sum_{i=1}^{n}\left[y_{gi} \cdot \left(c_{gi} + \ln \frac{y_{gi}}{y_g}\right)\right] \tag{4-2-38}$$

令 $A_k = \sum_{i=1}^{n} a_{ik} y_{gi}$，则有

$$\sum_{i=1}^{n}\left[y_{gi} \cdot \left(\sum_{k=1}^{l} \lambda_k a_{ik}\right)\right] = \sum_{k=1}^{l} \lambda_k \sum_{i=1}^{n} (a_{ik} y_{gi}) = \sum_{k=1}^{l} A_k \lambda_k$$

上式代入式(4-2-38)，并令 $z_{gi} = y_{gi} \cdot \left(c_{gi} + \ln \dfrac{y_{gi}}{y_g}\right)$，可得新方程为

$$\sum_{k=1}^{l} A_k \lambda_k = \sum_{i=1}^{n} z_{gi} \tag{4-2-39}$$

式(4-2-37)代入式(4-2-14)的第 3 式，可消去 n_{gi}。为避免下标重复，式(4-2-37)中转换 a_{ik} 下标 k 为 $v(v=1,2,\cdots,l)$，代入式(4-2-14)的第 3 式，得

$$\sum_{i=1}^{n} a_{ik} \left(y_{gi} \cdot \frac{n_g}{y_g} - z_{gi} + y_{gi} \cdot \sum_{v=1}^{l} \lambda_v a_{iv}\right) + \sum_{j=1}^{m} a_{jk} n_{cj} = N_k \qquad (k = 1,2,\cdots,l)$$

令 $r_{kv} = r_{vk} = \sum_{i=1}^{n} a_{ik} a_{iv} y_{gi}$，上式整理得

$$\sum_{v=1}^{l} r_{kv}\lambda_v + A_k \frac{n_g}{y_g} + \sum_{j=1}^{m} a_{jk} n_{cj} = N_k + \sum_{i=1}^{n} a_{ik} z_{gi} \qquad (k = 1,2,\cdots,l) \tag{4-2-40}$$

式(4-2-14)的第2式整理为

$$\sum_{k=1}^{l} \lambda_k a_{jk} = \frac{g_j^0}{R_0 T} \qquad (j = 1,2,\cdots,m) \tag{4-2-41}$$

由式(4-2-40)、式(4-2-39)和式(4-2-41)组成的线性方程组，去除了气相组分的 n 个未知数，只包含 m 个 n_{cj}、l 个 n_{cj} 和 1 个 n_g 共 $m+l+1$ 个未知数，有 $m+l+1$ 个方程，可以求解。方程组用矩阵形式表示为

$$\begin{bmatrix} r_{11} & r_{12} & \cdots & r_{1l} & A_1 & a_{11} & a_{12} & \cdots & a_{1m} \\ r_{21} & r_{22} & \cdots & r_{2l} & A_2 & a_{21} & a_{22} & \cdots & a_{2m} \\ \vdots & \vdots & & \vdots & \vdots & \vdots & \vdots & & \vdots \\ r_{l1} & r_{l2} & \cdots & r_{ll} & A_l & a_{l1} & a_{l2} & \cdots & a_{lm} \\ A_1 & A_2 & \cdots & A_l & 0 & 0 & 0 & \cdots & 0 \\ a_{11} & a_{12} & \cdots & a_{1l} & 0 & 0 & 0 & \cdots & 0 \\ a_{21} & a_{22} & \cdots & a_{2l} & 0 & 0 & 0 & \cdots & 0 \\ \vdots & \vdots & & \vdots & \vdots & \vdots & \vdots & & \vdots \\ a_{m1} & a_{m2} & \cdots & a_{ml} & 0 & 0 & 0 & \cdots & 0 \end{bmatrix} \begin{bmatrix} \lambda_1 \\ \lambda_2 \\ \vdots \\ \lambda_l \\ \dfrac{n_g}{y_g} \\ n_{c1} \\ n_{c2} \\ \vdots \\ n_{cm} \end{bmatrix} = \begin{bmatrix} N_1 + \sum_{i=1}^{n} a_{i1} z_{gi} \\ N_2 + \sum_{i=1}^{n} a_{i2} z_{gi} \\ \vdots \\ N_l + \sum_{i=1}^{n} a_{il} z_{gi} \\ \sum_{i=1}^{n} z_{gi} \\ \dfrac{g_1^0}{R_0 T} \\ \dfrac{g_2^0}{R_0 T} \\ \vdots \\ \dfrac{g_m^0}{R_0 T} \end{bmatrix} \tag{4-2-42}$$

利用高斯消元法即可求解式(4-2-42)线性方程组。由于该方程组数目为 $m+l+1$ 个，未知数大大减少，因此计算效率非常高。在火箭发动机燃气中，凝聚相种类 m 较少，而元素种类 l 一般少于10，故未知数个数一般不会超过20个。

4.3　燃气的输运系数

燃气同其他流体介质一样，其流速、温度、组分等宏观量在所研究的空间内如果存在非均匀分布，将引起输运现象。例如速度梯度产生动量交换，温度梯度引起热量交换，浓度梯度引起质量交换，称为流体的输运性质。发动机中的传热与燃气的输运特性密不可分，这里主要讨

论输运系数如黏性系数、导热系数和扩散系数适合于火箭发动机的计算模型，即满足高温高压下的计算模型。

4.3.1 输运系数计算模型

由刚球分子模型和麦克斯韦尔(Maxwell)速度分布规律可导出黏性系数 $\mu=(\bar{v}m/\sigma^2)/(3\sqrt{2}\pi)$；导热系数 $\lambda=(\bar{v}c_v/\sigma^2)/(3\sqrt{2}\pi)$；扩散系数 $D=(\bar{v}/n_i\sigma^2)/(3\sqrt{2}\pi)$。其中 n_i 为分子数密度，$\bar{v}$ 为分子平均速度，σ 为碰撞直径，m 为分子平均质量。

实际上，分子之间存在引力和斥力，用上述公式计算有较大误差。考虑分子弹性模型时，采用伦纳德-琼斯(Lennard - Jones)势，可以修正为下述公式。

(1) 单原子分子气体

$$\mu = 2.669\,3 \times 10^{-6}\,\frac{(MT)^{1/2}}{\sigma^2 \Omega_\mu} \tag{4-3-1}$$

$$\lambda = 8.320 \times 10^{-2}\,\frac{(T/M)^{1/2}}{\sigma^2 \Omega_\lambda} \tag{4-3-2}$$

$$D = 1.88 \times 10^{-7}\,\frac{M^{-1/2} T^{3/2}}{p\sigma^2 \Omega_D} \tag{4-3-3}$$

式中：$\Omega_\mu,\Omega_\lambda,\Omega_D$ 为伦纳德-琼斯参数，不同的分子可查表 4-1 和表 4-2；M,T,p,σ 分别为摩尔质量(kg/kmol)、绝对温度(K)、绝对压强(Pa)和碰撞直径(10^{-10} m)；μ,λ,D 的单位分别为 Pa·s、W/(m·K)和 m^2/s。

表 4-1 伦纳德-琼斯势中所用参数(部分)

物 质	ε/k^0	$\sigma/(10^{-10}$ m)	$M/(\text{kg}\cdot\text{kmol}^{-1})$
Ar	124	3.418	39.95
Air	97	3.617	28.97
Br_2	520	4.268	159.8
CH_4	136.5	3.822	16.04
CO	110	3.590	28.01
CO_2	190	3.996	44.01
H_2	33.3	2.968	2.02

表 4-2 伦纳德-琼斯势的碰撞积分(部分)

k^0T/ε	$\Omega_\mu=\Omega_\lambda$	Ω_D	k^0T/ε	$\Omega_\mu=\Omega_\lambda$	Ω_D
0.30	2.785	2.662	0.50	2.257	2.006
0.35	2.628	2.476	0.55	2.156	1.966
0.40	2.492	2.318	0.60	2.065	1.877
0.45	2.368	2.188	0.65	1.982	1.798

(2) 多原子分子气体

多原子分子气体导热系数的计算要对式(4-3-2)做修正,而式(4-3-1)和式(4-3-3)则仍适用。欧肯(Eucken)建议

$$\lambda' = \lambda\left(\frac{4c_v}{15R_0} + \frac{3}{5}\right) \tag{4-3-4}$$

其中:λ'为修正后的多原子分子导热系数;c_v为摩尔等容比热。

(3) 多元气体混合物($s \geqslant 2$)

$$\mu = \sum_{i=1}^{s}\left\{\mu_i\left[1 + \sum_{j=1,j\neq i}^{s}\varphi_{ij}\left(\frac{X_j}{X_i}\right)\right]^{-1}\right\} \tag{4-3-5}$$

$$\lambda = \sum_{i=1}^{s}\left\{\lambda_i\left[1 + \sum_{j=1,j\neq i}^{s}A_{ij}\left(\frac{X_j}{X_i}\right)\right]^{-1}\right\} \tag{4-3-6}$$

其中

$$\varphi_{ij} = \frac{1}{2\sqrt{2}}\left(1 + \frac{M_i}{M_j}\right)^{-\frac{1}{2}}\left[1 + \left(\frac{\mu_i}{\mu_j}\right)^{\frac{1}{2}}\left(\frac{M_j}{M_i}\right)^{\frac{1}{4}}\right]^2 \tag{4-3-7}$$

$$A_{ij} = \frac{1}{2\sqrt{2}}\left(1 + \frac{M_i}{M_j}\right)^{-\frac{1}{2}}\left[1 + \left(\frac{\lambda_i}{\lambda_j}\right)^{\frac{1}{2}}\left(\frac{M_j}{M_i}\right)^{\frac{1}{4}}\right]^2 \tag{4-3-8}$$

式中:s为组分总数;X_i,X_j为组分i,j的摩尔分数(i, $j=1, 2, \cdots, s$)。显然,$i=j$时,$\varphi_{ij}=A_{ij}=1$。

考虑火箭发动机燃气中的凝聚相时,可采用下式修正黏性系数

$$\mu' = \mu\left(1 + \frac{5}{12}\pi d_c^3 n_c\right) \tag{4-3-9}$$

式中:d_c为凝聚相颗粒的平均直径,m;n_c为单位体积内凝聚相的颗粒数(即颗粒密度),m^{-3}。这时,导热系数也可采用欧肯建议的公式计算,即

$$\lambda' = \mu'\left(c_p + \frac{5}{4}\frac{R_0}{M}\right) \tag{4-3-10}$$

混合物扩散问题很复杂,组分越多,计算越困难。在实际的扩散方程中,主要用到某一组分相对于其余组分的扩散系数,当有s种组分时,第i组分相对于其余组分m的扩散系数为

$$D_{im} = \frac{1 - X_i}{\sum_{j=1,j\neq i}^{s}\frac{X_j}{D_{ij}}} \tag{4-3-11}$$

其中D_{ij}可用式(4-3-3)计算。

4.3.2　温度对输运系数的影响

给定固体推进剂配方,由前述方法可计算出火箭发动机燃烧室内的平衡组分和热力参数,

然后即可计算由多种组分组成的燃气的输运系数。

由于固体火箭发动机燃气温度非常高，前述各式均考虑了温度对输运系数的影响，同时发动机燃烧室内的工作压强也较高，但与温度相比仍可忽略。

实际上，研究发现，温度对输运系数的影响有一定的规律性。由于火箭发动机中温度在不断发生变化，故还需知道输运系数随温度的变化规律。

对于单一气体，萨瑟兰(Sutherland)提出

$$\frac{\mu}{\mu_0}=\frac{\lambda}{\lambda_0}=\frac{T_0+S}{T+S}\left(\frac{T}{T_0}\right)^{\frac{3}{2}} \tag{4-3-12}$$

式中：μ，λ 分别为温度 T 下的黏性系数和导热系数；μ_0，λ_0 为参考温度 T_0 下的黏性系数和导热系数；S 为萨瑟兰常数，表 4-3 给出了部分气体的有关数据。表中空气 Air 的物性参数也可用萨瑟兰公式来计算，因为它的主要组分 N_2 和 O_2 是结构大致相同的双原子分子。对于表中未列出的组分，萨瑟兰常数 S 可取为

$$S\approx 1.5T_B \tag{4-3-13}$$

T_B 为组分的沸点标准温度。萨瑟兰公式的适用温度可达 2 000 K 左右，计算结果比较精确。有时，也可用麦克斯韦尔-瑞利(Maxwell-Rayleigh)提出的近似幂律公式

$$\frac{\mu}{\mu_0}=\left(\frac{T}{T_0}\right)^{n1} \tag{4-3-14}$$

$$\frac{\lambda}{\lambda_0}=\left(\frac{T}{T_0}\right)^{n2} \tag{4-3-15}$$

进行计算。式中 n_1、n_2 对于大部分气体约为 0.7 左右，见表 4-3。

表 4-3　部分气体的萨瑟兰常数和参考值

气　体	T_0/K	$\mu_0/(10^{-5}\text{Pa}\cdot\text{s})$	$\lambda_0/(10^{-2}\cdot\text{W}\cdot\text{m}^{-1}\cdot\text{K})$	S/K	n_1	n_2
Air	273.2	1.716	2.413	110.6	0.666	0.81
Ar	273.2	2.125	1.634	144.4	0.72	0.73
CO_2	273.2	1.370	1.454	222.2	0.79	1.38
CO	273.2	1.657	2.322	136.1	0.71	0.85
H_2	273.2	0.841	16.261	96.7	0.68	0.85
H_2O	273.2	1.703	1.792	861.1	1.04	1.20
N_2	273.2	1.663	2.422	106.7	0.67	0.76
O_2	273.2	1.919	2.545	138.9	0.69	0.86

第5章　固体火箭发动机中的热传导

传给发动机室壁的热量仅占固体火箭发动机全部燃气热焓的一小部分，但从绝对值来说，却是很大的一份热量。由于目前几乎所有的固体火箭发动机都是未加冷却的，因此这部分热量一旦传给发动机室壁，便通过热传导的方式向发动机的壁内传播，使室壁内部的温度显著升高。对于一般的金属结构材料，其机械强度随温度的升高有明显的下降趋势，图5-1给出了某些金属材料的机械强度随温度的变化情况及变化数值。从图中可以看出，金属材料的抗拉强度极限(σ_b)均随温度的升高而下降，温度愈高，下降愈快。对于固体火箭发动机来说，室壁受热后，由于热传导的作用，内部出现温差，使室壁产生热应力，同时室壁要承受的压强是标准大气压的数十到数百倍。若因壁温过高上升而引起其机械强度过分下降，则可能导致发动机室壁强度不足，甚至会因破裂或烧穿而毁坏。火箭发动机的其他部件也存在同样的问题。本章分别研究固体火箭发动机不同部件的热传导问题，主要对燃烧室、喷管和中间底进行受热计算与分析。

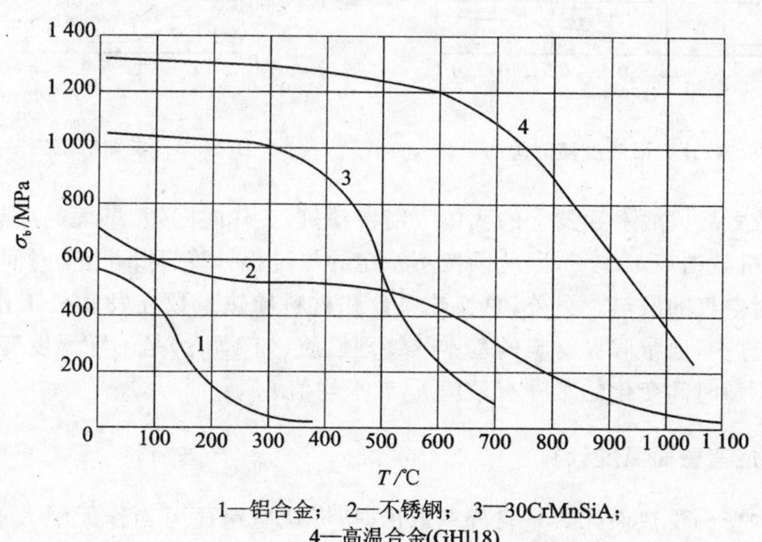

1—铝合金；　2—不锈钢；　3—30CrMnSiA；
4—高温合金(GHl18)

图5-1　材料机械强度随温度的变化

5.1 燃烧室壁的热传导

燃烧室受热时，壁面的温度分布不仅取决于燃气对内壁面的加热和冷空气对外壁面的冷却，同时也取决于室壁材料内部的热传递过程。图 5-2 所示是典型发动机燃烧室内、外壁面温度 T_{w1} 和 T_{w2} 随时间变化的情况；图 5-3 给出发动机燃烧室壁内温度分布随时间变化的情况。从图 5-2 和图 5-3 可以看出，壁内的温度分布不仅沿壁厚变化，而且还随时间变化，属于不稳定温度场。

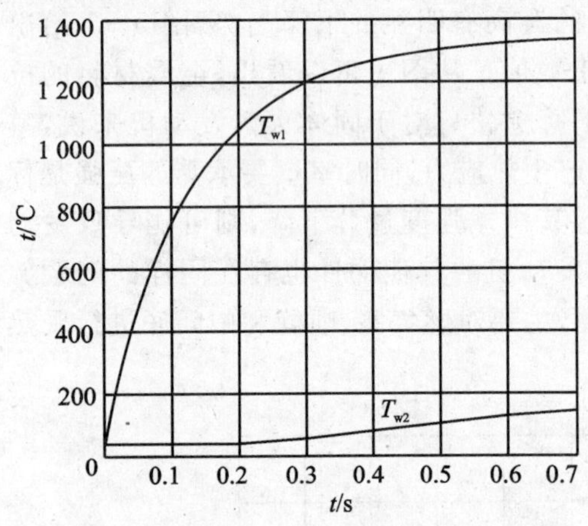

图 5-2 发动机内、外壁面温度随时间的变化

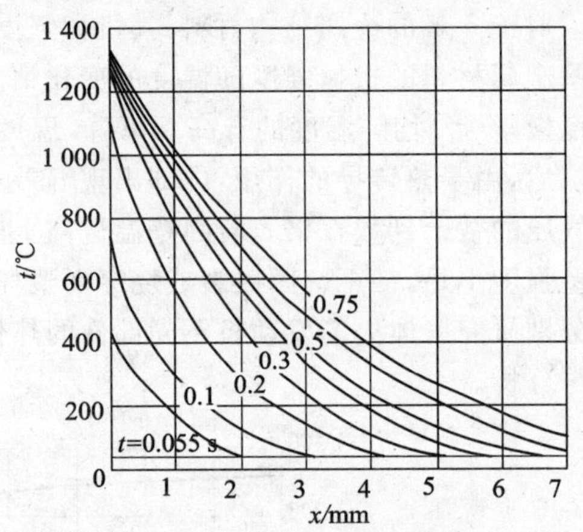

图 5-3 发动机壁内温度分布

对于大多数野战或战术武器上的固体火箭发动机，工作时间短，壁面的导热过程还来不及达到稳定，发动机就结束工作了，因此须按不稳定导热过程计算；同时由于时间短，在计算时也可忽略外壁面对空气的散热。另外，总换热系数和材料导热系数在发动机工作过程中是变化的，但在工程计算中，通常假设材料的基本热物理性质（如 λ, c, ρ）是不随温度变化的常数，并取总换热系数为不随时间变化的某一有效值 h_{ef} 或平均值 $\bar{h}_{ef}$。

5.1.1 燃烧室壁面温度计算

当仅考虑内壁面受热而无热量自外壁散出时，燃烧室壁面可当作无限大平板的一半来计算。这样处理，对于半径与壁厚之比大于 4 的燃烧室圆筒和喷管圆锥筒来说，不会引起多大的误差，如图 5-4 所示。图中，T 为燃气静温，由于沿燃烧室轴向温度变化不大，所以在计算中常以定压燃烧温度 T_0 代替；T_i 为壁面初温；T_{w1} 为内壁面温度；T_{w2} 为外壁面温度。

发动机工作时，内壁面处于燃气的高温 T_0 之下；外壁面与环境温度 T_i 接触，在时间较短时可近似为没有热量传递，即处于绝热状态。在这种情况下，根据第 3 章的分析，可以由式（3-2-21）

分别计算出发动机内、外壁的过余温度 θ_{w1} 和 θ_{w2}，进而得出 T_{w1} 和 T_{w2}。于是，有

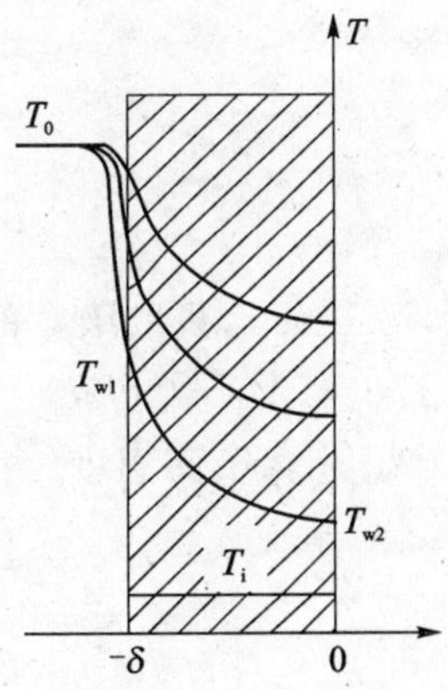

图 5-4　燃烧室壁面温度的变化

内壁面温度为

$$T_{w1} = T_0 - \frac{\theta_{w1}}{\theta_i}(T_0 - T_i) \qquad (5-1-1)$$

外壁面温度为

$$T_{w2} = T_0 - \frac{\theta_{w2}}{\theta_i}(T_0 - T_i) \qquad (5-1-2)$$

同样可以计算出沿壁厚的 $\bar{\theta}_w$ 和 $\bar{T}_w$

$$\frac{\bar{\theta}_w}{\theta_i} = \frac{T_0 - \bar{T}_w}{T_0 - T_i} = \sum_{n=1}^{\infty} \frac{2\sin\beta_n}{\beta_n + \sin\beta_n \cos\beta_n} \frac{\sin\beta_n}{\beta_n} e^{-\beta_n^2 Fo} \qquad (5-1-3)$$

$$\bar{T}_w = T_0 - \frac{\bar{\theta}_w}{\theta_i}(T_0 - T_i) \qquad (5-1-4)$$

这时，壁面吸收的热量为

$$Q_t = \rho c \int_0^{\delta} (\theta - \theta_i)\,dx = \rho c \delta \theta_i \left(\sum_{n=1}^{\infty} \frac{2\sin\beta_n}{\beta_n + \sin\beta_n \cos\beta_n} \frac{\sin\beta_n}{\beta_n} e^{-\beta_n^2 Fo} \right) =$$
$$\rho c \delta \theta_i \left(1 - \frac{\bar{\theta}_w}{\theta_i}\right) = \rho c\, \delta (\theta_i - \bar{\theta}_w) =$$
$$\rho c \delta (\bar{T}_w - T_i) \qquad (5-1-5)$$

由第 3 章知，当 $Fo \geqslant 0.3$ 时，可以仅取式(5-1-5)中级数的第 1 项，用式(3-2-29)～式(3-2-31)分别计算内、外壁面和沿壁厚的平均温度。

由 Fo 定义 $Fo = (a/\delta^2)t$ 可知，时间越长，或特征尺寸越小，越有可能满足 $Fo \geqslant 0.3$ 的条件；反之，Fo 将会很小。在发动机中，材料的导温系数 $a = \lambda/(\rho c)$，数量级约为 $10^{-6} \sim 10^{-5}$ m²/s。特征尺寸一般取壁厚、喉部直径，或燃烧室外径，在这里取为壁厚 δ，其数量级约为 0.001～0.010 m。野战火箭发动机工作时间 t 的数量级一般在 10 s 以内。按上述条件的极限取，可得 $Fo = (10^{-6}/0.01^2) \times 10 = 0.1$，这时必须考虑级数的其他项。

下面通过例题来说明壁面温度的计算过程。

例题 5-1　试按下列已知条件，确定装药燃烧结束时，燃烧室靠近喷管处的壁面温度以及传给壁面的热量。已知燃烧室壁厚 $\delta = 3$ mm，初温 $T_i = 42$ ℃。材料为 30CrMnSiA，其密度为 $\rho = 7.85 \times 10^3$ kg/m³，比热容为 $c = 628$ J/(kg·K)，导热系数为 $\lambda = 34.4$ W/(m·K)。装药燃烧时间为 1.2 s，燃烧温度为 $T_0 = 2\,880$ K。在靠近喷管的壁面处，总换热系数取有效值为 $h_{ef} = 4\,200$ W/(m²·K)。

解：计算过程可分为如下几步：

(1) 计算常系数

$$a = \frac{\lambda}{\rho c} = \frac{34.4}{7.85 \times 10^3 \times 628} \mathrm{m^2/s} = 6.98 \times 10^{-6}\ \mathrm{m^2/s}$$

$$Bi = \frac{h_{ef}\delta}{\lambda} = \frac{4\,200 \times 3 \times 10^{-3}}{34.4} = 0.366$$

$$Fo = \frac{a}{\delta^2} \times t_b = \frac{6.98 \times 10^{-6}}{(3 \times 10^{-3})^2} \times 1.2 = 0.931$$

可见，$Fo \geqslant 0.3$，只取级数的第1项。由表3-2查得，$Bi = 0.366$ 时，$\beta_1^2 = 0.325$，$P_1 = 0.887$，$N_1 = 1.054$，$M_1 = 0.998$。

(2) 计算壁面温度

$$\frac{\theta_{w1}}{\theta_i} = P_1 e^{-\beta_1^2 Fo} = 0.887e^{-0.325\times0.931} = 0.655$$

$$\frac{\theta_{w2}}{\theta_i} = N_1 e^{-\beta_1^2 Fo} = 1.054e^{-0.325\times0.931} = 0.779$$

$$\frac{\bar{\theta}_w}{\theta_i} = M_1 e^{-\beta_1^2 Fo} = 0.998e^{-0.325\times0.931} = 0.737$$

(3) 计算壁面温度和吸收的热量

$$T_{w1} = T_0 - \frac{\theta_{w1}}{\theta_i}(T_0 - T_i) = 2\,880 - 0.655 \times (2\,880 - 315) = 1\,200.0\ \mathrm{K}$$

$$T_{w2} = T_0 - \frac{\theta_{w2}}{\theta_i}(T_0 - T_i) = 2\,880 - 0.779 \times (2\,880 - 315) = 881.9\ \mathrm{K}$$

$$\bar{T}_w = T_0 - \frac{\bar{\theta}_w}{\theta_i}(T_0 - T_i) = 2\,880 - 0.737 \times (2\,880 - 315) = 989.6\ \mathrm{K}$$

在时间 t_b 内壁面吸收的热量为

$$Q_t = \rho c\delta(\bar{T}_w - T_i) = 7.85 \times 10^3 \times 628 \times 3 \times 10^{-3} \times (989.6 - 315) = 9\,976.9\ \mathrm{kJ/m^2}$$

由上述计算可以看到，燃烧结束瞬间燃烧室后端壁面的平均温度已达到989.6 K，由图5-1可知，这时材料30CrMnSiA沿壁厚的平均抗拉强度极限(σ_b)下降到约为其常温下的10%。为保证燃烧室有足够的强度，一般可增加壁厚，这就需要建立壁厚与传热量的关系。

5.1.2 燃烧室壁厚与传热量的关系

由燃烧室的壁面温度计算可知，传热对壁面的影响主要体现在两个方面：一是产生的壁面温度使壁面材料的强度降低；二是传热使内壁面温度急剧升高，当温度超过材料的熔点时，会产生烧蚀现象。

在例题5-1中，燃烧结束时的内壁面温度为1 200 K，材料30CrMnSiA的熔点约为1 600 K，可见 T_{w1} 与熔点非常接近，对壁面有一定影响。如果增加壁厚，结果会如何呢？下面举例说明。

例题5-2 试估算将例题5-1中燃烧室壁厚增加到5 mm的效果，其他已知条件不变。

解：进行类似的计算过程可得

$$Bi = \frac{h_{ef}\delta}{\lambda} = \frac{4\ 200 \times 5 \times 10^{-3}}{34.4} = 0.610$$

$$Fo = \frac{a}{\delta^2} \times t_b = \frac{6.98 \times 10^{-6}}{(5 \times 10^{-3})^2} \times 1.2 = 0.335$$

由于 $Fo \geqslant 0.3$，只取级数的第 1 项。由表 3－2 查得，$Bi = 0.610$ 时，$\beta_1^2 = 0.504$，$P_1 = 0.821$，$N_1 = 1.082$，$M_1 = 0.994$。则有

$$\frac{\theta_{w1}}{\theta_i} = P_1 e^{-\beta_1^2 Fo} = 0.693$$

$$\frac{\theta_{w2}}{\theta_i} = N_1 e^{-\beta_1^2 Fo} = 0.914$$

$$\frac{\bar{\theta}_w}{\theta_i} = M_1 e^{-\beta_1^2 Fo} = 0.840$$

$$T_{w1} = 2\ 880 - 0.693 \times (2\ 880 - 315) = 1\ 102.5\ \text{K}$$

$$T_{w2} = 2\ 880 - 0.914 \times (2\ 880 - 315) = 535.6\ \text{K}$$

$$\bar{T}_w = 2\ 880 - 0.840 \times (2\ 880 - 315) = 725.4\ \text{K}$$

在时间 t_b 内壁面吸收的热量为

$$Q_t = 7.85 \times 10^3 \times 628 \times 5 \times 10^{-3} \times (989.6 - 315) = 10\ 115.9\ \text{kJ/m}^2$$

对比增加壁厚前后的计算结果可以看出，壁厚增加到 1.7 倍，可使壁面平均温度降低约 27%，同时使内壁面温度下降 8%；由图 5－1 可知，这时材料 30CrMnSiA 沿壁厚的 σ_b 比常温下下降约 30%，约为 700 N/mm²。

5.2　喷管壁面的热传导

喷管壁面与燃烧室相比，壁厚多是变化的。同时，由于燃气的膨胀加速，燃气的静温也在发生变化，一般随燃气的加速而不断降低。实际上，喷管壁面的热传导过程与燃烧室相似，其公式可以类似使用。由发动机传热的特点可知，在喷管中，喉部的热流量是最大的，因此喷管壁面的传热计算主要是指喉部的传热计算。

前已述及，在喷管中特别是喷管喉部附近，燃气的流速高、单位截面积的质量流率（密流）大，使得喷管壁所受到的高温高速燃气的加热作用和冲刷作用都十分严重，从而可能造成喷管材料的严重烧蚀。若采用的是含金属的推进剂，其燃烧产物中氧化物颗粒对壁面的碰撞和沉积，将增加接触传热和冲刷作用，则烧蚀会更加严重。

设燃气在喉部的静温为 T，喷管初始温度为 T_i。与燃烧室类似，对于工作时间较短的野战火箭发动机，当仅考虑内壁面受热而无热量自外壁散出时，喷管喉部壁面可当作无限大平板的一半来计算，则式(5－1－1)～式(5－1－5)均可使用，只是 T_0 由燃气静温 T 代替。

设喉部截面积为 A_t，由气体动力学知识，燃气在任意截面 A 处的静温可用下式计算

$$\frac{A}{A_t}=\frac{\left(\dfrac{2}{\gamma+1}\right)^{\frac{1}{\gamma-1}}}{\left(\dfrac{T}{T_0}\right)^{\frac{1}{\gamma-1}}\sqrt{\left(1-\dfrac{T}{T_0}\right)\dfrac{\gamma+1}{\gamma-1}}} \tag{5-2-1}$$

式中：γ 为燃气比热比；T_0 为滞止温度，可视为燃烧室内的温度。

根据喷管面积比用式(5-2-1)计算出任意截面的温度后，即可计算该截面处传热引起的壁面温度。在喉部，$A=A_t$，这时的温度又称为临界温度 T^*，由式(5-2-1)可得

$$\frac{T}{T_0}=\frac{T^*}{T_0}=\frac{2}{\gamma+1} \tag{5-2-2}$$

下面举例说明。

例题 5-3 试按下列已知条件，确定装药燃烧结束时，喷管喉部的壁面温度以及传给壁面的热量。已知喷管喉部壁厚 $\delta=3$ mm，初温 $T_i=42$ ℃。材料为 30CrMnSiA，其密度为 $\rho=7.85\times10^3$ kg/m^3，比热容为 $c=628$ J/kg·K，导热系数为 $\lambda=34.4$ W/m·K。装药燃烧时间为 1.2 s，燃烧温度为 $T_0=2\,880$ K，燃气比热比为 $\gamma=1.2$。在喷管喉部的壁面处，总换热系数取有效值为 $h_{ef}=11\,000$ W/m^2·K。

解：计算过程可分为如下几步：

(1) 确定喷管喉部的燃气静温

由 $\dfrac{T}{T_0}=\dfrac{T^*}{T_0}=\dfrac{2}{\gamma+1}$ 可得，$T=\dfrac{2}{1.2+1}\times2\,880=2\,618.2$ K

(2) 计算常系数

$$a=\frac{\lambda}{\rho c}=\frac{34.4}{7.85\times10^3\times628}=6.98\times10^{-6}\ \text{m}^2/\text{s}$$

$$Bi=\frac{h_{ef}\delta}{\lambda}=\frac{11\,000\times3\times10^{-3}}{34.4}=0.959\,3$$

$$Fo=\frac{a}{\delta^2}\times t_b=\frac{6.98\times10^{-6}}{(3\times10^{-3})^2}\times1.2=0.931$$

因为 $Fo\geqslant0.3$，只取级数的第 1 项。由表 3-2 查得，$Bi=0.959\,3$ 时，$\beta_1^2=0.717\,2$，$P_1=0.738\,0$，$N_1=1.115\,7$，$M_1=0.986\,8$。

(3) 计算壁面温度

$$\frac{\theta_{w1}}{\theta_i}=P_1e^{-\beta_1^2Fo}=0.738\,0e^{-0.717\,2\times0.931}=0.378\,5$$

$$\frac{\theta_{w2}}{\theta_i}=N_1e^{-\beta_1^2Fo}=1.115\,7e^{-0.717\,2\times0.931}=0.572\,2$$

$$\frac{\theta_w}{\theta_i}=M_1e^{-\beta_1^2Fo}=0.986\,8e^{-0.717\,2\times0.931}=0.506\,1$$

(4) 计算壁面温度和吸收的热量

$$T_{w1} = T_0 - \frac{\theta_{w1}}{\theta_i}(T_0 - T_i) = 2\ 618.2 - 0.378\ 5 \times (2\ 618.2 - 315) = 1\ 746.4\ \text{K}$$

$$T_{w2} = T_0 - \frac{\theta_{w2}}{\theta_i}(T_0 - T_i) = 2\ 618.2 - 0.572\ 2 \times (2\ 618.2 - 315) = 1\ 300.3\ \text{K}$$

$$\overline{T}_w = T_0 - \frac{\theta_w}{\theta_i}(T_0 - T_i) = 2\ 618.2 - 0.506\ 1 \times (2\ 618.2 - 315) = 1\ 452.6\ \text{K}$$

在时间 t_b 内壁面吸收的热量为

$$Q_i = \rho c\delta(\overline{T}_w - T_i) = 7.85 \times 10^3 \times 628 \times 3 \times 10^{-3} \times (1\ 452.6 - 315) = 1\ 682.4\ \text{kJ/m}^2$$

由上述计算可以看到，燃烧结束瞬间喷管喉部内壁面的温度已达到 1 746.4 K，平均温度也高达 1 452.6 K，比燃烧室的内壁面温度和平均温度均高出许多。由于喷管喉部的内壁面温度十分接近材料的熔点，因此，喷管喉部很容易出现烧蚀现象。为避免喉部出现烧蚀，设计时必须考虑传热的影响。从上述计算公式可以分析，降低喉部烧蚀的途径包括增加壁厚、降低工作时间、选择耐高温材料等。在实际中，主要通过对喉部的隔热防护来降低内壁面温度。

5.3 中间底壁面的热传导

野战火箭的固体发动机其中间底一般壁厚较大，而发动机的工作时间较短，即热对中间底壁面的影响时间短，热量不能在短时间内传向壁面深处，因此，可把中间底壁面看做半无限大物体。

如图 5-5 所示，中间底近似为半无限大物体的传热。图中，T_0 为燃烧室头部温度，即燃气的滞止温度；T_i 为初温；T_w 为内壁面温度。

根据第 3 章的分析，可以由式(3-2-26)得出内壁面的温度 T_w，由式(3-2-38)得出中间底最大受热深度 x_{max} 与时间 t 的关系。

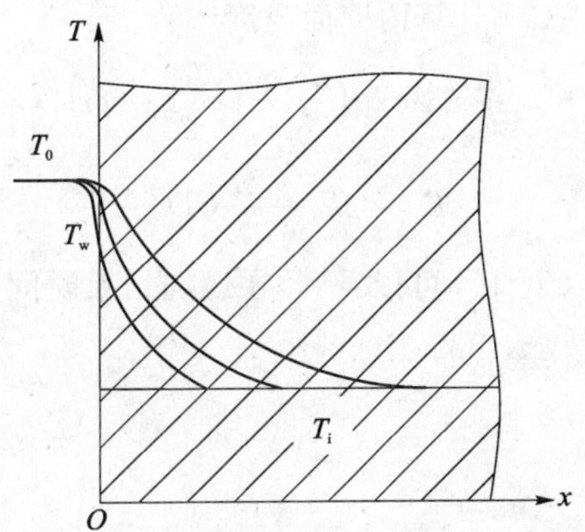

图 5-5 中间底壁面的传热

中间底壁面在时刻 t 沿壁厚的平均温度为

$$\overline{T} = \frac{\int_0^\infty T\mathrm{d}x}{x_{max}} \approx \frac{\int_0^{x_{max}} T\mathrm{d}x}{x_{max}} \qquad (5-3-1)$$

壁面吸收的热量为

$$Q_t = \rho c\int_0^\infty (\theta - \theta_i)\mathrm{d}x \approx \rho c\int_0^{x_{max}} (\theta - \theta_i)\mathrm{d}x \qquad (5-3-2)$$

即按式(3-2-35)对 x 积分，积分区间达到最大受热深度即可。由于式(3-2-35)较复杂，

式(5-3-2)的积分过程一般需要数值方法，如常用的梯形法、龙贝格(Romberg)法等。

例题 5-4 试按下列已知条件，确定装药燃烧结束时，中间底的内壁面温度。已知中间底壁厚 $\delta=12$ mm，初温 $T_i=42$ ℃。材料为30CrMnSiA，其密度为 $\rho=7.85\times10^3$ kg/m^3，比热容为 $c=628$ J/(kg·K)，导热系数为 $\lambda=34.4$ W/(m·K)。装药燃烧时间为1.2 s，燃烧温度为 $T_0=2\ 880$ K，燃气比热比为 $\gamma=1.2$。在中间底的壁面处，总换热系数取有效值为 $h_{ef}=3\ 000$ W/(m^2·K)。

解：计算过程采用如下几个步骤：

(1) 计算常系数

$$a=\frac{\lambda}{\rho c}=\frac{34.4}{7.85\times10^3\times628}=6.98\times10^{-6}\ \text{m}^2/\text{s}$$

$$Fo=\frac{a}{\delta^2}\times t_b=\frac{6.98\times10^{-6}}{(12\times10^{-3})^2}\times1.2=0.058\ 2$$

$$x_{max}=4\sqrt{at}=4\sqrt{6.98\times10^{-6}\times1.2}=11.58\ \text{mm}$$

可见，$Fo\leqslant0.062\ 5$，$\delta\geqslant x_{max}$，可视为半无限大物体。

$$\frac{h^2at}{\lambda^2}=\frac{3\ 000^2\times6.98\times10^{-6}\times1.2}{34.4^2}=0.063\ 7$$

$$\frac{h\sqrt{at}}{\lambda}=\sqrt{\frac{h^2at}{\lambda^2}}=\sqrt{0.063\ 7}=0.252\ 4$$

$$\text{erf}\left(\frac{h\sqrt{at}}{\lambda}\right)=\text{erf}(0.252\ 4)\approx0.3$$

(2) 计算内壁面温度

$$\frac{\theta_w}{\theta_i}=\exp\left(\frac{h^2at}{\lambda^2}\right)\cdot\left[1-\text{erf}\left(\frac{h\sqrt{at}}{\lambda}\right)\right]=\exp(0.063\ 7)\cdot(1-0.3)=-0.746$$

$$T_w=T_0-\frac{\theta_w}{\theta_i}(T_0-T_i)=2\ 880-0.746\times(2\ 880-315)=966.5\ \text{K}$$

由以上计算可以看到，在燃烧结束瞬间，中间底的表面温度已达到966.5 K。

第 6 章 固体火箭发动机中的对流传热

在第 4 章中已经分析了燃气在发动机中存在多种形式的传热，其中对流传热是高温燃气与固体壁面之间的主要传热方式，传热量占绝大部分。

火箭发动机中的对流传热几乎包括了所有可能的形式。在燃烧室的头部，燃气流速为零，为自由对流传热；沿燃烧室壁面，燃气流速逐渐增加，主要表现为强迫对流传热；燃气在燃烧室末端，以及进入喷管，在形成涡流的地方，其强迫对流传热的方式将加强；燃气在喷管加速到声速及在扩张段加速到超声速时，强迫对流进一步加强，表现为高速强迫对流传热的特点。

6.1 固体火箭发动机中的对流传热计算

火箭发动机中的对流传热，需要针对不同的工作特点来研究。由于对流传热的复杂性和发动机工作特点的显著变化，目前理论研究主要采用相似准则，以数值方法为主。而在工程设计中，主要采用在试验基础上总结出的经验公式。本章主要分析适用于发动机特点的经验计算公式。

在第 3 章中已经介绍，对于自由对流传热，一般采用的相似准则为式(3-3-69)；在强迫对流传热中，一般采用的相似准则为

$$Nu = f(Re, Pr) = CRe^{n}Pr^{m} \tag{6-1-1}$$

式中：C, n, m 为经验常数。

Gr 由式(3-3-66)所定义，也可以称为自由对流雷诺数，它是表征自由对流特有的相似准则。对于火箭发动机，静止试验时 g 取重力加速度，飞行时 g 用飞行加速度 j 代替；式中 l 为特征尺寸，除特殊说明外，一般取为当量直径 d，即定义为 $d=4A/\Pi$，这里 A 为燃气通道截面积，Π 为燃气通道湿周长；$\Delta T = T - T_w$，T.为燃气温度，T_w 为壁面温度。

只要建立了相似准则，由 $Nu = hd/\lambda$ 即可确定对流传热系数 h，从而可以计算由对流引起的传热特性，如温度变化、热量传输等。因此，计算对流传热系数是本节的主要任务。

6.1.1 自由对流传热

前已述及，在燃烧室的头部区域，以及端面燃烧装药的燃烧表面区域，燃气流速几乎为零或很低，这时的对流传热可视为自由对流传热。在计算自由对流传热时，其中的物性参数如 λ, μ 等的定性温度均可取燃气的滞止温度或燃烧温度。

对于圆筒形容器内气体的自由对流传热，根据巴尔斯基和捷尔道维奇、道捷斯和卡兰金的

试验数据，可以建立如下相似准则

$$Nu = Gr^{\frac{1}{4}} \tag{6-1-2}$$

把格拉晓夫数和努塞尔数的定义代入上式，可得

$$\frac{hd}{\lambda} = \left(\frac{jd^3 \Delta T}{\nu^2 T}\right)^{\frac{1}{4}}$$

整理后，得自由对流传热系数为

$$h = \lambda \left(\frac{j \Delta T}{d\nu^2 T}\right)^{\frac{1}{4}} \tag{6-1-3}$$

考虑到 $\nu = \frac{\mu}{\rho} = \frac{\mu RT}{p}$，$\mu$ 为燃气的动力黏度，代入得

$$h = \lambda \left[\frac{j}{d} \frac{\Delta T}{T} \left(\frac{p}{\mu RT}\right)^2\right]^{\frac{1}{4}} \tag{6-1-4}$$

式中：T 取为燃气的滞止温度，或燃烧温度；p 为该区域的燃气压强，即为头部滞止压强；$\Delta T = T - T_w$，由于包含了壁面温度 T_w，在传热计算中，需要复杂的迭代计算。

6.1.2 强迫对流传热

在火箭发动机中，当燃气逐渐加速时，主要表现为湍流流动及燃烧的特点，这时的对流传热需视为强迫对流传热。由于发动机工作时温度变化较小，静温与总温差别也较小(由火箭发动机原理与气体动力学可知，燃烧室中燃气流速 $Ma < 0.3$ 时，则 $\frac{T}{T_0} > 0.99$)，计算强迫对流传热时，其物性参数如 λ 和 μ 等的定性温度均可取燃气的滞止温度或燃烧温度。

前已述及，对于圆管长径比 $l/d > 60$ 的稳定湍流，有如下相似准则：

$$Nu = 0.023 Re^{0.8} Pr^{0.4} \tag{6-1-5}$$

在固体火箭发动机中，很少有能满足 $l/d > 60$ 的燃烧室。但是，由于燃气工作压强大、流动速度 V 相对较高，即使 l/d 较小，燃气的流动均表现为湍流流动的特点，式(6-1-5)仍可使用。

把努塞尔数、雷诺数和普朗特数的定义代入式(6-1-5)，可得

$$\frac{hd}{\lambda} = 0.023 \left(\frac{\rho V d}{\mu}\right)^{0.8} \left(\frac{c_p \mu}{\lambda}\right)^{0.4}$$

整理上式，得强迫对流传热系数为

$$h = 0.023 \frac{c_p^{0.4} \lambda^{0.6}}{\mu^{0.4}} \frac{(\rho V)^{0.8}}{d^{0.2}} \tag{6-1-6}$$

式中：ρV 为所研究截面的密流，$\rho V = \dot{m}/A$。考虑特征尺寸 $d = 4A/\Pi$，代入式(6-1-6)得

$$h = 0.023 \frac{c_p^{0.4} \lambda^{0.6}}{\mu^{0.4}} \frac{(\dot{m}/A)^{0.8}}{(4A/\Pi)^{0.2}} = 0.0174 \frac{c_p^{0.4} \lambda^{0.6}}{\mu^{0.4}} \frac{\Pi^{0.2}}{A} \dot{m}^{0.8} \tag{6-1-7}$$

令 $K_c = 0.017\,4 (c_p^{0.4} \lambda^{0.6} / \mu^{0.4})$，可得

$$h = K_c \frac{\Pi^{0.2}}{A} \dot{m}^{0.8} \tag{6-1-8}$$

在固体火箭发动机中，给定推进剂时，K_c 为常数。可见，对流传热系数与质量流量的 0.8 次方成正比，同时还与几何参数（截面积 A 和湿周长 Π）有关。

在发动机燃烧室中，质量流率为

$$\dot{m} = \rho_p A_b \dot{r} \tag{6-1-9}$$

式中：ρ_p 为推进剂密度；A_b 为装药头部到所研究截面之间的燃烧面积；$\dot{r}$ 为推进剂燃速。把式（6－1－9）代入式（6－1－8），得

$$h = K_c \rho_p^{0.8} \dot{r}^{0.8} \frac{\Pi^{0.2}}{A} A_b^{0.8} \tag{6-1-10}$$

在发动机燃烧室中，给定推进剂时，K_c 为常数；假设推进剂的燃速不变，或看做平均燃速，装药近似为无侵蚀的等截面通道，即沿长度 Π 和 A 不变，可知对流传热系数与装药燃烧面积的 0.8 次方成正比。在 x 截面处，有 $A_b = \Pi_b x$，代入上式，可得

$$h = K_c \rho_p^{0.8} \dot{r}^{0.8} \frac{\Pi^{0.2} \Pi_b^{0.8}}{A} x^{0.8} \tag{6-1-11}$$

Π_b 为装药的湿周长。可见，在固体火箭发动机燃烧室中，对流传热系数沿装药长度逐渐增加，近似与所研究截面位置的 0.8 次方成正比，在装药末端达到最大。这就是为什么在固体火箭发动机试验后，常观察到燃烧室后端的温度比前端升高得快的原因。

在同一个截面处，随着推进剂的不断燃烧，该截面的截面积 A 不断增大，假设推进剂的燃速不变，由式（6－1－10）可知，对流传热系数会不断减小。因此，在固体火箭发动机燃烧室中对流传热系数随时间是减小的。

在实际计算中，如果已知装药末端或火箭喷管的质量流率 $\dot{m}_t$，则燃烧室内截面 x 处的质量流率可近似为

$$\dot{m} \approx \frac{x}{L_p} \dot{m}_t \tag{6-1-12}$$

L_p 为装药长度。式（6－1－12）即表示质量流率与装药长度成正比，代入式（6－1－8），可得

$$h = K_c \frac{\Pi^{0.2}}{A} \left(\frac{x}{L_p} \dot{m}_t \right)^{0.8} = K_c \frac{\dot{m}_t^{0.8} \Pi^{0.2}}{L_p^{0.8} A} x^{0.8} \tag{6-1-13}$$

分析上式同样可以得到类似于式（6－1－11）的结论，即强迫对流传热系数随装药长度而增加。正是存在这样的特点，每个截面的对流传热系数均不同，计算非常烦琐。在工程设计中，一般可以这样简化处理，用某时刻对流传热系数沿长度的平均值 $\bar{h}$ 代替整个燃烧室中该时刻的对流传热系数，即

$$\bar{h} = \frac{\int_0^{L_p} h \mathrm{d}x}{L_p} \tag{6-1-14}$$

将式（6－1－13）代入上式，并假设为等截面燃烧，可得平均对流传热系数为

$$\bar{h}=\frac{\int_0^{L_p} h\mathrm{d}x}{L_p}=\frac{K_c\,\frac{\dot{m}_t^{0.8}\Pi^{0.2}}{L_p^{0.8}A}\int_0^{L_p} x^{0.8}\mathrm{d}x}{L_p}=K_c\,\frac{\dot{m}_t^{0.8}\Pi^{0.2}}{1.8A} \tag{6-1-15}$$

由于 $\bar{h}$ 表示燃烧室中所有截面的对流传热系数，与截面位置无关，大大简化了计算量。当然，$\bar{h}$ 仍然与燃烧时间有关，因为不同的时刻，发动机的流量和装药的几何参量都是变化的。值得注意的是，在装药头部，仍须用自由对流传热系数的计算模型，$\bar{h}$ 不能包括该区域。有的资料认为，可以把它们一起平均得到总的平均对流传热系数，在近似计算时可以这样处理。

在工程中，除了利用上述在某时刻得到的平均对流传热系数外，还经常把对流传热系数按时间进行平均，得到整个工作过程中的一个平均值。有关概念将在总传热系数中讨论。

比较平均对流传热系数式(6-1-15)和式(6-1-8)或式(6-1-13)，可知在装药末端的传热系数为

$$h=K_c\,\frac{\Pi^{0.2}}{A}\,\dot{m}_t^{0.8} \tag{6-1-16}$$

可见 $\bar{h}$ 等于装药末端对流传热系数的 1/1.8。

由准则式(6-1-5)得到计算火箭发动机中强迫对流传热系数的式(6-1-6)～式(6-1-8)和式(6-1-10)～式(6-1-13)，其特点是公式中没有 T_w 的影响，避免了复杂的计算。

强迫对流还有许多其他准则和经验公式，总结于表 6-1 中，供参考。

表 6-1　强迫对流传热经验公式

公　式	备　注
$Nu=0.021Re^{0.8}Pr^{0.43}\left(\frac{Pr}{Pr_w}\right)^{0.25}$	特征尺寸为 d
$Nu=0.0162Re^{0.82}Pr^{0.82}\left(\frac{T_0}{T_w}\right)^{0.066}$	特征尺寸为 d
$Nu=0.044\varphi Re^{0.73}Pr^{0.43}\left(\frac{T}{T_0}\right)^{0.33}$ $\varphi=1.3\left(\frac{x}{d}\right)^{-0.12}$，$\frac{x}{d}\leqslant 10$ $\varphi=1.0$　　$\frac{x}{d}>10$	特征尺寸为 d
$Nu=0.036Re^{0.8}Pr^{0.4}\left(\frac{T_0}{T_w}\right)^{0.18}\left(\frac{x}{d}\right)^{-0.2}$	特征尺寸为 d
$h=4c_p\,\frac{\dot{m}^{0.82}}{d^{1.82}}$	特征尺寸为 d
$Nu=0.034Re^{0.77}Pr^{0.43}\left(\frac{T}{T_0}\right)^{0.33}\left(\frac{x}{d}\right)^{0.06}$	特征尺寸为 x
$Nu=0.036Re^{0.8}Pr^{0.33}$	特征尺寸为 x

表中下标为“w”的参数表示为壁面参数。其中有些计算模型中，对流传热系数与 T_w 有

关，在传热计算中需要迭代才能求解。

6.1.3　高速强迫对流传热

当燃气进入喷管后，流动急剧膨胀加速，湍流效应进一步增加，将大大加强对壁面的对流传热，形成高速强迫对流的特点。

对高速强迫对流可以建立如下相似准则

$$Nu = 0.029Re^{0.8}Pr \tag{6-1-17}$$

把努塞尔数、雷诺数和普朗特数的定义代入式(6-1-17)，可得

$$h = 0.029\left(\frac{\rho Vd}{\mu}\right)^{0.8}\frac{c_p\mu}{\lambda} = 0.029c_p\mu^{0.2}\frac{(\rho V)^{0.8}}{d^{0.2}} \tag{6-1-18}$$

代入 $\rho V=\frac{\dot{m}_t}{A}=\dot{m}_t/(\frac{\pi}{4}d^2)$，得

$$h = 0.0352c_p\mu^{0.2}\frac{\dot{m}_t^{0.8}}{d^{1.8}} \tag{6-1-19}$$

式中：物性参数的定性温度取为燃气的恢复温度，即

$$T_r = T\left(1+r\frac{\gamma-1}{2}Ma^2\right) = T\left(1+\sqrt[3]{Pr}\frac{\gamma-1}{2}Ma^2\right) \tag{6-1-20}$$

其中：r 为恢复系数，$r=\sqrt[3]{Pr}$；γ 为比热比；T 和 Ma 为所研究截面的静温和流动马赫数，可根据气体动力学的基本原理来计算。

目前计算喷管中的对流传热系数，广泛采用巴兹(Bartz)提出的公式

$$h = \frac{C}{d_t^{0.2}}\frac{c_p\mu^{0.2}}{Pr^{0.6}}\left(\frac{\dot{m}_t}{A_t}\right)^{0.8}\left(\frac{d_t}{R_t}\right)^{0.1}\left(\frac{A_t}{A}\right)^{0.9}\sigma \tag{6-1-21}$$

式中：物性参数的定性温度取为燃气的滞止温度；亚声速流时 $C=0.026$，超声速流时 $C=0.023$；σ 为考虑边界层物性参数变化引起的修正系数，即

$$\sigma = \frac{1}{\left[\frac{1}{2}\frac{T_w}{T_0}\left(1+\frac{\gamma-1}{2}Ma^2\right)+\frac{1}{2}\right]^{0.65}\left(1+\frac{\gamma-1}{2}Ma^2\right)^{0.15}} \tag{6-1-22}$$

可见，考虑修正时，需要已知 T_w，计算过程较复杂。

沿喷管全长由巴兹公式计算得到的对流传热系数，除喷管喉部前很小的一段外，与试验数据相当一致。

6.1.4　涡旋对流传热

在火箭发动机中，当燃气离开装药通道进入与喷管连接的空腔时，截面积明显增大，特别在装药初始燃烧阶段，这种截面积的增大(出口截面积与进口截面积之比称为突扩比)十分明显。燃气进入突扩通道将形成涡旋，其特点是燃气所具有的部分动能在涡旋中逐渐耗散转变

为热能(突扩比越大,这种能量转化程度越高),从而加强了对壁面的传热。在喷管的收敛段,局部也将形成涡旋。因此,涡旋对流传热也是火箭发动机中常见的传热方式。

设涡旋流进口截面直径为 d,涡旋空腔的容积为 Ω,涡旋对流传热有如下相似准则

$$Nu = CRe^{0.75}\left(\frac{d^3}{\Omega}\right)^{0.25} \tag{6-1-23}$$

式中:特征尺寸取为涡旋流进口截面直径或当量直径 d;C 为试验常数。

把努塞尔数和雷诺数的定义代入上式,可得

$$\frac{hd}{\lambda} = C\left(\frac{\rho Vd}{\mu}\right)^{0.75}\left(\frac{d^3}{\Omega}\right)^{0.25}$$

整理上式,得涡旋流对流传热系数为

$$h = C\frac{\lambda}{\mu^{0.75}}\frac{d^{0.5}}{\Omega^{0.25}}(\rho V)^{0.75} \tag{6-1-24}$$

式中:ρV 为进口截面的密流,$\rho V=\frac{\dot{m}}{A}=\dot{m}/(\frac{\pi}{4}d^2)$,代入上式得

$$h = C\frac{\lambda}{\mu^{0.75}}\frac{1}{\Omega^{0.25}d}\dot{m}^{0.75} \tag{6-1-25}$$

其中物性参数的定性温度仍可取为燃烧室中的燃烧温度。

下面通过例题来说明对流传热的计算过程。

例题 6-1 某火箭发动机采用单根内、外圆孔燃烧装药形式,推进剂密度为 $\rho_p=1.6\times10^3$ kg/m³,燃烧室内径为 115 mm,装药两端包覆,装药内径 20 mm,装药外径 100 mm,长450 mm,装药燃速保持为 10 mm/s。已知燃气燃烧温度为 $T_0=2\ 880$ K 时的物性参数为:$c_p=1\ 863$ J/(kg·K),$\lambda=0.15$ W/(m·K),$\mu=8.1\times10^{-5}$ Pa·s。不考虑侵蚀效应,试确定装药燃烧初始时刻和结束时刻,装药末端的对流传热系数和平均对流传热系数。

解:圆孔内外面燃烧,燃烧面积不变,燃速基本保持为常数。对燃烧室壁面进行换热的燃气为装药外通道的燃气,不考虑内孔燃气。同时,该区域为强迫对流传热。不考虑侵蚀效应,装药通道为等截面,因此计算对流传热系数可用式(6-1-11)。

由定义,可得

$$K_c = 0.017\ 4\frac{c_p^{0.4}\lambda^{0.6}}{\mu^{0.4}} = 0.017\ 4\frac{1\ 863^{0.4}0.15^{0.6}}{(8.1\times10^{-5})^{0.4}} = 4.91$$

在初始时刻

$$\Pi = \pi(100+115) = 675.4\ \text{mm} = 0.675\ 4\ \text{m}$$

$$\Pi_b = \pi\times100 = 314.2\ \text{mm} = 0.314\ 2\ \text{m}$$

$$A = \frac{\pi}{4}(115^2-100^2) = 2\ 532.9\ \text{mm}^2 = 2.532\ 9\times10^{-3}\ \text{m}^2$$

对流传热系数

$$h = K_c \rho_p^{0.8} \dot{r}^{0.8} \frac{\Pi^{0.2} \Pi_b^{0.8}}{A} x^{0.8}$$

$$= 4.91 \times 1\,600^{0.8} \times (10 \times 10^{-3})^{0.8} \frac{0.675\,4^{0.2} 0.314\,2^{0.8}}{2.532\,9 \times 10^{-3}} \times (450 \times 10^{-3})^{0.8}$$

$$= 3\,443.6\ \mathrm{W/(m^2 \cdot K)}$$

燃气质量流率

$$\dot{m}_t = \rho_p A_b \dot{r} = \rho_p \Pi_b L_p \dot{r} = 1\,600 \times 0.314\,2 \times 0.45 \times 10 \times 10^{-3} = 2.262\,24\ \mathrm{kg/s}$$

平均对流传热系数由式(6-1-15)

$$\bar{h} = K_c \frac{\dot{m}_t^{0.8} \Pi^{0.2}}{1.8A} = 4.91 \frac{2.262\,24^{0.8} 0.675\,4^{0.2}}{1.8 \times 2.532\,9 \times 10^{-3}} = 191\,3.1\ \mathrm{W/(m^2 \cdot K)}$$

在结束时刻，装药内外直径均为 60 mm，则

$$\Pi = \pi(60 + 115) = 549.8\ \mathrm{mm} = 0.549\,8\ \mathrm{m}$$

$$\Pi_b = \pi \times 60 = 188.5\ \mathrm{mm} = 0.188\,5\ \mathrm{m}$$

$$A = \frac{\pi}{4}(115^2 - 60^2) = 7\,559.5\ \mathrm{mm^2} = 7.559\,5 \times 10^{-3}\ \mathrm{m^2}$$

对流传热系数为

$$h = K_c \rho_p^{0.8} \dot{r}^{0.8} \frac{\Pi^{0.2} \Pi_b^{0.8}}{A} x^{0.8}$$

$$= 4.91 \times 1\,600^{0.8} \times (10 \times 10^{-3})^{0.8} \frac{0.549\,8^{0.2} 0.188\,5^{0.8}}{7.559\,5 \times 10^{-3}} \times (450 \times 10^{-3})^{0.8}$$

$$= 735.8\ \mathrm{W/(m^2 \cdot K)}$$

燃气质量流率

$$\dot{m}_t = \rho_p A_b \dot{r} = \rho_p \Pi_b L_p \dot{r} = 1\,600 \times 0.188\,5 \times 0.45 \times 10 \times 10^{-3} = 1.357\,2\ \mathrm{kg/s}$$

平均对流传热系数

$$\bar{h} = K_c \frac{\dot{m}_t^{0.8} \Pi^{0.2}}{1.8A} = 4.91 \frac{1.375\,2^{0.8} 0.549\,8^{0.2}}{1.8 \times 7.559\,5 \times 10^{-3}} = 408.8\ \mathrm{W/(m^2 \cdot K)}$$

由上述计算可以看到，装药燃烧过程中，对流传热系数随时间减小，沿装药长度增加。因此，燃烧室中，在初始时刻的装药末端对流传热最大。

6.2　固体火箭发动机对流传热的影响因素与修正

在固体火箭发动机中，无论自由对流传热、强迫对流传热、高速强迫对流传热，还是涡旋对流传热，在其传热系数的计算公式中，均与工作压强有关（大部分体现在对流量 $\dot{m}$ 或 $\dot{m}_t$ 的影响上）。因此，发动机工作压强将直接影响对流传热。由于其中强迫对流传热占主要地位，这

里主要讨论压强对强迫对流传热系数的影响关系。

引入对流传热系数的修正系数 φ，设未修正的对流传热系数为 h_i（按式(6－1－6)～式(6－1－8)、式(6－1－10)～式(6－1－13)计算），则修正后的对流传热系数为

$$h = \varphi h_i \tag{6-2-1}$$

发动机的工作压强由于受到多种因素的影响，往往在不断变化，本节主要分析这种变化是如何影响对流传热的，并推导相应的对流传热修正系数。

6.2.1 压强跳动对对流传热的影响

所谓压强跳动，是指工作压强在一个恒定值的附近作微小变化。在固体火箭发动机中，装药为恒面燃烧时（即燃烧面积不随时间变化，如两端包覆内外孔燃烧的管状装药），工作压强即可保持为一个常数。但实际工作中，有许多因素会影响压强的变化，产生压强跳动。

根据固体火箭发动机原理，发动机的工作压强可表示为

$$p = \left(\frac{\rho_p a c^* A_b}{A_t}\right)^{\frac{1}{1-n}} \tag{6-2-2}$$

式中：a 和 n 分别为推进剂燃速公式 $r = ap^n$ 中的燃速系数和燃速压强指数；c^* 为特征速度。对式(6－2－2)取对数并微分，可得

$$\frac{\Delta p}{p} = \frac{1}{1-n}\left(\frac{\Delta\rho_p}{\rho_p} + \frac{\Delta a}{a} + \frac{\Delta c^*}{c^*} + \frac{\Delta A_b}{A_b} - \frac{\Delta A_t}{A_t}\right) \tag{6-2-3}$$

可见，影响工作压强跳动的因素包括燃速压强指数、燃速系数、推进剂密度、特征速度、装药燃面和喷管喉径。在实际工作过程中，这些因素都可能存在。其中，发动机稳定工作要求燃速压强指数 $n<1$，它对各种因素起到放大 $\frac{1}{1-n}$ 倍的作用，故希望推进剂的燃速压强指数越小越好。

发动机的喷管流量为

$$\dot{m}_t = \frac{pA_t}{c^*} \tag{6-2-4}$$

对式(6－2－4)取对数微分，得

$$\frac{\Delta \dot{m}_t}{\dot{m}_t} = \frac{\Delta p}{p} + \frac{\Delta A_t}{A_t} - \frac{\Delta c^*}{c^*} \tag{6-2-5}$$

将式(6－2－3)代入式(6－2－5)，可得流量的跳动，即

$$\frac{\Delta \dot{m}_t}{\dot{m}_t} = \frac{n}{1-n}\left(\frac{\Delta c^*}{c^*} - \frac{\Delta A_t}{A_t}\right) + \frac{1}{1-n}\left(\frac{\Delta\rho_p}{\rho_p} + \frac{\Delta a}{a} + \frac{\Delta A_b}{A_b}\right) \tag{6-2-6}$$

以强迫对流为例，由式(6－1－13)取对数微分，得

$$\frac{\Delta h}{h} = 0.2\frac{\Delta \Pi}{\Pi} - \frac{\Delta A}{A} + 0.8\frac{\Delta \dot{m}_t}{\dot{m}_t} \tag{6-2-7}$$

将式(6－2－6)代入式(6－2－7)，可得对流传热系数的跳动，即

$$\frac{\Delta h}{h}=0.2\frac{\Delta \Pi}{\Pi}-\frac{\Delta A}{A}+0.8\left[\frac{n}{1-n}\left(\frac{\Delta c^*}{c^*}-\frac{\Delta A_t}{A_t}\right)+\frac{1}{1-n}\left(\frac{\Delta \rho_p}{\rho_p}+\frac{\Delta a}{a}+\frac{\Delta A_b}{A_b}\right)\right] \tag{6-2-8}$$

可见影响对流传热的因素很多,下面分析几个常见的主要因素。

(1) 喷管喉径跳动的影响

只考虑喷管喉径的跳动,忽略其他所有因素,式(6-2-3)变为

$$\frac{\Delta p}{p}=-\frac{1}{1-n}\frac{\Delta A_t}{A_t} \tag{6-2-9}$$

则式(6-2-8)变为

$$\frac{\Delta h}{h}=-0.8\frac{n}{1-n}\frac{\Delta A_t}{A_t}=0.8n\frac{\Delta p}{p} \tag{6-2-10}$$

可见,强迫对流传热系数的变化与工作压强的跳动成 $0.8n$ 倍的正比关系。设发动机 $n=0.67$,则 $\Delta h/h=-1.624(\Delta A_t/A_t)=0.536(\Delta p/p)$。假设喉径跳动使喉道面积减小了2%,则压强将升高6.06%,则强迫对流传热系数将提高3.2%。

设初始对流传热系数为 h_i,由于喉径变化引起压强跳动,由式(6-2-10),可得修正后的对流传热系数为

$$h=h_i\left(1-0.8\frac{n}{1-n}\frac{\Delta A_t}{A_t}\right)=h_i\left(1+0.8n\frac{\Delta p}{p}\right) \tag{6-2-11}$$

修正系数即为

$$\varphi=1-0.8\frac{n}{1-n}\frac{\Delta A_t}{A_t}=1+0.8n\frac{\Delta p}{p} \tag{6-2-12}$$

(2) 装药燃面跳动的影响

只考虑装药燃面的跳动,忽略其他所有因素,式(6-2-3)变为

$$\frac{\Delta p}{p}=\frac{1}{1-n}\frac{\Delta A_b}{A_b} \tag{6-2-13}$$

则式(6-2-8)变为

$$\frac{\Delta h}{h}=0.8\frac{1}{1-n}\frac{\Delta A_b}{A_b}=0.8\frac{\Delta p}{p} \tag{6-2-14}$$

可见,强迫对流传热系数的变化与工作压强的跳动成0.8倍的正比关系。设发动机 $n=0.67$,则 $\Delta h/h=2.424(\Delta A_b/A_b)=0.8\Delta p/p$。假设燃面增加了2%,则压强将升高6.06%,则强迫对流传热系数将提高4.8%。因此燃面跳动对压强和对流传热系数影响十分显著。

由式(6-2-14),可得由燃面变化修正后的对流传热系数为

$$h=h_i\left(1+0.8\frac{1}{1-n}\frac{\Delta A_b}{A_b}\right)=h_i\left(1+0.8\frac{\Delta p}{p}\right) \tag{6-2-15}$$

修正系数为

$$\varphi = 1 + 0.8\frac{1}{1-n}\frac{\Delta A_b}{A_b} = 1 + 0.8\frac{\Delta p}{p} \tag{6-2-16}$$

(3) 装药燃速跳动的影响

装药燃速的跳动主要体现在 a 的变化。只考虑装药燃速的跳动，忽略其他所有因素，式(6-2-3)变为

$$\frac{\Delta p}{p} = \frac{1}{1-n}\frac{\Delta a}{a} \tag{6-2-17}$$

则式(6-2-8)变为

$$\frac{\Delta h}{h} = 0.8\frac{1}{1-n}\frac{\Delta a}{a} = 0.8\frac{\Delta p}{p} \tag{6-2-18}$$

可见，强迫对流传热系数的变化与工作压强的跳动成0.8倍的正比关系。设发动机 $n=0.67$，则 $\Delta h/h=2.424(\Delta a/a)=0.8(\Delta p/p)$。假设燃速增加了2%，则压强将升高6.06%，则强迫对流传热系数将提高4.8%。可知燃速对对流传热的影响与燃面的影响关系相同。

由式(6-2-18)，可得由燃速变化修正后的对流传热系数为

$$h = h_i\left(1 + 0.8\frac{1}{1-n}\frac{\Delta a}{a}\right) = h_i\left(1 + 0.8\frac{\Delta p}{p}\right) \tag{6-2-19}$$

修正系数即为

$$\varphi = 1 + 0.8\frac{1}{1-n}\frac{\Delta a}{a} = 1 + 0.8\frac{\Delta p}{p} \tag{6-2-20}$$

其余因素可类似分析。在实际中，上述影响因素均有可能同时存在，很多因素还相互影响，分析起来十分复杂，也很难用试验同时进行验证。

6.2.2 压强变化对对流传热的影响

对于大部分实际的固体火箭发动机，其工作压强往往不是一个恒定的量，而是随时间升高的或降低的，或者既有升高又有降低。当装药为增面或减面燃烧时(即燃烧面积随时间增大或减小)，工作压强会出现升高或降低。如星孔装药的燃面变化，一般先降低后升高。

由计算对流传热系数的式(6-1-13)，即

$$h = K_c\frac{\Pi^{0.2}}{A}\left(\frac{x}{L_p}\dot{m}_t\right)^{0.8} = K_c\frac{\dot{m}_t^{0.8}\Pi^{0.2}}{L_p^{0.8}A}x^{0.8}$$

将发动机的流量公式 $\dot{m}_t = pA_t/c^*$ 代入，可得

$$h = K_c\frac{\Pi^{0.2}}{A}\left(\frac{x}{L_p}\dot{m}_t\right)^{0.8} = K_c\frac{x^{0.8}A_t^{0.8}}{c^{*0.8}L_p^{0.8}}\frac{\Pi^{0.2}}{A}p^{0.8} = K'\frac{\Pi^{0.2}}{A}p^{0.8}$$

在给定位置上，K' 为常数。另外，$\Pi^{0.2}$ 项由于指数很小，该项的变化较弱，也可忽略，故有

$$h = K\frac{p^{0.8}}{A} \propto \frac{p^{0.8}}{A} \tag{6-2-21}$$

可见发动机工作时，影响强迫对流传热系数的因素主要包括压强和截面积。当燃烧面积变化

时，压强和截面积将同时改变。当只考虑截面积变化时，有

$$\frac{h}{h_{\mathrm{i}}}=\frac{A_{\mathrm{i}}}{A}=\varphi_{\mathrm{A}} \tag{6-2-22}$$

当只考虑压强变化时，有

$$\frac{h}{h_{\mathrm{i}}}=\left(\frac{p}{p_{\mathrm{i}}}\right)^{0.8}=\varphi_{\mathrm{p}} \tag{6-2-23}$$

因此，只要分别计算出修正系数 φ_{A} 和 φ_{p}，由于这两种因素独立，那么总的修正系数即为

$$\varphi=\varphi_{\mathrm{A}}\varphi_{\mathrm{p}} \tag{6-2-24}$$

在工程中，为简化计算，一般假设截面积随时间呈线性变化，可表示为

$$A=A_{\mathrm{i}}(1+bt) \tag{6-2-25}$$

显然 $b>0$。代入式(6-2-22)，可得

$$\varphi_{\mathrm{A}}=\frac{A_{\mathrm{i}}}{A}=\frac{1}{1+bt} \tag{6-2-26}$$

系数 b 可通过具体装药形式计算。

燃面的变化可近似表示成如下线性关系，即

$$A_{\mathrm{b}}=A_{\mathrm{bi}}(1+c'e) \tag{6-2-27}$$

式中：A_{bi}为初始燃烧面积；e 为肉厚；c'为变化系数。当 $c'>0$ 时，为增面燃烧；当 $c'<0$ 时，为减面燃烧；$c'=0$ 即为恒面燃烧。以单根管状装药内孔燃烧为例，内孔直径为 d，外径为 D，长为 L_{p}，可知初始时 $A_{\mathrm{bi}}=\pi dL_{\mathrm{p}}$，燃烧结束时肉厚为 $e=(D-d)/2$，燃面为 $A_{\mathrm{b}}=\pi DL_{\mathrm{p}}$，代入式(6-2-27)可得 $c'=2/d$。其他装药形式可类似分析。值得注意的是，有些装药如星孔装药其燃面的变化较复杂，这时可分段分析。

忽略其他因素，燃面变化时，由工作压强式(6-2-2)可将其表示成相对量为

$$\frac{p}{p_{\mathrm{i}}}=\left(\frac{A_{\mathrm{b}}}{A_{\mathrm{bi}}}\right)^{\frac{1}{1-n}} \tag{6-2-28}$$

p_{i} 为初始工作压强。将式(6-2-27)代入式(6-2-28)，得

$$\frac{p}{p_{\mathrm{i}}}=(1+c'e)^{\frac{1}{1-n}} \tag{6-2-29}$$

通过肉厚与时间的关系，代入式(6-2-29)即可得到压强变化与时间的关系。因为

$$\dot{r}=\frac{\mathrm{d}e}{\mathrm{d}t}=ap^{n}=ap_{\mathrm{i}}^{n}\left(\frac{p}{p_{\mathrm{i}}}\right)^{n}=\dot{r}_{\mathrm{i}}(1+c'e)^{\frac{1}{1-n}} \tag{6-2-30}$$

其中 $\dot{r}_{\mathrm{i}}$ 为初始时刻的燃速。对式(6-2-30)进行变量分离，并积分

$$\int_0^t \dot{r}_{\mathrm{i}}\mathrm{d}t=\int_0^e (1+c'e)^{-\frac{1}{1-n}}\mathrm{d}e$$

可得

$$\dot{r}_{\mathrm{i}}t=\frac{1-n}{1-2n}\frac{1}{c'}\left[(1+c'e)^{\frac{1-2n}{1-n}}-1\right] \tag{6-2-31}$$

解出 e，代入式(6-2-29)，可得

$$\frac{p}{p_i}=\left(1+\frac{1-2n}{1-n}c'r_i t\right)^{\frac{1}{1-2n}} \tag{6-2-32}$$

再代入式(6-2-23)，可得

$$\varphi_p=\left(\frac{p}{p_i}\right)^{0.8}=\left(1+\frac{1-2n}{1-n}c'r_i t\right)^{\frac{0.8}{1-2n}} \tag{6-2-33}$$

因此，总的修正系数为

$$\varphi=\varphi_A\varphi_p=\frac{1}{1+bt}\left(1+\frac{1-2n}{1-n}c'r_i t\right)^{\frac{0.8}{1-2n}} \tag{6-2-34}$$

前面已经分析，燃速压强指数 n 对影响因素起到放大作用，n 越大，这种作用越明显。为保证工作的可靠性，常取一个最大的 n 值进行计算。在固体推进剂中，一般 $n<2/3$，故取 $n=2/3$ 代入式(6-2-34)，可得

$$\varphi_m=\varphi_A\varphi_p=\frac{1}{(1+bt)(1-c'r_i t)^{2.4}} \tag{6-2-35}$$

修正后的对流传热系数为

$$h=\varphi h_i=\frac{h_i}{1+bt}\left(1+\frac{1-2n}{1-n}c'r_i t\right)^{\frac{0.8}{1-2n}} \tag{6-2-36}$$

或

$$h=\varphi_m h_i=\frac{h_i}{(1+bt)(1-c'r_i t)^{2.4}} \tag{6-2-37}$$

例题 6-2 设某火箭发动机采用单根管状、外圆孔燃烧的装药形式，推进剂密度为 $\rho_p=1.6\times10^3\ \mathrm{kg/m^3}$，燃烧室内径为 115 mm，装药两端包覆，装药内径 20 mm 并包覆，装药外径 100 mm，长 450 mm，装药初始燃速为 10 mm/s。已知燃气燃烧温度为 $T_0=2\ 880$ K 时的物性参数为：$c_p=1\ 863\ \mathrm{J/(kg\cdot K)}$，$\lambda=0.15\ \mathrm{W/(m\cdot K)}$，$\mu=8.1\times10^{-5}\ \mathrm{Pa\cdot s}$。不考虑侵蚀效应，试确定装药燃烧初始时刻和结束时刻，装药末端的实际对流传热系数。

解：圆孔外圆面燃烧，呈减面燃烧，工作压强逐渐降低。该区域为强迫对流传热；不考虑侵蚀效应，装药通道为等截面，因此计算对流传热系数可用式(6-1-11)。

(1) 确定常数

由定义，可得

$$K_c=0.017\ 4\frac{c_p^{0.4}\lambda^{0.6}}{\mu^{0.4}}=0.017\ 4\frac{1\ 863^{0.4}0.15^{0.6}}{(8.1\times10^{-5})^{0.4}}=4.91$$

燃烧总肉厚：$e=(100-20)/2=40\ \mathrm{mm}=0.04\ \mathrm{m}$

初始时刻燃烧面积：$A_{bi}=\pi\times100\times450=141\ 372.0\ \mathrm{mm^2}=141.372\times10^{-3}\ \mathrm{m^2}$

结束时刻燃烧面积：$A_b=\pi\times20\times450=28\ 274.4\ \mathrm{mm^2}=28.274\ 4\times10^{-3}\ \mathrm{m^2}$

由式(6-2-27)，得：$c'=\frac{1}{e}\left(\frac{A_b}{A_{bi}}-1\right)=\frac{1}{0.04}\left(\frac{28.274\ 4\times10^{-3}}{141.372\times10^{-3}}-1\right)=-20$

初始时刻截面积：$A_i=\frac{\pi}{4}(115^2-100^2)=2\ 532.9\ \text{mm}^2=2.532\ 9\times10^{-3}\ \text{m}^2$

结束时刻截面积：$A=\frac{\pi}{4}(115^2-20^2)=10\ 072.8\ \text{mm}^2=10.072\ 8\times10^{-3}\ \text{m}^2$

由式(6-2-31)，代入最大燃速压强指数 $n=\frac{2}{3}$，得：$t=\frac{e/\dot{r}_i}{1+c'e}=\frac{0.04/(10\times10^{-3})}{1-20\times0.04}=20\ \text{s}$

由式(6-2-25)，得：$b=\frac{1}{t}\left(\frac{A}{A_i}-1\right)=\frac{1}{20}\left(\frac{10.072\ 8\times10^{-3}}{2.532\ 9\times10^{-3}}-1\right)=0.15$

(2) 计算对流传热系数

在初始时刻

$$\Pi=\pi(100+115)=675.4\ \text{mm}=0.675\ 4\ \text{m}$$

$$\Pi_b=\pi\times100=314.2\ \text{mm}=0.314\ 2\ \text{m}$$

$$A=\frac{\pi}{4}(115^2-100^2)=2\ 532.9\ \text{mm}^2=2.532\ 9\times10^{-3}\ \text{m}^2$$

对流传热系数

$$\begin{aligned}h_i&=K_c\rho_p^{0.8}\dot{r}^{0.8}\frac{\Pi^{0.2}\Pi_b^{0.8}}{A}x^{0.8}\\&=4.91\times1\ 600^{0.8}\times(10\times10^{-3})^{0.8}\frac{0.675\ 4^{0.2}0.314\ 2^{0.8}}{2.532\ 9\times10^{-3}}\times(450\times10^{-3})^{0.8}\\&=3\ 443.6\ \text{W}/(\text{m}^2\cdot\text{K})\end{aligned}$$

在结束时刻，由式(6-2-37)可得

$$\begin{aligned}h&=\frac{h_i}{(1+bt)(1-c'\dot{r}_it)^{2.4}}=\frac{3\ 443.6}{(1+0.15\times20)(1+20\times10\times10^{-3}\times20)^{2.4}}\\&=172.2\ \text{W}/(\text{m}^2\cdot\text{K})\end{aligned}$$

结束时刻的对流传热系数也可直接计算：

$$\Pi=\pi(20+115)=424.1\ \text{mm}=0.424\ 1\ \text{m}$$

$$\Pi_b=\pi\times20=62.8\ \text{mm}=0.062\ 8\ \text{m}$$

$$A=\frac{\pi}{4}(115^2-20^2)=10\ 072.8\ \text{mm}^2=10.072\ 8\times10^{-3}\ \text{m}^2$$

由式(6-2-31)，代入最大燃速指数 $n=2/3$，得

$$\dot{r}=\dot{r}_i(1+c'e)^{\frac{1}{1-n}}=10\times10^{-3}(1-20\times0.04)^3=0.08\times10^{-3}\ \text{m/s}$$

对流传热系数

$$h=K_c\rho_p^{0.8}\dot{r}^{0.8}\frac{\Pi^{0.2}\Pi_b^{0.8}}{A}x^{0.8}$$

$$= 4.91 \times 1\,600^{0.8} \times (10 \times 10^{-3})^{0.8} \frac{0.424\,1^{0.2} 0.062\,8^{0.8}}{10.072\,8 \times 10^{-3}} \times (450 \times 10^{-3})^{0.8}$$

$$= 217.6\ \mathrm{W/(m^2 \cdot K)}$$

由上述计算可以看到，装药燃烧过程中，对流传热系数随时间减小。在燃烧结束时，对流传热系数下降非常大，这是由于燃面下降从而压强下降引起的。

6.3 固体火箭发动机中两相流动的对流传热

前面研究传热时，均假设固体火箭发动机燃气为理想气体，没考虑凝聚相。实际上，固体推进剂在燃烧过程中，将产生一定量的凝聚相微粒（如固体炭黑、金属氧化物 Al_2O_3 等）。这些凝聚相微粒的存在，会对传热产生影响，其影响在于：

(1) 凝聚相与气相之间存在速度滞后。凝聚相的速度总是滞后于气相，对气流形成阻力，增加了气流的湍流度，湍流脉动将增强对壁面的传热；

(2) 凝聚相与气相之间存在温度滞后。凝聚相微粒由于不能膨胀加速直接将热能转化为动能，其温度总是高于气相，从而增加了燃气的有效热容，影响对壁面的传热；

(3) 高温凝聚相微粒的导热性比气相高得多，可对壁面或燃气内部通过撞击直接接触进行热传导。

从上述特点可知，固体火箭发动机中两相流动的对流传热非常复杂，很难直接研究两相流动的传热特性。根据流动传热、传质的相似理论，流动过程中的动量传输和热量传递存在相似性，第 3 章已得出管内流动的柯尔朋类比定律式(3-3-52)，该定律表明，只要通过试验得出摩擦系数 f 的表达式，即可得出管内流动的换热准则方程。同样，对于两相流动，如果得出摩擦系数的相应表达式，即可通过柯尔朋类比定律得到传热与流动的相应准则方程。

两相流动中摩擦系数与流动的关系可通过两相流动控制方程建立起来，可参考有关气体动力学、传热传质学等方面的书籍，这里不再详述。

通过摩擦力对动量方程和能量耗散的影响，可以得到管内湍流任意截面摩擦速度(V_τ)与平均速度(V_m)的关系为

$$\frac{V_\tau}{V_m} = \frac{1 + \dfrac{k_D r \eta}{3 t_p V_m}}{\dfrac{1}{z} \ln \dfrac{r}{d_c} - \dfrac{3}{2z} + C_2} \tag{6-3-1}$$

式中：z, C_2 为湍流通用常数和变换常数，由于湍流流动可近似为均匀流，可分别取值为 $z=0.4$，$C_2=8.5$；r 为通道半径；d_c 为凝聚相微粒平均直径；$t_p = \dfrac{\rho_c d_c^2}{18\mu}$，$k_D = \dfrac{k_c^2 a}{24}$，其中 ρ_c 为微粒密度，μ 为燃气的动力黏度，k_c 和 a 为常数；η 为微粒的质量浓度。

下面除非特殊说明，规定气相参数不带下标，凝聚相参数的下标为 c。

管内湍流的壁面切应力 τ_w 为

$$\tau_w = \frac{f}{8}\rho V_m^2 \tag{6-3-2}$$

摩擦速度 V_τ 定义为 $V_\tau = \sqrt{\tau_w/\rho}$,将式(6－3－2)代入可得

$$V_\tau = \sqrt{\frac{f}{8}}V_m \quad 或 \quad \frac{V_\tau}{V_m} = \sqrt{\frac{f}{8}} \tag{6-3-3}$$

将式(6－3－1)代入式(6－3－3),可得

$$\sqrt{\frac{f}{8}} = \frac{1 + \dfrac{k_D r \eta}{3t_p V_m}}{\dfrac{1}{z}\ln\dfrac{r}{d_c} - \dfrac{3}{2z} + C_2} \tag{6-3-4}$$

引入凝聚相微粒的雷诺数

$$Re_c = \frac{\rho V_m d_c}{\mu} \tag{6-3-5}$$

代入式(6－3－4),得

$$\sqrt{\frac{f}{8}} = \frac{1 + 6k_D \eta \dfrac{r}{d_c}\dfrac{\rho}{\rho_c}\dfrac{1}{Re_c}}{\dfrac{1}{z}\ln\dfrac{r}{d_c} - \dfrac{3}{2z} + C_2} \tag{6-3-6}$$

代入柯尔朋类比定律式(3－3－52),得

$$St Pr^{\frac{2}{3}} = \left(\frac{1 + 6k_D \eta \dfrac{r}{d_c}\dfrac{\rho}{\rho_c}\dfrac{1}{Re_c}}{\dfrac{1}{z}\ln\dfrac{r}{d_c} - \dfrac{3}{2z} + C_2}\right)^2 \tag{6-3-7}$$

式中：斯坦顿数定义为

$$St = \frac{h}{\rho V_m c_{pc}} \tag{6-3-8}$$

其中 c_{pc} 为两相流有效定压比热容,由气相定压比热容 c_p 和凝聚相比热容 c 按凝聚相比例计算,即

$$c_{pc} = \frac{c_p + \eta c}{1+\eta} = \frac{1 + \eta\dfrac{c}{c_p}}{1+\eta}c_p \tag{6-3-9}$$

把式(6－3－8)和式(6－3－9)代入式(6－3－7),整理得

$$h = \rho V_m c_p Pr^{-\frac{2}{3}} \frac{1 + \eta\dfrac{c}{c_p}}{1+\eta}\left(\frac{1 + 6k_D \eta \dfrac{r}{d_c}\dfrac{\rho}{\rho_c}\dfrac{1}{Re_c}}{\dfrac{1}{z}\ln\dfrac{r}{d_c} - \dfrac{3}{2z} + C_2}\right)^2 \tag{6-3-10}$$

引入努塞尔数、雷诺数和普朗特数的定义

$$Nu = \frac{hd}{\lambda}, Re = \frac{\rho V_{\mathrm{m}} d}{\mu}, Pr = \frac{c_p \mu}{\lambda}$$

其中 d 为圆管直径。代入式(6－3－10),可得

$$Nu = RePr^{\frac{1}{3}} \frac{1 + \eta \frac{c}{c_p}}{1 + \eta} \left(\frac{1 + 6k_{\mathrm{D}} \eta \frac{r}{d_{\mathrm{c}}} \frac{\rho}{\rho_{\mathrm{c}}} \frac{1}{Re_{\mathrm{c}}}}{\frac{1}{z} \ln \frac{r}{d_{\mathrm{c}}} - \frac{3}{2z} + C_2} \right)^2 \tag{6-3-11}$$

可见两相流动的对流传热同样满足相似准则式(6－1－1),即

$$Nu = CRe^n Pr^m \tag{6-3-12}$$

式中:

$$n = 1, m = \frac{1}{3}, C = \frac{1 + \eta \frac{c}{c_p}}{1 + \eta} \left(\frac{1 + 6k_{\mathrm{D}} \eta \frac{r}{d_{\mathrm{c}}} \frac{\rho}{\rho_{\mathrm{c}}} \frac{1}{Re_{\mathrm{c}}}}{\frac{1}{z} \ln \frac{r}{d_{\mathrm{c}}} - \frac{3}{2z} + C_2} \right)^2 \tag{6-3-13}$$

第 7 章　固体火箭发动机中的辐射换热与复合换热

固体推进剂的燃烧产物中包括固体、气体和等离子体，它们既可以辐射的方式发射能量，同时也能吸收其他物体辐射来的能量，这种能量的发射和吸收形式即辐射换热。同热传导和对流换热一样，辐射换热是燃气向固体火箭发动机壳体和喷管等部件传热的一种主要方式。

固体火箭发动机辐射换热，涉及气体和固体辐射换热等多种辐射换热方式，研究辐射换热对固体火箭发动机技术具有实际意义。例如，火箭发动机中的烧蚀材料通常都是辐射参与性介质，在传热过程中辐射往往起着重要作用。

然而，固体火箭发动机实际工作过程是辐射、导热和对流的耦合换热过程，研究这一复杂的耦合换热过程是固体火箭发动机传热学的重要工作，对燃烧室、喷管等零部件的热防护设计有重要意义。由于这些过程的复杂性，本章只作简要介绍，有兴趣的读者可参阅相关专门文献的论述。

7.1　固体火箭发动机的辐射换热

固体火箭发动机室壁表面的辐射热流密度可采用式(3-4-112)计算，即

$$q_r = \varepsilon'_w \sigma(\varepsilon_g T^4 - \alpha_g T_w^4)$$

式中：T 为燃气静温。同样，辐射换热系数可用式(3-5-4)计算，即

$$h_r = \frac{q_r}{T - T_w} = \frac{\dot{\varepsilon}'_w \sigma(\varepsilon_g T^4 - \alpha_g T_w^4)}{T - T_w}$$

若考虑 $\alpha_g = \varepsilon_g$ 的情况，则有

$$h_r = \varepsilon_g \dot{\varepsilon}'_w \sigma T^3 \left[\frac{1 - (T_w/T)^4}{1 - T_w/T}\right] \tag{7-1-1}$$

由于$(T_w/T)^4 \ll 1$，则上式可简化成

$$h_r = \varepsilon_g \dot{\varepsilon}'_w \sigma \left(\frac{T^3}{1 - T_w/T}\right) \tag{7-1-2}$$

将式(3-4-113)和 σ 代入式(7-1-2)，有

$$h_r = 2.835 \times 10^{-8} \varepsilon_g (\varepsilon_w + 1)\left(\frac{T^4}{T - T_w}\right) \tag{7-1-3}$$

考虑到炭黑的附着，发动机室壁内表面的发射率可取 $\varepsilon_w = 0.8$。剩下的问题在于如何确

定燃气的发射率。

在现代火箭推进剂燃烧产物的辐射中，起着主要作用的气体组分是 H_2O，CO_2，NO，OH 和 HF，其中三原子气体比起双原子气体辐射更为强烈。燃气的热辐射还受高温高压的影响。各组分的发射率随温度的升高而降低，而随压强的提高而增大。气体总压强的变化对各组分的发射率影响程度是不同的。当气体温度为 290～300 K 时，H_2O 从 0.3 MPa，CO_2 从 0.1 MPa 和 CO 从 1 MPa 开始，其发射率对总压强的变化不敏感；而当温度为 3 000 K 时，上述压强的相应值降低为：H_2O—0.1 MPa，CO_2—0.01 MPa，CO—0.1 MPa。

对于含 C，H，O 及 N 的推进剂燃烧产物，热辐射主要取决于其中三原子水蒸气和二氧化碳的含量。如果这种混合燃气的热辐射仅按 H_2O 和 CO_2 来计算，则燃气的发射率为

$$\varepsilon_g = \varepsilon_{H_2O} + \varepsilon_{CO_2} - \Delta\varepsilon \tag{7-1-4}$$

当 $T>1\,000$ K 时，$\Delta\varepsilon=\varepsilon_{H_2O}\cdot\varepsilon_{CO_2}$，则有

$$\varepsilon_g = \varepsilon_{H_2O} + \varepsilon_{CO_2} - \varepsilon_{H_2O}\cdot\varepsilon_{CO_2} \tag{7-1-5}$$

其中

$$\varepsilon_{H_2O} = 1-(1-\varepsilon_{0,H_2O})^n \tag{7-1-6}$$

式中：ε_{0,H_2O} 为总压强 $p=0.1$ MPa，分压强 p_{H_2O} 接近为零的理想条件下水蒸气的发射率。ε_{0,H_2O} 的数值可从图 7-1 查到。指数 $n=1+K_{H_2O}p_{H_2O}$ 由图 7-2 中曲线确定，其中 K_{H_2O} 为考虑压强对 ε_{H_2O} 影响的修正系数。由于二氧化碳发射率对压强变化不敏感，所以 ε_{CO_2} 可由图 7-3 中曲线直接确定而不必修正。图 7-1～图 7～3 中 atm 为标准大气压单位，1 atm=101 325 Pa。

燃气的吸收率（α_g）与发动机室壁温度有关，由于 T 与 T_w 并不相等，故一般 $\varepsilon_g\neq\alpha_g$。$\alpha_g$ 可按下式计算

$$\alpha_g = \varepsilon'_{H_2O} + \varepsilon_{CO_2} - \varepsilon'_{H_2O}\varepsilon'_{CO_2} \tag{7-1-7}$$

式中：ε'_{H_2O} 和 ε'_{CO_2} 为按 T_w 分别由图 7-1、图 7-2 和图 7-3 中曲线确定的 H_2O 和 CO_2 的发射率。

至于凝聚相含量高的燃气的发射率，目前还缺乏关于固体火箭发动机凝聚相辐射的实验资料，这就给两相燃气发射率的可靠确定带来了困难。在热工技术中计算工业粉尘热辐射的关系是在气体温度为 1 500 K 和标准大气压强下得到的；然而这些结果也反映出某些可推广到其他热交换条件的共同规律，利用这些规律可以估算两相燃气的发射率。

当燃气中凝聚相颗粒的尺寸大到能和气相辐射波长相比时，这些颗粒参与辐射热交换可简化为对辐射线的减弱作用。这样，两相燃气的发射率可由下面的关系式确定，即

$$\varepsilon_c = 1-\exp\{-[k_g\cdot(p_{H_2O}+p_{CO_2})+n_sA_s]l\} \tag{7-1-8}$$

式中：方括号内数值是两相流中的辐射减弱有效系数；n_sA_s 用于考虑凝聚相颗粒含量所引起的辐射减弱。它等于每立方米体积中凝聚相颗粒数 n_s 和颗粒表面在垂直射线方向上的投影面积 A_s 之积；$k_g\cdot(p_{H_2O}+p_{CO_2})l=-\ln(1-\varepsilon_g)$。

若两相燃气的平均密度 $\rho_c=6\ \text{kg/m}^3$，凝聚相在燃气中的质量分数（凝聚相质量与两相燃

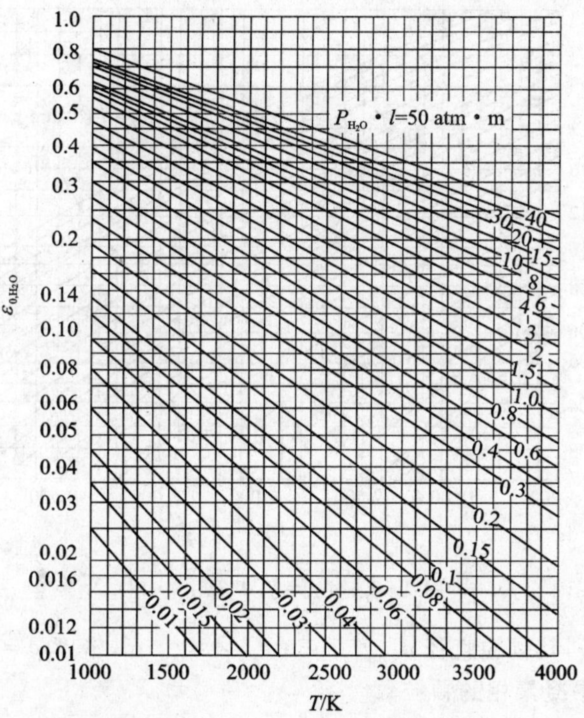

图 7-1　$\varepsilon_{0,H_2O}=f[T,(p_{H_2O}\cdot l)]$

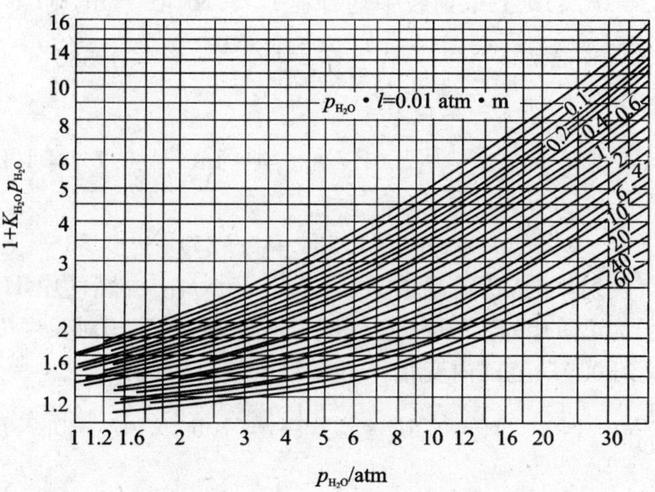

图 7-2　$1+K_{H_2O}p_{H_2O}=f[p_{H_2O},(p_{H_2O}\cdot l)]$

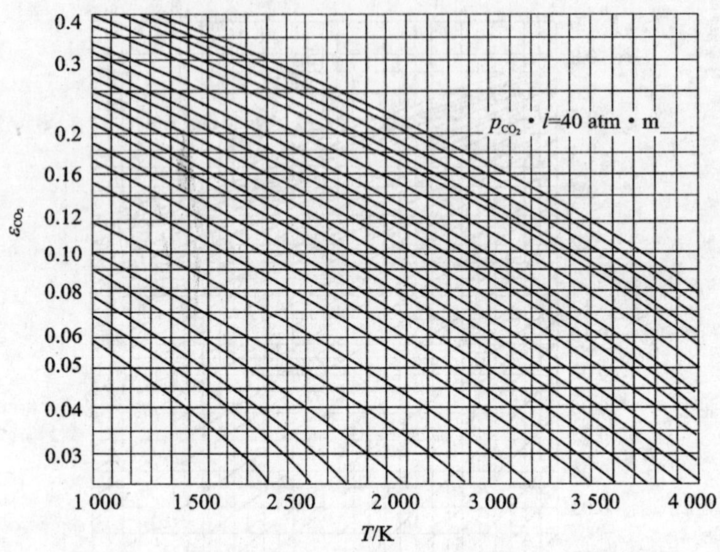

图 7-3 $\varepsilon_{CO_2}=f[T,lp_{CO_2}\cdot l]$

气总质量之比)为 20%,其颗粒直径 $d_s=50\ \mu m=5\times10^{-5}$ m,密度 $\rho_s=4\ 000\ kg/m^3$。则可得到单位体积两相燃气中凝聚相的颗粒数

$$n_s=\frac{0.2\rho_c}{\dfrac{\pi}{6}d_s^3\rho_s}=\frac{(0.2)(6)}{\pi d_s^3(4\ 000)}=\frac{1.8\times10^{-3}}{\pi d_s^3}$$

在式(7-1-8)中 $A_s=(\pi/4)d_s^2$。取射线平均行程 $l=6.5\times10^{-2}$ m,则

$$n_sA_sl=\frac{(1.8\times10^{-3})(6.5\times10^{-2})}{4(5\times10^{-5})}=0.585$$

假定 $\varepsilon_g=0.7$,则有

$$k_g(p_{H_2O}+p_{CO_2})l=-\ln(1-\varepsilon_g)=-\ln(1-0.7)=1.204$$

于是

$$\varepsilon_c=1-\exp[-(1.204+0.585)]=0.83$$

利用图线求燃气发射率时,所需要的分压强 p_{H_2O} 和 p_{CO_2} 由燃气中 H_2O 和 CO_2 的体积分数决定。而燃气对长为 L_c 的圆筒形燃烧室壁侧表面的辐射,当相对长度 L_c/D_i 从 1 到∞时,射线平均行程在 $0.6D_i$ 到 $0.9D_i$ 范围内变化。下面给出其对应值:

$$\frac{L_c}{D_i}=1,\quad l=0.6D_i;\quad \frac{L_c}{D_i}=1.5,\quad l=0.75D_i$$

$$\frac{L_c}{D_i}=2\sim3,\quad l=0.85D_i,\quad \frac{L_c}{D_i}>4,\quad l=0.9D_i$$

可供计算时选用。

在自由装填装药燃烧时，轴向流动区的 l 值按式(3-4-87)计算，亦即 $l=0.9d_{eq}$。

对于充满含氮量12.5%的硝化棉燃烧产物，总压强为10.1 MPa的小尺寸火箭发动机燃烧室(射线平均行程 $l=6.5$ cm)，弗朗克-卡梅涅茨基就不同温度进行了计算，所得辐射热流密度和辐射换热系数列于表7-1中。

表7-1　弗朗克-卡梅涅茨基计算结果

T/K	1 800	2 100	2 400	2 700
$q_r/(\mathrm{kW\cdot m^{-2}})$	465	791	1 490	2 400
$h_r/(\mathrm{W\cdot m^{-2}\cdot K^{-1}})$	314	442	698	1 000

随着燃烧产物温度的提高、燃烧产物中凝聚相含量的增加、发动机尺寸的加大和发动机工作压强的提高，辐射热交换作用都将急剧增强。对于一定的发动机，随着装药燃烧过程的进行，燃气容积逐渐增大，辐射热交换作用亦逐渐增强。

7.2　固体火箭发动机的总换热系数

7.2.1　燃烧室的总换热系数

在第3章中，已经引入总换热系数的概念，将分别求得的局部对流换热系数(h_c)和辐射换热系数相加，就可以得到室壁表面的局部总换热系数，即

$$h=h_c+h_r \tag{7-2-1}$$

随着装药的烧去，燃烧室通气截面增大，气流速度降低，h_c减小，而 h_r增大，引起总换热系数 h 随时间发生变化。一般都是装药燃烧开始最大，而燃烧结束时最小。

弗朗克-卡梅涅茨基根据表7-2所列小型实验发动机条件进行传热计算，计算结果列于表7-3中。

表7-2　实验发动机主要尺寸

装药燃烧时间	燃烧室通气截面积 $A_p/\mathrm{cm^2}$	通气截面的周长 Π_p/cm	当量直径 d_{eq}/cm
燃烧开始时	10.5	84.2	0.50
燃烧结束时	40.0	84.2	1.90

燃烧室内表面积600 $\mathrm{cm^2}$；喷管喉部直径 $d_t=1.9$ cm；喷管扩张比 $\xi_e=2.236$；喷管内表面积160 $\mathrm{cm^2}$

表 7-3　换热系数值/$(W \cdot m^{-2} \cdot K^{-1})$

		燃烧开始时 $t=0$	燃烧结束时 $t=t_b$	有效值 h_{ef}
燃烧室前端	h_c	698	465	
	$h=h_c+h_r$	1 396	1 163	1 235
燃烧室后端	h_c	5 117	1 395	
	$h=h_c+h_r$	5 815	2 093	2 874
沿燃烧室平均值 $\bar{h}_1$		3 606	1 628	2 092
喷管喉部 h_t		11758	11 758	11 758

对比表列数据可以看出，辐射热流密度在总热流密度沿燃烧室的平均值中所占的份额，药柱开始燃烧时为 19%，到燃烧末了可达到 43%；而在与装药后端相重合的燃烧室截面处，对应的变化从 12%～33%。表列数据是在装填密度较低的条件下得到的。对于装填密度高的发动机，燃烧始末总换热系数的变化范围要更大一些。

应当指出，表 7-3 所给出的计算结果具有明显的估算性质。然而，它给出了固体火箭发动机中传热特征量的数量级，以及各特征量概略的相对大小，所以仍然可作为学习和研究固体火箭发动机传热问题时有用的参考数据。

7.2.2　喷管的总换热系数

在装药末端之后，燃气质量流率沿轴线不再变化，燃气密流与喷管通道截面积成反比例关系。由于通道截面的急剧变化，导致燃气密流也沿喷管轴向急剧变化，从而使总换热系数也沿喷管轴向急剧变化。但是，在任一截面处，只要发动机工作压强不变，该处的总换热系数可近似认为不随时间发生变化。

按照表 7-2 所给的喷管喉部尺寸，弗朗克-卡梅涅茨基计算出喷管喉部截面处的对流换热系数为 $h_c=11\ 316\ W/(m^2 \cdot K)$。该计算条件取 $T_p=2\ 400$ K，则在喷管喉部的燃气温度约为 2 100 K。由表 7-1，在温度为 2 100 K 时的辐射换热系数为 $h_r=442\ W/(m^2 \cdot K)$，这样总换热系数为 $h=h_c+h_r=11\ 758\ W/(m^2 \cdot K)$，这就是表 7-3 所给出的数据。按此计算数据，在喷管喉部截面处，辐射热流仅占总热流的 4%。

对于喷管喉部之后的扩张段，为了概略估算，认为沿扩张段长度各截面处的换热系数正比于密流而下降，这样任意截面的总换热系数为

$$h = h_i \frac{A_t}{A} \tag{7-2-2}$$

则喷管扩张段全长总换热系数的平均值为

$$\bar{h}_t = \frac{1}{A_e - A_t}\int_{A_t}^{A_e} \frac{h_t A_t}{A} dA = \frac{h_t A_t}{A_e - A_t} \ln \frac{A_c}{A_t} \tag{7-2-3}$$

式中：h_t为喷管喉部总换热系数；A 为喷管通道截面积；A_t为喷管喉部截面积；A_e为喷管出口截面积。根据扩张比的定义 $\zeta_e^2=A_e/A_t$，可将式(7－2－3)改写成

$$\frac{\bar{h}_l}{h_t}=\frac{\ln\zeta_e^2}{\zeta_e^2-1} \tag{7-2-4}$$

将表 7－2 所给数据 $\zeta_e=2.236$ 代入式(7－2－4)，得到扩张段的总换热系数为

$$\bar{h}_l=0.402h_t=(0.402)(11\ 758)=4\ 727\ \mathrm{W/(m^2\cdot K)}$$

7.2.3　总换热系数的平均值

为了计算燃气在发动机工作期间向室壁传热所产生的总热损失，必须应用总换热系数在整个燃烧室长度和工作时间内的平均值。这个平均值的大小与燃烧室压强随时间的变化规律有关。

现在讨论一种理想情况，即燃烧室压强在整个工作时间内保持不变。在这种情况下，发动机的质量流率 $\dot{m}_t$ 也是不变的。这样，对于给定的截面，有

$$h=C\frac{\Pi_p^{0.2}}{A_p} \tag{7-2-5}$$

由于式中 Π_p值是开 5 次方的，故可以忽略燃烧过程中 Π_p的变化对换热系数的影响。这样，h 仅与 A_p成反比关系。当压强不变，燃速为常数时，A_p与燃烧时间成线性关系，于是任意瞬间的换热系数可表示成

$$h=\frac{h_i}{1+bt} \tag{7-2-6}$$

式中：h_i为燃烧起始瞬间的换热系数。对于燃烧结束瞬间($t=t_b$)，有

$$\frac{h_i}{h_b}=1+bt_b \tag{7-2-7}$$

对时间的平均值为

$$\bar{h}=\frac{1}{t_b}\int_0^{t_b}h(t)\mathrm{d}t=\frac{h_i}{t_b}\int_0^{t_b}\frac{\mathrm{d}t}{1+bt}=\frac{h_i}{bt_b}\ln(1+bt_b) \tag{7-2-8}$$

对式(7－2－7)作如下变换

$$\ln(1+bt_b)=\ln\frac{h_i}{h_b},\quad bt_b=\frac{h_i-h_b}{h_b}$$

代入式(7－2－8)中，得到换热系数的平均值

$$\bar{h}=\frac{h_ih_b}{h_i-h_b}\ln\frac{h_i}{h_b} \tag{7-2-9}$$

严格来说，式(7－2－9)只能用来计算强迫对流换热系数的平均值。然而，由于强迫对流在整个换热过程中起决定作用，所以式(7－2－9)同样可用于总换热系数的计算。对于整个燃烧室长度而言，可以得到总换热系数的平均值为

$$\bar{h}=\frac{\bar{h}_{li}\bar{h}_{lb}}{\bar{h}_{li}-\bar{h}_{lb}}\ln\frac{\bar{h}_{li}}{\bar{h}_{lb}} \tag{7-2-10}$$

式中:$\bar{h}_{li}$为燃烧起始时装药前后端总换热系数的算术平均值;$\bar{h}_{lb}$为燃烧结束时装药前后端总换热系数的算术平均值。由式(7-2-10)所确定的$\bar{h}$值可用来计算燃烧室内燃气在整个工作过程中的总热损失。

将表7-3中的$\bar{h}_{li}$=3 600 W/(m^2·K)及$\bar{h}_{lb}$=1 628 W/(m^2·K)代入式(7-2-10)中,得到总换热系数的平均值为$\bar{h}$=2 360 W/(m^2·K)。

7.2.4 总换热系数的有效值

为了计算装药燃烧过程中壁内表面受热后达到的温度,需要引进总换热系数的有效值h_{ef}。

由于燃烧时间很短,在相当厚的壁内来不及建立起稳定的温度分布,壁内的热传导过程是内表面不断被加热的不稳定导热过程。对于换热系数不随时间变化的情况,由式(3-2-37)可以得到

$$\theta_{w1}=\theta_i e^{\frac{h^2 a_m}{\lambda_m^2}t}\left[1-\mathrm{erf}\left(\frac{h\sqrt{a_m}}{\lambda_m}\sqrt{t}\right)\right] \tag{7-2-11}$$

式中:$\theta_{w1}=T-T_{w1}$,$\theta_i=T-T_i$;T为燃气温度,T_{w1}为t瞬间室壁内表面温度,T_i为起始瞬间室壁温度;λ_m和a_m分别为室壁材料的导热系数和导温系数;h为总换热系数。

式(7-2-11)只有当壁厚为半无限大时才是正确的。但是,对于薄壁来说,即便计算的温度分布距离已两倍于壁厚,只要壁表面温度的升高小到可以忽略不计时,式(7-2-11)仍然可以使用。实际计算表明,工作时间很短的发动机,其室壁的受热情况是可以满足这个条件的。如果预先给出的不是换热系数,而是随时间变化的热流密度$q(t)$,那么可以很容易地从给定的热流计算出与时间有关的换热系数。由一维不稳定导热微分方程(3-2-15)

$$\frac{\partial T(x,t)}{\partial t}=a_m\frac{\partial^2 T(x,t)}{\partial x^2}$$

在初始条件和边界条件

$$T(x,0)=T_i,\quad T(\infty,t)=T_i,\quad \frac{\partial T(\infty,t)}{\partial x}=0,\quad -\lambda_m\frac{\partial T(0,t)}{\partial x}=q(t)$$

下,利用拉普拉斯变换求解,可得到

$$T(0,t)-T_i=T_{w1}-T_i=\int_0^t\frac{a_m}{\lambda_m}q(t')\frac{dt'}{\sqrt{\pi a_m(t-t')}} \tag{7-2-12}$$

式中:t'为积分变量。

对于最简单的、热流为恒定的情况,即

$$q(t')=q_i=h_i\theta_i=\mathrm{Const}$$

其中 h_i 为总换热系数的初始值，则式(7-2-12)为

$$T_{w1}-T_i=\theta_i\frac{h_i\sqrt{a_m}}{\lambda_m\sqrt{\pi}}\int_0^t\frac{dt'}{\sqrt{t-t'}}$$

积分得到

$$T_{w1}-T_i=\theta_i\frac{2h_i\sqrt{a_m}}{\lambda_m\sqrt{\pi}}\sqrt{t} \tag{7-2-13}$$

式(7-2-13)与 $h_i\sqrt{a_m t}/\lambda_m$ 很小(即受热不严重)时将式(7-2-11)展开为级数的情况相符合。

对于热流随时间变化的情况，沿用与式(7-2-6)对应的关系，将热流与时间的依从关系写为

$$q(t')=\frac{h_i\theta_i}{1+bt'} \tag{7-2-14}$$

将式(7-2-14)代入式(7-2-12)，得到

$$T_{w1}-T_i=\theta_i\frac{h_i\sqrt{a_m}}{\lambda_m\sqrt{\pi}}\int_0^t\frac{dt'}{(1+bt')\sqrt{t-t'}} \tag{7-2-15}$$

将式(7-2-15)的积分结果表示成与式(7-2-13)相似的形式，有

$$T_{w1}-T_i=\theta_i\frac{2h_{ef}\sqrt{a_m}}{\lambda_m\sqrt{\pi}}\sqrt{t} \tag{7-2-16}$$

式中：

$$h_{ef}=\frac{h_i}{2\sqrt{t}}\int_0^t\frac{dt'}{(1+bt')\sqrt{t-t'}} \tag{7-2-17}$$

h_{ef} 为总换热系数的有效值。显然，在对室壁加热的 $0\sim t$ 时间间隔内，h_{ef} 是一个常量。对于整个燃烧时间($t=t_b$)而言，式(7-2-17)可相应表示为

$$h_{ef}=\frac{h_i}{(1+bt_b)\sqrt{\dfrac{bt_b}{1+bt_b}}}\,\mathrm{Arth}\sqrt{\frac{bt_b}{1+bt_b}} \tag{7-2-18}$$

由式(7-2-7)可以写出

$$\frac{h_b}{h_i}=\frac{1}{1+bt_b}\quad 或\quad \frac{h_i-h_b}{h_i}=1-\frac{h_b}{h_i}=\frac{bt_b}{1+bt_b} \tag{7-2-19}$$

将式(7-2-7)和式(7-2-19)代入式(7-2-18)，得到

$$h_{ef}=\frac{h_b}{\sqrt{\dfrac{h_i-h_b}{h_i}}}\,\mathrm{Arth}\sqrt{\frac{h_i-h_b}{h_i}} \tag{7-2-20}$$

表7-3中所给出的有效值 h_{ef} 就是按式(7-2-20)计算得到的。

由于所求取的总换热系数的有效值 h_{ef} 实际上也是一种平均值，对于一定的受热时间间隔它是一个常量，因而可代替式(7-2-11)中的 h 值来计算受热后 t 瞬间发动机内壁表面的局

部温度值。

应当指出，在建立有效值 h_{ef} 表达式的过程中，忽略了在壁内表面温度升高时由于温度差的下降而引起的热流下降，并且在全部时间内都是按最初的温度差来计算热流的。因此，室壁受热越是严重，所得到的壁温计算结果将越具近似性。

7.2.5 总换热系数的平均有效值

威普雷斯(Wimpress)考虑了壁内表面温度上升对燃气传给室壁的热流量的影响，定义了一个总换热系数的平均有效值，即

$$\bar{h}_{ef}=\frac{\int_0^{\tau}h(T-T_{w1})\mathrm{d}t}{\int_0^{\tau}(T-T_{w1})\mathrm{d}t} \tag{7-2-21}$$

式中：分子是在整个工作时间 τ 内，燃气传给每平方米室壁表面的总热量，即

$$Q=\int_0^{\tau}h(T-T_{w1})\mathrm{d}t=\int_0^{\delta_m}\rho_m C_m(T_w-T_i)\mathrm{d}x\approx\rho_m C_m\delta_m(T_{eq}-T_i) \tag{7-2-22}$$

式中：ρ_m 和 C_m 分别为室壁材料的密度和比热容；δ_m 为室壁厚度；T 为燃气温度，T_{w1} 为 t 瞬间室壁内表面温度；T_w 为 τ 瞬间室壁沿厚度方向的平均温度，$T_w=f(x)$；T_i 为室壁初温；T_{eq} 为室壁的平衡温度。

式(7-2-21)中，分母的数值可通过室壁内表面的温度变化曲线计算得到，近似计算时可表示为

$$\int_0^{\tau}(T-T_{w1})\mathrm{d}t\approx\tau(T-\bar{T}_{w1}) \tag{7-2-23}$$

式中：$\bar{T}_{w1}$ 为按时间平均的室壁内表面温度，取 $\bar{T}_{w1}\approx T_{eg}$，在工程计算中已足够精确。

将式(7-2-22)和式(7-2-23)代入式(7-2-21)，得到

$$\bar{h}_{ef}\approx\frac{\rho_m C_m\delta_m(T_{eq}-T_i)}{\tau(T-T_{eq})} \tag{7-2-24}$$

采用式(7-2-24)计算 h_{ef} 值，关键在于确定 T_{eq}。

所谓室壁的平衡温度(T_{eq})，是指发动机工作结束后，壁内温度分布沿壁厚趋于一致时的室壁温度。此温度可以通过发动机实验测出。具体做法是，把热电偶放在燃烧室的外壁面上，在发动机工作以及工作结束后的一段时间内，记录下温度随时间的变化情况。图7-4是小口径固体火箭发动机实验时，燃烧室后端截面处外壁面温度变化曲线。从温度变化曲线可以看到，外壁面温度先是上升，而后又下降(这是由于热量散失到周围空间的缘故)。曲线上的最大值即认为是 T_{eq}。

根据上述方法，用美国JP和JPN推进剂，在直径为51～298 mm的发动机中进行测试。利用实验数据通过式(7-2-24)计算出的 $\bar{h}_{ef}$ 值在图7-5中给出。根据图中的实验关系值，把总换热系数的平均有效值 $\bar{h}_{ef}$ 表示成平均密流 $\bar{G}$(单位为 kg/(m^2·s))的0.8次方关系

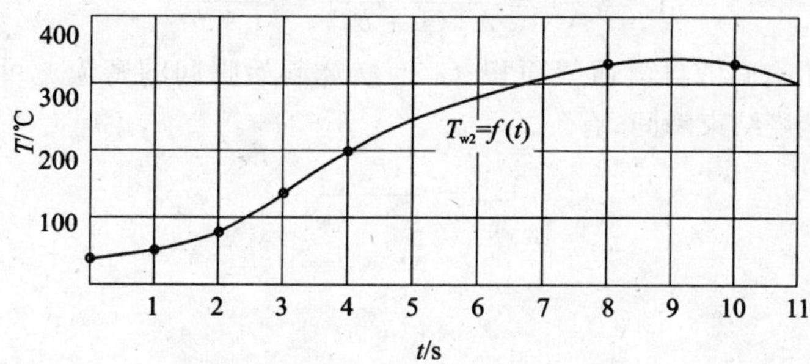

图 7-4 燃烧室外壁面温度的变化

$$\bar{h}_{ef} = 580 + 21.5\bar{G}^{0.8} \tag{7-2-25}$$

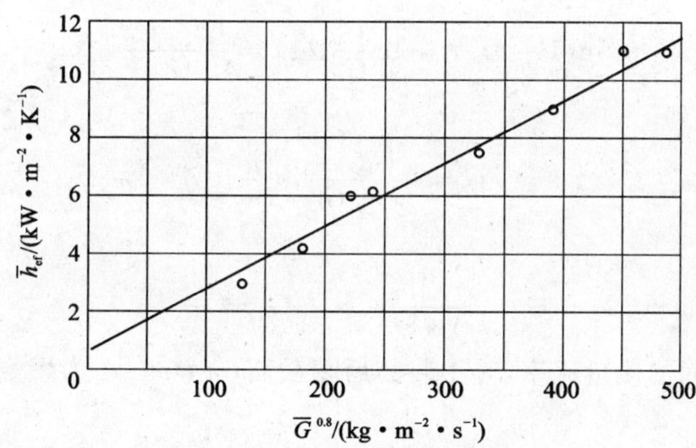

图 7-5 $\bar{h}_{ef}$和$\bar{G}^{0.8}$的实验关系

式中第一项考虑辐射换热。此项辐射换热系数的近似平均值 $\bar{h}_r=580$ W/(m^2·K)，可作为工程计算的第一次近似值使用。第二项考虑对流换热。通过实验总结出来的这种函数关系，证明了采用前面给出的计算公式来计算固体火箭发动机条件下的对流换热是合理的。式(7-2-25)可用来近似计算使用其他双基推进剂装药的发动机的 $\bar{h}_{ef}$ 值。

$\bar{G}$ 是密流 $G=\rho V$ 的时间平均值，即

$$\bar{G} = \frac{1}{t_b}\int_0^{t_b} G\mathrm{d}t \tag{7-2-26}$$

根据火箭发动机内弹道计算数据，通过上式积分，可以得到任意截面的密流时间平均值。

需要提及的是，与强迫对流换热条件下的换热系数计算公式中的密流不同，式(7-2-26)中的密流是对自由通气截面积 A_p 而言的。下面讨论如何简单地确定 $\bar{G}$ 值。

在装药燃速恒定的条件下，可以认为自由通气截面积随时间按线性增大，即

$$G = \frac{\dot{m}}{A_p} = \frac{\dot{m}}{A_{pi}(1+bt)} = \frac{G_i}{1+bt} \tag{7-2-27}$$

式中：A_{pi}为燃烧起始瞬间的自由通气面积；G_i为燃烧起始瞬间的密流。可以看到，密流随时间按线性减小。在燃烧结束瞬间，有

$$G_b = \frac{G_i}{1+bt_b} \tag{7-2-28}$$

或

$$\frac{G_i}{G_b} = 1+bt_b \tag{7-2-29}$$

将式(7-2-27)代入式(7-2-26)，积分得

$$\bar{G} = \frac{1}{t_b}\int_0^{t_b} \frac{G_i}{1+bt}\mathrm{d}t = \frac{G_i}{bt_b}\ln(1+bt_b) \tag{7-2-30}$$

对式(7-2-29)进行如下变换

$$\ln(1+bt_b) = \ln\frac{G_i}{G_b}, bt_b = \frac{G_i - G_b}{G_b}$$

代入式(7-2-30)，得到

$$\bar{G} = \frac{G_i G_b}{G_i - G_b}\ln\frac{G_i}{G_b} \tag{7-2-31}$$

其中

$$G_i = \frac{\dot{m}}{A_i(1-\varepsilon)}, \quad G_b = \frac{\dot{m}}{A_i} \tag{7-2-32}$$

式中：$\dot{m}$为所研究截面的质量流率，对于装药后端截面，$\dot{m} \approx \dot{m}_t$；$A$为燃烧室内腔截面积；$\varepsilon$为装药充满系数。

由式(7-2-31)求出$\bar{G}$后，代入式(7-2-25)便可得到总换热系数的平均有效值$\bar{h}_{ef}$。

例题 7-1 根据下列已知条件，计算燃烧起始和燃烧结束时装药后端截面的总换热系数及其有效值。已知：燃烧室内径$D_i = 100$ mm；端面包覆的双基推进剂装药尺寸为$D/d-L=$ 90/20—50 mm，密度$\rho = 1.64\times10^3$ kg/m^3，燃速$r = 1.0$ cm/s；燃气参数为$T_p = 2\ 400$ K，$p_{H_2O} =$ 22 cm，$p_{CO_2} = 13$ atm，$c_p = 1\ 720$ J/(kg·K)，$\mu = 7.03\times10^{-5}$ Pa·s，$\lambda = 0.149$ W/(m·K)。

解：

(1) 几何量计算

由下列各式

$$A_f = \frac{\pi}{4}(D_i^2 - D^2); \quad \Pi_f = \pi(D_i + D); \quad d_{eq} = D_i - D$$

计算几何参量结果列于表 7-4 中。

表 7-4　几何量计算结果

t	$D\times10^2$/m	$A_f\times10^4$/m^2	$\Pi_i\times10^2$/m	$d_{eq}\times10^2$/m
0	9.0	14.92	59.69	1.0
t_b	5.5	54.78	48.69	4.5

(2) 计算对流换热系数 h_c

$$h_c = K_h \frac{\dot{m}_f^{0.8}\Pi_f^{0.2}}{A_f}$$

其中

$$K_h = 0.017\ 4\lambda^{0.6}\ \frac{c_p^{0.4}}{\mu^{0.4}} = (0.017\ 4)(0.149)^{0.6}\ \frac{(1\ 720)^{0.4}}{(7.03\times10^{-5})^{0.4}} = 5.01$$

$$\dot{m}_f = \rho_p r\pi DL = (1.64\times10^3)(0.01)\pi D(0.5) = 25.76D$$

计算结果为

$$\begin{cases} h_c = 5\ 935 & t = 0 \\ h_c = 1\ 047 & t = t_b \end{cases}$$

(3) 计算辐射换热系数 h_r

由

$$p_{H_2O}l = 0.9p_{H_2O}d_{eq} = (0.9)(22)d_{eq} = 19.8d_{eq}$$

$$p_{CO_2}l = 0.9p_{CO_2}d_{eq} = (0.9)(13)d_{eq} = 11.7d_{eq}$$

及 T=2 400 K,查图 7-1、图 7-2 和图 7-3,并由式 $\varepsilon_{H_2O}=1-(1-\varepsilon_{0,H_2O})$ 及式 $\varepsilon_g=\varepsilon_{H_2O}+\varepsilon_{CO_2}-\varepsilon_{H_2O}\varepsilon_{CO_2}$

计算,结果列于表 7-5 中。

表 7-5　气体发射率计算结果

t	$p_{H_2O}l$/(MPa·m)	$p_{CO_2}l$/(MPa·m)	ε_{H_2O}	ε_{CO_2}	ε_g
0	0.020 1	0.011 9	0.37	0.042	0.40
t_b	0.090 3	0.053 4	0.58	0.083	0.61

取 ε_w=0.8,T_w=600 K,由下式

$$h_f = 2.835\times10^{-8}\varepsilon_g(\varepsilon_w+1)\left(\frac{T^4}{T-T_w}\right)$$

计算,结果为

$$\begin{cases} h_r = 376 & t = 0 \\ h_r = 574 & t = t_b \end{cases}$$

各种换热系数计算结果列于表 7-6 中。

表 7-6　换热系数计算结果

t	$h_c/(W \cdot m^{-2} \cdot K^{-1})$	$h_r/(W \cdot m^{-2} \cdot K^{-1})$	$h/(W \cdot m^{-2} \cdot K^{-1})$
0	5 935	376	6 311
t_b	1 047	574	1 621

(4) 计算总换热系数的有效值 h_{ef}

按式(7-2-20)计算得到

$$h_{ef}=\frac{h_b}{\sqrt{\frac{h_i-h_b}{h_i}}}\text{Arth}\sqrt{\frac{h_i-h_b}{h_i}}=\frac{1\ 621}{\sqrt{\frac{6\ 311-1\ 621}{6\ 311}}}\text{Arth}\sqrt{\frac{6\ 311-1\ 621}{6\ 311}}=2\ 477\ \text{W}/(\text{m}^2\cdot\text{K})$$

7.3　燃烧室中的热损失

在固体火箭发动机工作过程中,燃气热损失的变化规律以及总热损失量是由下列因素决定的:装药的类型、接触燃气的室壁表面积、有无热防护、燃气的成分、温度及其运动特性等。热损失还与发动机的口径及其结构形式有关。对于小口径发动机,因受热表面积与燃烧室面积之比较大,使相对热损失增大。对于固结装药并兼有底部和喷管隔热措施的结构紧凑的发动机,热损失是相当小的,反之,自由装填装药又无隔热措施,则热损失较大。在发动机工作过程的不同时期,热损失也是不同的。初期炽热燃气向发动机冷表面传热,热损失是严重的,待进入稳定工作状态之后,壁面已受热,加上换热系数的可能下降,热损失减弱。

为了对发动机中的总热损失有一个定量的概念,仍然引用弗朗克-卡梅涅茨基对实验发动机的粗略计算结果。该计算取 $T_i=288$ K 作为室壁的初始温度,取 $T_p=2\ 400$ K 为燃气的定压燃烧温度,装药的燃烧时间为 $t_p=0.5$ s,计算得到燃烧室内的总散热损失约为 $Q_1=151$ kJ,该热量约占实验所采用的 1 kg 双基推进剂燃烧放热量的 4%。喷管内总散热损失约为$Q_2=$ 79 kJ,约占推进剂燃烧放热量的 2%左右。两项之和,即燃烧室和喷管中的总热损失约为 230 kJ。实际的测量结果表明,总热损失比这个计算值高出约 30%。从上述计算数据可看出,尽管喷管尺寸比燃烧室尺寸要小得多,但由于喷管中气流速度高,传热强度大,其热损失量仍然占总热损失的 1/3。

燃烧室的热损失直接对发动机的内弹道性能产生影响。下面来研究这种热损失随装药燃烧时间的变化规律。

单位时间内的热损失由下式确定

$$\frac{dQ}{dt}=\int_0^{S_c}h(T-T_{w1})dS \tag{7-3-1}$$

式中:h 为局部换热系数;T 为燃气计算温度;T_{w1} 为局部壁面温度;S_c为与燃气接触的燃烧室

传热表面积。精确的计算应当按燃烧室内各区域的不同热交换条件，把式(7-3-1)展开为

$$\frac{\mathrm{d}Q}{\mathrm{d}t}=\int_0^{S_{c1}}h_{c1}(T-T_{w1})\mathrm{d}S+\sum^{S_{c2}}\bar{h}_{c2}(T-T_{w1})\Delta S+\sum^{S_{c3}}\bar{h}_{c3}(T-T_{w1})\Delta S+\int_0^{S_{c4}}h_{c4}(T-T_{w1})\mathrm{d}S+\int_0^{S_{c3}}h_r(T-T_{w1})\mathrm{d}S \tag{7-3-2}$$

等式右边第1项表示燃气在轴向流动区的热损失。其局部对流换热系数按式(3-3-60)或式(3-3-77)确定，S_{c1}是该区的传热表面积；第2项表示各停滞区的热损失，平均换热系数由式(6-1-4)确定，S_{c2}是各停滞区的总传热面积；第3项表示涡旋流动区的热损失，平均换热系数由式(6-1-25)确定，S_{c3}是各涡旋流动区的总传热表面积；第4项表示喷管收敛段的热损失，局部对流换热系数由式(6-1-19)或式(6-1-21)确定，也可以用式(6-1-5)计算，S_{c4}是收敛段传热表面积；第5项是通过热辐射传到室壁表面的热流量。

式(7-3-2)中，T为燃气的计算温度，根据各区域的换热特点，该温度可分别选取燃气的静温、滞止温度、恢复温度或者定压燃烧温度。鉴于换热计算公式本身的计算精度有限，有些文献在计算时全部取定压燃烧温度作为燃气的计算温度。

在固体火箭发动机工作过程中，热损失往往不是通过式(7-3-2)直接计算，而是采用热损失修正系数对火药力换算值f_0的修正来考虑的。

热损失修正系数(χ)的瞬时值是这样定义的

$$\chi=1-\frac{\dfrac{\mathrm{d}Q}{\mathrm{d}t}}{\dot{m}_b Q_p} \tag{7-3-3}$$

式中：$\dot{m}_b$为燃气生成率，即单位时间燃烧去的装药质量；Q_p为推进剂的定压爆热。

将式(7-3-1)代入式(7-3-3)，得到

$$\chi=1-\frac{\int_0^{S_c}h(T-T_{w1})\mathrm{d}S}{\dot{m}_b Q_p} \tag{7-3-4}$$

由于h及T_{w1}均随时间而变化，所以χ也必然随时间而变化。

自由装填装药的发动机和固结装药的发动机相比，其热损失修正系数的大小是明显不同的。下面分别讨论这两种情况。

对于自由装填装药的情况，其特点是与燃气接触的燃烧室内表面积大，并且在装药燃烧过程中这个面积是恒定的。由于燃烧室内的侧表面积占整个燃烧室容腔表面积的80%～97%，并且与较高流速的燃气相接触，所以它是产生热损失的主要面积部分。因此，燃烧室热损失的计算，可以简化为对燃烧室内的侧表面积的散热损失计算。至于燃烧室容腔内其他表面积以及容腔内其他构件造成的热损失，可以采用乘以修正系数K_f的办法来考虑。

式(7－3－4)中，换热系数采用下式确定

$$h = K_{\mathrm{h}} \frac{\dot{m}_{\mathrm{t}}^{0.8} \Pi_{\mathrm{p}}^{0.2}}{A_{\mathrm{p}}} \left(\frac{x}{L}\right)^{0.3} \tag{7-3-5}$$

为了便于推导热损失修正系数的表达式，特做如下简化：

(1) 沿装药长度自由通气截面积 A_{p} 为常量，并随时间按线性增大，即

$$A_{\mathrm{p}} = A_{\mathrm{pi}}(1 + b\Psi) \tag{7-3-6}$$

式中：A_{pi}为起始自由通气截面积；Ψ 为烧去装药的相对体积，即

$$\Psi = 1 - \frac{W_{\mathrm{p}}}{W_{\mathrm{pi}}} \tag{7-3-7}$$

式中：W_{pi}为起始装药体积，W_{p} 为某一时刻装药体积。

(2) 由于 Π_{p} 在式(7－3－5)中是开 5 次方的，Π_{p} 的变化对换热系数的影响较小，可以采用对时间的平均值 $\overline{\Pi}_{\mathrm{p}}$ 代替；

(3) 壁内表面温度取整个传热面积上的时间平均值 $\overline{T}_{\mathrm{w1}}$；

(4) 燃气生成率 $\dot{m}_{\mathrm{b}}$ 及质量流率 $\dot{m}_{\mathrm{t}}$，取时间平均值，且 $\dot{m}_{\mathrm{b}} = \dot{m}_{\mathrm{t}}$。

将式(7－3－5)代入式(7－3－4)，得到

$$\chi = 1 - K_{\mathrm{f}} K_h \frac{\overline{\Pi}_{\mathrm{p}}^{0.2}(T - \overline{T}_{\mathrm{w1}})}{\dot{m}_{\mathrm{t}}^{0.2} Q_{\mathrm{p}} L^{0.8} A_{\mathrm{pi}}(1 + b\Psi)} \int_0^{S_{\mathrm{c}}} x^{0.8} \mathrm{d}S \tag{7-3-8}$$

式中的积分为

$$\int_0^{S_{\mathrm{c}}} x^{0.8} \mathrm{d}S = \pi D_{\mathrm{i}} \int_0^L x^{0.8} \mathrm{d}x = \frac{\pi D_{\mathrm{i}}}{1.8} L^{1.8} = \frac{S_{\mathrm{c}} L^{0.8}}{1.8}$$

代入式(7－3－8)，并引进综合系数

$$A = \frac{K_f K_h \overline{\Pi}_{\mathrm{p}}^{0.2}(T - \overline{T}_{\mathrm{w1}}) S_{\mathrm{c}}}{1.8 \dot{m}_{\mathrm{t}}^{0.2} Q_{\mathrm{p}} A_{\mathrm{pi}}} \tag{7-3-9}$$

于是得到

$$\chi = 1 - \frac{A}{1 + b\Psi} \tag{7-3-10}$$

式(7－3－10)给出了装药燃烧过程中热损失修正系数瞬时值的计算式。实际上，直接采用式(7－3－10)进行理论计算并不方便，对于给定类型的发动机，χ 随 Ψ 的变化关系可以通过实验方法确定。

图 7－6 给出了小型(内径 $D_{\mathrm{i}} = 43$ mm)实验发动机的实验结果。该实验使用爆热 3 660 kJ/kg 的双基推进剂，自由装填单根管状(40/8－270 mm)装药，利用量热器测量不同燃烧瞬间中止后发动机壳体所吸收的热量，从而获得了燃气传给燃烧室壁的热流密度 q 随 Ψ 的变化曲线。图中同时给出了按传热理论计算的对比曲线。

根据热损失修正系数的定义，可以按照曲线 $q(\Psi)$ 给出的值，通过下式求出 χ 的瞬时值

$$\chi = 1 - \frac{q(\Psi)S_c}{\dot{m}_b Q_p} \tag{7-3-11}$$

从而得到图 7-7 所示的 χ 与 Ψ 的关系曲线。

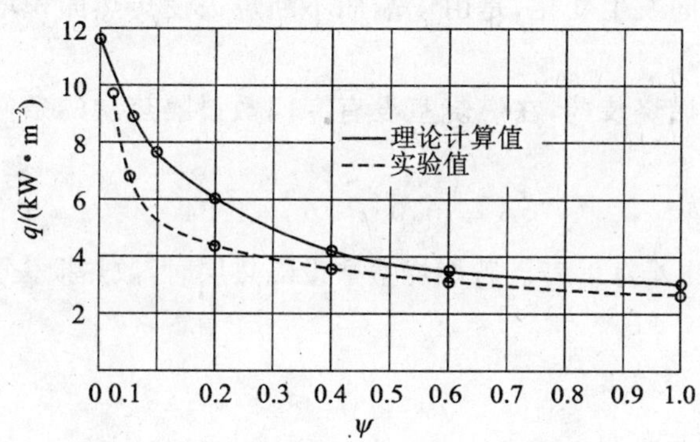

图 7-6 燃烧室内热流密度的变化情况

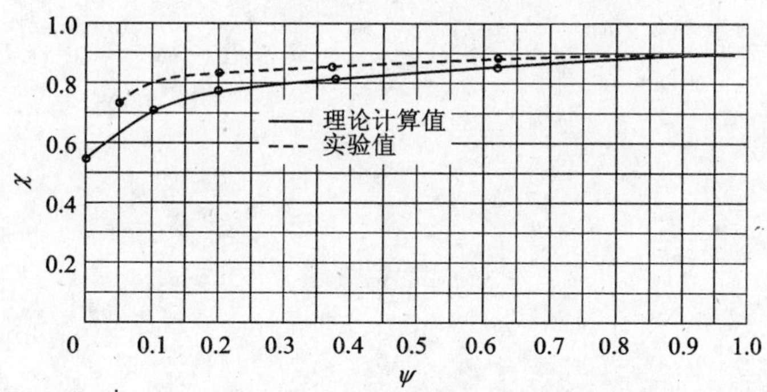

图 7-7 热损失修正系数的变化情况

沙比洛通过对自由装填装药发动机热损失的实验研究，得到了与理论表达式(7-3-10)形式相同的关系式，并确定出对应于所进行的实验条件下的实验常数：

对于单根管状装药：$A=0.30$；$b=5.0$

对于多根管状装药：$A=0.16$；$b=2.0$

在火箭发动机性能参数的计算中，有时需要采用燃烧过程中 χ 的平均值。为此确定平均热损失修正系数为

$$\bar{\chi} = \int_0^1 \chi \mathrm{d}\Psi = \int_0^1 \left(1 - \frac{A}{1+b\Psi}\right)\mathrm{d}\Psi = 1 - \frac{A}{b}\ln(1+b) \tag{7-3-12}$$

根据上述常数值，用式(7-3-12)计算出的 $\bar{\chi}$ 值分别为 0.89(单根装药)及 0.91(多根装药)。

对于内孔和端面燃烧的贴壁固结装药发动机，装药本身及其包覆层对大部分室壁表面都

能起到隔热作用，燃烧室内的热损失主要是由于燃气向暴露的壳体部分传热而造成的。这种装药结构的发动机比起自由装填装药发动机的热损失要小得多。这种情况下，热损失量可按喷管前容腔的强迫对流热交换和前端底部的自由对流热交换来确定。在这种装药燃烧期间的热损失量之所以会随时间发生变化，是由于端面不断烧去使传热面积增大，以及壁面受热温度升高而温差减小的缘故。

对于贴壁固结内孔燃烧装药，在燃烧室没有专门敷设隔热层的条件下，通过实验所确定的常数值为

$$A = 0.05; \quad b = 1.54$$

按式(7-3-12)计算出的 $\bar{\chi}$ 为 0.97。若燃烧室敷设隔热层时，散热损失会更小，甚至可取 $\bar{\chi}=1$。

第8章 固体火箭发动机燃烧室的热防护

第5章讨论了固体火箭发动机中的热传导问题，分别对燃烧室壁、喷管、中间底的热传导进行了分析和受热计算。在发动机工作过程中，由于热传导的作用，燃烧室和喷管能达到很高的温度，将直接影响发动机部件的强度，并影响发动机的性能；同时由燃气传热所造成的热损失，还会对发动机的工作参数，进而对发动机的内弹道性能产生影响。特别是发动机工作初期，这种影响是严重的。

随着科学技术的发展和新型高能推进剂的采用，燃气温度进一步提高；火箭发动机应用领域的拓展，其工作时间有时需要延长到几十秒或以分计；由于性能上的要求，需要大幅度提高火箭发动机的压强；高强度材料的出现和应用，可以使火箭发动机室壁做得更薄等。上述因素都会使传到发动机室壁的热量增多，温升更显著，从而使材料强度下降的问题更趋严重。

解决发动机构件受热与强度之间的矛盾，应当通过减少来自燃气的热流和提高构件热强度两方面来解决。例如在构件与燃气接触的表面上敷设隔热层，或者增加壁厚、采用高温强度好的材料等。本章将在发动机受热计算的基础上，讨论固体火箭发动机燃烧室的常用热防护技术、热防护材料及其厚度的确定方法。

8.1 燃烧室的热防护材料

燃烧室壳体的热防护是在壳体内表面粘贴一层隔热层，确保在发动机工作过程中，把结构温度限制在允许值内。内隔热层的主要作用为：

(1) 保护燃烧室壳体不致被烧穿或受热后强度降低。固体火箭发动机燃烧室壳体要承受2 000～3 000 K以上的高温、10 MPa左右的高压作用，对于贴壁浇铸的药柱，药柱本身就是一种隔热材料，其热扩散系数约为0.001 6 cm^2/s。但是燃烧室内各处药柱的肉厚有时不相等；有些药柱即使肉厚相等，但由于燃烧表面所处的部位不同，燃烧速度不等，这样燃烧室壳体会先后不同地暴露在燃气之中，因而需要在燃烧室内壁敷设厚度不等的内隔热层。

(2) 保护燃烧室壳体不受药柱的腐蚀，如药柱中的过氯酸铵对金属壳体有腐蚀作用。

(3) 使复合材料壳体保持气密。复合材料壳体受力后树脂容易开裂，须有相应的内衬方能保持气密。

(4) 缓冲药柱和壳体之间的黏结应力。特别对金属壳体，在温度循环、药柱和壳体热胀冷缩过程中，由于热胀系数的不同，黏结面将产生很大的应力，隔热层材料一般有较高的强度和较低的弹性模量，将它作为壳体和药柱的过渡层减少药柱与壳体之间的黏结界面应力，有利于

保持药柱结构的完整性。

固体火箭发动机中所采用的隔热层，大体上可分为耐热隔热层和消融隔热层两类。

8.1.1 耐热隔热层

耐热隔热层也叫消极隔热层，它由耐热材料、黏结剂和工艺辅助剂等构成。耐热材料具有熔点高而导热性能差的特点。这类材料有高熔点的金属氧化物（MgO、Al_2O_3、ZrO_2等）和某些金属的碳化物、硼化物及氮化物等。表 8－1 和表 8－2 列出了某些材料的熔点和热物理性质。

表 8－1 耐热材料的熔点

材 料	熔点/℃	材 料	熔点/℃	材 料	熔点/℃
元 素		碳化物		氮化物	
碳	>3 550	铪	4 150	硼	2 750
钼	2 630	钼	2 690	铪	3 300
锇	2 700	铌	3 500	钪	2 650
铼	3 170	硅	2 700	钽	3 300
钽	2 850	钽	3 830	钛	3 200
钨	3 410	钍	2 800	锆	3 000
氧化物		钛	3 100	锆化物	
铍	2 570	钨	2 860	钡	2700
钙	2 580	锆	3 550	钙	2 660
铪	2 800	锆—钽	3 900	锶	2 700
镁	2 800	硼化物		钍	2 800
钍	2 800	铪	3 050		
锆	2 720	钨	2 900		
		锆	2 900		

黏结剂除了要求具有良好的黏结性能外，也要求其具有较好的耐热性能和化学稳定性。常用的黏结剂有：有机硅树脂、酚醛树脂等。这类隔热层常常采用喷涂的方法，即将涂料喷涂在预热的防护表面上，故喷涂工艺对隔热涂层质量的影响颇大。加入工艺辅助剂的目的就在于改善隔热涂料的喷涂工艺性。例如，用二甲苯作溶剂以稀释涂料，加入硬脂酸铅作为悬浮剂等。

利用上述基本成分，可以配制成各种配方的隔热涂料。表 8－3 列出国内外曾采用过的几种配方。其中两种配方的热物理性质在表 8－4 中给出。

表 8-2　某些材料的熔点和热物理性质

材　料	熔点或分解温度/℃	密度/($kg \cdot m^{-3}$)	线膨胀系数$\times 10^6$/K^{-1}	导热系数/($W \cdot m^{-1} \cdot K^{-1}$)	比热容$\times 10^{-3}$/($J \cdot kg^{-1} \cdot K^{-1}$)
三氧化二铝	2 050	2 950	8.1	2.59	1.13
氧化镁	2 800	2 500	14.3	3.45	0.78
氧化铍	2 570	2 700	8.0	15.0	1.80
二氧化锆	2 720	4 400	11.0	0.72	0.70
二氧化钍	2 800	7 340	9.4	—	0.25
碳化硼	2 450	2 510	4.5	1.73	—
碳化硅	2 700	3 170	25/1 200*	52/4.19*	1.25
碳化钛	3 100	4 900	—	7.76	0.88
氮化硼	2 750	2 210	0.77/7.51*	12.10	0.92

注：* 表示对各向异性材料，分别给出其纵向和横向的性质。

表 8-3　耐热隔热涂料配方

配方Ⅰ(辽宁 23#)		配方Ⅱ(上海 1785)		配方Ⅲ(241)		配方Ⅳ(日本专利)	
组　分	质量分数/%	组　分	质量分数/%	组　分	质量分数/%	组　分	质量分数/%
有机硅树脂	30	有机硅树脂	32.2	酚醛树脂	35.7	水性耐热树脂*	40.0
白云母粉	35	三聚氰胺树脂	16.1	三氧化二铝	60.0	二氧化钛	11.1
滑石粉	18	铝粉	12.1	乌洛托品	4.3	金刚砂	37.0
二氧化钛	12	黑云母粉	36.2			三氧化二铬	0.3
三氧化二铬	5	硬脂酸铝	3.4			喷漆稀料	16.9

注：* 表示水性耐热树脂是用脲素树脂(30～60 份)在混合罐中用水(40～70 份)溶解，再将 Na_2SiO_3(30～60 份)在另一罐中用水(40～70 份)溶解，然后以铝氧粉为催化剂，将二者放在一起混合，最后静置、冷却即得无色半透明的液体树脂。据称此耐热隔热涂料能长时间耐 1 800 ℃，瞬间耐 4 000 ℃。

耐热隔热层的厚度在发动机工作过程中应当保持不变或变化很小，为此对耐热涂层提出的附加要求是有足够的耐侵蚀性。此外，为避免环境温度变化而引起脱落，耐热涂层的热膨胀系数应当尽量与被防护构件材料的系数相接近。

表 8-4　隔热涂层的热物理性质

隔热涂料	密度/($kg \cdot m^{-3}$)	导热系数/($W \cdot m^{-1} \cdot K^{-1}$)	比热容/($kJ \cdot kg^{-1} \cdot K^{-1}$)
配方Ⅰ	1 570	0.121	0.86
配方Ⅲ	1 930	0.840	1.05

耐热隔热层常用于自由装填装药发动机燃烧室的隔热。由于工艺上和涂层本身性能(易碎)上的原因，采用过厚的涂层反而会降低其可靠性。加上这类涂层的密度一般与装药密度相当或更大，使用过厚的涂层所造成的消极质量的增加也是可观的，所以此类隔热层通常只限于在工作时间 10 s 以内的发动机中使用。

实践证明,耐热隔热层对于降低发动机室壁受热温升和减少热损失有良好的效果。例如,在苏制 M-21 火箭弹的燃烧室内壁,就涂有 0.1～0.3 mm 厚的耐热隔热层。这种隔热涂料系采用有机硅树脂为基料、三氧化二铬及云母粉作填料、甲苯作稀释剂配制而成的,用喷或涂的方法涂覆在燃烧室内壁上。使用证明,这种涂层能保证该发动机可靠工作。为了受热对比,曾用实验发动机进行过有、无隔热层的受热测试,发现无隔热层时燃烧室受热后的局部平均壁温在 600 ℃以上。该发动机燃烧室采用的是低碳合金钢 14MnNi,材料的热强度试验表明:当温度超过 250 ℃后,抗拉强度极限开始降低,温度达到 400 ℃时下降约 20%;以后急剧下降,当温度达到 600 ℃时,下降约 85%,此时抗拉强度极限仅约为 130 MPa。可以预见,如果 M-21火箭弹的薄壁燃烧室内不敷设隔热层,则势必因室壁温升过高而破坏。从该实验发动机的对比试验中还得出,有隔热层比无隔热层时的总热损失减少 60%以上。

8.1.2 消融隔热层

消融隔热层又称为积极隔热层。这种隔热层受热时,通过其材料的相变(熔化、蒸发和升华)和高温分解吸收燃气传递来的大部分热量。由于相变及热分解的产物不断自隔热层表面逸出冲走,不仅带走了热量,而且使燃气不接触固体壁面,从而使换热系数减小并降低了靠近表面的气流温度,因此能大大减弱传向被防护构件的热流,达到隔热的目的。

消融隔热层比耐热隔热层的优点是,在任何推进剂燃烧温度下,只要其厚度足够,都可以长时间使用,而不受隔热层材料本身熔点的限制。因此,这种隔热材料常用于工作时间 10～100 s 以上发动机中的隔热。目前,有的消融隔热层可在 3 900 ℃高温燃气中工作 120 s 以上。

对消融隔热层材料的性能要求是导热系数要小,熔化热、蒸发热或升华热要大,要有吸热反应。在固体火箭发动机中已经采用的升华隔热层就是一种消融隔热层。它是由无机盐(升华物质)和有机黏结剂组成的,可以配制成稀涂料,采用涂抹、喷涂或浇注的方法敷设在被防护表面上形成隔热层。表 8-5 列出了某些升华物质的性质。

填充弹性体和填充热固性塑料也是两大类消融隔热层材料。

表 8-5 某些升华物质的性质

物 质	密度$\times 10^{-3}$/(kg·m^{-3})	沸点/℃	升华热或分解热$\times 10^{-3}$/(kJ·kg^{-1})
Mg_3N_2	—	1 500(分解)	8.29
Si_3N_4	3.440	升华	11.72
AlN	3.260	2 000(升华)	15.57
NH_4F	1.315	升华	5.34
NH_4Cl	1.527	355(升华)	4.16
AlF_3	3.070	1 270	3.79
SiS_2	—	升华	2.91
CdO	6.950	900～1 000(分解)	2.91
ZnO	5.610	1 800(升华)	2.33

1. 填充弹性体

目前广泛应用的热固性弹性材料和胶黏剂(厚浆涂料)都属于填充弹性体。

热固性弹性材料是以耐烧蚀材料二氧化硅、石棉二氧化硅、炭黑、石棉、石墨、二氧化硅与钛钾、微球粒酚等作填料,以丁腈橡胶(NDR)、丁苯橡胶(SDR)、丁基橡胶、聚硫橡胶、聚异戊烯橡胶、聚丙烯橡胶、乙丙烯橡胶、聚氨酯橡胶、硅酮橡胶、三元乙丙胶(EPDM)等作黏结剂(基体)配制而成的。其中 EPDM 是一种新型轻质(密度为 940 kg/m^3)的黏结剂。

热固性弹性材料相当软,具有弹性模量低、延伸率高和抗拉强度大的特点。由于它具有低弹性模量,既不妨碍向燃烧室内浇注的液态推进剂在凝固时的收缩;在发动机储存和工作过程中温度变化时,也能与发动机室壁及装药一起膨胀,所以常用作为铸装装药发动机燃烧室的隔热层。可用铸模浇注或手工敷层,并在约 150 ℃温度和 0.7 MPa 压力下固化;也可预制成片,再用手工贴片法黏结在燃烧室壁上。不同组合的涂层材料用于不同类型的推进剂:NBR 用于复合推进剂,而不用于双基推进剂,原因是硝化甘油在丁腈橡胶中有渗移现象,会加速隔热层的烧蚀;SBR 或 SBR—酚醛用于双基推进剂;丁基橡胶、硅酮橡胶或 EPDM 在低温下用于任何类型的推进剂。

胶黏剂通常用 PBAA、PBAA—环氧和 NBR—聚硫—环氧作黏结剂,石棉、炭黑作填料,浇注或涂抹在所需的位置上,并在(或接近于)室温和常压下固化而成。这类胶黏剂型隔热层在大型固体火箭发动机的研制中得到了广泛应用。

理论与试验均证明,以上述有机橡胶为黏结剂的隔热材料,用来作为燃烧室中燃气流速不大处内壁的热防护有很好的效果。表 8-6 列出了几种填充弹性体的典型性质。

表 8-6　填充弹性体的性质

成分		热性质		物理性质		
黏结剂	填　料	导热系数 /($W\cdot m^{-1}\cdot K^{-1}$)	比热容 /($kJ\cdot kg^{-1}\cdot K^{-1}$)	抗拉强度 极限/MPa	密度×10^{-3} /($kg\cdot m^{-3}$)	延伸率 /%
热固性弹性材料						
CTPB	炭黑	0.208	1.80	1.90	0.97	350
EPDM	石棉	0.242	1.67	6.55	0.98	900
EPDM	石棉	0.225	1.88	1.79	1.19	400
NBR	二氧化硅	0.225	1.67	11.72～16.89	1.22	—
NBR	二氧化硅、石棉	0.277	1.72	13.79	1.27	440～623
NBR—酚醛	硼酸	0.294	1.72	5.52～11.03	1.18	200～450
SBR	石棉	0.433	1.67	6.89	1.40	400
SBR	二氧化硅	0.225	1.42	13.10～27.58	1.17	550～800

续表 8-6

成分		热性质		物理性质		
黏结剂	填料	导热系数 /(W·m⁻¹·K⁻¹)	比热容 /(kJ·kg⁻¹·K⁻¹)	抗拉强度 极限/MPa	密度×10⁻³ /(kg·m⁻³)	延伸率 /%
胶黏剂(厚浆涂料)						
NBR—聚硫—环氧	石棉	0.208	1.38	6.21	1.17	2~5
PBAA	石棉	0.485	1.51	1.21	1.33	1
PBAA	石棉	—	1.42	6.09	1.30	38
PBAA—环氧	石棉	0.225	1.51	5.97~11.31	1.41	69

注:CTPB—端羧基聚丁二烯;PBAA—聚丁二烯丙烯酸聚合物。

2. 填充热固性塑料

填充热固性塑料(亦称增强塑料)通常使用耐高温酚醛树脂,有时也使用苯硅烷和聚酰胺改性的酚醛树脂作黏结剂,使用二氧化硅、石棉、尼龙、碳纤维(布)、玻璃纤维(布)作填料。与填充弹性体相比,这类增强塑料硬、脆,但是如果在黏结剂树脂中加入合适的改良剂,也可得到较柔性的材料。增强塑料的延伸率为0.02%~50.00%,其值取决于基体树脂的改性程度。增强塑料的消融速度一般低于填充弹性体的消融速度,而其密度较大。

填充弹性体通常用于燃气密流较小的低马赫数区($Ma<0.2$),而填充热固性塑料则多用作密流较大处表面的隔热层。在发动机内表面的突起或不规则部位,使用填充热固性塑料能达到很好的效果,它既可以用于隔热,又可部分代替构件的金属材料从而达到减轻质量的目的。例如,M-21火箭弹的发动机中,尾管本体的前、后段和喷管的扩张段,都分别模压以FX-501填充热固性塑料。承受负荷较小的装药前支架也是用易压制成型的FX-501模压制成的。

表8-7列出了几种填充热固性塑料的典型性质。

表8-7 填充热固性塑料的性质

成分		热性质		物理性质		
黏结剂	填料	导热系数 /(W·m⁻¹·K⁻¹)	比热容 /(kJ·kg⁻¹·K⁻¹)	抗拉强度 极限/MPa	密度×10⁻³ /(kg·m⁻³)	延伸率 /%
酚醛	石棉	0.346	1.17	6.89	1.52	1.00
酚醛	石棉	0.692	1.13	8.27~45.50	1.76	0.50
酚醛	碳纤维布	0.831	0.96	17.24~151.70*	1.44	—
酚醛	碳纤维	0.294	1.26	13.79	1.25	0.25
酚醛	玻璃布	0.260	0.96	46.68~689.50*	1.87	—
酚醛	玻璃(短纤维)	0.450	1.05	34.47	1.85	—
酚醛	尼龙	10.560	1.30	17.24~30.34	1.19	—

注:*表示该值的范围与材料的方向有关。

采用高熔点的碳纤维作填料，可以减小隔热层的消融冲走速度。而采用微小球形碳素来填充 EPDM 黏结剂制作隔热层，则能使隔热层的密度大大降低，从而提高消融隔热层的使用性能。

在固体火箭发动机中还可以采用缓燃推进剂作热防护层，这种热防护方法可以减小结构的消极质量和提高固体火箭发动机的能量特性。

8.1.3　隔热层材料的选择

内隔热层是燃烧室的关键部件之一，隔热层厚度设计不当，或者隔热层和壳体脱黏都可能使壳体局部被烧穿，使发动机工作失败，因而要求所选的内隔热层材料应满足：

(1) 在一定的热流和压强下有较低的质量烧蚀率，较高的分解热和较低的热扩散系数。这样隔热层可以薄一些，有利于提高发动机的质量比。

(2) 弹性模量低。隔热材料一般都有比推进剂药柱高得多的断裂强度，弹性模量低可以减小药柱与壳体之间的黏结应力，增加发动机结构可靠性。

(3) 对壳体无腐蚀作用。

(4) 抗老化性能好。

(5) 工艺方便，施工容易。未固化之前硬度适当；用于贴片的隔热层材料表面应比较平整，易保证粘贴质量；与壳体和衬层均有良好的黏结性能和相容性。

隔热材料可分为无机涂料及高分子隔热软片两大类。主发动机燃烧室及助推器前后封头的隔热材料都采用高分子隔热软片。

高分子材料在热解的过程中要吸收一定的热量，伴有表面材料的损失，最后形成碳化层，在碳化层表面附有一层热解气体所形成的低温气膜，阻挡高温燃气向隔热层传递热量。

隔热软片一般都是弹性体，由基体或黏接剂加增强材料(填料)组成。常用的基体材料有橡胶、橡胶加树脂。填料有石棉、炭黑等。这些材料的特点是柔性好，弹性模量低，所以贴合性好，具有高的延伸率，可承受较高的应变。

我国常用的隔热软片有：

(1) 糠酮树脂-丁腈橡胶-石棉软片。有 3 种牌号：P107、P110 和 P117，其中 P117 最耐烧蚀，P110 次之，但越耐烧蚀的材料，硬度越大、柔性差、成形工艺也差。这类材料的缺点是存在糠酮树脂的迁移及污染问题，目前很少采用。

(2) 丁腈橡胶-石棉软片。这种材料具有耐烧蚀、隔热性能好、密度小及成型工艺好的优点，它强度高、延伸率大，可承受很高的应变，可用于助推器的应力释放罩及主发动机的包覆—隔热层，主要产品有 9621 软片。

(3) 碳纤维软片。这是一种以丁腈 40 橡胶-酚醛树脂为黏接剂，碳纤维为增强填料的隔热软片，具有密度小、耐烧蚀、抗冲刷的优点，可用于流速稍大的部位。用它代替其他隔热层材料，可大幅度地减小隔热层的质量。其缺点是柔性较差、黏贴工艺性较差、价格高，固化时要求较大的压力，一般需用成型模具在压力机上加压保温固化。

除上述材料外，还有酚醛树脂、丁腈橡胶－石棉软片、苯胺树脂－丁腈橡胶石棉软片、氯丙胶及三元乙丙胶石棉软片。其中，氯丙胶片的抗烧蚀性能仅次于碳纤维软片，但密度较大，室温低于 30 ℃时，粘贴工艺性较差，产品有 D301 软片。三元乙丙胶片是一种新型的隔热材料，具有密度小，贮存期长的优点。表 8－8 所列的隔热层材料的性能，仅供参考，其中 T－R－1 为酚醛树脂-丁腈橡胶-碳纤维软片，S－R－1 为酚醛树脂-丁腈橡胶-石棉软片，S－R－2 为苯胺树脂-丁腈橡胶-石棉软片。

表 8－8　隔热层材料

材　料	扯断强度≥ /kPa	扯断伸长率≥ /%	氧乙炔烧蚀率≤ /(mm・s^{-1})	密　度 /(kg・m^{-3})	邵尔 A 硬　度	硫化条件
P107	2 500	30	0.23	1 320～1 420	75±10	150 ℃ 12 MPa 压强 40 min
P110	11 000	5	0.18	1 440～1 530	95	
P117	4 000	20	0.16	1 322～1 450	85±10	
D301	8 800	30	0.10	1 460	95±5	
9621	5 000	300	0.15	1 250	60	
三元乙丙胶片	(7 500)3 000	(60)300	(0.13)0.15	(1 220)1 100	(75)	
T－R－1	10 000	2.5	0.03	1 300	90	
S－R－1	8 000	10	0.13	1 500		
S－R－2	8 000	8	0.10	1 350		

8.2　燃烧室的受热影响分析

由第 5 章的计算结果可以看出，采用增加壁厚的办法可以降低室壁平均温度，避免材料机械强度大幅度下降。只要增加的壁厚足够，就可以保证燃烧室有足够强度。但应当指出，在火箭发动机设计中，壁厚并不是可以随意增加的，过分增加壁厚会导致火箭总体性能变坏。

对比计算结果还可以看出，在其他条件不变时，壁厚的增加并不能使室壁内表面温度明显下降。由于燃气向壁面的总传热量与燃气和室壁内表面的温差有关，所以总传热量亦不会有明显的变化。实际上，燃烧室壁的受热不仅直接受温度升高的影响，发动机尺寸和工作压强的变化也会对燃烧室壁的温度和传热产生影响。

8.2.1　发动机尺寸及工作压强对室壁受热的影响

1. 发动机尺寸变化的影响

先讨论在工作压强保持不变的条件下，当发动机尺寸发生变化时，室壁温度和传热量是如

何变化的。由于固体火箭发动机内燃气与壁面之间的热传递是以强迫对流换热为主要形式，所以讨论时认为传热仅以强迫对流方式进行。

在第6章中，已经得到发动机中对流换热系数的表达式(6-1-17)，可进一步写成

$$h \propto \frac{m_t^{0.8}\Pi_p^{0.2}}{A_p} \tag{8-2-1}$$

在发动机工作压强不变的条件下，质量流率

$$m_t \propto A_t \propto d_t^2$$

假设当发动机尺寸改变时装药尺寸同时成比例改变，燃烧室横截面积及自由通气截面积 A_p 都与内径 D_i 的平方成比例变化，而燃气通道的湿周长 Π_p 与 D_i 成比例变化。于是，整个燃烧室几何尺寸的变化都可用燃烧室的 D_i 表示。

根据上述假设，有

$$A_p \propto D_i^2, \quad \Pi_p \propto D_i$$

代入式(8-2-1)，可得

$$h \propto \frac{d_t^{1.6}}{D_i^{1.8}} \tag{8-2-2}$$

燃烧室 D_i 的变化与喷喉直径 d_t 的变化之间的关系，可以通过发动机工作压强不变的条件来确定。为此，要求装药燃烧表面积与喷管喉部截面积成比例变化，即

$$S \propto d_t^2$$

下面分3种情况讨论。

(1) 装药直径改变而根数不变的情况

由于装药燃烧表面积 S 与 L_cD_i 成比例变化(L_c 为燃烧室长度)，则

$$L_cD_i \propto d_t^2$$

所以

$$d_t \propto \sqrt{L_cD_i}$$

根据式(8-2-2)，换热系数为

$$h \propto \frac{L_c^{0.8}}{D_i} \tag{8-2-3}$$

在概略估算时，忽略燃烧室两端的传热，则传热表面积 S_c 与 L_cD_i 成比例变化

$$S_c \propto L_cD_i$$

由于装药直径随 D_i 成比例变化，故燃烧时间

$$t_b \propto D_i$$

这样，燃烧时间内的总热损失

$$Q \propto ht_bS_c$$

即

$$Q \propto D_i L_c^{1.8}$$

装药质量所贮存的热量 Q_p 在这种情况下也与 $L_c D_i^2$ 成正比，于是相对热损失

$$\frac{Q}{Q_p} \propto \frac{L_c^{0.8}}{D_i} \tag{8-2-4}$$

因为室壁内表面的受热与 $h\sqrt{t_b}$ 成正比，故室壁内表面的温升为

$$\Delta T = T_{w1} - T_i \propto \frac{L_c^{0.8}}{D_i^{0.5}} \tag{8-2-5}$$

（2）装药根数改变而直径不变的情况

由于装药燃烧表面积 S 与 $L_c D_i^2$ 成比例变化，则有

$$L_c D_i^2 \propto d_t^2$$

所以

$$d_t \propto D_i \sqrt{L_c}$$

这样，换热系数

$$h \propto \frac{L_c^{0.8}}{D_i^{0.2}} \tag{8-2-6}$$

由于装药直径不变，故装药燃烧时间 $t_b = \text{Const}$。于是，总热损失按如下变化

$$Q \propto h S_c \propto D_i^{0.8} L_c^{1.8}$$

而相对热损失为

$$\frac{Q}{Q_p} \propto \frac{L_c^{0.8}}{D_i^{1.2}} \tag{8-2-7}$$

由于燃烧时间不变，室壁内表面的受热仅与 h 成正比，故其表面的温升为

$$\Delta T = T_{w1} - T_i \propto \frac{L_c^{0.8}}{D_i^{1.2}} \tag{8-2-8}$$

（3）燃烧室及装药尺寸都按同一线性比例变化

上面分析了换热系数、热损失及室壁内表面温度随燃烧室内径及长度的变化情况，从所得结果可以大体上看出在工作压强保持不变的条件下发动机尺寸变化对传热的影响程度。现在进一步讨论当燃烧室及装药尺寸都按同一线性比例变化（几何相似）时室壁温度的变化情况。此时，燃烧室长度

$$L_c \propto D_i$$

根据式（8-2-3），换热系数为

$$h \propto D_i^{-0.2}$$

可见在这种情况下，发动机尺寸的变化对换热系数的影响甚小。

燃烧室壁厚亦正比于其内径变化，即

$$\delta \propto D_i$$

则由毕渥数的定义式 $Bi=h\delta/\lambda$，得到

$$Bi \propto D_{\mathrm{i}}^{0.8}$$

在发动机工作压强保持不变的条件下，装药燃烧时间正比于装药直径，即正比于燃烧室内径 D_{i} 变化，于是，由傅里叶数定义式 $Fo=at/\delta^2$，得到

$$Fo \propto D_{\mathrm{i}}^{-1}$$

若发动机尺寸为例题 5 - 1 中的 3 倍，则

$$Bi=(3)^{0.8}(0.366)=0.881, \quad Fo=\frac{0.931}{3}=0.31$$

由表 3 - 2 查得

$$\beta_1^2=0.673, \quad P=0.755, \quad M=0.988, \quad N=1.109$$

计算得到

$$T_{\mathrm{w1}}=1\ 033\ ℃, \quad T_{\mathrm{w2}}=294\ ℃, \quad \overline{T}_{\mathrm{w}}=548\ ℃$$

将计算结果与例题 5 - 1 比较，可以发现，固体火箭发动机的几何相似并不满足热力相似。随发动机口径的增加，室壁内表面温度有些增加，外表面温度却明显下降，而室壁平均温度也下降 23%，相对热损失也是减小的。因此，当把一定口径的发动机传热实验结果推广到其他口径上时，应当考虑到发动机尺寸变化对传热所产生的影响。

如果发动机口径增加而保持装药直径不变(根数改变)，则随口径的增加，室壁平均温度下降得还要多。随口径增加而室壁平均温度下降的事实表明，对于大口径而工作时间又较短的发动机，在一次近似时可按常温下的材料强度条件来选择其壁厚，此时可自动保证室壁有足够的聚热能力。对于小口径发动机，其室壁的相对厚度，应当选取得比未考虑受热时强度计算所确定的相对厚度大，才能保证受热后室壁平均温度不超过允许值。

2. 工作压强变化的影响

根据前面的讨论结果，工作压强改变时，换热系数也会随着改变。因此，对室壁温度和热损失也将产生影响。

当工作压强的变化仅仅是由于喷管喉部截面积变化而引起时，换热系数为

$$h \propto p^{0.8n}$$

由于装药肉厚不变，燃烧时间 t_{b} 与装药燃速 $\dot{r}$ 成反比，即

$$t_{\mathrm{b}} \propto \dot{r}^{-1} \propto p^{-n}$$

而传热表面积 $S_{\mathrm{c}}=\mathrm{Const}$，故燃烧时间内的总热损失为

$$Q \propto h t_{\mathrm{b}} \propto p^{-0.2n}$$

室壁内表面的温升为

$$\Delta T=T_{\mathrm{w1}}-T_{\mathrm{i}} \propto h\sqrt{t_{\mathrm{b}}} \propto p^{0.3n}$$

若取压强指数的最大值 $n=2/3$，则

$$Q \propto p^{-\frac{2}{15}}; \quad \Delta T \propto p^{\frac{1}{5}}$$

由此可见，随着工作压强的提高，总热损失将略有减少，而室壁内表面温升略有增加。两者随工作压强的变化并不明显。这是因为，压强的提高能增加对流运动的强度（燃气的运动黏度降低），使换热系数增大，但与此同时，装药燃烧时间反而缩短，这两个因素对室壁传热的影响是相互抵消的，因此压强变化对传热的影响也就变得不明显了。例如，若由于喷管喉部截面积的改变使燃烧室工作压强提高2倍，总热损失仅减少14%，而室壁内表面的温升仅增加25%。

对于另一种情况，当工作压强的变化仅仅是由于装药燃速变化而引起时，换热系数为

$$h \propto p^{0.8}$$

而装药燃速

$$\dot{r} = ap^{n} \propto p$$

由于装药肉厚不变，燃烧时间与燃速成反比，即

$$t_{\mathrm{b}} \propto \dot{r}^{-1} \propto p^{-0.2}$$

而传热表面积 $S_{\mathrm{c}}=\mathrm{Const}$，故燃烧时间内的总热损失为

$$Q \propto ht_{\mathrm{b}} \propto p^{-0.2}$$

室壁内表面温度升高，即

$$\Delta T = T_{\mathrm{w}} - T_{\mathrm{i}} \propto h\sqrt{t_{\mathrm{b}}} \propto p^{0.3}$$

由此可见，在这种情况下，工作压强的提高，同样会使总热损失减少，使室壁内表面温升增加，而且两者随工作压强的变化都比前一种情况明显。这是因为压强指数绝对值均比前一种情况大的缘故。例如，当工作压强由于装药燃速的变化而提高2倍时，总热损失将减少20%，而室壁内表面的温升将增加39%。

8.2.2 无热防护时发动机的极限工作时间

前已述及，当材料的温度超过某一数值后，其强度指标会明显降低。对于钢，这个温度值是500～750 ℃，而对铝合金和钛合金分别为150～200 ℃和400～450 ℃。所谓极限工作时间 τ_{m}，是指发动机室壁在满足强度要求条件下承受的最长时间。如果把某一室壁平均温度 T_{w} 作为材料保证一定强度指标的极限温度值，则极限工作时间就是室壁材料从初温 T_{i} 上升到 T_{w} 所经历的受热时间。

极限工作时间 τ_{m} 可由式(3-2-32)确定，即

$$\frac{\bar{\theta}_{\mathrm{w}}}{\theta_{\mathrm{i}}} = M\mathrm{e}^{-\beta_1^2 Fo}$$

取对数，并代入 Fo 的表达式，令 $t=\tau_{\mathrm{m}}$，得到

$$\beta_1^2 \frac{a_{\mathrm{m}}\tau_{\mathrm{m}}}{\delta_{\mathrm{m}}^2} = \ln\frac{M}{\dfrac{\bar{\theta}_{\mathrm{w}}}{\theta_{\mathrm{i}}}}$$

于是，极限工作时间为

$$\tau_m = \frac{\delta_m^2}{a_m \beta_1^2} \ln \frac{M}{\dfrac{\bar{\theta}_w}{\theta_i}} \tag{8-2-9}$$

式中：δ_m 为室壁厚度；a_m 为室壁材料的导温系数。

式(8-2-9)建立了 τ_m 与 $\bar{T}_w$ 之间的对应关系。$\bar{T}_w$ 由强度条件所要求的材料抗拉强度极限 σ_b 确定。显然，要满足发动机的热强度要求，必须有

$$t_b \leqslant \tau_m$$

其中 t_b 为装药燃烧时间。式(8-2-9)中 β_1 是超越方程 $Bi = \beta \tan \beta$ 的第一个根，此根取决于 Bi。而系数 M 是 β_1 的函数，同样取决于 Bi。由于超越方程难以进行分析，因此，必须将式(8-2-9)改写成另一种便于分析的形式。

对应于无热防护金属壁固体推进剂火箭发动机常见的 Bi 准则值，系数 M 变化很小，例如，在 Bi 从0到2的范围内，从表3-2可以看出，M 只变化3.6%。因此，若取其平均值 $\bar{M}$，则在计算 $\bar{\theta}_w/\theta_i$ 时所产生的误差小于2%。

在所讨论的 Bi 范围内，表格3-2给出的函数 $\beta_1^2 = f(Bi)$ 可以用下式近似表示

$$\beta_1^2 = 0.7Bi^{0.7} \tag{8-2-10}$$

将式(8-2-10)代入式(8-2-9)，得到

$$\tau_m = \frac{1.43\delta_m^2}{a_m Bi^{0.7}} \ln \frac{M}{\dfrac{\bar{\theta}_w}{\theta_i}} \tag{8-2-11}$$

室壁厚度按强度条件可表示为

$$\delta_m = \frac{np'_m D_i}{2\sigma_b} = \frac{nK_p p D_i}{2\sigma_b} \tag{8-2-12}$$

式中：p'_m 为计算压强，$p'_m = K_p p$；K_p 为考虑最高工作温度、侵蚀燃烧效应及压强跳动的综合系数；p 为常温工作压强；D_i 为燃烧室内径；σ_b 为对应于给定的平均温度 $\bar{T}_w$ 的材料抗拉强度极限；n 为安全系数。将式(8-2-12)及 $Bi = b\delta_m/\lambda_m$ 代入式(8-2-11)，得到

$$\tau_m = K \frac{p'^{1.3}_m D_i^{1.3}}{h^{0.7} \sigma_b^{1.3}} \frac{1}{a_m} \ln \frac{M}{\dfrac{\bar{\theta}_w}{\theta_i}} \tag{8-2-13}$$

式中：

$$K = 0.58n^{1.13}\lambda_m^{0.7}$$

式(8-2-13)是 τ_m 与 $\bar{T}_w$ 关系的另一种形式。可以看出，极限工作时间与工作压强及发动机口径密切相关。

对于一定口径的发动机，若工作压强的变化是由于装药燃速或燃烧表面积变化所引起的，则换热系数为

$$h \propto p^{0.8}$$

这样，根据式(8-2-13)，极限工作时间

$$\tau_m \propto \frac{p'^{1.3}_m}{p^{0.56}} \propto p^{0.74}$$

可以看出，在给定 $\bar{\theta}_w/\theta_i$ 的情况下，随着工作压强的提高，发动机极限工作时间将加长。这是因为，虽然提高工作压强会使燃气向室壁的传热强度增加(h 正比于 $p^{0.8}$)，但是，由强度条件确定的壁厚增加得更多(δ_m 正比于 p)，从而使发动机的聚热能力随工作压强的提高而增大。

对于工作压强保持不变，燃烧室及装药尺寸按一定比例变化的情况，换热系数为

$$h \propto D_i^{-0.2}$$

这样，根据式(8-2-13)，极限工作时间为

$$\tau_m \propto D_i^{1.44}$$

可以看出，极限工作时间正比于发动机口径的 1.44 次方变化。而在同样情况下，发动机的实际工作时间是正比于装药肉厚，从而正比于口径的一次方变化。因此，在固体火箭发动机几何相似时，随口径的增加，按受热条件考虑的极限工作时间比实际工作时间增加得更快。

应当指出，无热防护的发动机，其极限工作时间是很短的，通常只有几十分之一秒到几秒。在某些情况下，室壁内表面温度可能升高到接近或超过室壁材料的熔点，从而导致室壁局部熔化、烧蚀或严重的氧化。这时，发动机极限工作时间不仅要受到给定的室壁平均温度的限制，而且还要受到允许的室壁内表面最高温度的限制。

8.2.3 消融隔热层计算模型

1. 消融隔热层工作的机理

以酚醛—硅化物模压塑料为内衬的燃烧室的工作过程可分为 3 个阶段。第 1 阶段从发动机开始工作到材料温度达到树脂的分解温度为止，时间约零点几秒。第 2 个阶段为树脂的分解阶段，温度约为 600～1 200 K。分解反应是个吸热的过程，生成大量的气体(如 CO_2、H_2、H_2O,CH_4 等)，它们在衬层内压的作用下，由分解区经过多孔碳化层向内壁面上的燃气附面层喷射，使壁面得到冷却，同时也降低了换热系数，使换热强度有所下降。当壁面温度超过 2 000 K时，碳化层(主要是 C 和 SiO_2)会熔化和侵蚀，这是烧蚀过程的第 3 个阶段。碳化层熔化也是个吸热过程。融熔状态的 SiO_2，在燃气的冲刷下被带走，这就是壁面的侵蚀过程。碳化层侵蚀速率受到熔化速率的限制，在平衡状态时，二者应相等。如果温度超过 3 000 K，则碳有强烈的还原作用，它也是吸热的。

综合上述各点，可知树脂分解、分解气体的离解及喷射、SiO_2 的熔化以及碳的还原作用都是吸热过程，因而消散了燃气传给室壁热量的绝大部分，只有少量热量留在材料中，用来慢慢地提高室壁的温度，这就是烧蚀冷却的机理。烧蚀过程的物理模型及参数的变化见图 8-1，图中 δ_{vp} 为原始材料厚度，ρ_{vp} 为原始材料密度。

2. 燃烧室中的传热系数

燃烧室中的对流换热系数可用巴兹公式计算，即

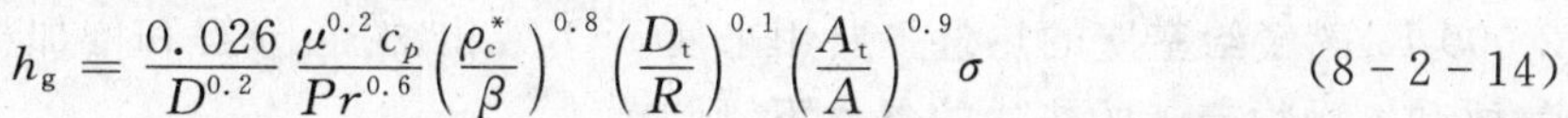

$$h_g = \frac{0.026}{D^{0.2}} \frac{\mu^{0.2} c_p}{Pr^{0.6}} \left(\frac{\rho_c^*}{\beta}\right)^{0.8} \left(\frac{D_t}{R}\right)^{0.1} \left(\frac{A_t}{A}\right)^{0.9} \sigma \tag{8-2-14}$$

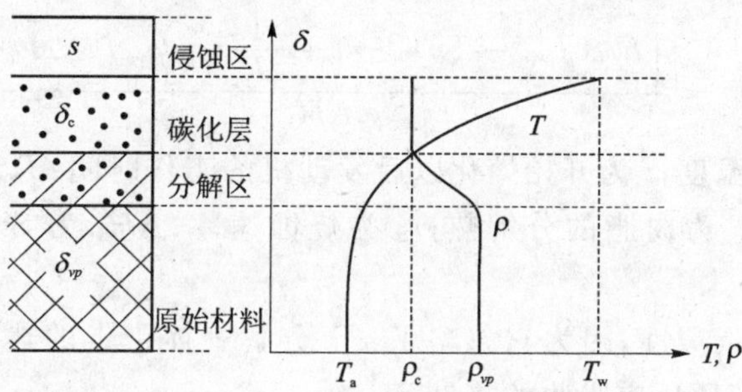

图 8-1　烧蚀过程的物理模型

式中：D 为燃烧室直径；D_t 为喉部直径；A_t 为喉部截面积；Pr 为普朗特数；μ 为动力黏性系数；c_p 为热容；ρ_c^* 为燃气密度；β 为特征参数；R 为燃烧室半径；A 为燃烧室截面积；σ 是变特性因子，其值可由下式给出

$$\sigma = \frac{\left(1+\frac{\gamma-1}{2}Ma^2\right)^{0.2}}{\left[0.5\frac{T_w}{T_c}\left(1+\frac{\gamma-1}{2}Ma^2\right)+0.5\right]^{0.6}} \tag{8-2-15}$$

式中：γ 为燃气比热比；Ma 为流动马赫数；T_w 为壁面温度；T_c 为燃气温度。

对于烧蚀冷却的燃烧室，由于分解气体的喷射，使换热系数有所减小，因此在计算中需要对分解气体的影响进行修正。

3. 烧蚀速率及侵蚀速率

酚醛树脂—硅化合物材料的烧蚀过程是极其复杂的，所以影响烧蚀速率的因素也很多，包括：推进剂、燃烧室的参数、发动机的工作时间等。实验证明：室压越高，则烧蚀速率越大。如室压为 0.6～0.8 MPa 时，其烧蚀速率 r_a 为 0.060～0.085 mm/s；室压为 0.8～1.1 MPa，其他条件近乎一致时，其速率为 0.072～0.105 mm/s。另外，工作时间越短，则速率越大，反之亦然，但工作时间超过 15 s 后，烧蚀速率近似一个常数。由实验结果，可以总结出以下经验公式

$$\dot{r}_a = \left(0.0135 + \frac{0.2}{15t}\right)(10^{-5} p_c)^{0.8} e^{-\frac{1}{15t}} \tag{8-2-16}$$

式中：t 为工作时间，s；p_c 为燃烧室压强，Pa。该式是变推力液体火箭发动机推力室的试验结论。求得的速率是工作时间内的平均值，适用于：① 燃烧室压强 0.5～1.1 MPa；② 推进剂为硝酸-27/偏二甲肼；③ 余氧系数为 0.4～1.1；④ 工作时间为 10～100 s；⑤ 同轴互击式可变截面喷注器；⑥ 燃烧室特征长度为 0.5 m 左右。

当高硅氧酚醛树脂材料的温度达到2 000 K以上，材料中的SiO_2开始熔化，以一定的速率被侵蚀。因此，侵蚀速率也是设计计算时需要解决的问题。当温度超过SiO_2熔点后（约2 000 K）燃气给室壁的热量主要用来使SiO_2熔化、树脂分解和增加材料的热焓。在忽略分解气体和熔融物带走的热量的条件下，则有

$$\dot{r}_f = \frac{\left[h_{eff}(T_{aw} - T_w) - \dot{r}_a + \frac{1}{2R_c}\dot{r}_a t\right]\rho_{vp} f_r \Delta H_{dp}}{\rho_c \Delta H_f} \tag{8-2-17}$$

式中：T_w为燃气边壁面温度；t为开始熔化以后发动机的工作时间；T_{aw}为燃气的绝热壁温；R_c为燃烧室的内半径；ΔH_{dp}为树脂的分解热；$\dot{r}_a$为烧蚀速率；ΔH_f为SiO_2的熔化热；$\dot{r}_f$为侵蚀速率。

上述公式有一定的近似性，因为它忽略了：① 分解气体带走的热量；② SiO_2熔化物带走的热量；③C与SiO_2的还原反应吸收的热量等。

知道了烧蚀速率$\dot{r}_a$和侵蚀速率$\dot{r}_f$之后，就可以知道所需材料的厚度及工作之后剩余的材料厚度。而材料需要厚度为

$$\delta = n\dot{r}_a t \tag{8-2-18}$$

式中：n为安全余量系数，取$n=1.2\sim1.5$。工作后的剩余厚度为

$$\Delta\delta = (n\dot{r}_a - \dot{r}_f)t \tag{8-2-19}$$

8.3　隔热层设计

发动机在飞行过程中，由于轴向加速度的作用，隔热层的碳化层很容易脱落。例如，飞行时发动机前封头隔热层碳化厚度是静态点火试验的1.6倍。

此外，还要考虑制造公差和隔热层材料性能偏差等因素，设计的厚度应留有一定的富裕量，以确保发动机在整个工作过程中壳体不会因温度升高而丧失强度。

隔热层厚度设计的原则是：在气流速度较大的部位和涡流区，隔热层应相应地厚一些；相反在气流速度较低的部位，可设计得薄一些。接触火焰时间长的比接触火焰时间短的部位隔热层厚度要相应地厚一些。

(1) 在前封头和人工脱黏层之间，气流速度接近于零的部位，气流冲刷较小，隔热层可设计得薄一些。

(2) 燃烧室壳体圆柱段最后接触火焰的部位，隔热层可设计得薄一些，只要加工方便，一般取0.8 mm即可，主要起缓冲壳体和药柱界面黏结应力以及保护壳体的作用。

(3) 在后封头靠近后接头的部位，由于气流速度较大，冲刷较为严重，应适当地加厚隔热层，在气流冲刷特别严重和涡流作用的部位，还应选择耐冲刷的隔热材料，如采用碳纤维—酚醛树脂加压固化。

此外，设计药柱时最好能使燃烧室壁在差不多相同的时间接触火焰，以减少隔热层的质量。

由于燃烧室内流场的复杂性，传热方式的多样性，以及燃气温度、横向流速和燃气组成在计算与测量上的困难，目前多数发动机的隔热层厚度还是靠经验确定。通常是根据同类发动机隔热层碳化深度（包括烧蚀量）确定一个厚度，对热试车后的隔热层进行解剖，测量出碳化层的厚度，从而可得到各部位隔热层的烧蚀率，这是一种简单易行的方法。但是，必须指出，根据同类发动机设计确定的厚度要考虑到新的工作条件的变化，并留有一定的余量。

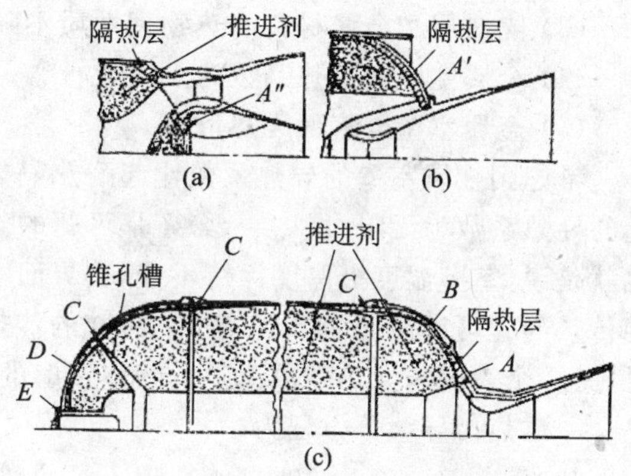

图 8-2　燃烧室隔热层的分布

图 8-2 给出了固体火箭发动机中隔热层的典型部位和相对厚度。其中，图 8-2(a)是“民兵”导弹发动机的尾部（多喷管结构）；图 8-2(b)是“海神”导弹发动机的尾部（潜入式喷管结构）；图 8-2(c)是“海神”导弹的第一级发动机（分段式药柱结构）。表 8-9 列出了这些典型部位的热流密度。

表 8-9　燃烧室内各部位的热流密度

部　位	热流密度/($W \cdot m^{-2}$)
A,A'',B	$3.40\times10^6 \sim 9.10\times10^6$
A',C	$2.30\times10^6 \sim 4.00\times10^6$
D,E	$0.85\times10^6 \sim 2.30\times10^6$

下面分别讨论不同类型隔热层厚度的确定方法。

8.3.1　耐热隔热层厚度的确定

图 8-3 表示耐热隔热层及其所防护的发动机室壁内的温度分布状况，图中以 M 表示发动机金属室壁，N 表示隔热涂层。可以看到，由于耐热隔热层的导热系数 λ_n 远小于金属室壁的导热系数 λ_m，在隔热层中的温度降十分明显，从而起到减少室壁受热的作用。金属室壁内的温度变化较之隔热层内要平缓得多，这样，在交界面上温度曲线就出现较大的转折。交界面上两侧温度相等，通过两侧的热流密度也相等。

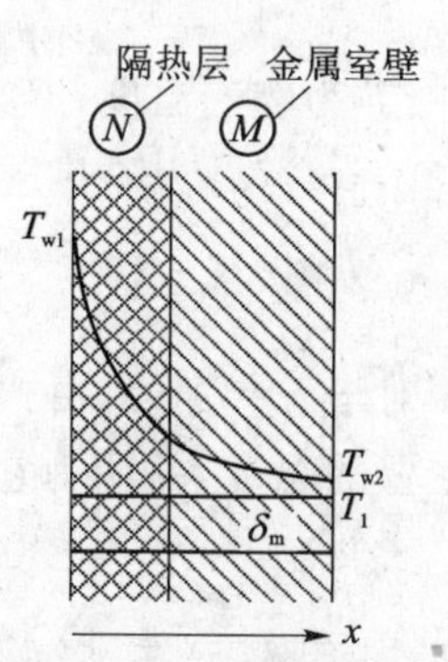

图 8-3　有耐热隔热层室壁中的温度分布

有隔热层室壁的传热问题是一个双层壁的不稳定传热问题,为了简化分析,假定:

(1) 燃气对隔热层的换热系数为常数,并等于换热系数的有效值 h_{ef};

(2) 隔热层厚度保持不变;

(3) 隔热层和金属材料的热物理性质不随温度变化;

(4) 金属室壁的导热系数为无限大;

(5) 金属室壁外表面无热散失。

考虑到金属室壁的导热系数比起耐热隔热层的导热系数几乎大两个数量级,假定金属室壁的导热系数为无限大($\lambda_m=\infty$)还是可行的。这样,就认为金属室壁内的温度梯度近似为零,也就是说,室壁温度沿厚度保持不变,交界面上的温度就等于室壁的温度。于是,上述双层壁的传热问题可以简化为单层(隔热层)壁的传热问题,即近似地看做为一个表面与高温燃气接触,另一个表面与导热系数无限大物体接触的无限大平板的传热问题来处理。

一维热传导微分方程为

$$\frac{\partial T_n(x,t)}{\partial t}=a_n\frac{\partial^2 T_n(x,t)}{\partial x^2} \tag{8-3-1}$$

初始条件和边界条件为

$$T_n(x,0)=T_i;\quad -\lambda_n\frac{\partial T_n(0,t)}{\partial x}=h_{ef}[T-T_n(0,t)],$$

$$-\lambda_n\frac{\partial T_n(\delta_n,t)}{\partial x}=c_m\rho_m\delta_m\frac{\partial T_n(\delta_n,t)}{\partial t}$$

根据所给出的初始条件和边界条件,利用拉斯变换法求解热传导微分方程(8-3-1),得到

$$\frac{\theta_n}{\theta_i}=\frac{T-T_n}{T-T_i}=\sum_{i=1}^{\infty}\frac{2\mathrm{e}^{-\phi_i^2 Fo}\left(1+\frac{\phi_i^2}{M^2}\right)\cos\left(\phi_i\frac{x}{\delta_n}\right)\left[\frac{1}{Bi}+\frac{1}{\phi_i}\tan\left(\phi_i\frac{x}{\delta_n}\right)\right]}{\left(1+\frac{\phi_i^2}{M_2}\right)+\left(1+\frac{\phi_i^2}{Bi_2}\right)+\frac{1}{M}\left(1+\frac{\phi_i^2}{Bi_2}\right)+\frac{1}{Bi}\left(1+\frac{\phi_i^2}{M_2}\right)} \tag{8-3-2}$$

式中:T 为燃气温度;T_i为初始温度;T_n为隔热层内 x 处的温度;$Bi=h_{ef}\delta_n/\lambda_n$ 为隔热层的毕渥数;$Fo=a_n t/\delta_n^2$为隔热层的傅里叶数;ϕ_i 为下面超越方程的一系列正根

$$\phi_i\tan\phi_i=\frac{BiM-\phi_i^2}{Bi+M},\text{其中 } M=\frac{\rho_n c_n\delta_n}{\rho_m c_m\delta_m} \tag{8-3-3}$$

对于 $x=\delta_n$ 处,由式(8-3-2)可得到隔热层与金属室壁交界面上的温度,它也是整个金属室壁的温度,并认为它近似等于金属室壁的平均温度 $\overline{T}_w$,即

$$\frac{\theta_w}{\theta_i}=\frac{T-\overline{T}_w}{T-T_i}=\sum_{i=1}^{\infty}\frac{2\mathrm{e}^{-\phi_i^2 Fo}\left(1+\frac{\phi_i^2}{M^2}\right)\left(1+\frac{\phi_i^2}{Bi^2}\right)\cos\phi_i}{\phi_i^2\left(\frac{1}{Bi}+\frac{1}{M}\right)\left[\left(1+\frac{\phi_i^2}{M^2}\right)\left(1+\frac{\phi_i^2}{Bi^2}\right)+\frac{1}{M}\left(1+\frac{\phi_i^2}{Bi^2}\right)+\frac{1}{Bi}\left(1+\frac{\phi_i^2}{M^2}\right)\right]} \tag{8-3-4}$$

对于 $x=0$ 处，则得到确定隔热层内表面温度 T_{w1} 的表达式

$$\frac{\theta_{w1}}{\theta_i}=\frac{T-T_w}{T-T_i}=\sum_{i=1}^{\infty}\frac{2e^{-\phi_i^2 Fo}\left(1+\frac{\phi_i^2}{M^2}\right)}{Bi\left[\left(1+\frac{\phi_i^2}{M^2}\right)\left(1+\frac{\phi_i^2}{Bi^2}\right)+\frac{1}{M}\left(1+\frac{\phi_i^2}{Bi^2}\right)+\frac{1}{Bi}\left(1+\frac{\phi_i^2}{M^2}\right)\right]} \tag{8-3-5}$$

式(8-3-4)及式(8-3-5)右边的无穷级数具有很好的收敛性，取第一项而略去以后的所有项，仍然可以保证有足够的计算精度。

为了计算方便，还可以将所取的第一项进一步简化。对于采用耐热隔热层室壁的情况，$M\ll 1$，而 Bi 值通常在 0～10 之间，因此 ϕ_1 很小，可取 $\phi_1\approx\tan\phi_1$，代入超越方程，得

$$\phi_1^2\approx\frac{BiM-\phi_1^2}{Bi+M}$$

故有

$$\phi_1^2\approx\frac{1}{\frac{1}{M}+\frac{1}{Bi}+\frac{1}{BiM}}$$

引进综合参数

$$K=\frac{1}{M}+\frac{1}{Bi}+\frac{1}{BiM} \tag{8-3-6}$$

则

$$\phi_1^2\approx\frac{1}{K} \tag{8-3-7}$$

由于 M 值比 Bi 值小得多，$1/Bi\ll 1/M$，所以含 $1/Bi$ 项与含 $1/M$ 项相比，可以略去含 $1/Bi$的项；而含 $1/Bi^2$ 项与 1 相比，亦可略去。于是，式(8-3-6)及式(8-3-7)分别近似为

$$K\approx\frac{1}{M},\quad \phi_1^2\approx M$$

式(8-3-4)及式(8-3-5)分别简化为

$$\frac{\theta_w}{\theta_i}=\frac{T-T_w}{T-T_i}\approx 2e^{-\phi_1^2 Fo}\frac{K(1+\tan^2\phi_1)\cos\phi_1}{1+2K}\approx 2e^{-\phi_1^2 Fo}\frac{K\sec\phi_1}{1+2K} \tag{8-3-8}$$

$$\frac{\theta_{w1}}{\theta_i}=\frac{T-T_{w1}}{T-T_i}\approx 2e^{-\phi_1^2 Fo}\frac{1+K}{Bi(1+2K)} \tag{8-3-9}$$

式(8-3-8)和式(8-3-9)把隔热层及金属室壁的相对温差表示成 3 个参数—隔热层的 Fo、Bi 和 K 的简单函数。当已知隔热层及室壁的厚度，热物理性质以及燃气对室壁的换热系数有效值时，可以很容易地求出被防护室壁的平均温度。反之，根据热强度所提出的室壁限制温度，可以确定出所需要的隔热层厚度，此厚度是所需的最小厚度，实际设计时，还必须加上一定的安全裕量。通过式(8-3-9)可以计算出隔热层的内表面温度，此温度必须低于隔热涂料的

熔点，否则应改用其他熔点更高的耐热隔热材料。

例题 8－1 如果在例题 7－1 中的燃烧室壁上喷涂 0.35 mm 的耐热隔热层，试求燃烧室后端室壁的温度及传热量。隔热层的性能参数为：导热系数 $\lambda_n = 0.84\ \mathrm{W/(m\cdot K)}$，比热容 $c_n = 1\,050\ \mathrm{J/(kg\cdot K)}$，密度 $\rho_n = 1.93\times 10^3\ \mathrm{kg/m^3}$。

解：根据定义进行如下计算

$$a_n = \frac{\lambda_n}{c_n \rho_n} = \frac{0.84}{(1\,050)(1\,930)} = 4.15\times 10^{-7}\ \mathrm{m^2/s}$$

$$Fo = \frac{a_n t_b}{\delta_n^2} = \frac{(4.15\times 10^{-7})(1.2)}{(0.35\times 10^{-3})^2} = 4.07$$

$$Bi = \frac{h_{ef}\delta_n}{\lambda_n} = \frac{(4\,200)(0.35\times 10^{-3})}{0.84} = 1.75$$

由式(8－3－3)得

$$M = \frac{\rho_n c_n \delta_n}{\rho_m c_m \delta_m} = \frac{(1\,930)(1\,050)(0.35\times 10^{-3})}{(7\,850)(628)(3\times 10^{-3})} = 0.048$$

由式(8－3－6)得

$$K = \frac{1}{M} + \frac{1}{Bi} + \frac{1}{BiM} = \frac{1}{0.048} + \frac{1}{1.75} + \frac{1}{(1.75)(0.048)} = 33.31$$

由式(8－3－7)得

$$\phi_1^2 = \frac{1}{K} = \frac{1}{33.31} = 0.03, \phi_1 = \sqrt{0.03} = 0.173$$

由式(8－3－8)求得

$$\frac{\bar{\theta}_w}{\theta_i} = 2e^{-\phi_1^2 Fo}\ \frac{K\sec\phi}{1+2K} = 2e^{-(0.03)(4.07)}\ \frac{(33.31)\sec(0.173)}{1+(2)(33.31)} = 0.885$$

室壁平均温度为

$$\bar{T}_w = T\left(1 - \frac{\bar{\theta}_w}{\theta_i}\right) + \frac{\bar{\theta}_w}{\theta_i}T_i = 2\,670(1-0.885) + (0.885)(40) = 335\ ℃$$

由式(8－3－9)求得

$$\frac{\theta_{w1}}{\theta_i} = 2e^{-\phi_1^2 Fo}\ \frac{1+K}{Bi(1+2K)} = 2e^{(0.03)^2\times 4.07}\ \frac{1+33.31}{(1.75)[1+(2)(33.31)]} = 0.513$$

隔热层内表面温度为

$$T_{w1} = T(1 - \frac{\theta_{w1}}{\theta_i}) + \frac{\theta_{w1}}{\theta_i}T_i = 2\,670(1-0.513) + (0.513)(40) = 1\,290\ ℃$$

燃气传给单位面积壁面的热量为

$$Q = \rho_m c_m \delta_m(\bar{T}_w - T_i) = 7\,850\times 628\times 3\times 10^{-3}\times(335-40) = 4\,363\ \mathrm{kJ/m^2}$$

对比例题 7－1 和例题 8－1 的计算结果可知，仅在该燃烧室壁喷涂一层耐热隔热薄层，隔热效果就十分明显，室壁的平均温度从 715 ℃降低到 335 ℃。室壁的吸热量也从 9 983 $\mathrm{kJ/m^2}$ 降低

到 4 363 kJ/m^2。隔热层内表面温度 T_{w1} 也未超过该隔热层材料(表 8－3 中配方Ⅲ)的熔点。

例题 8－2　壁厚 $\delta_m = 2.5$ mm 的 30CrMnSiA 钢制燃烧室,要求在装药燃烧结束时,燃烧室后端壁平均温度不超过 300 ℃,试确定应敷设的耐热隔热层厚度。所选用隔热材料的热物理性质为:$\lambda_n = 0.121$ W/(m·K),$c_n = 859$ J/(kg·K),$\rho_n = 1.57 \times 10^3$ kg/m^3,装药燃烧时间 $t_b = 4$ s,燃气温度 $T = 2\ 430$ K,燃烧室后端总换热系数的有效值 $h_{ef} = 2\ 000$ W/(m^2·K)。初温 $T_i = 20$ ℃。

解:由于式(8－3－8)中 Fo 和 K 都是所求厚度 δ_n 的函数,故必须用迭代法求解。

第 1 次近似:假定 $\delta_{n1} = 0.2$ mm,于是

$$a_n = \frac{\lambda_n}{c_n \rho_n} = \frac{0.121}{(850)(1\ 570)} = 0.9 \times 10^{-7}\ \mathrm{m^2/s}$$

$$Bi = \frac{h_{ef}\delta_{n1}}{\lambda_n} = \frac{(2\ 000)(0.2 \times 10^{-3})}{0.121} = 3.31$$

$$M = \frac{\rho_n c_n \delta_{n1}}{\rho_m c_m \delta_m} = \frac{(1\ 570)(859)(0.2 \times 10^{-3})}{(7\ 850)(628)(2.5 \times 10^{-3})} = 0.022$$

$$K = \frac{1}{M} + \frac{1}{Bi} + \frac{1}{Bi \cdot M} = \frac{1}{0.022} + \frac{1}{3.31} + \frac{1}{(3.31)(0.022)} = 59.49$$

$$\phi_1^2 = \frac{1}{K} = \frac{1}{59.49} = 0.016\ 8, \quad \phi_1 = 0.13$$

$$\frac{\bar{\theta}_w}{\theta_i} = \frac{T - \bar{T}_w}{T - T_i} = \frac{2\ 157 - 300}{2\ 157 - 20} = 0.869$$

由式(8－3－8)得到

$$Fo = \frac{1}{\phi_1^2} \ln \frac{2K \sec \phi_1}{\dfrac{\bar{\theta}_w}{\theta_i}(1 + 2K)} = \frac{1}{0.016\ 8} \ln \frac{(2)(59.49)\sec(0.13)}{(0.869)[1 + (2)(59.49)]} = 8.36$$

则

$$\delta_{n1} = \sqrt{\frac{a_n t_b}{Fo}} = \sqrt{\frac{(0.9 \times 10^{-7})(4)}{1.151}} = 0.21 \times 10^{-3}\ \mathrm{m}$$

第 2 次近似:假定 $\delta_{n2} = 0.21$ mm,按上述步骤重新计算,得到 $\delta_{n2} = 0.21$ mm。最后,耐热隔热层厚度确定为 0.21 mm。

8.3.2　消融隔热层厚度的确定

首先讨论一种不形成碳化层的简单情况。在填充弹性体类的隔热材料中,不形成高温碳化层的典型材料是苯乙烯—丁二烯共聚物和丁二烯—丙烯腈共聚物。这 2 种共聚物添加硅后的隔热层,其高温碳化层也是很薄的。升华隔热层也属于不形成碳化层的隔热层。

在隔热材料稳定消融时,热分解深度通常只占总受热深度的较小部分。为了简化数学模

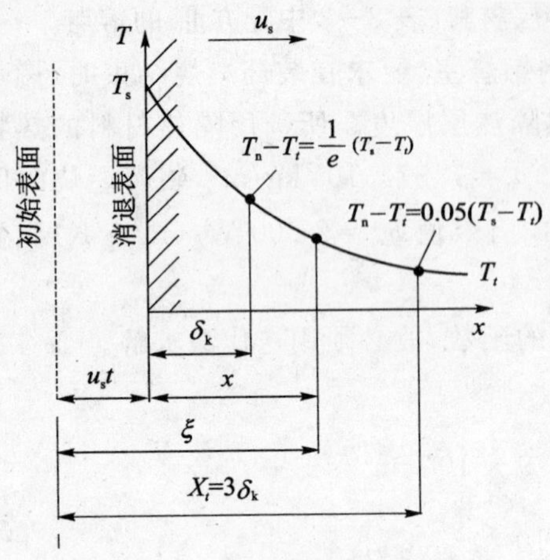

图 8-4　稳定消融时隔热层中的温度分布

型，假定所有与隔热层表面质量冲走有关的化学变化和相变都发生在表面层内，且在研究隔热层内温度分布时，忽略此表面层厚度。

图 8-4 表示出稳定消融，即消融速度 u_s 不随时间变化时的动坐标系。此时，坐标原点位于移动着的受热面上。由图所示可写出如下关系：

$$x=\zeta-u_st$$

对于原点位于初始表面的静坐标系，一维导热微分方程为

$$a_n\frac{\partial^2 T_n}{\partial\zeta^2}=\frac{\partial T_n}{\partial t} \tag{8-3-10}$$

式中：T_n 为隔热层温度。由于

$$\frac{\partial x}{\partial\zeta}=1,\quad \frac{\partial x}{\partial t}=-u_s$$

故

$$\frac{\partial^2 T_n}{\partial\zeta^2}=\frac{\partial^2 T_n}{\partial x^2},\quad \frac{\partial T_n}{\partial t}=\frac{\partial T_n}{\partial x}\cdot\frac{\partial x}{\partial t}=-u_s\frac{\partial T_n}{\partial x}$$

代入式(8-3-10)得到

$$a_n\frac{\partial^2 T_n}{\partial x^2}=-u_s\frac{\partial T_n}{\partial x} \tag{8-3-11}$$

式(8-3-11)为动坐标系中的一维导热微分方程。可以看出，在稳定消融条件下，隔热层内温度分布不随时间变化，仅取决于 x 横坐标。

引入特征量

$$\delta_k=\frac{a_n}{u_s}$$

则式(8-3-11)改写成

$$\frac{\partial^2 T_n}{\partial x^2}+\frac{1}{\delta_k}\frac{\partial T_n}{\partial x}=0$$

求解方程式，得到

$$T_n=C_1+C_2e^{-\frac{x}{\delta_k}} \tag{8-3-12}$$

由边界条件确定积分常数，即

当 $x=\infty$ 时，$T_n=T_i$，求得 $C_1=T_i$；当 $x=0$ 时，$T_n=T_s$，求得 $C_2=T_s-T_i$

其中 T_s 为消融表面温度，亦即隔热材料的升华温度或分解温度。在消融过程中，消融表面保持此温度。于是得到

$$T_n=T_i+(T_s-T_i)e^{-\frac{x}{\delta_k}} \tag{8-3-13}$$

式(8-3-13)描述了隔热层内的温度分布规律。由此可得从消融表面至温度为 T_n 的某一层的距离为

$$x = \delta_k \ln \frac{T_s - T_i}{T_n - T_i} = \frac{a_n}{u_s} \ln \frac{T_s - T_i}{T_n - T_i} \tag{8-3-14}$$

若取温度的相对变化

$$\frac{T_n - T_i}{T_s - T_i} = 0.05$$

作为隔热层中温度分布的最终值，则对应的总受热深度为

$$x_T = \delta_k \ln\left(\frac{1}{0.05}\right) = 3\delta_k = \frac{3a_n}{u_s} \tag{8-3-15}$$

由某升华隔热层数据：$\rho_n = 2\times10^3$ kg/m^3，$c_n = 1.47$ kJ/(kg·K)，$\lambda_n = 0.28$ W(m·K)，$u_s = 0.4\times10^{-3}$ m/s，计算得到

$$a_n = \frac{\lambda_n}{c_n \rho_n} = \frac{0.28}{(1\,470)(2\,000)} = 0.95\times10^{-7}\ \mathrm{m^2/s}$$

$$x_T = \frac{3a_n}{u_s} = \frac{(3)(0.95\times10^{-7})}{0.4\times10^{-3}} = 0.71\times10^{-3}\ \mathrm{m}$$

总受热深度以十分之几毫米计。

在加热深度 $x=\delta_k$ 处，温度的相对变化为

$$\frac{T_n - T_i}{T_s - T_i} = \frac{1}{e}$$

对于大多数用作消融材料的聚合物，$a_n = (1.3\sim1.7)\times10^{-7}$ m^2/s，当消融速度 $u_s = 0.2\sim0.4$ mm/s，$\delta_k = (0.3\sim0.8)\times10^{-3}$ m，即以十分之几毫米计。

在发动机整个工作时间 τ 内，隔热层所需要的最小厚度为

$$\delta_n = \delta_1 + \delta_2 \tag{8-3-16}$$

式中：δ_1 是在整个时间 τ 内，隔热层被消融冲走的厚度，即

$$\delta_1 = \int_0^{\tau} u_s \mathrm{d}t$$

对于消融速度不变的情况，$\delta_1 = u_s\tau$。δ_2 是发动机工作结束时隔热层的剩余厚度。在此厚度下，隔热层外表面的温度等于被防护室壁材料的热强度限制温度。若采用式(8-3-14)近似计算，并以室壁平均温度 T_w 表示室壁的限制温度，则在稳定消融条件下，剩余厚度为

$$\delta_2 = \frac{a_n}{u_s} \ln \frac{T_s - T_i}{T_w - T_i}$$

若近似认为消融速度在发动机工作过程中是保持不变的，则隔热层的最小厚度表示为

$$\delta_n = u_s\tau + \frac{a_n}{u_s} \ln \frac{T_s - T_i}{T_w - T_i} \tag{8-3-17}$$

必须指出，在装药燃烧初期，传入隔热层表面的部分热量将消耗于提高隔热层材料的温

度，此时，实际的消融速度将低于并逐渐接近于稳定消融速度。但由于这个初始消融过程为期很短，故也可以近似认为隔热层在发动机整个工作时间内都处于稳定消融状态。

从式(8－3－17)可以看出，右边第1项随 u_s 增加而增大，而第2项随 u_s 增加而减小，表明存在一个最佳消融速度，在此速度下，可保证得到隔热层的最小厚度。对式(8－3－16)求极值，得到最佳消融速度为

$$u_s^* = \sqrt{\frac{a_n}{\tau}\ln\frac{T_s - T_i}{T_w - T_i}} \tag{8-3-18}$$

实际上，u_s^* 只是一个理想值，实际消融速度既由燃气向隔热层表面的传热量决定，又受隔热层材料热物理和热化学综合性能的影响，因此要实现 u_s^* 并非总是可能的。

对于消融时形成碳化层的情况，例如增强塑料和某些填充弹性体隔热层，当稳定消融时，碳化层与分解层的交界面就可相当于消退表面，这时，式(8－3－17)中还应计入碳化层厚度，即

$$\delta_n = \delta_1 + \delta_2 + \delta_3 \tag{8-3-19}$$

式中：δ_3 为碳化层厚度，mm。某些增强塑料的碳化层厚度，可按如下经验公式估算

$$\delta_3 = A\tau e^{-\frac{mB}{q}} \tag{8-3-20}$$

式中：q 为被防护表面的热流密度，W/m^2；A，B 和 m 均为经验常数，用实验方法确定。对于某些石墨布/酚醛，$A=0.914$，$B=7.55\times10^5$，$m=0.68$；高硅氧/酚醛，$A=0.787$，$B=10.27\times10^5$，$m=0.68$。

使用上述各式确定隔热层厚度时，若隔热层在燃气中的实际暴露时间为 t，则应以 t 代替工作时间 τ 进行计算。

必须指出，大多数消融隔热材料的消融速度随发动机工作初温的升高而增大，因此，在发动机规定的使用范围(如－40～＋50 ℃)内，必须按高温(＋50 ℃)确定隔热层厚度。

由式(8－3－17)及式(8－3－19)确定的仅是隔热层的最小厚度，在实际设计中，还应当乘一个热安全系数。对于新发动机的隔热层设计，可取热安全系数为1.25～1.50。

例题8－3　现以FG－××发动机燃烧室壳体为例，把计算的碳化层厚度与实测值作一比较，计算的原始数据为：$\bar{c}_p=1.548\,1$ kJ/(kg·K)，$\lambda_c=3.138\times10^{-2}$ W/(m·K)，$T_{di}=588$ K，$T_{df}=813$ K，$H=857.72$ kJ/kg，$F_c=0.006\,5$ cm/s。

解：计算结果如表8－10和8－11所示，从表中可以看出，只要原始参数选择适当，其计算结果与实测值可以很好地吻合。

表 8-10　FG-××发动机燃烧室壳体计算结果(一)

部　位	设计厚度/mm	暴露时间/s	碳化厚度/mm	
			实测值	计算值
前圆筒	5	34	1.7	1.7
	3	16.6	1.6	1.23
柱段	1	2		0.3
后圆筒	3	10.8	0.8	0.99
	5	19.5	1.4	1.3
后封头	8	75	2.6	2.6

表 8-11　FG-××发动机燃烧室壳体计算结果(二)

部　位	设计厚度/mm	碳化厚度/mm	暴露在火焰中的对应时间/s	
			实测值	计算值
前封头	10	5.7	75	77
前圆筒	8	3.2	42	38.5

第9章 固体火箭发动机喷管的热防护

固体火箭发动机喷管内的流动工质是高温燃气,并含有一定量的融熔态颗粒。燃气通过喷管时壁面急剧加热、冲刷及烧蚀,使喷管内型面遭到破坏,同时燃气的热量通过壁面向外壁传导,使喷管壁面材料的内部温度及喷管外壁温度升高。减轻和防止喷管烧蚀的主要途径是选择合适的喷管材料及采用合理的喷管结构等。因此,喷管热防护设计的主要任务是对构成喷管内壁型面的各种热防护材料进行传热、烧蚀计算,确定喷管各部分热防护材料的合理的几何形状及尺寸,并且预示喷管在发动机工作过程中的状态。

表9-1给出了国外几种典型的固体火箭发动机喷管的热防护系统。表中给出的喷管喉部直径从几十毫米到几百毫米,发动机压强从0.3～14.0 MPa,扩张比从4～50,发动机工作时间从1～200 s,推力从几百牛[顿]到两万牛[顿],火焰温度从2 800～3 500 ℃。从表中可以看出,用于喷管的热防护材料有多结晶石墨、碳/碳复合材料、石棉/酚醛、高硅氧/酚醛以及碳纤维/酚醛等。

表9-1 国外几种典型固体发动机喷管热防护系统

喷管名称	材 料	功 用	喉径/mm
响尾蛇喷管	多结晶石墨 石棉/酚醛	喉衬 喉部隔热层和扩张段前段烧蚀层和隔热层	40.20
HS-303AV 卫星远地点 发动机喷管	碳纤维/酚醛 钨 高硅氧/酚醛	收敛段烧蚀层和隔热层 喉部隔热层和喉部延伸段烧蚀层 喉衬 扩张段烧蚀层和隔热层	81.28
侦察兵卫星 主发动机喷管	多结晶石墨 碳纤维/酚醛 石棉/酚醛	喉衬及收敛段衬层 扩张段烧蚀层和隔热层 潜入段的烧蚀层和隔热层	83.57
潘兴导弹第一级 发动机喷管	石墨布带缠烧/酚醛 多结晶石墨	收敛段烧蚀层 扩张段烧蚀层和隔热层 喉衬	151.51

续表 9-1

喷管名称	材 料	功 用	喉径/mm
民兵导弹第一级发动机喷管	多结晶石墨 钨 石墨布带缠绕/酚醛	收敛段烧蚀层 喉衬支撑件及喉部下游部分的烧蚀层 扩张段前段烧蚀层 喉衬 扩张段后段烧蚀层和隔热层	183.64
民兵导弹第二级发动机喷管	多结晶石墨 钨 石墨布带缠绕/酚醛 高硅氧布带缠绕/酚醛	喉衬下游部分烧蚀层 喉衬 扩张段前段烧蚀层 扩张段后段烧蚀层和隔热层 潜入部分后段烧蚀层和隔热层	244.60
MX 导弹第一级发动机喷管	3D 碳/碳 碳布缠绕/酚醛 石墨布带缠绕/酚醛	喉衬(整体式,包括入口部分) 喉衬背壁隔热层 扩张段烧蚀层和隔热层	381.00

9.1 热防护材料

长时间工作的发动机喷管,通常都采取了不同形式的热防护措施。喷管热防护的目的,一是在工作过程中保持喷管型面的完整性,尤其是在大多数情况下保持喷管喉部尺寸不变;二是降低喷管壳体的受热量,以保持它有足够的强度。因此,要求热防护层既要耐烧蚀,还要有良好的隔热性能。

当工作时间稍长时,可以采用石墨、钼等作喉衬或在喷管表面局部等离子喷钨;而工作时间更长时,则必须采用更完善的分段分层热防护的复合喷管。典型的复合喷管如图 9-1 所示。

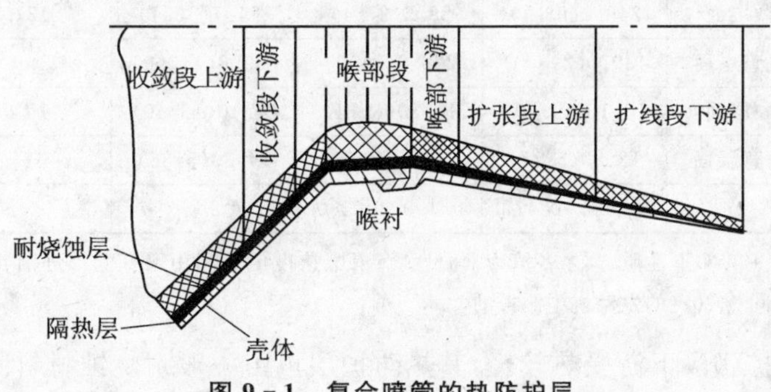

图 9-1 复合喷管的热防护层

从图中可以看到，热防护层分为两层：上层为耐烧蚀层，以抵抗热冲击、化学和机械作用；下层为隔热层，用以减少向喷管壳体壁的传热量。

耐烧蚀层多采用增强塑料类材料制造。表 9－2 中所列的碳布/酚醛、石墨布/酚醛、高硅氧布/酚醛、石棉毡/酚醛和玻璃布/酚醛等，都可以作为耐烧蚀层材料使用，其中，除石墨布/酚醛外，导热系数都很低，因此，由这些材料制作的热防护层亦可兼作隔热层使用。

隔热层可采用填充弹性体或增强塑料，如采用石棉、二氧化硅填充的丁腈橡胶或石棉毡/酚醛，玻璃布/酚醛等。

沿喷管全长的热环境各处不同，所使用的热防护层材料也有所不同。与喷管喉部段相衔接的喉部上下游、收敛段下游和扩张段上游受热较严重，温升较高，并且有高速燃气流的冲刷，容易造成严重的烧蚀，必须采用耐烧蚀性能好的材料，如碳布/酚醛和石墨布/酚醛等。

表 9－2　几种增强塑料的性质

热物理性质		材料				
		碳布/酚醛	石墨布/酚醛	高硅氧布/酚醛	石棉毡/酚醛	玻璃布/酚醛
密度×10^{-3}/(kg·m^{-3})		1.43	1.45	1.75	1.73	1.94
比热容/(kJ·kg^{-1}·K^{-1})		0.837(1.507)	1.005(1.633)	1.005(1.256)	0.795	0.921
导温系数×10^6/(m^2·s^{-1})		0.279(0.323)	0.325(0.330)	0.206	0.108	0.178
导热系数/(W·m^{-1}·K^{-1})	顺层面	1.44(1.61)	3.96(5.02)	0.61(0.66)	0.35	0.28
	垂直层面	0.83(1.00)	1.19(1.59)	0.52(0.55)	—	—
线膨胀系数/(W·m^{-1}·K^{-1})	顺层面	6.8	9.5	7.0	12.6	8.3
	垂直层面	9.5(55.8)	31.7	29.7	45.0	37.8
抗拉强度极限/MPa	顺层面	124.0(72.4)	72.4(52.4)	82.7(52.4)	248.0	414.0
	垂直层面	6.2(2.1)	5.1(2.3)	5.0(2.7)	—	—
拉伸模量×10^{-3}/MPa	顺层面	18.2(11.0)	10.8(8.5)	18.1(13.7)	20.7	31.7
	垂直层面	12.40(0.35)	3.03(0.55)	3.31(0.41)	—	—
抗压强度极限/MPa	顺层面	249.0(93.1)	89.6(27.4)	111.7(56.1)	137.9	348.9
	垂直层面	439.0(293.0)	228.0(14.9)	339.0(147.0)	—	—
压缩模量×10^{-3}/MPa	顺层面	16.10(11.90)	10.30(6.14)	24.10(13.40)	15.90	25.50
	垂直层面	12.80(5.17)	7.24(2.55)	14.30(5.38)	—	—
消融速度/(mm·s^{-1})		0.325～0.472	0.199～0.270	—	—	—

注：括号中的数据为 400 ℃下性质，其余各值为常温性质；消融速度值是利用聚氨酯推进剂(3 350 K)，在喷喉直径为 54 mm和工作时间为 30 s 的发动机中测得的。

收敛段上游及扩张段下游受热较轻，其热防护层可由一般耐烧蚀材料制造，如采用高硅氧布/酚醛。由玻璃布/酚醛制造的热防护层具有较高的强度，既可作耐烧蚀层和隔热层，又可兼

作结构件使用，因此有些喷管的扩张段下游采用它制造。

必须指出，增强塑料的热物理性质往往与填充材料的方向有关。当取向平行于燃气流时，由于燃气的冲刷剥离作用，耐烧蚀性差；当取向垂直于燃气流时，则隔热性差。因此，使用时取向安排要合理。

喷管喉部段温升最高，热环境最恶劣，最容易出现烧蚀，是喷管热防护的重点区域。采用喉衬是该区域最常见的热防护方法。喉衬是一种置于喷管喉部的特殊耐烧蚀层，用于限制烧蚀引起的喷管截面积增大，因此必须采用既耐高温又耐烧蚀的材料制造。

喉衬材料主要有 4 类：高熔点金属、石墨、碳/碳复合材料及增强塑料。下面分别介绍这些材料的主要性质。

9.1.1　高熔点金属

高熔点金属包括钨、钼、铌、钽、钛等。在固体火箭发动机中，广泛用来作为喉衬材料的是钼、钨及钨合金，表 9－3 列出了钼与钨的热物理性质。

表 9－3　钼与钨的热物理性质

热物理性质	钼		钨	
	锻造或挤压	模压烧结	锻造或挤压	模压烧结
密度$\times 10^{-3}$/(kg·m^{-3})	10.2	—	10.0	17.4
熔点/℃	2 630	2 630	3 410	3 410
比热容/(kJ·kg^{-1}·K^{-1})	—	—	0.138(0.197)	0.138(0.197)
导热系数/(W·m^{-1}·K^{-1})	—	—	166(104)	93(57)
线膨胀系数$\times 10^{6}$/K^{-1}	4.9	—	4.5	4.1
抗拉强度极限/MPa	824～1 373	—	1 103(69)	379(69)
拉伸模量$\times 10^{-3}$/MPa	—	—	407	276

注：括号中的数据为 2 200 ℃下性质，其余各值为常温性质。

从表中可以看出，熔点高是钼与钨的主要特点，它们的熔点接近甚至超过某些推进剂的燃烧温度。作为长时间工作的喉衬材料，熔点比钨低的钼适用于采用能量不高的推进剂的小型发动机，而钨适用于采用高能推进剂的小型发动机。在高温下，这些材料都具有较高的高温强度。例如，钼在 1 100 ℃时的抗拉强度为 210 N/mm^2，兼之导热性高、热膨胀系数低，这就保证了这些材料有较高的抗热冲击能力。钼或钨喉衬毛坯可用锻造、挤压或粉末冶金法经模压烧结而成。锻造与挤压的喉衬比模压烧结的喉衬强度高、晶粒定向度更理想。由于模压烧结的喉衬密度较低，故耐烧蚀性和抗热冲击能力均不及锻造、挤压的喉衬，但加工性好且价廉。

这些材料制作的喉衬，缺点是重量大，价格贵，且在高温下极易氧化。为了防止氧化，必须附加防护措施，如对钼制喉衬，往往是使其表面形成硅化钼保护层。

当要求喉部烧蚀最小时，建议采用钨或钨合金；在推进剂燃烧温度高达约 3 315 ℃的情况下，建议采用纯钨或镀钍的钨。

为了进一步提高钨的耐热性，常采用钨渗银、钨渗铜或钨渗锌的办法，即在采用粉末冶金法制造时，将钨制成孔隙细微相通的多孔性基体，并在高温下渗入低熔点、高熔化热和高蒸发热的、被称为发汗材料的金属银、铜或者锌。这种材料所制成的喉衬，在发动机工作时，当喉衬受热温度升高达到发汗材料的熔点时，发汗材料便开始熔化，并沿孔隙渗出到喉衬表面，形成一层液态保护薄膜。当温度超过发汗材料的汽化温度时，便蒸发并带走大量的热，从而降低喉衬表面的温度，提高了基体材料的耐热性。这就是常说的仿人体出汗降低体温的发汗冷却热防护原理，发汗材料便是冷却剂。发汗材料的体积一般占总体积的 20%左右，除了金属外，还可以用聚合物，如聚四氟乙烯作发汗材料。由上述材料制成的喉衬中孔隙很小，因此喉部尺寸一般不会发生变化。由于钨渗银、钨渗铜材料十分昂贵，通常只是在推进剂燃烧温度达 3 315～3 590 ℃或更高时才采用。

采用钨渗银、铜、聚四氟乙烯或锌所制作的喉衬，在燃气温度为 3 700 K 时的计算指出，其受热表面的温度所遵循的规律可表示为

$$T_{w1} = A(1 - e^{-b\sqrt{t}}) \tag{9-1-1}$$

式中：T_{w1} 为喉衬内表面温度；t 为受热时间；A 和 b 为近似系数，系数 A 取某一极限温度。从式(9-1-1)可以看出，喉衬表面温度随受热时间而升高，因此喉衬是在不确定的温度状态下工作的。如果对基体材料、发汗材料以及它们之间的质量比进行适当选择，一般可以做到在发动机整个工作时间内，使 T_{w1} 低于基体材料所允许的工作温度，而不出现烧蚀现象。

9.1.2 石 墨

石墨是碳的结晶体，属六方晶系，具有以下主要特性。

(1) 耐高温

石墨是目前已知的、最耐高温的轻质材料之一。在 7 000 ℃的超高温电弧下加热 10 s，石墨的质量损失仅 0.8%，而最耐高温的金属锆(Zr)的质量损失为 12.9%。石墨之所以能耐高温，除因本身的晶体结构特殊和升华温度高(3 650 ℃)外，还由于它具有良好的吸热性能，其吸热性能仅次于耐高温的增强酚醛塑料。当温度超过升华点时，表面石墨会直接升华而引起烧蚀，但是离开表面的石墨蒸气，既能阻止燃气向石墨传热，又能带走大量的热，从而又降低了石墨材料本身的温度，起到冷却作用，减缓了烧蚀。石墨的这种良好的高温耐烧蚀性能，使它常被用来作为防烧蚀的喷管或喷管喉衬材料。

(2) 化学稳定性

石墨在常温下具有很好的化学稳定性，不受任何强酸、强碱及有机溶剂的侵蚀。但高温时却非常活泼，在 500 ℃开始氧化，700 ℃时竟耐不住高温水蒸气的侵蚀，到 900 ℃连不大活跃的 CO_2 气体也对它有侵蚀作用。石墨的这种化学侵蚀现象，通常被称为“剥片侵蚀现象”，这是

由于物质可以渗入石墨分子层的空间所致。为了阻止燃气对石墨表面的化学侵蚀作用，常采用表面渗硅形成保护层的办法。这种硅化石墨提高了抗氧化和耐冲刷性能，当温度低于升华点时，其形状尺寸可保持不变。

(3) 导热性

石墨的导热性高，介于铝和碳钢之间，随密度的增大而增加；但和金属导热性随温度变化的情况相反，石墨在室温下具有很高的导热系数，温度升高导热系数反而下降。由于石墨具有高的导热性，所以，当发动机工作时间较长时，石墨喉衬背壁便需要有良好的隔热层，以降低喷管壳体温度，保证足够的热强度。

(4) 机械强度

石墨的机械强度和一般材料不同，当温度升高后，不但不熔软，强度反而增高。在2 500 ℃的高温下，其抗拉强度极限反比室温时提高一倍。由于石墨常温下的机械强度差，使用时必须用钢套从外部支撑加固。

(5) 质脆

在发动机工作初期，石墨喉衬受热表面温度已升得很高，但其背壁却常常是冷的，温度梯度大，往往会由于热应力使石墨材料出现裂纹，甚至断裂。为了避免裂纹的产生和扩展，通常将喉衬做成沿轴向的若干环状段的组合体。轴向分段不仅降低了热应力值，而且使背壁隔热层碳化所产生的热解气体能更好地逸出，避免热解气体产生的压强将石墨压坏。此外，为解决热胀产生应力的问题，必须在轴向和径向留有间隙，并用弹性材料或低温(≤315 ℃)热解材料制成的密封剂充填。

用作喉衬的石墨材料有多晶石墨和热解石墨，它们的热物理性质在表 9－4 中列出。

多晶石墨：多晶石墨(亦称为大块石墨或整块石墨)是一种用模压或挤压制成的比较便宜的材料。由于它兼具密度小和耐热性好的特点，因此被广泛用作喷喉直径小于 20 cm 的各种火箭发动机的喉衬，甚至用作全石墨喷管，如图 9－2 所示。

常用作喷管和喉衬的多晶石墨有高强石墨(Qc)和高强高密石墨(Mc)。两者相比，高强高密石墨的耐烧蚀性能更好，而抗热冲击性能稍差些。

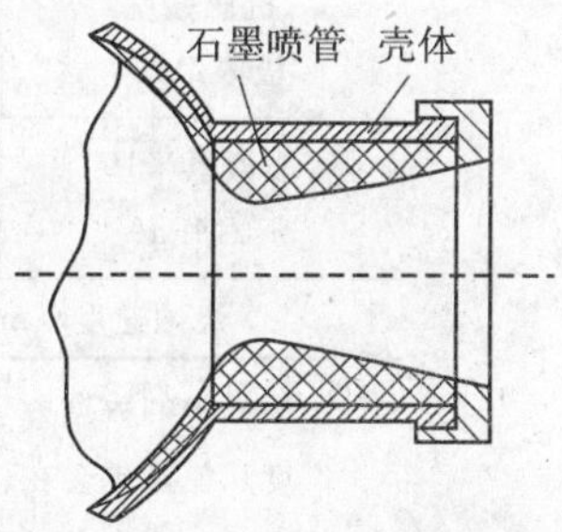

图 9－2　全石墨喷管

热解石墨：热解石墨(亦称高温沉积碳或定向石墨)是一种由碳氢化合物气体在高温下裂化而沉积在基体上的固体碳。这种材料密度大($2.15\times10^3 \sim 2.23\times10^3\ kg/m^3$)，比多晶石墨本来已有的各向异性更加显著。例如，沿平行沉积层平面(图 9－3(a)中的 a、b 向，也是基体表面方向)的导热性可与铜媲美；而垂直于沉积层方向(c 向)的隔热性能和氧化锆陶瓷相当，两个方向的导热系数可相差 100 倍左右。巧妙利用热解石墨这种相差悬殊的各向异性，经过结构上的合理安排，可以获得更好的抗烧蚀和隔热效果。图 9－3(b)表示一个小型发动机的热解石墨喉衬组

合结构。该喉衬组合结构分内外两层。内层为热解石墨喉衬，由于目前定向沉积的最大厚度一般不超过 9.5 mm，故采用几片热解石墨黏结在一起的叠片结构，沿喷喉径向为石墨晶体的 a、b 向；外层为热解石墨衬套（或称支撑环，亦可用多晶石墨制作），其径向为石墨晶体的 c 向，而石墨晶体的 a、b 向平行于喷管轴线。这种组合构件的取向方式，使燃气传递来的热量，迅速地沿具有很高导热性的内层径向向外传导；而传入外层的热量又沿具有很高导热性的轴向向两侧扩散，这样便有助于降低叠片组件的温度，并使其内表面温度不至于过高，从而增强喉衬的抗烧蚀效果。同时，由于外层沿径向的导热性差，阻止了热量向壳体的传递，从而使壳体不至于过热，达到了隔热的目的。

表 9-4　碳基材料的热物理性质

热物理性质		材　料		
		多晶石墨	热解石墨	碳/碳复合材料
密度 $\times 10^{-3}$/(kg·m^{-3})		1.75	2.20	1.45
升华温度/℃		3 650	3 650	3 650
比热容/(kJ·kg^{-1}·K^{-1})		1.047(2.512)	0.921(2.093)	1.298(2.261)
导热系数/(W·m^{-1}·K^{-1})	顺晶(层)面	121(28)	346(69)	31
	垂直晶(层)面	69(26)	2.10(0.52)	14
线膨胀系数 $\times 10^{6}$/K^{-1}	顺晶(层)面	2.7	2.4	0.9(3.1)
	垂直晶(层)面	4.0	36	2.5(5.0)
抗拉强度极限/MPa	顺晶(层)面	31(48)	69(103)	93(110)
	垂直晶(层)面	21(35)	2.8	4.8(9.0)
拉伸模量 $\times 10^{-3}$/MPa	顺晶(层)面	5.2(5.5)	27.6(17.2)	15.9(14.5)
	垂直晶(层)面	6.2(8.6)	11.7(6.9)	11.0(12.4)
抗压强度极限/MPa	顺晶(层)面	62.1(75.8)	69	93.1(93.1)
	垂直晶(层)面	69(82.7)	310	44.8(62.1)
压缩模量 $\times 10^{-3}$/MPa	顺晶(层)面	6.2(7.6)	33.1	17.2(15.2)
	垂直晶(层)面	5.5(6.9)	13.1	10.3(4.5)
烧蚀速度/(mm·s^{-1})		0.059～0.087	0.013～0.015	0.15

注：括号中的数据为 2 200 ℃下的性质；其余各值为常温性质；随加工方法的不同，材料的密度、强度和模量也会在较大的范围内变化；烧蚀速度是利用聚氨酯推进剂(3 350 K)，在喷喉直径为 54 mm 和工作时间为 30 s 的发动机中测得的。

由于热解石墨沿晶体 c 向具有较大热膨胀系数（参见表 9-4），热膨胀间隙预留得不合适已成为此类喷管结构破坏的主要原因。所以在结构设计中，预防轴向膨胀而留出足够间隙的措施甚至更为重要。现在已可以做到外径达45.7 cm的热解石墨环。迄今为止，喉径31.7 cm

的热解石墨喉衬在燃烧室内压强大于 7 MPa 的情况下已试验成功。

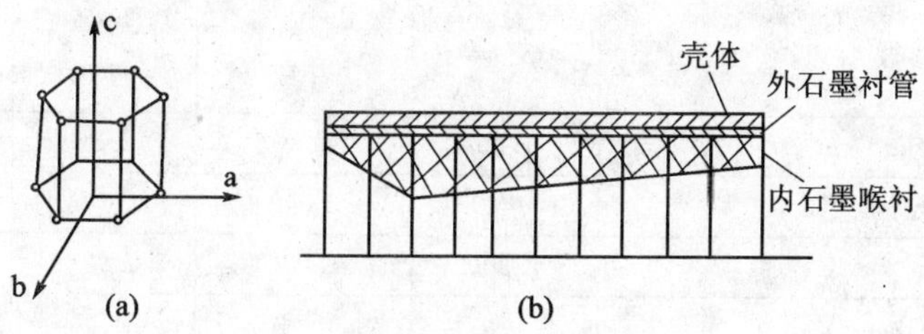

图 9-3　石墨晶体及热解石墨喉衬

上面所述的组合方式属于镶嵌式，镶嵌式在一段时间内已具有现代技术水平。还有一种涂层式正在发展中，以多晶石墨为整体的热解石墨涂层(喉径达 10 cm)已在高能推进剂试验发动机中获得成功使用。

9.1.3　碳/碳复合材料

碳/碳复合材料是一种新型的、很有前途的喷管热防护材料。前一个碳表示碳增强材料，后一个碳表示碳基体。它是在碳或石墨增强材料结构里再沉积碳或石墨作为基体的材料。碳/碳复合材料既有很好的耐烧蚀性和隔热性，又有较高的强度和刚度，而且，对热冲击及机械冲击的敏感度很小。所以，它可兼作耐烧蚀层、隔热层和结构件使用，并且也不需要像使用石墨做喷管那样要求有复杂的固定和支承结构。这种材料还有密度小质量轻的优点，可使喷管质量减轻 35%～60%，因此具有很大的吸引力。

碳/碳复合材料的耐烧蚀性能和强度随密度的增大而提高。低密度($1.45\times10^3\sim1.65\times10^3$ kg/m^3)时，其烧蚀率约为碳布/酚醛、石墨布/酚醛的 1/2 到 1/3；中等密度($1.65\times10^3\sim1.85\times10^3$ kg/m^3)时，其耐烧蚀性能优于多晶石墨；而高密度($1.85\times10^3\sim2.05\times10^3$ kg/m^3)时，其耐烧蚀性能与热解石墨相当。

碳/碳复合材料可用作大型喷管($d_t>25$ cm)的喉衬材料，或作为与热解石墨(或钨)喉衬相衔接的喉部上下游段耐烧蚀层的材料。

9.1.4　增强材料

增强材料作为可供选择的喉衬材料，主要是在大型喷管($d_t>25$ cm)中使用。如前所述，喷喉直径越大，喉衬消融烧蚀所引起的喷喉截面积变化的相对值就越小，对内弹道性能的影响也就越小。所以，对于大型发动机，采用喉部允许消融烧蚀的喷管是有希望的方向之一。

具有可消融喷管的固体火箭发动机，当消融速度已知时，工作时间内所要求的推力变化规律，可以通过装药燃烧面积随时间的变化与喷喉截面积随时间的变化两者之间的协调来保证。

表 9-5 给出了几种喉衬材料的性能对比。

表 9-5　常用的几种喉衬材料性能对比

性能参数		碳-碳	高强高密石墨	热解石墨	旋压钨	钨渗铜
密度$\times10^{-3}$/(kg·cm^{-3})		1.45	1.86	2.20	19.30	17.30
烧结温度或熔点/℃		3 649	3 649	3 649	3 410	2 250
比热/(kJ·kg^{-1}·K^{-1})		1.300	1.070	0.921	0.134	0.163
泊松比		0.20～0.33				
导热系数/(W·m^{-1}·K^{-1})	平行	31.1	51.9	123.9		
	垂直	13.90	46.10	1.47	129.80	
线胀系数$\times10^{-6}$/K^{-1}	平行	0.50	3.02	0.80	4.30	5.34
	垂直	1.40	3.37			
抗拉强度/MPa	平行	93.0	12.0	80.0	1 100.0	300.0
	垂直	48.0	12.7			
拉压强度/MPa	平行	93	42			450
	垂直	45	42			
抗拉弹性模量/MPa	平行		7 340	600	4×10^5	312×10^3
	垂直		9 720			

9.2　喷管的烧蚀现象

前已述及，由于喷管中特别是喷管喉部附近，燃气的流速高、单位截面积的质量流率（密流）大，使得喷管壁所受到的高温高速燃气的加热作用和冲刷作用都十分严重，从而可能造成喷管材料的严重烧蚀。若采用的是含金属粉的推进剂，其燃烧产物中氧化物颗粒对管壁的碰撞和沉积，将增加接触传热和冲刷作用，则烧蚀将会更加严重。

表 9-6 所提供的数据，是口径为 82.5 mm 的六喷管发动机的实验结果。该实验发动机喷管的喉部直径 $d_t=6.35$ mm，装药燃烧时间 $t_b=0.45$ s。

从表列数据可以看出，当喷管喉部内表面的 T_{w1} 接近金属材料的 T_{sm} 时，均出现相当明显的烧蚀现象，喉部截面积 A_t 有不同程度的扩大。这是由于在发动机工作过程中，喷管内表面被燃气加热，当达到高温塑性并接近熔融状态时，在高温高速燃气对喷管表面的机械作用下，引起表面层塑性变形，继之破坏并冲走。而喷管喉部壁面温度最高，首先达到塑性状态，因此，喷管喉部的烧蚀尤其严重。

对流换热系数与燃气通道直径 d 的 1.8 次方成反比，而与质量流率 $\dot{m}_t$ 的 0.8 次方成正比。这样，在发动机工作状况和喷管材料相同的条件下，喷管喉部直径越小，对流换热系数越

大，烧蚀越明显。而且，其烧蚀的面积与喷喉原截面积的相对值(烧蚀率)也越大，对发动机内弹道性能产生的影响就越明显，因此，应当特别注意小直径喷喉的烧蚀问题。推力越大的发动机，其质量流率越大，对流换热系数越大，烧蚀也越严重。

表 9-6　喷管喉部烧蚀实验数据

喷管材料	导热系数 $\lambda/(W\cdot m^{-1}\cdot K^{-1})$	体积比热容 $c\rho/(kJ\cdot m^{-3}\cdot K^{-1})$	计算温度 T_{w1}/℃	熔　点 T_{sm}/℃	烧蚀率 $(\Delta A_t/A_t)$/%
司太立合金(钴钨铬合金)	14.6	3 510	1 450	1 300	59
因康镍(镍铬合金)	14.9	3 880	1 480	1 390	46
铬钢	29.3	3 550	1 150	1 480	45
冷轧钢	36.1	5 480	1 120	1 430	40
铁	79.5	5 260	955	1 540	–
铜	362.0	4 690	510	1 080	–

此外，发动机工作时间越长，喷管受热量越大，内表面的温升越高，更接近于材料的熔点，加上受燃气冲刷作用的时间长，烧蚀也就越严重。

喷管的热环境随着推进剂能量的提高而变得越来越恶劣，给喷管热防护设计带来了困难。表 9-7 给出了国外几种推进剂的性能。从表中可以看出，推进剂的燃烧温度从聚硫的 2 600 ℃到聚丁二烯的 3 200 ℃，同时推进剂中的铝粉含量从聚硫不加铝粉到聚丁二烯的百分之十几，使喷管的热环境渐趋严酷，燃气对喷管壁面的侵蚀加重。从喷管的要求分析，总体要求喷管质量尽可能小，而喷管性能要求却越来越高。因此，对喷管材料的耐热隔热性能、抗侵蚀性能、机械性能及热物理性能的要求也越来越高。需要特别关注的是，喷管的喉衬应是喷管的一个关键部件，其烧蚀显著影响发动机的工作状态。过去曾使用过难熔金属钨。虽然钨熔点较高，抗烧蚀性较好；但由于密度大，喉衬质量大，喉衬结构较复杂，试验结束后发现有的喉衬产生裂纹，所以使用受到限制。石墨也是一种喉衬材料。虽然石墨的成本比碳/碳复合材料低，密度较小，抗烧蚀性能较好；但是，由于其热物理性能差，易出现热裂现象，造成严重碎裂，致使发动机工作失败，所以石墨不适合作大喷管喉衬。另一种是热解石墨。它在垂直及平行沉积方向上的性能差异很明显，因此应用受到了限制。热解石墨一般只作镶嵌结构喉衬应用，在轴向必须留有足够的间隙，如果间隙不合适会造成喷管破坏。所以热解石墨虽然具有较高的抗烧蚀性能；但是在发动机喷管上没有实际使用，主要是用在小发动机喷管上。

碳/碳复合材料是一种比较好的喉衬材料，它在高温下不但具有较高的强度和抗烧蚀性能，而且它对热震及机械冲击的敏感度较小。密度也较低，约为 1.8 g/cm³。因此，碳/碳复合材料是喷管的一种比较理想的热防护材料。

喷管热防护材料还有石棉/酚醛、高硅氧/酚醛，碳/酚醛及石墨布/酚醛等，主要作喷管的收敛段、潜入部隔热层、喉衬背壁及扩张段隔热层和烧蚀层。对于工作时间只有几秒的大发动机喷管，如大型固体助推器喷管，也可以用高硅氧/酚醛或碳/酚醛作喉衬材料。

表 9－7　几种推进剂性能

推进剂类别	主要成分	理论比冲/($N \cdot s \cdot kg^{-1}$)	燃烧温度/K	铝粉含量/%
聚硫	PS/AP	2 256～2 354	2866	0
	PS/AP/Al	2 354～2 452	3 033	3
聚丁二烯	CTPB/AP/Al	2 550～2 599	3 366～3 477	15～17
	CF/AP/Al	2 354～2 403	3 700	19.5

目前，喷管常用的碳/碳复合材料有碳毡碳/碳复合材料及 3 向碳/碳复合材料，主要是作喉衬。碳/碳复合材料由 3 种碳复合而成，即纤维碳、气相沉积碳及浸渍碳 3 种。纤维碳是起增强作用，有的将碳纤维织成碳毡；有的将碳纤维编织成多向编织物，如图 9－4 所示为 5 向碳纤维编织物，现在最多的已有 11 向碳纤维增强体，常用的是 5 向增强体；气相沉积碳是碳/碳复合材料的基体碳，是在高温下热解碳氢气体，如甲烷、丙烷，使离子碳沉积在碳纤维上形成的；另一种碳是浸渍碳，为了提高碳/碳复合材料的密度，将气相沉积完了的碳/碳复合材料浸入存有沥青或糠酮树脂的容器中，加压利用毛细原理使沥青或糠酮树脂沿着微孔渗入，然后在高温下碳化即生成浸渍碳，图 9－5 所示为碳/碳复合材料形成过程示意图。

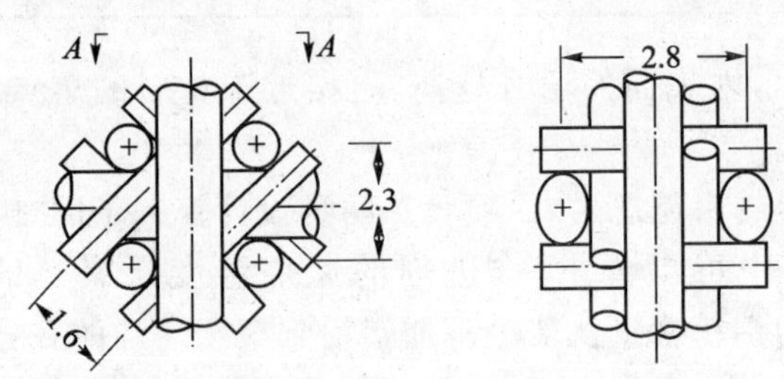

图 9－4　5 向碳/碳增强体编织示意图

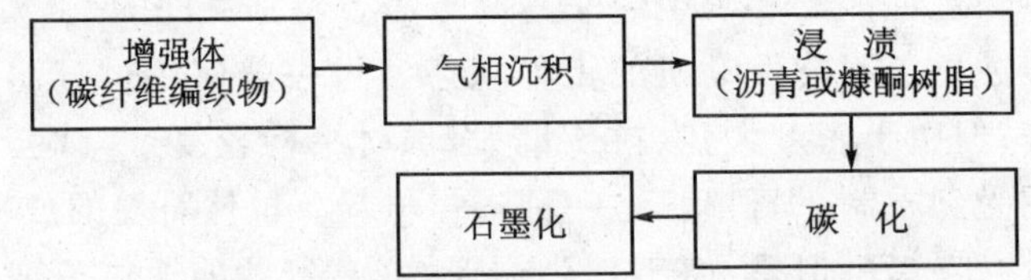

图 9－5　碳/碳复合材料简单工艺过程图

经机加成形后的碳/碳复合材料喉衬表面光滑平整，地面点火试验后，喉衬表面粗糙，高低不平，烧蚀严重。图 9－6 所示为热试车后碳/碳复合材料表面的烧蚀状态的放大图。从图上可清晰地看到增强纤维碳被烧蚀成尖锥状，气相沉积碳被烧蚀成锥体状凹坑。另外，从解剖地面点火试验后的碳/碳复合材料喉衬实物还发现碳/碳复合材料喉衬壁面上有 Al_2O_3 颗粒的侵蚀现象。图 9－7 所示为单颗 Al_2O_3 颗粒撞击并打入碳/碳复合材料壁面中（图 9－6 及图 9－7

均为电子扫描显微镜放大照片）。对于碳毡层叠的碳/碳复合材料喉衬，经过高温燃气侵蚀，地面点火试验后发生严重的分层现象（分层面即原来的碳毡层叠面）。这是由于碳毡纵向增强较薄弱的缘故。

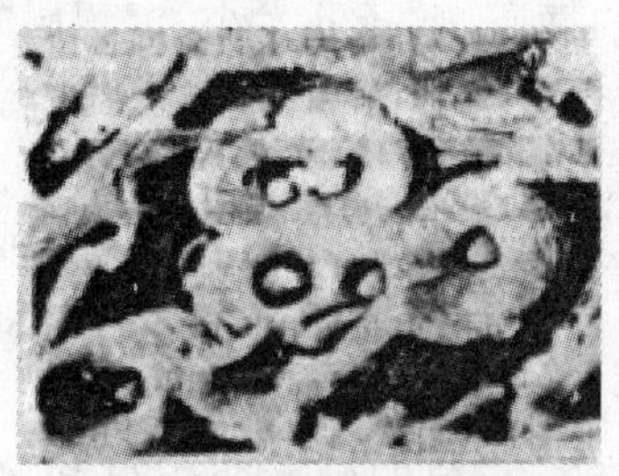

图 9－6　热试车后碳/碳复合材料烧蚀形貌

图 9－7　Al_2O_3颗粒对碳/碳复合材料喉衬壁面的侵蚀状况

喷管扩张段热烧蚀层材料主要是用高硅氧/酚醛或碳/酚醛。扩张段烧蚀最严重的位置出现在喉衬下游与扩张段烧蚀层对接的缝隙下游附近，由于不同的燃气流动状态及缝隙两侧不同材料的匹配，使喷管扩张段出现不同的烧蚀图像。归纳综合各种热试车结果，烧蚀图像有沟槽、菱形花纹及大凹坑 3 种烧蚀图像。轴向沟槽是一种常见的烧蚀图像，它与物面外的雷诺数有关。由于湍流边界层的层流底层遭到破坏，使燃气对壁面产生轴向冲刷，而材料的抗冲刷性能又差，从而引起轴向沟槽。菱形花纹是一种不常见的烧蚀图像，它与陨石表面气印相似。由于超声速外流中产生锥形激波与物面边界层作用，使波后压强、温度升高，造成花纹内烧蚀加剧，物面下凹，从而引起菱形花纹。图 9－8 所示为菱形花纹形状示意图。大凹坑烧蚀图像是由于喉衬下游缝隙两侧材料的烧蚀性能相差过大而引起的。如图 9－9 所示，缝隙左侧为钨，右侧为高硅氧/酚醛，试验结果产生了大凹坑烧蚀图像。若将左侧钨段缩短，使缝隙左侧为石墨，大凹坑烧蚀图像就消失了。

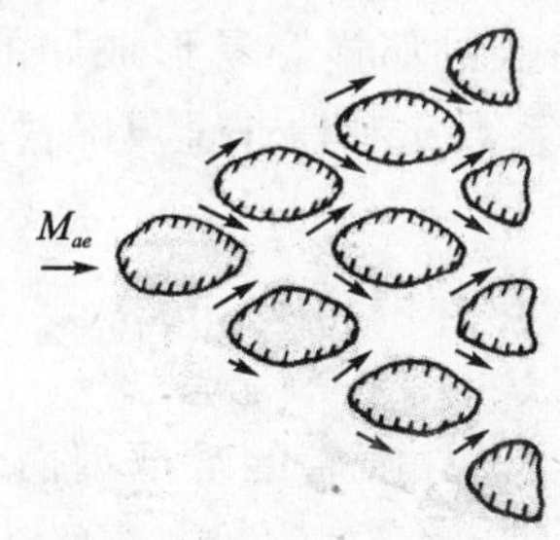

图 9－8　菱形花纹形状示意图

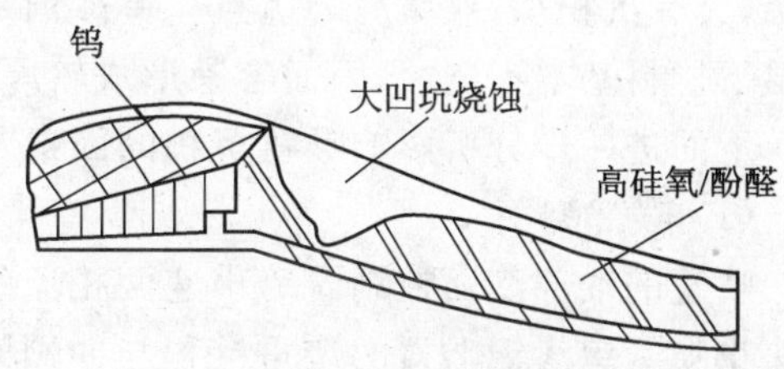

图 9－9　大凹坑烧蚀图像

9.3 喷管的沉积现象及其影响因素

沉积层对喉衬的影响与燃气流中到达喉衬壁面颗粒的性质、喉径的大小、沉积层的厚度及发动机的工作时间有关。有些推进剂的燃烧气体，到达喷管壁面上时带有燃烧着的金属颗粒，当它沉积在喷管的壁面时，会产生极高的热流密度，给喷管带来严重的加热及烧蚀。只有在沉积物不含燃烧的颗粒时，当其在喷管壁面形成沉积层后，才能形成保护层，且只对短时间工作的发动机有效。在固体火箭发动机内，到达喷管壁面的金属氧化物粒子一般是放热的，除了具有动量之外，还具有化学能，会给喷管造成机械损伤、热冲击和化学腐蚀。

沉积的情况重复性很差，同一型号的发动机，各次试验沉积层的厚度变化很大，影响发动机内弹道性能的重现性。当沉积层开始消融时，不是均匀地被吹除，而是产生局部的脱浇或熔潭，从而破坏了喷管原有的壁面及流场的对称性。坑凹的部位会产生强的涡流，造成气流偏心，冲刷喷管的壁面，当产生这种情况时，可把喉衬冲成道道沟槽，这时，沉积层越厚，气流受扰动越大，阻扰越强。

在小发动机中，沉积层对喷管性能的影响较大，这是由于较小的喉径变化，可引起较大的燃烧室压强的变化，即

$$\frac{\Delta p_c}{p_c} = \frac{2}{1-n}\frac{\delta}{r_t} \tag{9-3-1}$$

式中：Δp_c 为燃烧室压强变化；n 为燃速压强指数；δ 为喉部沉积层的厚度。从式(9-3-1)可知，当喷管喉部半径 r_t 很小时，相对小的沉积层厚度，仍可引起较大的燃烧室压强的增高。

沉积过程与传热有关，例如 Al_2O_3 要沉积在喷管的壁面，需具备如下条件：

(1) Al_2O_3 粒子与喷管壁面之间的传热要足够快，以便把 Al_2O_3 粒子在极短的时间内冷却到凝固点以下。

(2) Al_2O_3 粒子与喷管壁面的结合力要足够大，在气动力的作用下不被吹除。

碳/碳复合材料导热系数低，用它作为喉衬，不像钨渗铜喉衬那样容易形成厚的 Al_2O_3 沉积层，具有沉积小，效率高的优点。钨渗铜是金属材料，导热系数比其他非金属喉衬材料大，在高温下材料基本不烧蚀，因而容易形成较厚的沉积层。

下面进一步分析影响喉衬沉积的因素及改善钨渗铜喉衬沉积的措施。

(1) 喉部型面

喷管的喉部型面控制着跨声速两相流的流动特性。适当设计喷管的喉部型面，可有效地解决小喷管钨渗铜喉衬的严重沉积与冲刷问题。

(2) 燃气温度

燃气温度越高，Al_2O_3 在喉衬上的沉积层越小。这是由于燃气温度高时，Al_2O_3 粒子的温度也高，Al_2O_3 粒子要降到形成沉积层的温度所需的时间就长；而燃气加热喉衬使其达到沉积

层的消融吹除的温度所需的时间减小，如铝粉含量为8%的聚硫复合推进剂，钨渗铜喉衬的沉积比铝粉含量为14%的丁羟推进剂严重得多。因此，燃气温度较高的推进剂，采用钨渗铜喉衬较合适。

(3) 内衬材料

燃气导管的内衬材料及燃烧室的隔热材料对钨渗铜喉衬的沉积及冲刷有一定的影响，有些内衬材料热分解所形成的气体，可形成一层温度较低，无 Al_2O_3 粒子的气膜，把喉衬与具有两相流的燃气隔开，保护喉衬少受 Al_2O_3 粒子之害。

由于钨可与碳生成低熔点的碳化钨，有的学者认为：应避免选用含碳量多的内衬材料，与钨渗铜接触的石墨背衬或过渡环应涂上钍或钍的氧化物，以免两者直接接触。其实这种顾虑是多余的，碳也可在喉衬形成沉积层，但其作用与 Al_2O_3 沉积不同，可保护喉衬免受 Al_2O_3 之害。在长时间工作的小发动机中，采用钨渗铜为喉衬，燃气导管的内衬用碳纤维，喉衬与石墨背衬之间不涂钍之类的隔离层，试验证明这种设计是成功的。

(4) 硅油

在固体推进剂中加入适量的硅油，可有效地改善 Al_2O_3 的沉积。试验证明，由于硅油的加入，可大幅度地减小燃气传到喉衬上的热流密度，这可能是硅油的热解气体在喷管壁面形成保护性气膜之故。检查试验后的火箭发动机喷管，其内表面有均匀的硅氧化物沉积层，说明硅油可在喷管形成均匀的保护性沉积层。硅油的黏度及加入量应适当，以达到最佳效果。一般加入量为1%，但比冲损失约0.5%。

9.4 简单喷管的传热与计算

9.4.1 喷管的允许工作时间

首先讨论在保证喷管喉部不发生烧蚀的条件下，喷管的持续工作时间。

近似用等壁表面温度计算式，即式(3-2-30)

$$\frac{\theta_{w1}}{\theta_i} = \frac{T_p - T_{w1}}{T_p - T_i} = P\mathrm{e}^{-\beta_1^2 Fo}$$

来进行分析。式中以燃烧温度 T_p 代替喷喉处的恢复温度 T_r。应当指出，上式是由平壁条件导出的，但近似适用于喷管喉部的情况。通过对壁厚等于孔径的圆筒体及其壁厚相同的平壁，在 $Bi=1$，$0.3<Fo<1.3$ 条件下进行计算，所得到的壁面温度散布范围为15%～20%。

为了避免喷管喉部发生烧蚀，必须将其内表面温度限制在某值之下，即

$$T_{w1} \leqslant \varphi T_{sm}$$

其中 φ 为储备系数($\varphi<1$)。

对式(3-2-30)取对数，得到

$$Fo = \frac{\ln P - \ln \dfrac{\theta_{w1}}{\beta_1}}{\beta_1^2} \tag{9-4-1}$$

在 $Bi=0.4\sim4.0$ 范围内，可把 P 与 Bi 的关系近似用下式表示

$$\ln P = - k_1 Bi \tag{9-4-2}$$

式中：$k_1=0.3$。如前所述，β_1^2 与 Bi 亦存在如下近似关系

$$\beta_1^2 = k_2 Bi^n \tag{9-4-3}$$

式中：$k_2=n=0.7$。将式(9-4-2)和(9-4-3)代入式(9-4-1)，得到

$$Fo = \frac{-k_1 Bi - \ln \dfrac{\theta_{w1}}{\theta_i}}{k_2 Bi^n} = ABi^{-n} - DBi^{1-n} \tag{9-4-4}$$

式中：

$$A = \frac{\left|\ln \dfrac{\theta_{w1}}{\theta_i}\right|}{k_2}, \qquad D = \frac{k_1}{k_2}$$

将 Fo 和 Bi 准则表达式

$$Fo = \frac{a_m t_a}{\delta_m^2}, \quad Bi = \frac{h_{ef}\delta_m}{\lambda_m}$$

代入式(9-4-4)，得到

$$\frac{a_m t_a}{\delta_m^2} = A\left(\frac{\lambda_m}{h_{ef}\delta_m}\right)^a - D\left(\frac{h_{ef}\delta_m}{\lambda_m}\right)^{1-n}$$

则喷管的允许工作时间为

$$t_a = A\frac{\lambda_m^n}{a_m h_{ef}^n}\delta_m^{2-n} - D\frac{h_{ef}^{1-n}}{a_m\lambda_m^{1-n}}\delta_m^{3-n} = 1.43\left|\ln\frac{\theta_{w1}}{\theta_i}\right|\frac{\lambda_m^{0.7}}{a_m h_{ef}^{0.7}}\delta_m^{1.3} - 0.43\frac{h_{ef}^{0.3}}{a_m\lambda_m^{0.3}}\delta_m^{2.3} \tag{9-4-5}$$

对于给定的工作条件和喷管材料，由式(9-4-5)可确定出其内表面达到限制温度 T_{w1} 所需要的时间 t_a，此时间的长短取决于喷管喉部壁厚 δ_m、燃烧温度 T_p、总换热系数的有效值 h_{ef} 及材料的热物理性质—熔点 T_{sm}、导热系数 λ_m、比热容 c_m 和密度 ρ。

9.4.2 喷管的极限工作时间

式(9-4-5)可以看出，若在一定范围内增加壁厚，可以延缓喷管内表面温度的升高，从而使允许的工作时间延长，也就是提高喷管喉部不发生烧蚀的持续工作能力。这是因为在相同的传热条件下，增加壁厚即增加了喷管喉衬材料的热容量，从而使温度的上升值降低。那么，随着壁厚的增加，允许工作时间能延长到什么程度呢？

对式(9-4-5)求导数，并令其为0，有

$$\frac{dt_a}{d\delta_m}=\frac{A}{a_m}\frac{\lambda_m^n}{h_{ef}^n}(2-n)\delta_m^{1-n}-\frac{D}{a_m}\frac{h_{ef}^{1-n}}{\lambda_m^{1-n}}(3-n)\delta_m^{2-n}=0$$

由此得到

$$\delta_{mc}=\frac{2-n}{3-n}\frac{A}{D}\frac{\lambda_m}{h_{ef}}=1.88\left|\ln\frac{\theta_{w1}}{\theta_i}\right|\frac{\lambda_m}{h_{ef}} \tag{9-4-6}$$

式中：δ_{mc}为喷管喉部的临界壁厚，若喷管喉部壁厚超过此值，则其允许工作时间不可能再延长。也就是说，在不稳定导热过程中，当壁厚增加到一定值以后，由于热传导速度的限制，壁厚的增加不可能再起降低温度的作用。

将式(9-4-6)、$a_m=\lambda_m/c_m\rho_m$及有关数据代入式(9-4-5)，整理得到喷管喉部不限壁厚时的极限工作时间

$$\tau_{mt}=1.42\left|\ln\frac{\theta_{w1}}{\theta_i}\right|^{2.3}\frac{\lambda_m c_m\rho_m}{h_{ef}^2} \tag{9-4-7}$$

例题 9-1　估算喷管的临界壁厚和极限工作时间。取限制温度 $T_{w1}=1\,000$ ℃，燃烧温度 $T_p=2\,600$ ℃(已考虑热损失)，初温 $T_i=20$ ℃，总换热系数的有效值 $h_{ef}=11\,000$ W/(m^2·K)。

解：过余温度比为

$$\frac{\theta_{w1}}{\theta_i}=\frac{T_p-T_{w1}}{T_p-T_i}=\frac{2\,600-1\,000}{2\,600-20}=0.62$$

对司太立合金喷管

$$\delta_{mc}=1.88\,|\ln 0.62|\,\frac{14.6}{11\,000}=1.2\times10^{-3}\text{ m}$$

$$\tau_{mt}=1.42\,|\ln 0.62|^{2.3}\,\frac{(14.6)(3\,510\times10^3)}{11\,000^2}=0.110\text{ s}$$

对铁质喷管

$$\delta_{mc}=1.88\,|\ln 0.62|\,\frac{79.5}{11\,000}=6.5\times10^{-3}\text{ m}$$

$$\tau_{mt}=1.42\,|\ln 0.62|^{2.3}\,\frac{(79.5)(5\,260\times10^3)}{11\,000^2}=0.899\text{ s}$$

从以上估算结果可以看出，实验发动机的实际工作时间超过司太立合金喷管的极限工作时间3倍，而比铁喷管的极限工作时间小1倍。实验结果与此相吻合，司太立合金喷管烧蚀严重，而铁喷管没有明显烧蚀。估算结果还表明，增加壁厚并不可能大幅度地延长喷管的允许工作时间，因此增加壁厚不是降低温度防止烧蚀的有效措施。

由式(9-4-7)可知，极限工作时间正比于导热系数，因此喷管喉部材料的导热性能对喷管的使用寿命有着决定性的影响。导热性能好，就能把燃气传递来的热量，从喷管内表面迅速扩散到整个喷管壁厚中去，避免内表面因热量积聚过多而使温升过高，从而延长喷管的工作时间。这是一种散热冷却过程。钢是主要的散热材料。一般认为用低碳钢作为散热材料制造喷

管最合理。因为，这种材料的导热性比高碳钢和高合金钢要高 1～2 倍，从而能保证喷管具有良好的抗烧蚀性能。但是，采用散热冷却只能延缓喷管烧蚀的出现，随着工作时间的加长，整个喷管温度上升，沿壁厚的温差减少，散热速度便慢了下来，燃气传到内表面的热量不能很快向壁内扩散，内表面材料仍然会因温升过高而被烧蚀。因此，钢制喷管只适用于推进剂能量不高，工作时间短的中小型发动机和助推器。普通金属中的钢、铝的导热性虽好，但熔点过低。实践证明，铝制喷管的抗烧蚀性极差。而且，当温度稍有上升时，这些材料的机械性能就迅速下降，因此，大多数的火箭发动机喷管都不用钢或铝制造，只有发动机工作时间极短的情况下才可以考虑使用。例如，某反坦克火箭弹，发动机工作时间仅 0.015 s，选用了超硬铝制作喷管，对喉部进行了硬质阳极化处理，满足了使用要求。

极限工作时间还与换热系数的平方成反比。由前所述可知，在压强一定的条件下，对流换热系数满足如下关系

$$h_c \propto \frac{\dot{m}_t^{0.8}}{d_t^{1.8}} \propto \frac{A_t^{0.8}}{d_t^{1.8}} \propto \frac{1}{d_t^{0.2}}$$

因而

$$\tau_{mt} \propto d_t^{0.4}$$

以此为根据，可以建立喷管无烧蚀的实验发动机与喷管无烧蚀的实际发动机极限工作时间的关系，即

$$\frac{\tau_{mt}}{\tau'_{mt}} = \left(\frac{d_t}{d'_t}\right)^{0.4} \tag{9-4-8}$$

式中：d'_t 和 d_t 分别为实验发动机和实际发动机的喷喉直径；τ'_{mt} 和 τ_{mt} 分别为实验发动机和实际发动机的极限工作时间。

对于喷管喉部直径约 100 mm 的喷管，与前述实验发动机相比较，由式(9-4-8)可得

$$\frac{\tau_{mt}}{\tau'_{mt}} = \left(\frac{100}{6.35}\right)^{0.4} = 3$$

其极限工作时间增加了 2 倍。

此外，喷管的使用寿命与推进剂的 T_p 密切相关，燃烧温度低则极限工作时间长。例如，当使用 T_p＝1 800 ℃(已考虑热损失)的推进剂时，对于前述例题，司太立合金喷管极限工作时间可增加到 0.36 s，而铁喷管可达 2.94 s。

总之，只有一些采用能量不高的推进剂(如一般双基推进剂)，而工作时间又较短(不超过 1～2 s)的发动机或助推器，才可以采用单一的、熔点较低的钢材制造喷管。对于工作时间长或者采用高能推进剂时，上述材料已不能满足使用要求。例如，有的产品实验证实，采用含铝粉的 171-25 推进剂时，虽然工作时间只有 0.3 s，但已经需要采取热防护措施了。

9.5　喷管的热防护设计

喷管的热防护设计包括：喉衬设计、烧蚀层及隔热层设计。除合理地选取喉衬材料、烧蚀层及隔热层材料外，还要解决以下技术问题：

(1) 烧蚀台阶及型面控制；

(2) 高温状态下结构的温度补偿；

(3) 某些材料的热解气体逸出问题。

喷管的热防护设计还应包括传热、温度场计算及热应力分析。由于篇幅限制，不作介绍。

9.5.1　热防护原理

喷管热防护原理是依靠烧蚀一部分热防护材料带走一部分热量，同时又以不同方式再耗散一部分热量，例如辐射、热阻塞效应等，以及依靠热防护材料本身的隔热性能，阻止热量传入喷管结构内部，以保证内部结构温度在允许的范围内。

对于喷管热防护材料，通常用两个综合指标来评定其烧蚀性能。第 1 个综合指标是烧蚀热效率 E_{eff}，它定义为一定背壁温升(如 150 ℃)时总加热量与材料初始质量之比。

$$E_{eff}=\frac{q\cdot\Delta t}{m} \tag{9-5-1}$$

式中：q 为平均冷壁热流；Δt 为热防护材料背壁温度升高到 150 ℃的加热时间；m 为热防护材料的初始质量。对于低热流长时间被加热的热防护材料，这是综合比较材料性能很有用的指标，它主要反映了材料耗散热量的能力和隔热性能。第 2 个综合指标是有效烧蚀热 H_{ef}，定义为总加热量与材料耗损量之比

$$H_{ef}=\frac{qt}{\Delta m} \tag{9-5-2}$$

式中：t 为加热时间，Δm 为单位面积上热防护材料烧蚀前后的质量差。对于在高热流短时间条件下使用的热防护材料，有效烧蚀热是评定材料耗散热量能力的重要指标，但它并不反映热防护材料的隔热效果。例如喷管喉衬，它所承受的热流最大。因此，衡量喉衬材料的主要性能之一就是有效烧蚀热。

喷管的热防护材料，通过耗损其本身的质量来吸收或耗散热量，其中包括材料的热容吸热、相变吸热，同相与异相的反应吸热及热阻塞吸热等。其中以化学潜热最重要，因为 SiO_2 的蒸发与分解热为 12.6 MJ/kg，碳原子的平均升华潜热为 36.9 MJ/kg。喷管的最大热流在喉部，约为 7 kJ/m^2·s，喉部壁温最大为 3 000 K 左右，受热时间约为 60 s，与洲际导弹的再入弹头的受热情况相比都小。因此，对于喷管的热防护材料，采用高硅氧/酚醛、碳/酚醛及碳/碳复合材料等，目前尚能满足喷管的热防护要求。

喷管热防护研究的内容是热防护材料在特定加热环境下的烧蚀机理，研究热防护材料是通过什么方式耗损的，以及在烧蚀过程中的吸热机理。根据试验现象建立物理模型，由物理模型建立数学模型，最后给出工程计算方法，或根据试验结果统计、归纳后，给出适合工程使用的经验或半经验公式。

9.5.2 喷管的烧蚀冷却模型

由于喷管工作时各部分温度差异很大，故可以认为烧蚀材料在工作过程中形成三个区域，即碳化区、分解区和原始材料区（见图 9－10），利用热平衡方程可得到计算温度 T 的差分方程。

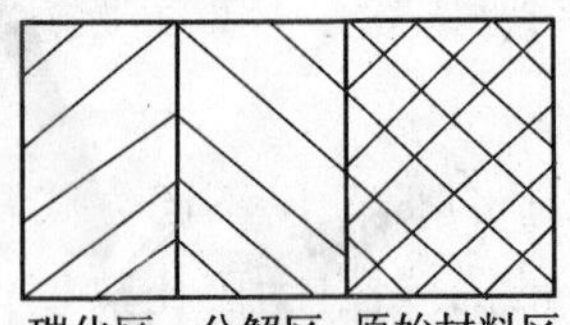

图 9－10 烧蚀材料分区

在考虑分解的吸热效应时，认为烧蚀材料在温度大于某值 T_B 时开始分解，并吸收热量，同时分解产生的气体由低温区流向高温区，又带走一部分热量，分解在温度大于某一值 T_E 时全部完成。分解量用 $F(T)$ 这个参数来计算，$F(T)$ 是单位质量的控制体内温度升高 1 K 所对应的分解量，根据实验数据可用插值公式将 $F(T)$ 的函数关系拟合出来，在做插值时，采用分段插值法，例如：$T=623,723,823$ 用二阶插值；$T=823,873,923,973$ 用三阶插值；$T=973,1\,043,1\,100$ 用二阶插值。插值公式描述的 $F(T)-T$ 曲线见图 9－11，由图可知，分段插值的拟合精度很好。

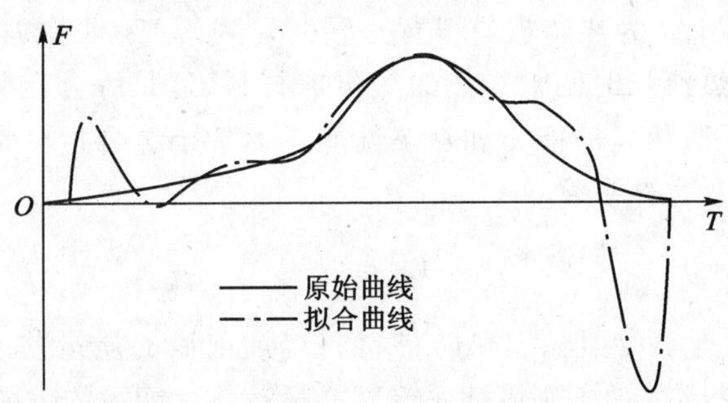

图 9－11 $F-T$ 曲线

在计算过程中，取研究对象为圆心角为 1 rad、高为 1 单位长度的弧段，如图 9－12 所示。将其肉厚分为 k 个等分，每份厚度为 Δr。

1. 材料内部点温度的计算公式

如图 9－13 所示为弧段的侧面，其中阴影部分为所取的控制体，其所处的状态可以为碳化、正在烧蚀或尚未烧蚀三种中的任意一种，所考虑的时间间隔为 Δt。

从左边（靠近燃气边）导入控制体的热量

$$Q_1 = \lambda \frac{T_{n-1} - T_n}{\Delta r}\left(r_n - \frac{\Delta r}{2}\right)\Delta t \tag{9-5-3}$$

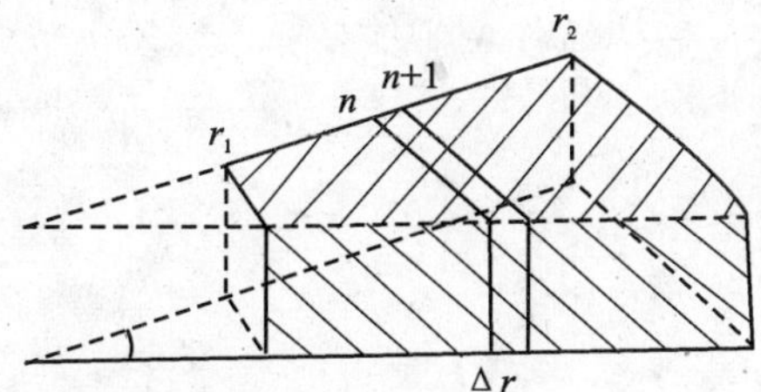

图 9-12　弧形单元

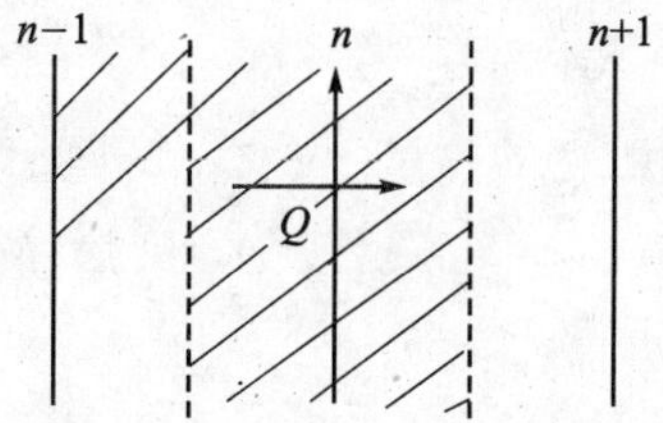

图 9-13　单元侧示意图

从右边导出的热量

$$Q_2 = \lambda \frac{T_n - T_{n+1}}{\Delta r}\left(r_n + \frac{\Delta r}{2}\right)\Delta t \tag{9-5-4}$$

其中 λ 随着 n 点所处的状态而变。当 $T_n < T_B$ 时，材料还未分解，故 λ 等于原始材料的导热系数 λ_p；当 $T_n > T_E$ 时，材料已全部碳化，因而 λ 取碳化材料的导热系数 λ_c；当 $T_B < T_n < T_E$ 时，材料处于不同的分解状态，故用线性插值来计算 λ

$$\lambda = \lambda_p + \frac{T_n - T_B}{T_E - T_B}(\lambda_c - \lambda_p) \tag{9-5-5}$$

分解吸收的热量

$$Q_{dp} = \delta F(T_n) r_n \Delta r \rho_p f_r (T'_n - T_n) \Delta H_{dp} \tag{9-5-6}$$

$$\delta = \begin{cases} 0 & (T < T_B \text{ 或 } T > T_E) \\ 1 & (T_s \leqslant T \leqslant T_E) \end{cases}$$

式中：T_n，T'_n 为 Δt 前、后的温度；ρ_p 为原始材料的密度；f_r 为树脂的单位重量可分解量；ΔH_{dp} 为分解热。

分解气体带出的热量

$$Q_{in,g}(n) = Q_{out,g}(n+1) \tag{9-5-7}$$

其中括号内的字母代表所对应的控制体标号。

Δt 时间中分解气体所带走的热量，可考虑为进入控制体又排出的气体带走的热量和控制体本身分解气体带走的热量之和，进入控制体的气体质量

$$m_1 = \frac{Q_{in,g}(n)}{\dfrac{T_m + T_{n+1}}{2} c_g} \tag{9-5-8}$$

控制体本身分解气体量

$$m_2 = \delta F(T_n)(T'_n - T_n) r_n \Delta r \rho_p f_r f_v \tag{9-5-9}$$

式中：f_v 为分解产物中可成气的比例；c_g 为分解气体的比热容。因而，这部分热量可表示为

$$Q_{\mathrm{out,g}}(n) = (m_1 + m_2)c_{\mathrm{g}} \frac{T_{n-1} + T_n}{2} = \frac{T_{n-1} + T_n}{T_{n+1} + T_n} Q_{\mathrm{in,g}}(n) +$$

$$\delta F(T_n) r_n \Delta r \rho_{\mathrm{p}} f_{\mathrm{r}} f_{\mathrm{v}} c_{\mathrm{g}} \frac{T_{\mathrm{n}} + T_{n+1}}{2} (T'_n - T_n) \qquad (9-5-10)$$

控制体内贮存的热量

$$Q_{\mathrm{st}} = - c_3 r_n \Delta r (T'_n - T_n) \qquad (9-5-11)$$

其中：

$$c_3 = \begin{cases} \rho_{\mathrm{p}} c_{\mathrm{p}} & (T < T_{\mathrm{B}}) \\ \rho_{\mathrm{c}} c_{\mathrm{c}} & (T > T_{\mathrm{E}}) \\ \left[\rho_{\mathrm{p}} + \dfrac{\rho_{\mathrm{p}} - \rho_{\mathrm{c}}}{T_{\mathrm{B}} - T_{\mathrm{E}}}(T_n - T_{\mathrm{B}})\right]\left[c_{\mathrm{p}} + \dfrac{c_{\mathrm{p}} - c_{\mathrm{c}}}{T_{\mathrm{B}} - T_{\mathrm{E}}}(T_n - T_{\mathrm{B}})\right] & (T_{\mathrm{B}} \leqslant T \leqslant T_{\mathrm{E}}) \end{cases}$$

c_{p} 和 c_{c} 分别为原始材料和碳化材料的比热容。

由热量平衡方程

$$Q_1 - Q_2 + Q_{\mathrm{in,g}}(n) - Q_{\mathrm{out,g}}(n) - Q_{\mathrm{dp}} = Q_{\mathrm{st}} \qquad (9-5-12)$$

将以上各式代入，整理得

$$T'_n = T_n + \frac{Q_1 - Q_2 + \dfrac{T_{n+1} - T_{n-1}}{T_n + T_{n-1}} Q_{\mathrm{in,g}}}{N + MP} \qquad (9-5-13)$$

其中：

$$M = \delta F(T_n) r_n \Delta r \rho_{\mathrm{p}} f_{\mathrm{r}}, \quad N = r_n \Delta r c_3, \quad P = \Delta H_{\mathrm{dp}} + \frac{T_n + T_{n-1}}{2} c_{\mathrm{g}} f_{\mathrm{v}}$$

2. 计算燃气边壁面温度的公式

取控制体如图 9-14 阴影所示，由燃气传入的热量

$$Q_1 = h_{\mathrm{eff}} r_1 (T_{\mathrm{aw}} - T_{\mathrm{w}}) \Delta t \qquad (9-5-14)$$

从右边导出的热量

$$Q_2 = \lambda \frac{T_{\mathrm{w}} - T_1}{\Delta R} \left(r_1 + \frac{\Delta r}{2}\right) \Delta t \qquad (9-5-15)$$

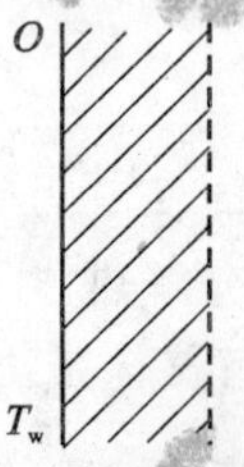

图 9-14　燃气边控制体

分解吸收的热量

$$Q_{\mathrm{dp}} = \delta F(T_{\mathrm{w}})(T'_{\mathrm{w}} - T_{\mathrm{w}}) \left(r_1 + \frac{\Delta r}{4}\right) \frac{\Delta r}{2} \rho_{\mathrm{p}} f_{\mathrm{r}} \Delta H_{\mathrm{dp}} \qquad (9-5-16)$$

分解气体带入的热量

$$Q_{\mathrm{in,g}} = Q_{\mathrm{out,g}}(1) \qquad (9-5-17)$$

分解气体带出的热量

$$Q_{\mathrm{out,g}} = \delta F(T_{\mathrm{w}}) \left(r_1 + \frac{\Delta r}{4}\right) \frac{\Delta r}{4} \rho_{\mathrm{p}} f_{\mathrm{r}} c_{\mathrm{g}} T_{\mathrm{w}} (T'_{\mathrm{w}} - T_{\mathrm{w}}) + \frac{2T_{\mathrm{w}}}{T_{\mathrm{w}} - T_1} Q_{\mathrm{in,g}} \qquad (9-5-18)$$

控制体内贮存的热量

$$Q_{st}=c_3\left(r_1+\frac{\Delta r}{4}\right)\frac{\Delta r}{2}(T'_w-T_w) \tag{9-5-19}$$

由热量平衡方程及以上几个关系式得如下计算公式

$$T'_w=T_w+\frac{Q_1-Q_2+Q_{in,g}\dfrac{T_w-T_1}{T_w+T_1}}{M_wP_w+N_w} \tag{9-5-20}$$

其中：

$$M_w=\delta F(T_w)\left(r_1+\frac{\Delta r}{4}\right)\frac{\Delta r}{2}\rho_p f_r,\quad N_w=c_3\frac{\Delta r}{2}\left(r_1+\frac{\Delta r}{4}\right),\quad P_w=f_r c_g T_w+\Delta H_{dp}$$

3. 换热系数 h_{eff} 的计算

在上述公式中，h_{eff} 为燃气与室壁的换热系数，可以由下式计算

$$h_{eff}=\frac{0.026}{D_t^{0.2}}\frac{\mu^{0.2}c_p g}{Pr^{0.6}}\left(\frac{p_c}{c^*}\right)^{0.8}\left(\frac{D_t}{r_c}\right)^{0.1}\left(\frac{A_t}{A}\right)^{0.9}\alpha \tag{9-5-21}$$

其中：

$$\alpha=\frac{\left(1+\dfrac{\gamma-1}{2}Ma^2\right)^{-0.12}}{\left[0.5\dfrac{T_w}{T_{aw}}\left(1+\dfrac{\gamma-1}{2}Ma^2\right)+0.5\right]^{0.68}},\quad Pr=\frac{4\gamma}{9\gamma-5}$$

$$\mu=1.208\times10^{-8}M_\mu^{0.5}T_{aw}^{0.6},\quad c^*=\varphi_c c_{th}^*,\quad T_{aw}=\varphi_t\varphi_c^2T_c$$

由于烧蚀材料所产生的气体向附面层喷射，影响传热效应，故 h_{eff} 有所变化，对其进行如下修正

$$h_{eff}=\frac{c_{pg}}{c_p}\left[1-\frac{1}{5}\left(\frac{M_\mu}{M_d}\right)^{1/3}\frac{\Delta r}{\Delta t}\rho_p f_r f_v c_p\right]h_{eff} \tag{9-5-22}$$

式中：c_{pg} 为燃气的定压比热容；M_d 为分解气体的分子量。

4. Ma 的求法

$$f(Ma)=\frac{1}{Ma}\left[\frac{2}{\gamma+1}Ma^2\right]^{\frac{\gamma+1}{2(\gamma-1)}} \tag{9-5-23}$$

$$f(Ma)=-\frac{1}{Ma^2}\left[\frac{2}{\gamma+1}\left(1+\frac{\gamma-1}{2}Ma^2\right)\right]^{\frac{\gamma-1}{2(\gamma-1)}}+\left[\frac{2}{\gamma+1}\left(1+\frac{\gamma-1}{2}Ma^2\right)\right]^{\frac{3-\gamma}{2(\gamma-1)}} \tag{9-5-24}$$

$$Ma_{n+1}=Ma_n-\frac{f(Ma_n)}{f'(Ma_n)} \tag{9-5-25}$$

5. 喷管外壁的温度计算

控制体如图 9－15，由于外壁处不应该分解，故认为它总处于原始材料状态，且考虑壁面向外的辐射，时间间隔为 Δt，导入之热量为

$$Q_1=\lambda_p\left(r_2-\frac{\Delta r}{2}\right)\frac{T_{k-1}-T_k}{\Delta r}\Delta t \tag{9-5-26}$$

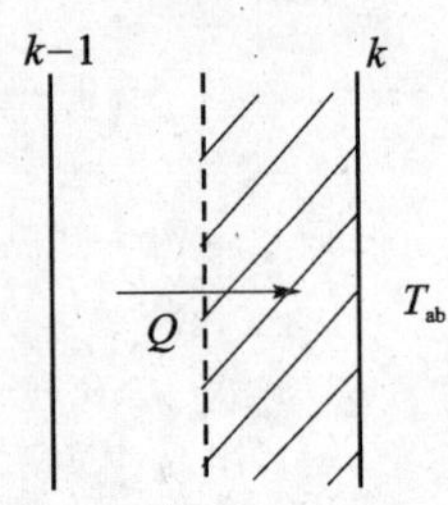

图 9-15 外壁控制体

导出热量

$$Q_2 = \varepsilon c_0 \left[\left(\frac{T_k}{100} \right)^4 - \left(\frac{T_{ab}}{100} \right)^4 \right] \Delta t \qquad (9-5-27)$$

T_{ab} 为环境的温度。

贮存热量

$$Q_{st} = \left(r_2 - \frac{\Delta r}{4} \right) \frac{\Delta r}{2} c_p \rho_p (T'_k - T_k) \qquad (9-5-28)$$

由热量平衡方程及以上关系式解得

$$T'_k = T_k + \frac{Q_1 - Q_2}{\left(r_2 - \frac{\Delta r}{4} \right) c_p \rho_p \frac{\Delta r}{2}} \qquad (9-5-29)$$

9.5.3 烧蚀喷管附面层损失计算

当火箭发动机的推力水平较低时，喷管附面层损失会对发动机性能带来比较明显的影响。基于这种原因，本节对发动机喷管在不同工况时的附面层损失进行分析计算。由于发动机喷管采用烧蚀材料，烧蚀气体的加入使附面层内的动量交换机理发生了变化，因而对附面层损失带来了新的影响因素。

1. 基本理论公式

在一维、绝热、附面层内速度线性分布的假设下，可以推出喷管附面层损失的计算公式。利用这些公式可导出喷管的附面层损失计算公式。

(1) 喷管扩张段面积比

$$\varepsilon = \frac{r^2}{r_t^2}$$

式中：r 为扩张段出口截面半径；r_t 为喉部半径。

(2) 中心势流的流动参数由给定的喷管型面进行等熵流动计算而得到。中心流的 Ma 由牛顿迭代公式求得，即

$$\varepsilon = \frac{1}{Ma} \left[\frac{2}{\gamma + 1} \left(1 + \frac{\gamma - 1}{2} Ma^2 \right) \right]^{\frac{\gamma+1}{2(\gamma-1)}} \qquad (9-5-30)$$

中心流的温度、速度和压强分别为

$$T_\infty = \frac{T_c}{1 + \frac{\gamma - 1}{2} Ma^2}, \quad u_\infty = Ma(\gamma R T)^{\frac{1}{2}}, \quad p_\infty = \frac{p_c}{\left(1 + \frac{\gamma - 1}{2} Ma^2 \right)^{\frac{\gamma}{\gamma-1}}}$$

式中：γ 为燃气的比热比；R 为气体常数；T_c 为燃烧室温度；p_c 为燃烧室压强。

(3) 燃气的黏性常数

$$\mu = 1.187 \times 10^{-7} m^{0.5} T_{aw}^{0.6}$$

摩擦系数为

$$C_f = \frac{2.0}{\delta u_\infty} u_c \left[\rho_c \left(\frac{T_\infty}{T_c} \right)^{\frac{\gamma}{\gamma-1}} \right]^{-1} \tag{9-5-31}$$

式中：m 为燃气的分子量；T_{aw} 为燃气的绝热壁温；δ 为附面层厚度；下标“c”表示燃烧室。

(4) 附面层参数的计算公式

$$\frac{d\theta}{dx} = \frac{C_f}{2} \left[1 + \left(\frac{dr}{dx} \right)^2 - \theta \frac{2 - Ma^2 + \dfrac{\delta^*}{\theta}}{\left(1 + \dfrac{\gamma - 1}{2} Ma^2 \right) Ma} \frac{dMa}{dx} + \frac{1}{r} \frac{dr}{dx} \right] \tag{9-5-32}$$

$$\frac{\delta^*}{\theta} = \frac{-\dfrac{2(T_c - T_\infty)}{T_\infty} - \ln \dfrac{T_\infty}{T_c}}{\ln \dfrac{T_\infty}{T_c} - 2 + \left(\dfrac{T_c}{T_c - T_\infty} \right) 0.5 \dfrac{\ln \left(\dfrac{T_c}{T_c - T_\infty} \right)^{0.5} + 1}{\ln \left(\dfrac{T_c}{T_c - T_\infty} \right)^{0.5} - 1}} \tag{9-5-33}$$

$$\frac{\delta^*}{\delta} = 1 + \frac{T}{2(T_c - T_\infty)} \ln \left(1 - \frac{T_c - T_\infty}{T_c} \right) \tag{9-5-34}$$

其中：θ 为附面层动量位移厚度；δ^* 为附面层质量位移厚度。

计算 δ, δ^* 和 θ 时，假定喷管入口处气流为均直流，即该处的 δ, δ^*, θ 均为 0。

(5) 附面层造成的损失计算

$$\Delta I_{sp,go} = u_{n,e} - u_v \frac{K_{\theta,e}}{K_{\dot{m},e}} + \frac{p_{e,n} - p_{e,v}}{\rho_{n,e} u_{n,e}} \tag{9-5-35}$$

其中：

$$K_{\dot{m}} = \frac{\rho_n u_n}{\rho_v u_v} = \left(1 - \frac{\delta}{r} \right)^2 + 2 \left(1 - \frac{\delta}{2r} \right) \frac{\delta}{r} \left(1 - \frac{\delta^*}{\delta} \right),$$

$$K_\theta = \left(1 - \frac{\delta}{r} \right)^2 + \frac{2\delta}{r} \left(1 - \frac{\delta}{2r} \right) \left(1 - \frac{\delta^*}{\delta} - \frac{\theta}{\delta} \right)$$

$$u_v^{\gamma-1} K_T^{\frac{2}{\gamma}} - u_v^{\gamma+1} = \frac{A_1}{K_m^{\gamma-1}}, \quad A_1 = \left(\frac{\gamma - 1}{2\gamma R T_c} \right)^{0.5},$$

$$p_v = p_c \cdot K_p^{\frac{\gamma}{\gamma-1}}, \quad K_p = 1 - \left(\frac{u_v}{u_n} \right)^2 + \frac{\left(\dfrac{p_{e,n}}{p_c} \right)^{\frac{\gamma-1}{\gamma}}}{\left(\dfrac{u_n}{u_v} \right)^2}$$

式中：g 为重力加速度；下标“e”表示喷管出口截面，下标“n”表示无黏，“v”表示有黏。

2. 附面层参数计算的差分公式

由计算动量位移厚度的微分公式，利用数值积分的方法计算附面层的参数。为了导出数值计算的差分公式，引入记号

$$D=\theta C_f \tag{9-5-36}$$

$$E=D\left[1+\left(\frac{\mathrm{d}r}{\mathrm{d}x}\right)^2\right]^{\frac{1}{2}} \tag{9-5-37}$$

$$F=2\left[\frac{2-Ma^2+\dfrac{\delta^*}{\theta}}{\left(1+\dfrac{\gamma-1}{2}Ma^2\right)Ma}\frac{\mathrm{d}r}{\mathrm{d}x}+\frac{1}{r}\frac{\mathrm{d}r}{\mathrm{d}x}\right] \tag{9-5-38}$$

则计算动量位移厚度的方程简化为

$$\frac{\mathrm{d}\theta}{\mathrm{d}x}=\frac{E}{2\theta}-\frac{F}{2}\theta \tag{9-5-39}$$

对上式在$[x,x+\Delta x]$上进行积分，作二阶近似则有

$$\theta_{n+1}=\left[\frac{\dfrac{\Delta x}{2}(E_{n+1}+E_n-F_n\theta_n^2)+\theta_n^2}{1+\dfrac{\Delta x}{2}F_{n+1}}\right]^{\frac{1}{2}} \tag{9-5-40}$$

3. 烧蚀气体对附面层基本方程的影响分析

烧蚀材料在烧蚀过程中，不断有烧蚀气体加入附面层。由于使这部分气体加速，喷管中的燃气将要损失一部分动量，这在效果上等于气体与壁面之间产生了一个附加的摩擦力(图 9-16)，因而引入一个附加的摩擦系数。由于喷管材料的烧蚀所产生的流量很小，所以忽略了这部分气体加入后造成的物性变化和其与燃气之间的总温差别。

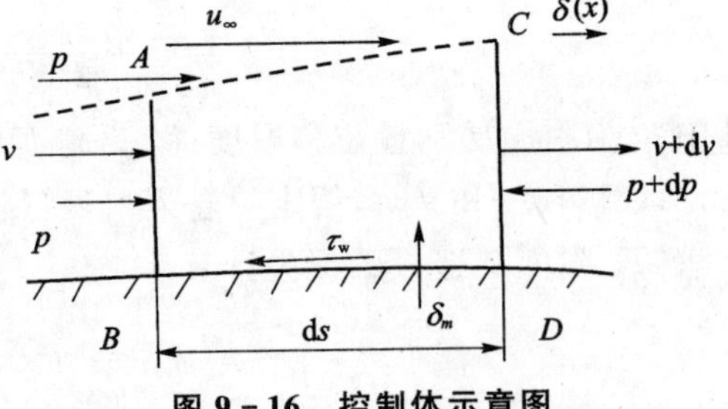

图 9-16 控制体示意图

(1) 连续方程

由 AC 面流入的质量为

$$2\pi r\int_0^\delta\rho u\,\mathrm{d}y+\mathrm{d}s\frac{\partial}{\partial s}\left[2\pi r\int_0^\delta\rho u\,\mathrm{d}y\right]-\left[2\pi r\int_0^\delta\rho u\,\mathrm{d}y+\delta_{\dot{m}}\right]=\mathrm{d}s\frac{\partial}{\partial s}\left[2\pi r\int_0^\delta\rho u\,\mathrm{d}y\right]-\delta_{\dot{m}} \tag{9-5-41}$$

式中：$\delta_{\dot{m}}=2\pi r\dot{r}\rho_{\mathrm{n}}\mathrm{d}s$ 为烧蚀气体的加入量；$\dot{r}$ 为烧蚀速率；ρ_{n} 为烧蚀材料可气化成分的密度。

(2) 动量方程

$$\mathrm{d}s\frac{\partial}{\partial s}\left[2\pi r\int_0^\delta\rho u^2\mathrm{d}y\right]-u_\infty\left\{\mathrm{d}s\frac{\partial}{\partial s}\left[2\pi r\int_0^\delta\rho u\,\mathrm{d}y\right]-2\pi\dot{r}\rho_{\mathrm{n}}\mathrm{d}s\right\}=-2\pi r\tau_{\mathrm{w}}\mathrm{d}s-2\pi r\delta\frac{\partial p}{\partial s}\mathrm{d}s \tag{9-5-42}$$

则

$$\frac{\partial}{\partial s}\left[r\int_0^\delta\rho u^2\mathrm{d}y\right]-u_\infty\frac{\partial}{\partial s}\left[r\int_0^\delta\rho u\,\mathrm{d}y\right]=-r(\tau_{\mathrm{w}}+u_\infty\dot{r}\rho_{\mathrm{n}})-r\delta\frac{\partial p}{\partial s} \tag{9-5-43}$$

对于中心势流

$$\rho_\infty u_\infty \frac{\partial u_\infty}{\partial s} = -\frac{\partial p}{\partial s} - \delta\frac{\partial p}{\partial s} = \frac{\partial u_\infty}{\partial s}\int_0^\delta \rho_\infty u_\infty \mathrm{d}y \tag{9-5-44}$$

记

$$\tau_h = u_\infty \dot{r}\rho_{\mathrm{n}}$$

这里 τ_{h} 为烧蚀气体的加入所引起的附加摩擦应力。因为

$$u_\infty \frac{\partial}{\partial s}\left[r\int_0^\delta \rho u \mathrm{d}y\right] = \frac{\partial}{\partial s}\left[r u_\infty \int_0^\delta \rho u \mathrm{d}y\right] - r\frac{\partial u_\infty}{\partial s}\int_0^\delta \rho u \mathrm{d}y$$

所以

$$\frac{\partial}{\partial s}\left[r\int_0^\delta \rho u(u_\infty - u)\mathrm{d}y\right] + \frac{\partial u_\infty}{\partial s} r\int_0^\delta (\rho_\infty u_\infty - \rho u)\mathrm{d}y = r(\tau_{\mathrm{w}} - \tau_{\mathrm{h}}) \tag{9-5-45}$$

利用动量位移 θ 和质量位移 δ^* 的定义，式(9-5-45)改写为

$$\frac{\mathrm{d}}{\mathrm{d}s}(r\rho_\infty u_\infty^2 \theta) + \frac{\mathrm{d}u_\infty}{\mathrm{d}s} r\rho_\infty u_\infty \delta^* = r(\tau_{\mathrm{w}} + \tau_{\mathrm{h}}) \tag{9-5-46}$$

将式(9-5-46)变换成 x,r 坐标，则有

$$\frac{\mathrm{d}\theta}{\mathrm{d}x} = (\tau_{\mathrm{w}} + \tau_{\mathrm{h}})\frac{\left[\left(\frac{\mathrm{d}r}{\mathrm{d}x}\right)^2 + 1\right]^{\frac{1}{2}}}{\rho_\infty u_\infty^2} - \theta\left[\frac{1}{r}\frac{\mathrm{d}r}{\mathrm{d}x} + \frac{\frac{\delta^*}{\theta} + 2}{u_\infty}\frac{\mathrm{d}u_\infty}{\mathrm{d}x} + \frac{1}{\rho_\infty}\frac{\mathrm{d}\rho_\infty}{\mathrm{d}x}\right] \tag{9-5-47}$$

或

$$\frac{\mathrm{d}\theta}{\mathrm{d}x} = (\tau_{\mathrm{w}} + \tau_{\mathrm{h}})\frac{\left[\left(\frac{\mathrm{d}r}{\mathrm{d}x}\right)^2 + 1\right]^{\frac{1}{2}}}{\rho_\infty u_\infty^2} - \theta\left[\frac{1}{r}\frac{\mathrm{d}r}{\mathrm{d}x} + \frac{\frac{\delta^*}{\theta} + 2 - Ma^2}{\left(1 + \frac{\gamma - 1}{2}Ma^2\right)Ma}\frac{\mathrm{d}Ma}{\mathrm{d}x}\right]$$

所以，只需在前面的附面层计算公式中加入附加摩擦项 $\tau_{\mathrm{h}} = u_\infty \dot{r}\rho_{\mathrm{n}}$，就可利用原来的公式计算有烧蚀气体加入时的附面层参数。引入记号

$$S = \frac{2\dot{r}\rho_{\mathrm{n}}\left[\left(\frac{\mathrm{d}r}{\mathrm{d}x}\right)^2 + 1\right]^{\frac{1}{2}}}{\rho_\infty u_\infty}$$

则有烧蚀气体加入时的附面层微分方程成为

$$\frac{\mathrm{d}\theta}{\mathrm{d}x} = \frac{E}{2\theta} - \frac{F\theta}{2} + \frac{S}{2} \tag{9-5-48}$$

在区间$[x, x+\Delta x]$上积分，取二阶近似，则有

$$\theta_{n+1} = \frac{1}{2\left(1 + \Delta x\frac{F_{n+1}}{2}\right)}\cdot\left\{\frac{\Delta x S_{n+1}}{2} + \left[\left(\frac{\Delta x S_{n+1}}{2}\right)^2 + 4\left(1 + \frac{F_{n+1}\Delta x}{2}\right)\right]\cdot\left[\frac{\Delta x}{2}(E_{n+1} + E_n - F_n\theta_n^2 + S_n\theta) + \theta_n^2\right]^{\frac{1}{2}}\right\} \tag{9-5-49}$$

4. 有烧蚀气体加入时的附面层损失

喷管出口的实际流量为理想流的流量与烧蚀气体的流量之和，则质量方程为

$$\dot{m}_v = \dot{m}_n + \dot{m}_h$$

$\dot{m}_h$ 为烧蚀气体的总流量，其值为喷管壁面上烧蚀气体析出量的积分，即

$$\dot{m}_h = \int_0^\delta \dot{r}\rho_n \mathrm{d}s$$

喷管有附面层影响时的流量为

$$\dot{m}_v = \pi(r-\delta)^2\rho_v u_v + 2\pi\left(r-\frac{\delta}{2}\right)\rho_v u_v \delta\int_0^1 \frac{u\rho}{u_v\rho_v}\mathrm{d}\left(\frac{y}{\delta}\right) = \pi r^2 u_v \rho_v K_{\dot{m}} \qquad (9-5-50)$$

$K_{\dot{m}}$的定义与前面相同。又

$$\dot{m}_n = \rho_n u_n \pi r^2$$

所以

$$\rho_n u_n \pi r^2 + \dot{m}_h = \pi r^2 u_v \rho_v K_{\dot{m}}$$

可得

$$K_{\dot{m}}\frac{\rho_v u_v}{\rho_n u_n} = 1 + \frac{\dot{m}_h}{\pi r^2 \rho_n u_n},\quad K_{\dot{m}a} = \frac{\rho_n u_n}{u_v\rho_v} = \frac{K_{\dot{m}}}{1+\dfrac{\dot{m}_n}{\pi r^2\rho_n u_n}} \qquad (9-5-51)$$

因此，只要把喷管附面层损失公式中的 $K_{\dot{m}}$ 用 $K_{\dot{m}a}$ 代入，则可用于求解烧蚀附面层的损失。

9.5.4 高硅氧/酚醛热防护工程计算

高硅氧/酚醛复合材料是一种玻璃类增强塑料，优点是工艺简单，加工周期短，成本低，并且具有良好的隔热性能和烧蚀性能，常被用作喷管收敛段和扩张段的隔热层和烧蚀层。这种材料是由高 SiO_2 含量的高硅氧纤维和酚醛树脂复合成的，在高温下酚醛树脂要热解，SiO_2 要熔融，酚醛树脂在 300 ℃左右开始热解，产生热解气体，图 9-17 所示为酚醛树脂热解气孔率与温度的关系曲线。从图上可知，酚醛树脂在800 ℃以上，其气化分数就保持为 0.48，说明酚醛树脂到 800 ℃就热解完了。SiO_2 约在 1 600 K 开始逐渐软化熔融。如果将它当作喷管扩张段的烧蚀隔热层使用时，由于扩张段内壁温度一般都超过 1 600 K，因此在壁面上就会形成黏性的 SiO_2 熔融液体微薄层，在加热条件下液体层要蒸发。

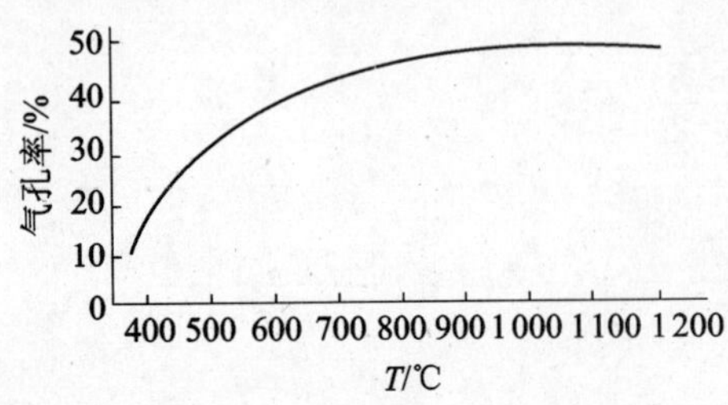

图 9-17 酚醛树脂的相对热力稳定性

因此，高硅氧/酚醛在受到燃气加热后，其热防护能力主要是靠以下几种吸热机理。

(1) 熔化吸热。SiO_2 的熔点为 1 600 K 左右，在受到燃气加热后，其热容吸热为

$$\Delta H = \bar{c}_p(T_w - T_o)$$

式中：$\bar{c}_p$ 是 SiO_2 的比热容；T_o 为初始温度；T_w 为壁面温度。

(2) 蒸发吸热，SiO_2 的蒸发潜热为 $\Delta H_v = 12.6\ MJ/kg$。

(3) 酚醛树脂热解吸热，热解吸热为 $\Delta H_p = 0.42\ MJ/kg$。

(4) “热阻塞”吸热。酚醛树脂热解后产生热解气体，热解气体通过碳化层孔隙引射到边界层中，这样阻止了一部分热量进入物体，起到了防热作用。如果 Ψ 表示热解气体的引射因子，则在具有引射条件下达到壁面的真实热流为

$$q = \Psi q_o$$

q_o 为在无引射条件下达到壁面的真实热流。对于层流边界层，则

$$\Psi = 1 - 0.62\left(\frac{h_s}{q_{\infty}}\right)m_s$$

对于湍流边界层，则

$$\Psi = 1 - 0.2\left(\frac{h_s}{q_{\infty}}\right)m_s$$

式中：h_s 为总焓；m_s 为材料质量损失率；q_{∞} 为经边界层上下焓差修正后的冷壁热流。

(5) 碳-硅反应吸热。酚醛树脂在 800 ℃时热解完毕，在更高的温度下碳化物与熔融的 SiO_2 纤维之间发生化学反应，在 1 400 ℃以下主要反应为

$$C + SiO_2 \rightarrow SiO(g) + CO$$

在 1 400～2 000 ℃范围主要反应为

$$3C + SiO_2 \rightarrow SiC + 2CO$$

在 2 000 ℃以上主要反应为

$$2C + SiO_2 \rightarrow Si(l) + 2CO$$

(6) 热辐射放热，壁面对燃气的热辐射为

$$q_R = \varepsilon\sigma T_w^4$$

ε 为碳基材料热辐射系数。

高硅氧/酚醛具有良好的隔热性能及烧蚀性能，常作喷管扩张段的烧蚀层或隔热层。作为烧蚀层材料使用时，烧蚀模型有液体层模型、碳化模型及碳化机械剥蚀模型等。下面仅讨论高硅氧/酚醛的碳化机械剥蚀模型。

当高温燃气流经喷管扩张段时，在壁面形成湍流边界层，燃气对壁面进行对流传热，壁面在受到燃气加热后，一部分热量作为热容吸热，提高壁面材料的温度；一部分热量向材料内部传递，还有一部分热量被壁面辐射给燃气，如图 9－18 所示。当燃气继续向壁面传递热量时，壁面温度继续升高，当壁面温度达到 300 ℃时，酚醛树脂开始热解向壁面逸出热解气体，当壁面温度达到 800 ℃时认为热解完毕，热解层转变成碳化层，同时材料内层温度不断升高，此时，就形成了碳化层、热解层及原始材料层，如图 9－19 所示。当燃气继续向壁面传递热量时，使

碳化层增厚，热解层后移。碳化层增厚到极限厚度后，认为再增加的碳化层厚度由于燃气对壁面的黏性作用被剪切掉了，称为机械剥蚀。因此，碳化层的厚度在发动机全工作过程中将保持不变。与此同时，由于热传导，材料的热解仍在进行，热解层不断地后移，原始材料层在不断减薄，这就是高硅氧/酚醛的碳化机械剥蚀模型。根据对试验后实物解剖观察，发现扩张段纵剖面上的碳化层厚度几乎相等，而不同类型发动机喷管试验结果，它们的碳化层厚度也几乎相等，这个厚度就称为碳化层的极限厚度。

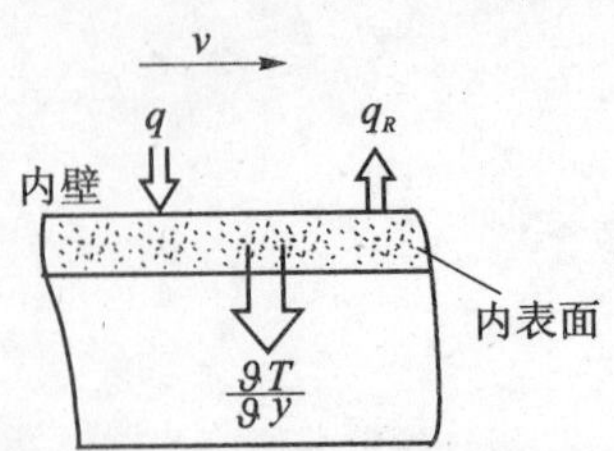

图 9-18　内壁面加热情况

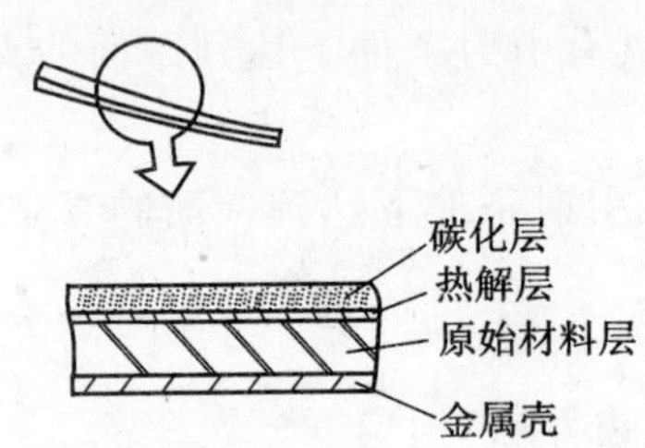

图 9-19　高硅氧/酚醛受热后形成的不同材料层

根据上述模型，由于热解而形成的碳化层的厚度为

$$x=\int_0^t \frac{\dot{m}_p}{\rho'-\rho}\mathrm{d}t \tag{9-5-52}$$

式中：$\dot{m}_\mathrm{p}$ 为材料的热解率；ρ' 为材料的密度；ρ 为碳化层的密度。

当碳化层厚度达到极限厚度 δ 时，再增加的碳化层就被剥蚀。因此，碳化层的剥蚀厚度为

$$\overline{X}=\int_{t_\mathrm{n}}^t \frac{\dot{m}_\mathrm{p}}{\rho'-\rho}\mathrm{d}t \tag{9-5-53}$$

式中：t_n 为达到极限碳化层厚度的时间。

为了简化处理，采用一维热传导计算，同时把热解区当作热解面，这样处理对计算精度影响甚微，且满足工程设计要求。因此，在热解面上的能量平衡方程为

$$-\lambda\frac{\partial T}{\partial y}=\dot{m}_\mathrm{p}\Delta H_\mathrm{p}-\lambda'\frac{\partial T'}{\partial y}\qquad (T=T_\mathrm{p}) \tag{9-5-54}$$

式中：λ 为碳化层的导热系数；ΔH_p 为材料的热解吸热；λ' 为材料的导热系数；T' 为材料温度；T 为碳化层温度。

在碳化层中热传导方程为

$$\rho c_p\frac{\partial T}{\partial y}=\frac{\partial^2 T}{\partial y^2}+\dot{m}_\mathrm{p}\bar{c}_\mathrm{pg}\frac{\partial T}{\partial y} \tag{9-5-55}$$

式中：c_p 和 $\bar{c}_{pg}$ 分别为碳化层比热容和热解气体的比热容。

在原始材料中热传导方程为

$$\rho'c'_p\frac{\partial T'}{\partial y}=\lambda'\frac{\partial^2 T'}{\partial y^2} \tag{9-5-56}$$

式中：c'_p 为原始材料的比热容。

下面讨论内边界条件。

(1) $T<T_p$ 时(T_p 为热解温度)

当喷管内壁受热后，在厚度为 $l_{x'}$ 的壁面微薄层内，考虑对流传热及辐射传热，其热平衡方程为

$$\rho' c'_p \frac{\partial T'_w}{\partial t} = \left(q_o + q_R - \lambda' \frac{\partial T'}{\partial y}\right)\frac{l}{l_{x'}} \tag{9-5-57}$$

式中：T'_w 为原始材料内壁面温度($T'_w<T_p$)；q_o 为无引射条件下达到壁面上的真实热流；q_R 为辐射热流，此时壁面未碳化。

(2) $T>T_p$ 而 $x<\delta$ 时($t<t_n$)

此时壁面材料已转化为碳化层，热平衡方程应考虑热解的影响，所以热平衡方程为

$$\rho c_p \frac{\partial T_w}{\partial t} - \left(q + q_R - \lambda \frac{\partial T}{\partial y}\right)\frac{l}{l_x} + \dot{m}_p \bar{c}_{pg} \frac{\partial T}{\partial y} \tag{9-5-58}$$

式中：T_w 为碳化层内壁面温度；q_R 为辐射热流，此时壁面已碳化。

(3) $T>T_p$、$x\geqslant\delta$ 时($t>t_n$)

此时碳化层发生机械剥蚀，被剥蚀的碳化层吸收的热量为

$$Q = \frac{\rho}{\rho' - \rho} c_p \dot{m}_p (T_w - T_o) \tag{9-5-59}$$

式中：T_o 为原始材料初始温度。由此，内壁面的热平衡方程应为

$$\rho c_p \frac{\partial T'_w}{\partial t} = \left(q + q_R - \lambda \frac{\partial T}{\partial y}\right)\frac{l}{l_x} + \dot{m}_p \bar{c}_{pg} \frac{\partial T}{\partial y} - \frac{Q}{\Delta \overline{X}} \tag{9-5-60}$$

式中：$\Delta\overline{X}$ 为某瞬间碳化层剥蚀厚度。

燃气流过喷管，壁面形成湍流边界层，巴兹认为在固体火箭发动机喷管流动条件下，燃气对壁面的对流传热与燃气比流量的 0.8 次方成正比。根据这个关系，可以导得燃气对喷管壁面的对流传热系数(h_g，kcal/(m^2·K·s))为

$$h_g = \left[\frac{0.026}{d_t^{0.2}}\left(\frac{\mu^{0.2} c_{pg}}{p_t^{0.6}}\right)\left(\frac{F_c g}{c^*}\right)^{0.8} \times \left(\frac{d_t}{r_c}\right)^{0.1}\left(\frac{A_t}{A}\right)^{0.9}\right]\sigma_1 \tag{9-5-61}$$

式中：d_t 为喷管喉部直径，m；μ 为燃气黏性系数，kg·s/m^2；c_{pg} 为燃气定压比热容，kcal/(kg·K)；Pr 为燃气普朗特数；c^* 为燃气特征速度，m/s；r_c 为喷管喉部曲率半径，m；A_t 为喷管喉部面积，m^2；A 为喷管扩张段某计算截面的面积，m^2。σ_1 为边界层修正系数，其表达式为

$$\sigma_1 = \frac{1}{\left[\frac{1}{2}\frac{T_w}{T_c}\left(1+\frac{\gamma-1}{2}Ma_c^2\right)+\frac{1}{2}\right]^{0.68}} \cdot \frac{1}{\left[1+\frac{\gamma-1}{2}Ma_c^2\right]^{0.12}} \tag{9-5-62}$$

$$Pr = \frac{4\gamma}{9\gamma - 5} \tag{9-5-63}$$

$$\mu = 11.83 \times 10^{-8} \times \overline{M}^{0.5} \cdot T_c^{0.6} \tag{9-5-64}$$

燃气对壁面的对流热流 q_{ooo}，kcal/(m^2 · s)为

$$q_{ooo} = h_g T_r \tag{9-5-65}$$

式中：T_r 为燃气恢复温度，它与计算截面处燃气自由流马赫数 Ma_c、温度 T_c 的关系为

$$T_r = T_c\left(1 + Pr^{\frac{1}{3}}\frac{\gamma-1}{2}Ma_c^2\right) \tag{9-5-66}$$

喷管内壁存在湍流边界层，通过边界层的热流达到冷壁面上，必须对热流作边界层上下焓差修正，经修正后达到喷管壁面上的冷壁热流为

$$q_{oo} = q_{ooo}\left(\frac{h_e}{h^*}\right)^{0.5} \tag{9-5-67}$$

式中：h_e 为燃气自由流比焓；h^* 为参考比焓，它与壁面比焓 h_w、恢复比焓 h_r 及燃气自由流比焓的关系为

$$h^* = 0.5(h_w + h_e) + 0.22(h_r - h_e) \tag{9-5-68}$$

在无引射条件下，达到壁面的真实热流为

$$q_o = q_{oo}(1 - \frac{h_w}{h_r}) \tag{9-5-69}$$

实际上，高硅氧/酚醛热解时逸出气体，吸收一部分热量，起到阻止燃气对壁面的加热作用，即热阻塞作用，对于喷管扩张段，其阻塞因子为

$$\boldsymbol{\Psi} = 1 - 0.2\dot{m}_p \frac{h_r}{q_{oo}}\left(\frac{\overline{M}}{M_j}\right)^{0.26} \tag{9-5-70}$$

式中：$\overline{M}$ 为燃气平均相对分子质量；M_j 为引射气体平均相对分子质量。最后，在具有引射条件下达到壁面上的真实热流为

$$q = \Psi q_o \tag{9-5-71}$$

高温燃气通过喷管时，燃气对壁面辐射热流，同时高温壁面也要向外辐射热流，如果将燃气与壁面粗略地认为是两相邻的辐射平板，则辐射热流为

$$q_R = \frac{\varepsilon_g \varepsilon_w \sigma(T_e^4 - T_w^4)}{1-(1-\varepsilon_g)(1-\varepsilon_w)} \tag{9-5-72}$$

式中：ε_g 为燃气的辐射系数。

根据计算要求，确定初始条件和外边界条件，在给定燃气性能参数、流动参数及材料的性能参数后，利用差分法联立求解上述各方程，即可求得高硅氧/酚醛扩张段在发动机工作过程中的碳化及烧蚀。

例题 9-2 已知固体火箭发动机参数为 $p_o = 3.92$ MPa；$T_c = 3\ 300$ K；$d_t = 0.08$ m；$r_c = 0.08$ m；$t_a = 25$ s。已知燃气参数为 $c_{pg} = 4.144\ 9$ kJ/(kg · K)；$\gamma = 1.20$；$\overline{M} = 30$；$R = 0.277\ 1$ kJ/(mol · K)；$\varepsilon_g = 1$。材料的物理参数可从有关材料手册查到。计算两个截面，截面参数为：① $A/A_t = 4$，$x'_o = 0.3$ m，$x''_o = 0.005$ m；② $A/A_t = 8.5$，$x'_o = 0.02$ m，$x''_o = 0.005$ m。

解：利用上述计算方法，可以解得：

① 两个计算截面处的内壁面温度与时间的关系曲线，如图 9-20 所示。

② 两个计算截面达到极限碳化层厚度与时间关系曲线，如图 9-21 所示。由图可看出，不同截面达到极限碳化层厚度的时间不同。

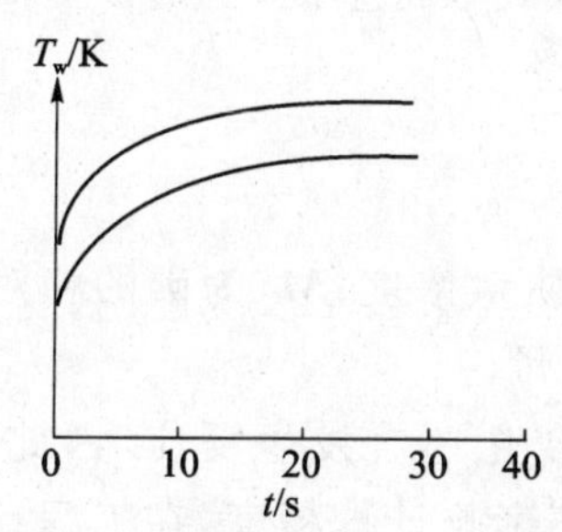

图 9-20　内壁面温度的时间关系曲线

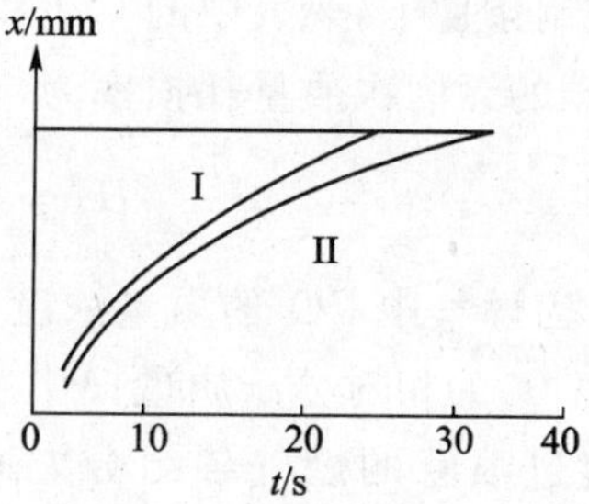

图 9-21　两计算截面达到极限碳化层厚度与时间关系

③ 原始材料剩余厚度与时间关系。

④ 其他参数，如材料内部温度分布、外壁温度的变化等。

9.5.5　碳/碳复合材料喉衬热化学烧蚀工程计算

高温高速燃气流过喷管时，对碳/碳复合材料喉衬产生烧蚀，烧蚀后的喉衬表面粗糙、高低不平。碳/碳复合材料喉衬的烧蚀由两部分造成，一部分由燃气中含有的 CO_2 和 H_2O 氧化组分，在高温下与碳发生化学反应，消耗表面的碳造成表面质量耗损，称热化学烧蚀；另一部分是由燃气中含有 Al_2O_3 颗粒，在运动过程中对喉衬壁面撞击而引起表面质量耗损，称机械侵蚀。

这里主要介绍碳的热化学烧蚀。图 9-22 所示为燃气流过喉衬，在喉衬表面形成湍流边界层，燃气中的主要氧化组分 CO_2 和 H_2O 通过向边界层扩散，达到喉衬表面，与喉衬表面的碳发生异相化学反应，如

$$C + CO_2 \rightarrow 2CO$$

$$C + H_2O \rightarrow CO + H_2$$

由于燃气流中的氧化组分 CO_2 和 H_2O 不断地输送到喉衬表面，因此，上述两个方程是在开放系统中进行的，这两个化学反应所消耗碳的质量就完全受反应速率或扩散速率控制。如果 CO_2 和 H_2O 向边界层扩散速率小于反应速率，也就是碳的质量耗损主要取决于 CO_2 和 H_2O 的扩散，称扩散控制。相反，如果反应速率比扩散速率小，即碳的质量耗损主要取决于反应速率，称动力学控制。这两种控制与碳/碳复合材料的壁面温度有

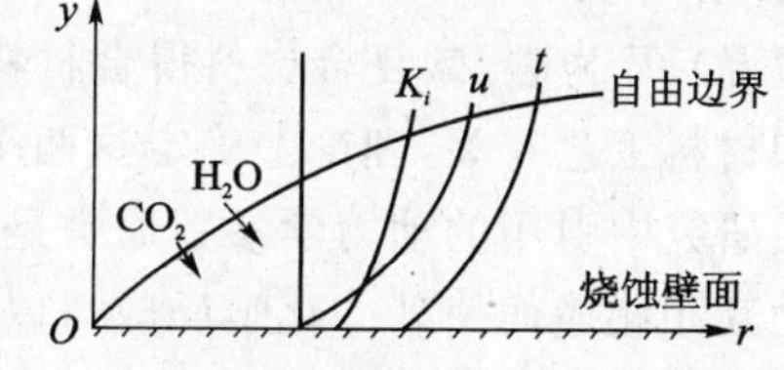

图 9-22　衬壁面湍流边界层

关。当壁面温度 $T_w<2\,000$ K 时，CO_2和 H_2O 与碳的反应速率很小，此时为动力学控制；当壁面温度较高时，$T_w>3\,300$ K，反应速率比扩散速率大，此时为扩散控制。

下面讨论扩散控制和动力学控制下碳的质量耗损率的计算。

1. 扩散控制

扩散控制条件下，燃气中的 CO_2和 H_2O 通过边界层扩散到喉衬壁面，全部被壁面的碳反应完，由此碳的无因次质量耗损率为

$$B_w=\frac{M_c}{M_{CO_2}}C_{CO_{2e}}+\frac{M_e}{M_{H_2O}}C_{H_2O_e} \tag{9-5-73}$$

式中：$C_{CO_{2e}}$为燃气中 CO_2的质量浓度；$C_{H_2O_e}$燃气中 H_2O 的质量浓度；M_c 为碳的相对分子质量；M_{CO_2}为 CO_2的相对分子质量；M_{H_2O}为 H_2O 的相对分子质量。

由于流过喷管的燃气各组分之间随着温度和压强的变化还会发生反应，因此 $C_{CO_{2e}}$和 $C_{H_2O_e}$的数值在喷管不同截面是变化的。但为方便起见，又不影响计算精度，在工程计算中常把 $C_{CO_{2e}}$和 $C_{H_2O_e}$取燃烧室条件下的数值。最后，扩散控制下的碳的质量耗损率为

$$\dot{m}_w=B_w\frac{\Psi q_{ooo}}{h_r} \tag{9-5-74}$$

热阻塞因子为

$$\Psi=1-0.2\dot{m}_c\frac{h_r}{q_{ooo}} \tag{9-5-75}$$

式中：$\dot{m}_c$ 为碳的质量耗损率。

2. 动力学控制

首先假设上述两个化学反应式均为一级不可逆反应，且具有相同的动力学参数及反应速率。由这两个化学反应，碳所消耗的 CO_2和 H_2O 的质量率，按动力学公式为

$$\dot{m}_{CO_2}=K_1p_{CO_{2w}} \tag{9-5-76}$$

$$\dot{m}_{H_2O}=K_1p_{H_2O_w} \tag{9-5-77}$$

式中：$\dot{m}_{CO_2}$为 CO_2的质量耗损率；$\dot{m}_{H_2O}$为 H_2O 的质量耗损率；$p_{CO_{2w}}$为 CO_2在喉衬壁面的分压；$p_{H_2O_e}$为 H_2O 在喉衬壁面的分压；K_1为反应平衡常数，对于动力学控制，采用阿累尼乌斯公式

$$K_1=K_o\exp(-E/RT) \tag{9-5-78}$$

式中：R 为摩尔气体常数($R=8.314\,41$ J/(mol·K))；T 为碳/碳复合材料复合材料温度(即壁温)；E 为碳/碳复合材料得合材料的活化能；K_o为频率因子，或称指前因子。E 和 K_o与材料和材料工艺有关，理论上确定这两个参数较困难，工程上一般都采用实验方法确定。目前在烧蚀研究中引用的动力学参数通常是借用煤粉燃烧的动力学参数，动力学参数表征由于分子运动互相碰撞而使某一化学反应得以进行，而分子运动必须具有最低能量，即活化能，所有具有大于活化能的分子称为活化分子。K_o是表示活化分子的有效碰撞次数，因此，对于固体火箭发动机喷管，由于燃气对喉衬壁面瞬时的急剧的大热流加热，所以不适宜再采用煤粉燃烧的动

力学参数，原则上是应该根据固体火箭发动机热试车确定，经过多次发动机地面点火试验结果，最后求得平板碳毡碳/碳复合材料的活化能和频率因子分别为 $E=175.75\ \mathrm{J/mol}$ 和 $K_o=0.632\times10^{-3}\ \mathrm{kg/(s\cdot N)}$。

利用倍比定理，由 C 和 CO_2 的化学反应式消耗碳的质量耗损率 $\dot{m}_{w1}$ 与 C 和 H_2O 的化学反应式消耗碳的质量耗损率 $\dot{m}_{w2}$ 可有以下关系

$$\dot{m}_{w1}=\frac{M_c}{M_{CO_2}}\dot{m}_{CO_2}=\frac{M_c}{M_{CO_2}}K_1p_{CO_{2w}}=\frac{M_c}{M_{CO_2}}K_1\frac{\overline{M}}{M_{CO_2}}p_eC_{CO_{2w}} \tag{9-5-79}$$

$$\dot{m}_{w2}=\frac{M_c}{M_{H_2O}}\dot{m}_{H_2O}=\frac{M_c}{M_{H_2O}}K_1p_{H_2O_w}=\frac{M_c}{M_{H_2O}}K_1\frac{\overline{M}}{M_{H_2O}}p_eC_{H_2O_w} \tag{9-5-80}$$

通过换算，将上述两式化成碳的无因次质量耗损率的计算公式

$$B_{w1}=\frac{\dot{m}_{w1}}{\frac{\Psi q_{ooo}}{h_r}}=\frac{\frac{M_c}{M_{CO_2}}\cdot\frac{\overline{M}}{M_{CO_2}}\cdot K_1p_e\frac{C_{CO_{2e}}}{(\frac{\Psi q_{ooo}}{h_r})(1+B_w)}}{1+K_1p_e\frac{\overline{M}}{M_{CO_2}\left(\frac{\Psi q_{ooo}}{h_r}\right)(1+B_w)}} \tag{9-5-81}$$

$$B_{w2}=\frac{\dot{m}_{w2}}{\frac{\Psi q_{ooo}}{h_r}}=\frac{\frac{M_c}{M_{H_w}}\cdot\frac{\overline{M}}{M_{H_2O}}\cdot K_1p_e\frac{C_{H_2O_e}}{(\frac{\Psi q_{ooo}}{h_r})(1+B_w)}}{1+K_1p_e\frac{\overline{M}}{M_{H_2O}\left(\frac{\Psi q_{ooo}}{h_r}\right)(1+B_w)}} \tag{9-5-82}$$

式中：B_w 为碳的总质量耗损率，所以 $B_w=B_{w1}+B_{w2}$。由此 $\dot{m}_w=\dot{m}_{w1}+\dot{m}_{w2}$，当给定 p_e 和 T_w 后，由式(9-5-81)和式(9-5-82)求得碳的质量耗损率 $\dot{m}_w$。

上面所述都是从质量守恒的角度叙述碳的烧蚀特性，在计算中，T_w 是待定参数，应该通过求解喷管喉衬温度场得到。图 9-23 所示，喷管喉衬为轴对称物体，可采用轴对称傅里叶热传导方程求解喉衬内部温度场，轴对称热传导方程为

$$\rho c\frac{\partial T}{\partial t}=\frac{1}{r}\frac{\partial}{\partial r}(\lambda_r r\frac{\partial T}{\partial r})+\frac{1}{r}\frac{\partial}{\partial z}(\lambda_z r\frac{\partial T}{\partial z}) \tag{9-5-83}$$

式中：ρ 为碳/碳复合材料的密度；c 为碳/碳复合材料的比热容；λ_r 为沿喉衬径向材料的导热系数；λ_z 为沿喉衬轴向材料的导热系数。在给定初始条件和内外边界条件后，用差分法或有限元法即可对式(9-5-83)求解，初始条件和外边界条件容易给定。下面讨论内边界条件。

高温燃气流过碳/碳复合材料喉衬壁面时，对喉衬壁面进行对流及辐射加热，燃气对壁面的对流传热热流仍可采用式(9-5-61)计算，进入壁面的对流热流为 $\Psi q_o(1-h_w/h_r)$，燃气对壁面及壁面对燃气的辐射热流为 $\varepsilon_w\sigma(T_e^4-T_w^4)$，壁面被燃气加热后，温度升高，当温度升高到一定值时，发生 CO_2 和 H_2O 对碳的化学反应，化学反应均为吸热反应。因此，就可以列出如图 9-24 所示的碳/碳

复合材料喉衬壁面能量平衡示意图，根据图示关系，可写出进入喉衬壁面的净热流 q_N 为

$$q_N = \Psi q_o(1-\frac{h_w}{h_r})+\varepsilon_w\sigma(T_e^4-T_\omega^4)-\dot{m}_{w1}\Delta H_{c1}-\dot{m}_{w2}\Delta H_{c2} \qquad (9-5-84)$$

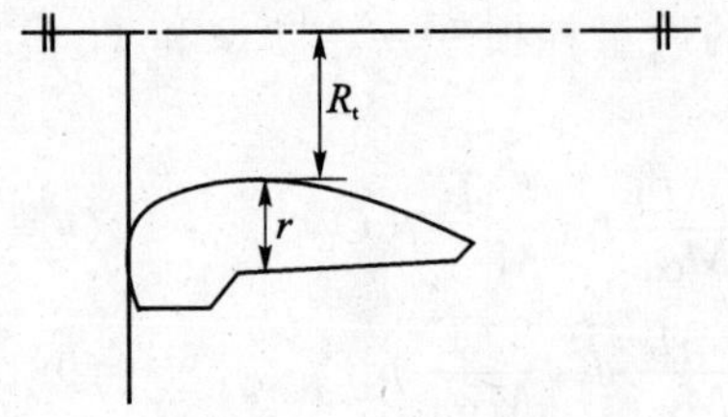

图 9-23　喷管喉衬温度场计算

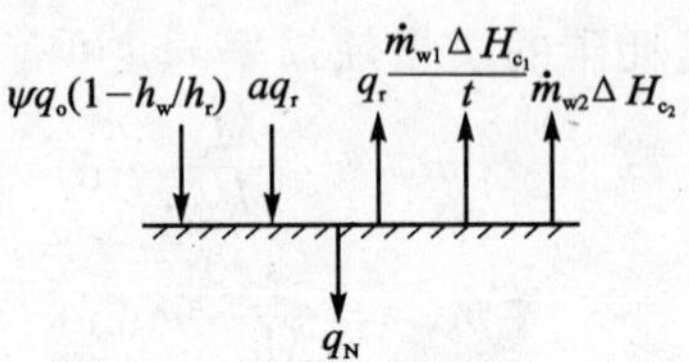

图 9-24　碳/碳复合材料喉衬壁面能量平衡示意图

式中：ΔH_{c1} 为 C 与 CO_2 化学反应式热效应；ΔH_{c2} 为 C 与 H_2O 化学反应式热效应。这两个参数说明耗损 1 kg 碳所吸收的热量，它们的数值 $H_{c1}=14.402$ kJ/kg，$H_{c2}=10.927$ kJ/kg。

例题 9-3　已知：$p_c=6.37$ MPa，$T_c=3\ 470$ K，$\gamma=1.16$，$c_p=3.721\ 2$ kJ/(kg·K)，$R=0.304\ 0$ kJ/(mol·K)，$\overline{M}=27.3$，$t_a=70$ s，$C_{CO_2}=0.049\ 3$ mol/kg，$C_{H_2O}=0.426\ 7$ mol/kg，$C_{Al_2O_3}=0.258\ 8$ mol/kg；$\rho=180\ 0$ kg/m³，$\varepsilon=0.85$，$M_c=12$，$M_{CO_2}=44$，$M_{H_2O}=18$。计算碳/碳复合材料喷管喉衬的温度分布和烧蚀量。碳/碳复合材料的物理性能参数列于表 9-8，喉衬的几何形状尺寸示于图 9-25。

表 9-8　碳/碳复合材料的物理性能参数

T/℃	$(\lambda/\rho c_p)_r$ /(cm²·s⁻¹)	$(\lambda/\rho c_p)_z$ /(cm²·s⁻¹)	$a_r\times10^{-5}$ /(℃⁻¹)	$E_r\times10^2$/MPa	c_p /(kJ·kg⁻¹·K⁻¹)
200			0.134	1.31	
400	0.483	0.315		1.36	1.38
600	0.360	0.250		1.37	1.67
800	0.280	0.195	0.127	1.43	1.82
1 000	0.230	0.160	0.157	1.66	1.99
1 200	0.195	0.140	0.180	1.73	2.11
1 400	0.170	0.130	0.200	1.77	2.19
1 600	0.155	0.120	0.211	1.79	2.24
1 800	0.145	0.108	0.233	1.82	2.27
2 000	0.135	0.100	0.248	1.86	2.29
2 200	0.130	0.090	0.260	1.85	2.32
2 400	0.122	0.083	0.172	1.83	2.34

解：计算结果，喉部直径单边扩大 3.43 mm；平均烧蚀率 0.049 mm/s。计算了喉衬温度，例如喉部截面的温度分布示于图 9－26；喉部上游截面 I 的温度分布示于图 9－27；喉部下游截面 II 的温度分布示于图 9－28，通过与温度场的偶合计算，还可求得碳/碳复合材料喉衬在工作过程中的热应力分布，如图 9－29 和图 9－30 所示为喉部下游 II 截面的热应力分布曲线。

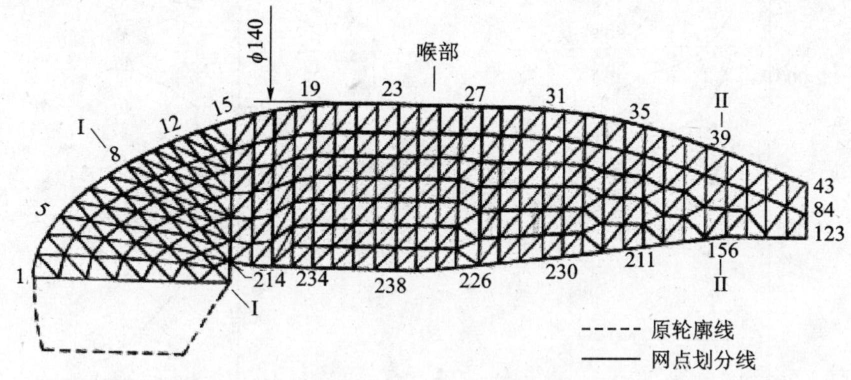

图 9－25　碳/碳复合材料喉衬形状及计算网格

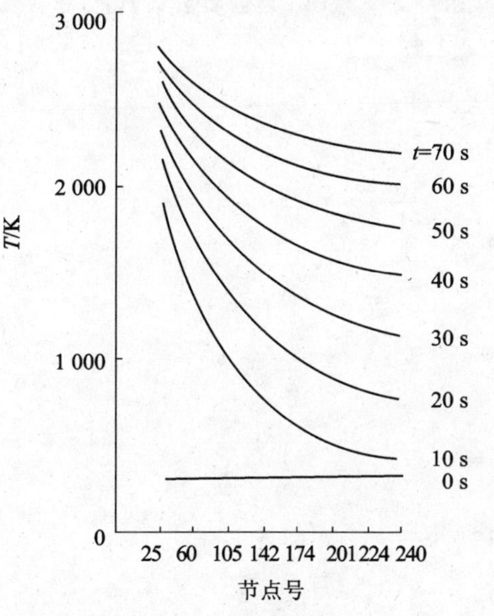

图 9－26　喉部截面的温度分布

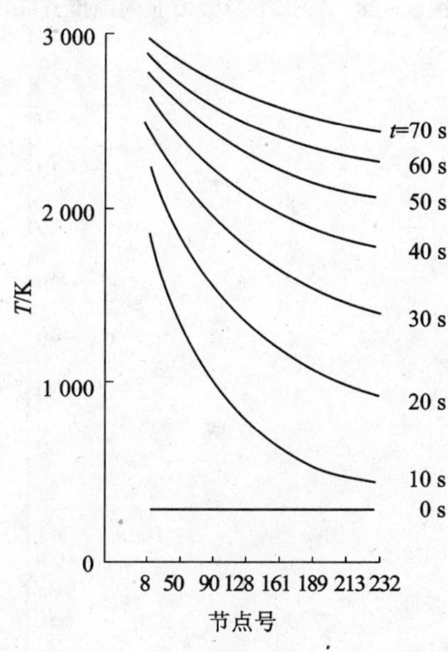

图 9－27　喉部上游截面 I 的温度分布

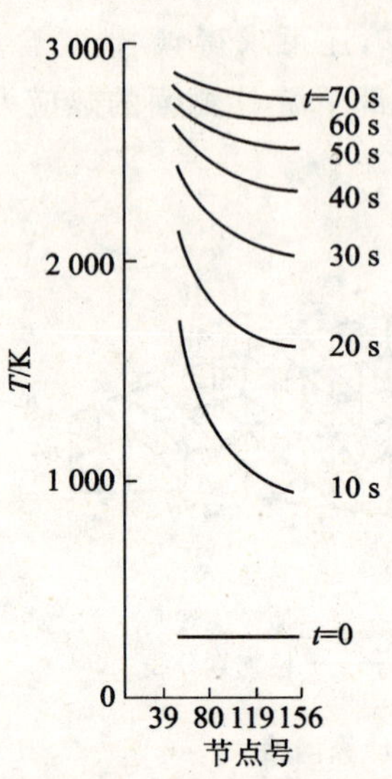

图 9-28 喉部下游截面Ⅱ的温度分布

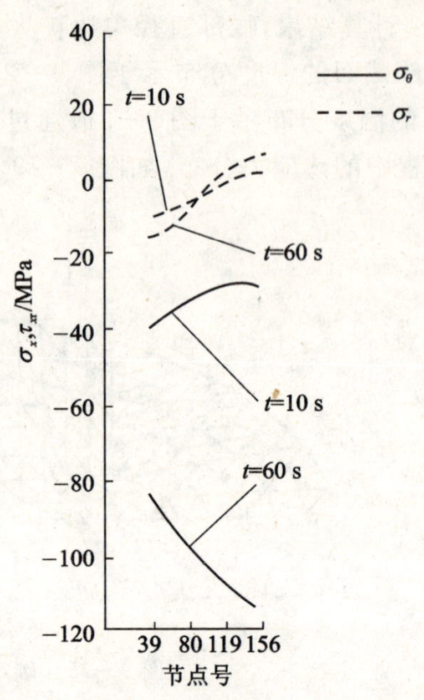

图 9-29 喉部下游截面Ⅱ σ_x，τ_{xr} 分布曲线

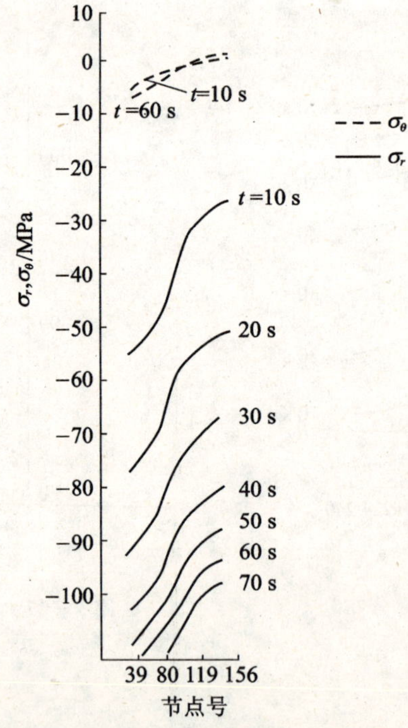

图 9-30 喉部下游截面Ⅱ σ_r，σ_θ 分布曲线

利用上述方法可以求得碳/碳复合材料喉衬的温度场及烧蚀量(与温度场耦合还可计算热应力场),但是方法比较复杂,因为碳/碳复合材料烧蚀除了与燃气中 CO_2 和 H_2O 的浓度有关外,还与固体火箭发动机压强(p_c),材料密度(ρ)、喷喉半径(r_t)以及发动机自由容积的长度 X_i 等参数有关,经过多次试验,碳/碳复合材料喉衬的单边径向线烧蚀量可近似为

$$\dot{r} = 0.5946(C_{CO_{2e}} + C_{H_2O_e})^{1.02} \cdot \rho^{-1} \times p_c^{0.876} \cdot X_i^{-0.343} \cdot r_t^{0.076} \cdot t \qquad (9-5-85)$$

对于初步设计可以用式(9-5-85)计算,对大喉径的碳/碳复合材料喉衬,在初步估算阶段,喉衬单边径向线烧蚀量的估算可用式

$$x = 1.18(\dot{m}/A_t)^{2.58}\rho^{-0.19} \cdot t \qquad (9-5-86)$$

9.5.6　碳/酚醛热防护工程计算

碳/酚醛指碳纤维/酚醛模压制品及碳布带缠绕/酚醛制品,为方便统称碳/酚醛。这种材料由碳布(或碳纤维)与酚醛树脂复合而成,纤维是增强体,树脂是基体,碳/酚醛材料的抗烧蚀特性要比高硅氧/酚醛好,所以,常常将它用在喷管中受烧蚀、冲刷比较严重的部位,如喷管扩张段与喉衬下游对接的缝隙下游部分,潜入喷管潜入部分外缘的入口部分等,这种材料的烧蚀机理兼有碳化材料及碳/碳复合材料的特性。因此,其计算方法与高硅氧/酚醛类似,是解有质量引射的具有热解面的一维热传导方程,而内壁面边界条件是根据燃气中氧化组分与壁面碳化的化学反应及燃气的对流传热,辐射传热以及耗损碳所吸收的热量等能量守恒关系得到,而碳的质量耗损率按质量守恒关系得到。

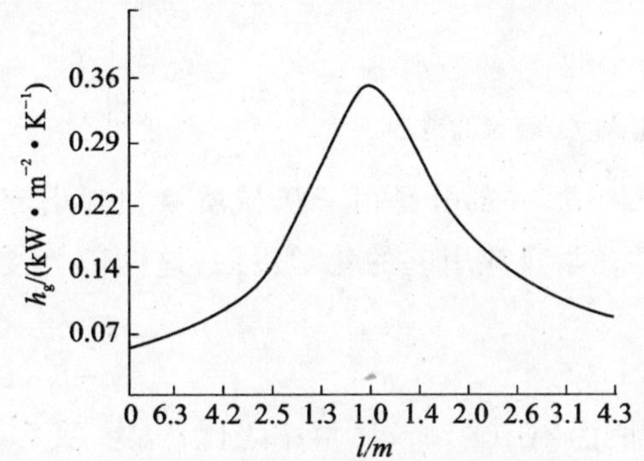

图 9-31　沿喷管轴向热流分布

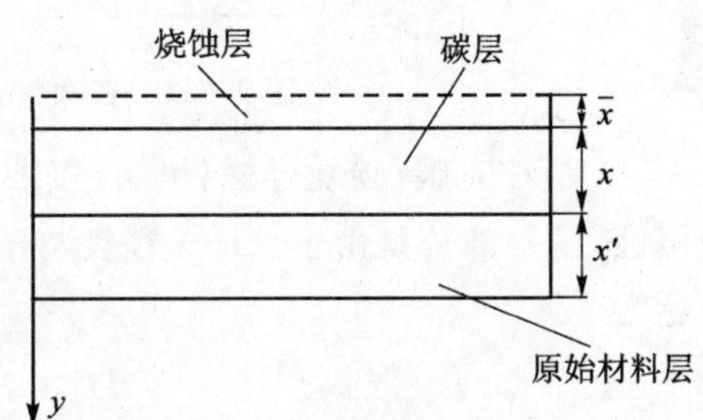

图 9-32　碳/酚醛烧蚀模型图

图 9-31 所示为沿喷管轴向对流传热热流分布,从图可知喷管扩张段沿轴向热流下降,因此,不同截面的壁面温度在同一时刻不同,与碳/碳复合材料喉衬一样,燃气中能对碳起化学反应的主要是 CO_2 和 H_2O,所以对于内边界条件,必须根据壁面温度 T_w 确定何种控制,然后列出能量平衡方程。碳/酚醛受热后与高硅氧/酚醛一样,要发生热解,热解完成后,就转化为碳层,根据质量守恒关系,可得碳的总质量耗损率 $\dot{m}_c$。因此,如图 9-32 所示的烧蚀层厚为

$$\overline{X} = \int_0^t \frac{\dot{m}_c}{\rho} dt \tag{9-5-87}$$

式中：ρ为碳层密度。

9.5.7 关于Al_2O_3颗粒侵蚀问题的讨论

燃气中含有一定量的Al_2O_3颗粒，它们处于熔融状态，具有较高的温度，在气相黏性的作用下，与气相一起流过喷管。如果Al_2O_3颗粒的行径方向角α_p大于气相的行径方向角α_g，则Al_2O_3颗粒与壁面发生撞击。通过实验与计算知道，在亚声速区$\alpha_p > \alpha_g$，在超声速区$\alpha_p < \alpha_g$。所以，Al_2O_3颗粒对喷管壁面的机械侵蚀主要发生在喷管收敛部分，根据对地面点火试验后喉衬作电子扫描显微镜观察，在收敛段有Al_2O_3颗粒，并有侵蚀迹象，而在喉部区域壁面上没有发现Al_2O_3颗粒。喉部下游壁面上有Al_2O_3颗粒，但是从迹象分析，认为是在发动机工作结束时沉积的，如图9-33所示在喉衬壁面上发现Al_2O_3颗粒。

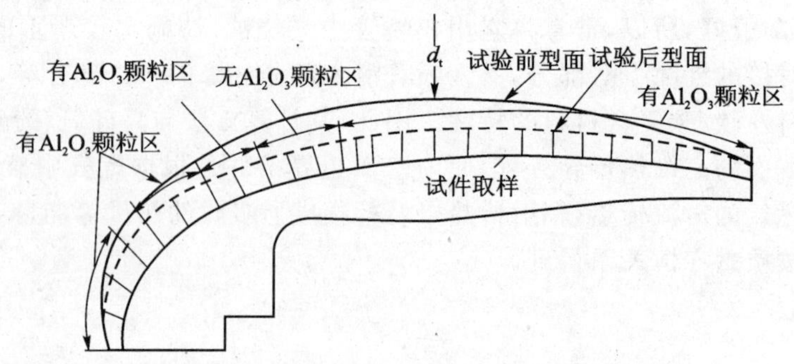

图9-33 在喉衬壁面上发现Al_2O_3颗粒的范围

Al_2O_3颗粒对碳/碳复合材料喉衬侵蚀由两部分构成，一部分是由于机械质量损耗引起的机械侵蚀，另一部分是由于Al_2O_3颗粒与壁面之间的化学反应引起的化学侵蚀，这两部分侵蚀可表达为

$$G = a v_p^b D_p^c (\sin\alpha)^d T^e \tag{9-5-88}$$

式中：G为碳/碳复合材料材料质量耗损率与撞击壁面的Al_2O_3颗粒质量率之比；v_p为Al_2O_3颗粒撞击速度；D_p为撞击在壁面上的Al_2O_3颗粒直径；α为撞击颗粒的速度方向与壁面夹角即撞击角；T为撞击壁面温度；a,b,c,d及e是由经验确定的系数。颗粒对材料的侵蚀与温度有关，温度低于1 700 K不发生侵蚀，侵蚀基本上在2 500 K左右发生。

9.5.8 喷管热防护设计中注意的问题

1. 烧蚀台阶

在喷管防热内衬的设计中，为使材料利用更加合理、经济，在不同部位采用不同的抗烧蚀

材料。但带来如下问题：两种不同烧蚀材料的连接部位会形成高低不平的烧蚀台阶，材料之间的耐烧蚀性能差别越大，连接部位的烧蚀台阶越大，如果设计不当，材料烧蚀率不同所形成的烧蚀台阶处会形成涡流，加速该处抗烧蚀性能较差材料的烧蚀，引起恶性循环，甚至可把该处烧蚀成不规则的凹坑，严重者，可导致结构的破坏。

烧蚀台阶的形成影响喷管结构的可靠性，给喷管的热防护带来困难，在流速较大的部位，可引起较大的性能损失，因此，控制烧蚀台阶，进行喷管的"型面控制"，对于提高发动机的可靠性及喷管的效率具有重要的意义。

在发动机工作过程中，不同材料的烧蚀率不同，烧蚀厚度也不一样，烧蚀率大的材料烧蚀的厚度就大，烧蚀率小的材料烧蚀的厚度就小，这个烧蚀厚度的差别，随着工作时间的增大或材料之间烧蚀率差别的加大而加大。设计者的任务是在发动机工作的过程中，在烧蚀厚度差别不断增加的情况下，尽量使两者之间仍能较平滑地过渡，减小对气流的扰动，并把由此引起的性能损失减小到最低的程度，可采取以下的技术措施，减小烧蚀台阶。

(1) 适当地选取不同材料的组合连接

当两种烧蚀性能差别很大的材料进行连接时，可在这两种材料之间镶上一块烧蚀率介于两者之间的耐烧蚀材料。如钨渗铜喉衬是基本不被烧蚀的喉衬材料，当它与高硅氧/酚醛层压塑料直接连接时，由于烧蚀率相差很大，在连接部位的高硅氧/酚醛层压塑料可受到严重的烧蚀，形成较大的凹坑。在上述两种材料之间镶上一块碳纤维模压塑料过渡环，问题就得到顺利解决。又如采用碳纤维软片直接与石墨喉衬连接，则是一个不成功的例子，碳纤维软片在流速很低的部位是一种优良的烧蚀/隔热层材料，但它不耐冲刷，在流速较大的部位不能用这种材料，用它在气流高速区与石墨喉衬直接连接就更不适宜了，在碳纤维软片与石墨喉衬之间加上一个碳纤维/酚醛模压塑料过渡环，可有效地解决连接部位的严重烧蚀问题。

用石墨或碳/碳复合材料与钨渗铜喉衬对接，可把烧蚀台阶减小到最低限度。由于石墨质脆，与钨渗铜材料的线膨胀系数之间的差别较大，设计时应考虑高温下尺寸的温度补偿问题，预留适当的膨胀间隙，预留的间隙用高温腻子或容易烧蚀的材料充填，采用过盈配合不适宜，可导致石墨环碎裂。

(2) 采用适当的接头形式

适当设计接头形式，可使接头部位的型面在材料不断烧蚀的情况下，仍保持较为平滑的过渡，减小由于烧蚀的差别所引起的对气流的干扰，有利于消除凹坑，减小由此引起的性能损失。连接接头设计不当是导致防热内衬产生局部凹坑，甚至烧穿的主要原因之一。

接头的形式，一般可用如图 9-34 及图 9-35 所示的榫头或斜面搭接。直榫头一般用于相同材料之间的连接。当两种材料的耐烧蚀性能差别较大时宜采用斜面搭接的连接形式，图 9-35的连接形式最适宜用于上游内衬材料耐烧蚀性能较差的情况，如钨渗铜喉衬与碳纤维内衬之间的连接就采用这种形式，取得了极为满意的效果，在发动机工作过程中，这种接头虽然两边材料的烧蚀厚度不同，但仍能保持型面较平滑地过渡，对气流的扰动很小，不至于引

起明显的性能损失。

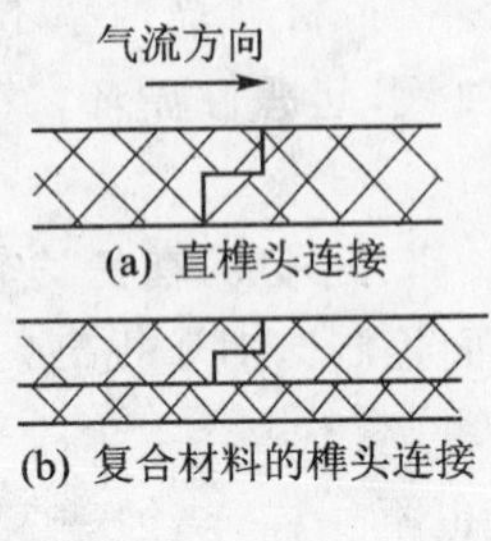

图 9-34　榫头连接

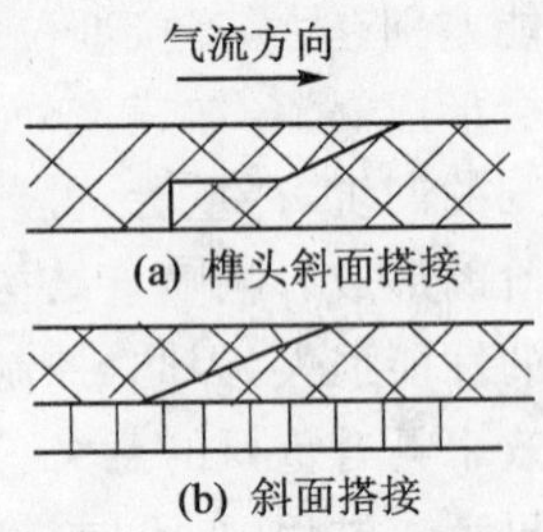

图 9-35　斜口搭接连接

当防热内衬有专门的隔热层时，隔热层的对接部位应与烧蚀层的接头部位错开，以提高连接部位的密封可靠性。

2. 温度补偿环节

这个问题比较简单，但影响到结构的可靠性及设计的成败。由于喷管采用了各种不同的材料，材料之间的线膨胀系数差别很大，尤其是金属材料与非金属材料的线膨胀系数相差一个数量级，当发动机工作时，喷管在高温状态下，材料要产生膨胀，不同材料的膨胀量不同，若不考虑在高温下尺寸的协调问题，有的零件因膨胀受阻而产生热应力，当应力大于材料的强度极限时，就会导致结构的破坏。解决热应力过大的办法有：

（1）预留膨胀间隙

这是一种简便有效的方法，对于线膨胀系数较大的材料，其零件要预留适当的轴向及径向膨胀间隙。预留的间隙应该用弹性材料或发动机工作时可烧蚀的材料充填，如可用高温密封腻子或隔热软片之类的材料。

（2）锥形结构

带有锥度的配合，是一种较为常用的设计方案，这种结构既可起轴向定位的作用，又可达到尺寸温度补偿的效果，锥形的小端朝喷管的出口，起单向限位作用；另一端与轴向密封环节连接，当温度升高时，零件向大端方向膨胀，压缩弹性密封件，使密封更加可靠，当燃烧室工作压强很高时，石墨喉衬只依靠锥度支承，以承受轴向力，但轴向力过大会导致喉衬碎裂，采用锥度配合的石墨喉衬时，在小端的端面最好有可靠的支承，以承受轴向力。

小发动机喷管的径向尺寸较小，若外壁有钢件外套，可不考虑径向尺寸的膨胀间隙问题，但轴向尺寸的膨胀间隙问题应予以考虑。

（3）热解气体的逸出

一些隔热层材料，热分解时放出大量的气体，若不考虑热解气体的排出问题，热解气体产生的压强，可使烧蚀层散裂，而导致热防护的失效。若隔热层是石棉/酚醛塑料，而烧蚀层又是模压材料时，应考虑热解气体的排出问题，因为石棉/酚醛材料含有大量的结晶水，当其碳化

时，会放出大量的气体，解决的办法有：① 在喷管的内衬开排气孔，以提供热解气体到达表面的通道，典型的排气孔直径为1.8～2.5 mm，孔深为预计的最大碳化层深度；② 喷管内衬沿轴向分段，也是解决热解气体逸出的有效措施。烧蚀层为布带缠绕或层压材料时，可不开排气孔，层间可提供自然的气体逸出通道，但若缠绕角或层压的方向平行于燃气流的方向，或隔热层是石棉/酚醛塑料时，也应考虑排气措施。

第 10 章　热传导问题的非傅里叶分析

从前面章节的讨论中已经知道，热传导的傅里叶定律是由实验得出的，是公认的经典热传导理论。实际上，傅里叶定律是根据稳态热传导实验得出的，而且在进行数学上的处理和推广过程中并没有对时间因素的影响进行任何的讨论。进一步的研究表明：在瞬态热传导过程中（特别是某些极端情况，如激光加热等），热量传递具有和经典热传导理论完全不同的物理机制，物理机制的差异必然反映在描述物理行为的数学表达式上，就是说以经典的傅里叶定律式(2-1-1)为基础建立起来的热传导理论，已不能对这种情况下的热量传递规律作出合理的解释。这种傅里叶定律式(2-1-1)不能圆满解释的现象被称为非傅里叶效应。

近代以来，随着科学技术的发展，高强度的快速瞬态热传导问题越来越多地出现在工程实际问题中。因此，对非傅里叶效应的研究越来越引起了人们的兴趣。进入 20 世纪 70 年代后，非傅里叶效应开始直接应用于工程实际中，推动了非傅里叶效应的研究和发展。在固体火箭发动机中，高温高压燃气对发动机部件的传热具有瞬态和高强度的特点，因此有必要了解非傅里叶效应问题。本章以一维热传导问题为例，对这方面的研究情况进行简单的介绍。

10.1　瞬态热传导的宏观物理现象分析

图 10-1 为一原先处于稳态、温度为 T_0 且均匀分布的平壁，在时间 $t>t_1$ 时，$x=0$ 的边界受到热扰动，表面温度突然上升至 T_w 并维持在这一值。从物理上来说，热量在介质中的传播速度总是有限的，它不可能以无限大的速度向平壁内传递。因此，对于瞬态的热传导来说，在已传播到和未传播到的区域之间应该具有明显的分界线。按照这样的热量传递规律，图 10-1 中的实线给出了某时刻平壁内温度对空间坐标的定性分布。

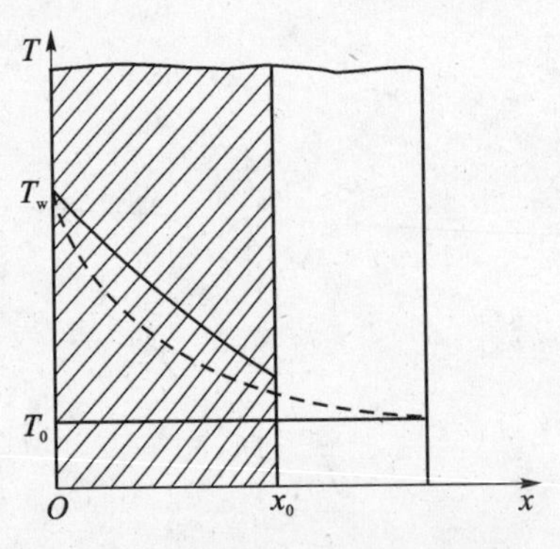

图 10-1　平壁内瞬态热传导

图 10-1 中的虚线是根据经典热传导理论定性绘出的，它与图中实线所描述的物理机制存在着本质上的差别。图中虚线所示的温度分布表明，热量是以无限大的速度在介质中传递。而图中的实线表示热量在平壁中是以一定速度进行传递的，只有热量传播到区域 $x<x_0$（图中阴影区），其内各点温度才会增加。

按照热量在介质中的传播速度是有限的观点，平壁内某空间点温度对时间坐标的变化规律如图 10-2

中实线所示。

从图 10－2 所描绘的平壁内某点温度随时间的变化规律看，虚线对应热量传播速度为无限大时的结果，它表明壁内任意一点的温度都是和边界上的热扰动同步变化的。由于热量传播速度是有限的，在热量未传播到的 $x>x_0$ 区域，各点温度不会发生任何变化，而是一直保持为初始值。这样，对于图 10－1所示的瞬态平壁热传导问题，壁内某点的温度随时间变化的定性规律应该是由图 10－2 中的实线给出的。这一曲线表明：当边界温度突然升高时，内部某点的温度并不是同步地上升，而是在经过一定时间后，才在初始值的基础上升高。即对于瞬态热传导问题，介质中任意一处的热扰动并不能被介质中所有各点及时地感受到，温度场的重新建立在时间上将滞后于热扰动的改变。

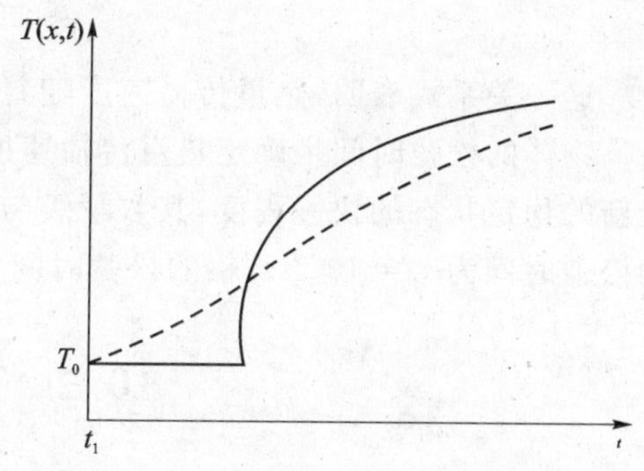

图 10－2　温度随时间的变化规律

从力学知道，扰动在介质中的传播称为波，扰动的传播速度就是波在介质中传播的速度。这里可把热扰动（如边界温度突然升高）在热传导介质中的传播所形成的波称为“热波”，而“热波”的传播速度则称为“热量传播速度”（或热传播速度）。

从热扰动在物体中传播的变化历程看，对于一个处于稳定状态的热传导系统来说，当系统内部或边界上出现一个热扰动时，原来的稳定状态（稳定状态的温度场）便被破坏，通过热量的传输结果，系统必将重新达到一个新的稳定状态（重新建立的温度场）。因此，热扰动和由此而引起的瞬态温度分布在时间上已不再是一一对应的关系。这就是说，由热扰动产生的瞬态温度分布在时间上必将滞后于热扰动。从热力学的观点看，温度场的重新建立滞后于热扰动改变的时间被称为松弛时间，因此，以热量传播速度无限大为基础建立起来的经典热传导理论所对应的物理过程十分类似于热力学中的准静态过程，即松弛时间为零的瞬态过程。

考虑一个具有稳定温度分布的无限大介质，当某一空间点在某一时刻突然出现热扰动时，介质的稳定状态即被破坏，历经松弛过程后，达到一个新的稳定状态。以 c_h 表示热量传播速度，τ_0 表示松弛时间，则在温度场重新建立的过程中，从热扰动所在地点算起，热量的传播深度为 $\delta_h=c_h\tau_0$。热扩散率反映的是热量在介质中扩散能力的大小，根据其单位 $m^2/s=(m/s)m$ 并考虑到热量传播速度这一因素，可得到热扩散率更准确的物理意义，即热量在热扰动出现之后温度场重新建立的过程中（在 τ_0 间隔内），以速度 c_h 在介质中所传播的深度，因此可得到 $\delta_h=a/c_h$。结合 $\delta_h=c_h\tau_0$ 便可以得到用热扩散率和松弛时间表示的热量传播速度表达式：

$$c_{\mathrm{h}}=\sqrt{\frac{a}{\tau_0}}=\sqrt{\frac{\lambda}{\rho c\tau_0}} \tag{10-1-1}$$

这一关系式表明，热量传播速度随着物体热扩散率的增大而增加，随松弛时间的增大而减小。物体的松弛时间是确定热量传播速度具体数值的一个关键的量，它反映了热传导系统趋于新的稳定状态的快慢程度，其数量级与分子二次碰撞的时间间隔相同。例如，文献给出的氮的松弛时间为 $\tau_0=10^{-9}$ s，铝的松弛时间为 $\tau_0=10^{-11}$ s。

10.2 通用傅里叶定律

前面曾指出，傅里叶定律是从稳态热传导实验总结出来并经过数学上的推广（并未对时间因素进行分析）而得到的，对于瞬态的热传导问题存在着适用不适用、什么情况下适用、什么情况下不适用、适用时是否存在着误差等问题。实际上，在瞬态热传导过程中，热量传播具有与傅里叶定律式(2-1-1)所对应扩散行为完全不同的波传播的物理行为，物理模型本质上的差别必然反映在相应的数学描述上。

考虑到热量传播速度这一因素，经典的傅里叶定律式(2-1-1)被 R. M. Morse 和 H. Feshbach等人修正为

$$q=-\lambda\frac{\partial T}{\partial x}-\tau_0\frac{\partial q}{\partial t} \tag{10-2-1}$$

或

$$\frac{a}{c_{\mathrm{h}}^2}\frac{\partial q}{\partial t}+q=-\lambda\frac{\partial T}{\partial x} \tag{10-2-2}$$

式中：$\partial q/\partial t$ 为温度梯度所在截面上热流密度对时间的变化率；$\tau_0(\partial q/\partial t)$ 则为在松弛时间间隔内截面上热流密度的改变量，该项的引进是因为温度场的重新建立和温度梯度的改变在时间上滞后于热扰动而导致在松弛时间间隔内截面上热流密度出现 $\tau_0(\partial q/\partial t)$ 的改变。式(10-2-1)或式(10-2-2)常被称为通用傅里叶定律，和经典的傅里叶定律式(2-1-1)相比，增加了传播项 $\tau_0(\partial q/\partial t)$。由于出现了热流密度对时间的一阶导数，因此必然导致热传导方程出现对时间的升阶。以通用傅里叶定律式(10-2-1)或式(10-2-2)作为瞬态热传导问题的本构方程对热传导问题所做的分析被称为非傅里叶分析，而应用经典的傅里叶定律式(2-1-1)就能够圆满解释的热传导问题称为傅里叶分析。对瞬态的热传导问题到底是对其做傅里叶分析还是做非傅里叶分析，即在什么情况下必须考虑到热量传播速度这一因素呢？根据式(10-2-1)或式(10-2-2)，可以做如下的分析：

(1) 对于稳态热传导过程，热量传播速度可视为无限大，或者说松弛时间可认为是零（其实并不为零，只是没有体现出来）。在这种情况下，热流密度不随时间而变化，因此 $\tau_0(\partial q/\partial t)=0$，式(10-2-1)或式(10-2-2)退化为经典的傅里叶定律的表达式(2-1-1)。所以，对于稳

态热传导过程，应该说傅里叶定律式(2－1－1)是精确成立的。

(2) 对于瞬态程度不高，即热扰动改变缓慢(如边界条件变化缓慢)的弱瞬态热传导过程，仍可以傅里叶定律式(2－1－1)为本构方程而建立起来的热传导理论来描述这一瞬态热传导问题。这是由于大多数材料的松弛时间都比较小，因此从一个稳定的温度分布可以很快地过渡到一个新的稳定温度分布。这样，在热扰动改变较缓慢的情况下，物体内部的瞬态温度场基本上是和热扰动同步地变化，两者之间有着一一对应的关系。$\partial q/\partial t$ 必然很小，和 q 相比，$\tau_0(\partial q/\partial t)$的影响可以忽略不计，修正的傅里叶定律式(10－2－1)或式(10－2－2)也退化成经典的傅里叶定律式(2－1－1)。但要强调，这时的热量传播速度仍然是有限值，只是其影响程度很小。因此，对于弱瞬态热传导过程，应用经典傅里叶定律式(2－1－1)对其做傅里叶分析是一种高精度的近似。

(3) 对于快速高强度的瞬态热传导过程，也就是热扰动的改变一是速度快、二是幅度大，以至于内部温度场的重新建立总是跟不上热扰动的变化，加之热扰动的变化幅度大，必然使得$\partial q/\partial t$会变得很大。只要物体的松弛时间不是极小，传播项 $\tau_0(\partial q/\partial t)$和 q 就具有处于同一个数量级的可能性，那么传播项 $\tau_0(\partial q/\partial t)$对温度分布的影响已不能再忽略。为区别弱瞬态热传导过程，把 $\tau_0(\partial q/\partial t)$和 q 处于同一个数量级的快速瞬态热传导过程称为强瞬态热传导。显然，对于强瞬态热传导过程，热量传递规律必须用考虑热量传播速度影响的通用傅里叶定律式(10－2－1)或式(10－2－2)来描述，只有对其做非傅里叶分析，才能更真实地揭示热流密度与温度梯度之间的关系，进而得到温度场的变化规律。

(4) 当瞬态程度过高($\partial q/\partial t$ 极大)以至于出现 $\tau_0(\partial q/\partial t)$和$-\lambda(\partial T/\partial x)$远远大于 q，即在温度场重新建立过程(或松弛时间间隔内)中，截面上热流密度的改变量要远大于通过该截面的热流密度值时，通用傅里叶定律式(10－2－1)或式(10－2－2)变成

$$\tau_0\frac{\partial q}{\partial t}=-\lambda\frac{\partial T}{\partial x}\qquad(10-2-3)$$

或

$$\frac{a}{c_{\mathrm{h}}^2}\frac{\partial q}{\partial t}=-\lambda\frac{\partial T}{\partial x}\qquad(10-2-4)$$

这说明在松弛时间间隔内，任意截面上热流密度的改变量正比于该截面上的温度梯度，并在过程进入稳态后，温度梯度变为零。这是一种极端现象，称为超瞬态热传导过程。

10.3　热量传播速度为有限值时的热传导微分方程

根据热传导问题的非傅里叶分析，在热量传播速度为有限值时，热量传递规律的数学描述为通用的傅里叶定律式(10－2－1)或式(10－2－2)。

10.3.1 强瞬态热传导问题

当导热系数(λ)和松弛时间(τ_0)为常数时,将式(10-2-1)对 x 求导,可得

$$\frac{\partial q}{\partial x}=-\lambda\frac{\partial^2 T}{\partial x^2}-\tau_0\frac{\partial^2 q}{\partial x\partial t}$$

将此式代入一维导热微分方程式(3-1-1)(只考虑一维情况)

$$-\frac{\partial q}{\partial x}+q_{\mathrm{v}}=\rho c\frac{\partial T}{\partial t} \tag{10-3-1}$$

中,得到

$$\lambda\frac{\partial^2 T}{\partial x^2}+q_{\mathrm{v}}+\tau_0\frac{\partial^2 q}{\partial x\partial t}=\rho c\frac{\partial T}{\partial t} \tag{10-3-2}$$

将式(10-3-1)对时间求导,可得

$$-\frac{\partial^2 q}{\partial t\partial x}+\frac{\partial q_{\mathrm{v}}}{\partial t}=\rho c\frac{\partial^2 T}{\partial t^2} \tag{10-3-3}$$

因为

$$\frac{\partial^2 q}{\partial t\partial x}=\frac{\partial^2 q}{\partial x\partial t}$$

所以,由式(10-3-3)得

$$\frac{\partial^2 q}{\partial x\partial t}=\frac{\partial q_{\mathrm{v}}}{\partial t}-\rho c\frac{\partial^2 T}{\partial t^2}$$

将上式代入式(10-3-2)中,整理后可得热量传播速度为有限值时的热传导微分方程为

$$\tau_0\frac{\partial^2 T}{\partial t^2}+\frac{\partial T}{\partial t}-\frac{\tau_0}{\rho c}\frac{\partial q_{\mathrm{v}}}{\partial t}=a\frac{\partial^2 T}{\partial x^2}+\frac{q_{\mathrm{v}}}{\rho c} \tag{10-3-4}$$

当内热源(q_{v})与时间无关时,其热传导微分方程为

$$\tau_0\frac{\partial^2 T}{\partial t^2}+\frac{\partial T}{\partial t}=a\frac{\partial^2 T}{\partial x^2}+\frac{q_{\mathrm{v}}}{\rho c} \tag{10-3-5}$$

若不计内热源,$q_{\mathrm{v}}=0$,则式(10-3-5)可以进一步简化为

$$\tau_0\frac{\partial^2 T}{\partial t^2}+\frac{\partial T}{\partial t}=a\frac{\partial^2 T}{\partial x^2} \tag{10-3-6}$$

设热量的传播速度为 c_{h},热传导微分方程可改写为

$$\frac{a}{c_{\mathrm{h}}^2}\frac{\partial^2 T}{\partial t^2}+\frac{\partial T}{\partial t}=a\frac{\partial^2 T}{\partial x^2} \tag{10-3-7}$$

10.3.2 超瞬态热传导问题

如前所述,这种情况下的通用傅里叶定律式(10-2-1)或式(10-2-2)简化成式(10-2-3)或式(10-2-4)。将式(10-2-3)对 x 求偏导数,在松弛时间和导热系数为常数时,有

$$\tau_0 \frac{\partial^2 q}{\partial x \partial t} = -\lambda \frac{\partial^2 T}{\partial x^2}$$

经过和强瞬态热传导问题同样的运算，可得内热源不随时间变化时超瞬态热传导过程的热传导微分方程，即

$$a \frac{\partial^2 T}{\partial x^2} + \frac{\tau_0}{\rho c} \frac{\partial q_v}{\partial t} = \tau_0 \frac{\partial^2 T}{\partial t^2} \tag{10-3-8}$$

无内热源作用时，变成

$$\tau_0 \frac{\partial^2 T}{\partial t^2} = a \frac{\partial^2 T}{\partial x^2} \tag{10-3-9}$$

以上对热量传播速度为有限值时瞬态热传导问题的微分方程进行了推导。和瞬态热传导微分方程式(3-1-1)和式(3-1-2)相比，增加了温度对时间的二阶导数项，方程的类型由抛物线型变成了双曲线型，这一点在经典的傅里叶定律被修正后的形式中就已体现出来了。显然，方程类型的改变自然会反映到解的性质上的不同。

10.3.3　不同类型的热传导微分方程

在直角坐标系下，描述一维常物性、无内热源的热传导问题的微分方程，归纳起来有以下几种类型：

稳态热传导问题

$$\frac{d^2 T}{dx^2} = 0 \tag{10-3-10}$$

这是拉普拉斯(Laplace)方程，它是椭圆型的。

弱瞬态热传导问题

$$\frac{\partial T}{\partial t} = a \frac{\partial^2 T}{\partial x^2} \tag{10-3-11}$$

这是抛物型的方程。

强瞬态热传导问题

$$\tau_0 \frac{\partial^2 T}{\partial t^2} + \frac{\partial T}{\partial t} = a \frac{\partial^2 T}{\partial x^2} \tag{10-3-12}$$

是有阻尼的波动方程，属双曲型方程。

超瞬态热传导问题

$$\tau_0 \frac{\partial^2 T}{\partial t^2} = a \frac{\partial^2 T}{\partial x^2} \tag{10-3-13}$$

为无阻尼的波动方程，也是双曲型方程。

10.4 瞬态热传导问题的非傅里叶分析

如上一节所述,对于强瞬态热传导问题,热量传播速度已是一个不可忽略的因素。建立在热量传播速度为有限值基础上的通用傅里叶定律式(10-2-1)或式(10-2-2),给出了在瞬态热传导过程中热量传递行为更加真实合理的描述。换句话说,对于必须考虑热量传播速度的快速瞬态热传导问题,只有引进非傅里叶分析,才能获得快速瞬态热传导过程中温度场的真正变化规律。

10.4.1 强瞬态热传导问题

为了说明傅里叶分析和非傅里叶分析两者之间的差别,这里以第一类边界条件下半无限大物体的瞬态热传导问题为例进行分析和讨论。假定半无限大物体的瞬态热传导问题是边界 $x=0$ 处的表面温度在时间 $t=0^+$ 时刻由初始温度 T_0 升高到 T_w,并在以后的时间里一直保持为此数值。这是一个理想化的阶跃式加热,属于典型的强瞬态热传导问题。对于实际中大多数的强瞬态热传导问题,特别是像激光热加工一类的问题,超短时、突发性是这一类问题所具有的共同特点,这种特点决定了热扰动在物体中的传播距离的有限性。这就是说,对于本章所述问题,半无限大物体模型具有一定的实际意义。根据上一节阐述的热传导理论,在热量传播速度为有限值时,半无限大物体瞬态温度场的确定归结为如下定解问题的求解:

$$\tau_0 \frac{\partial^2 T}{\partial t^2} + \frac{\partial T}{\partial t} = a \frac{\partial^2 T}{\partial x^2} \qquad (0 < x < \infty, t > 0) \tag{10-4-1}$$

$$T_{x=0} = \begin{cases} T_w & (t > 0) \\ T_0 & (t < 0) \end{cases} \tag{10-4-2}$$

$$T_{t=0} = T_0 \qquad (0 \leqslant x < \infty) \tag{10-4-3}$$

$$\left.\frac{\partial T}{\partial t}\right|_{t=0} = 0 \qquad (0 \leqslant x < \infty) \tag{10-4-4}$$

第 2 个初始条件式(10-4-4)的获得是基于这样的理由:在边界出现热扰动之前,即 $t \leqslant 0$ 时刻,半无限大物体内各点温度一直维持为 T_0,即半无限大物体处在自然状态(相当于力学中的静止或匀速运动状态)。显然,当半无限大物体在自然状态下被加热之前,温度对时间的变化率必为零。

引进过余温度 $\theta(x,t)=T(x,t)=T_0$,当 T_0 为常数时,式(10-4-1)～式(10-4-4)变为

$$\tau_0 \frac{\partial^2 \theta}{\partial t^2} + \frac{\partial \theta}{\partial t^2} = a \frac{\partial^2 \theta}{\partial x^2} \qquad (0 < x < \infty, t > 0) \tag{10-4-5}$$

$$\theta_{x=0} = \begin{cases} \theta_w & (t > 0) \\ 0 & (t < 0) \end{cases} \tag{10-4-6}$$

$$\theta_{t=0}=0 \qquad (0\leqslant x<\infty) \qquad (10-4-7)$$

$$\left.\frac{\partial\theta}{\partial t}\right|_{t=0}=0 \qquad (0\leqslant x<\infty) \qquad (10-4-8)$$

对微分方程式(10-4-5)施行对时间 t 的拉普拉斯变换，并代入初始条件和边界条件进行运算和整理，得到温度分布为

$$\theta(x,t)=\begin{cases}0 & \left(t<\dfrac{x}{c_{\mathrm{h}}}\right)\\ \theta_{\mathrm{w}}\mathrm{e}^{-\frac{c_{\mathrm{h}}x}{2a}}+\Delta\theta(x,t) & \left(t>\dfrac{x}{c_{\mathrm{h}}}\right)\end{cases} \qquad (10-4-9)$$

或

$$\theta(x,t)=\begin{cases}\theta_{\mathrm{w}}\mathrm{e}^{-\frac{c_{\mathrm{h}}x}{2a}}+\Delta\theta(x,t) & (x<c_{\mathrm{h}}t)\\ 0 & (x>c_{\mathrm{h}}t)\end{cases} \qquad (10-4-10)$$

式中：

$$\Delta\theta(x,t)=\frac{c_{\mathrm{h}}x\theta_{\mathrm{w}}}{2a}\int_{\frac{x}{c_{\mathrm{h}}}}^{t}\frac{I_1\left[\dfrac{c_{\mathrm{h}}^2}{2a}\sqrt{t'^2-\left(\dfrac{x}{c_{\mathrm{h}}}\right)^2}\right]}{\sqrt{t'^2-\left(\dfrac{x}{c_{\mathrm{h}}}\right)^2}}\mathrm{e}^{-\frac{c_{\mathrm{h}}^2t'}{2a}}\mathrm{d}t' \qquad (10-4-11)$$

其中 I_1 为一阶第一类虚宗量贝塞尔(Bessel)函数，积分变量为 $t'=x\sqrt{\tau_0/a}$。

与经典热传导得出的瞬态温度分布表达式相比，上面的瞬态温度分布式(10-4-9)和式(10-4-10)都较明显地反映了热量传播速度为有限值时热量传播所具有的波动机制。

图10-3至图10-4以工程中常见的不锈钢材料 V_2Al8%Cr，8%Ni(热扩散率 $a=5.277\times10^{-5}\ \mathrm{m^2/s}$)的快速瞬态热传导问题为例，根据式(10-4-9)利用数值积分原理，得到的各种不同情况下半无限大物体内的温度变化规律。

图10-3是材料松弛时间为 $\tau_0=10^{-10}$ s(热量传播速度 $c_{\mathrm{h}}=\sqrt{a/\tau_0}=\sqrt{5.277\times10^{-6}/10^{-10}}\approx230$ m/s)时，加热作用持续时间分别为 $t_1=10^{-10}$ s、$t_2=3.0\times10^{-10}$ s和 $t_3=5.0\times10^{-10}$ s情况下，半无限大物体内各点温度对空间坐标的分布曲线。这几条曲线表明了在热量传播速度为有限值时，任意 t 时刻，半无限大物体内温度分布 $\theta(x,t)$ 对空间坐标 x 的分布出现不连续性，其间断点(严格地讲为一间断面)发生在 $x_{\mathrm{v}}(t)=t\sqrt{\tau_0/a}=t\cdot c_{\mathrm{h}}$ 处。在 $x<x_{\mathrm{v}}(t)$ 区域，正是热量以恒速 c_{h} 在时间从0到 t 这段间隔内传播到的区域，表现为该区域内各点温度在初始值的基础上有所升高。而在 $x>x_{\mathrm{v}}(t)$ 的地方，则是热量还没有传播到的区域，由于没有热量的吸收，该区域内的各个质点的内能自然就不会发生变化，表现为该区域内各点温度一直保持为初始值。这说明对于瞬态热传导问题，确实存在着一个热量传播到与未传播到的问题，而根据经典热传导理论的分析，在瞬态热传导过程中，热量在热传导介质中是以无限大速度进行传播

的，不存在热量传播到与未传播到的区域之分。所以，经典傅里叶定律是建立在热量传播速度为无限大基础之上的，或者说经典傅里叶定律隐含了热量传播速度为无限大这一假设。图 10－3所示温度分布是在热量传播速度为 $c_h \approx 230$ m/s 时得到的，而间断点的坐标 $x_v(t)$ 与热量传播到该处所用的时间 t 的比值 $x/t = 2.3\times10^{-8}/10^{-10} = 230$ m/s，数值上正是热量传播速度的大小。

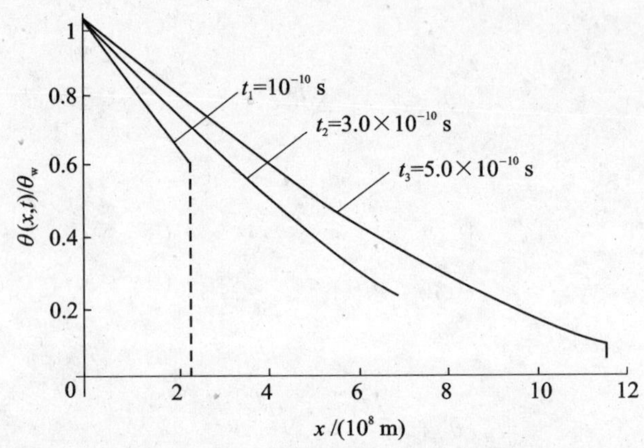

图 10－3　热量传导速度为有限值时快速加热的半无限大物体在不同时刻的温度分布

从图 10－3 的温度分布曲线还可以看出，在 $x=0$ 边界上变化幅度为 θ_w 的温度热扰动在向半无限大物体内部进行传播的过程中，其扰动幅度随传播距离 x 的增加按指数规律 $e^{-(c_h x)/(2a)}$ 进行衰减。从物理上来说，在 $x=0$ 边界上变化幅度为 θ_w 的热扰动的出现是由于在时间($0\to0^+$)间隔内外界向边界提供了一定数量的热流。在这个热流热扰动自边界依次通过各个垂直于 x 轴的微元厚度控制体的过程中，根据能量守恒定律，一部分热流被该控制体阶跃式地吸收，使质点的内能也有一阶跃式的增加，表现为该截面上的温度出现一个阶跃式的上升。而另外一部分热流则在温度梯度的作用下，以热传导方式继续向内部传播。因此，伴随着热流在传播过程中连续不断地被吸收，热扰动的幅度必将连续地减小。从数学上看，热量传播速度为有限值时的快速瞬态热传导微分方程属于有阻尼的波动方程。在这样的波动方程中，物理量对时间的一阶导数反映的就是波传播过程中所遇阻尼的大小。因此，式中内能项 dT/dt 的存在，实际上就已表明，热扰动在介质中的传播是在沿途存在阻尼的情况下进行的。在热扰动传播过程中，波前的幅度在沿途不断地被衰减。

综合以上分析，热量传播速度为有限值时，对于半无限大物体第一类边界条件下的快速瞬态热传导问题，任意时刻的温度分布和空间坐标两者之间的关系可描述为：

(1) 任意瞬时的温度分布对于空间坐标具有不连续的性质；

(2) 边界上一个阶跃式的温度变化，在半无限大物体内产生一个以热量传播速度运动的温度波，波前通过的区域，温度发生变化；波前未通过区域，温度保持为初始值。波前所到达之处，温度出现跃变，其跃变值由边界扰动幅度 θ_w 按指数规律 $e^{-(c_h x)/(2a)}$ 进行衰减。

图 10－4 是上述材料当松弛时间分别取 $\tau=10^{-10}$ s 和 $\tau_0=8\times10^{-10}$ s、持续加热作用时间为 $t=5\times10^{10}$ s 时，半无限大物体温度对空间坐标的分布规律。

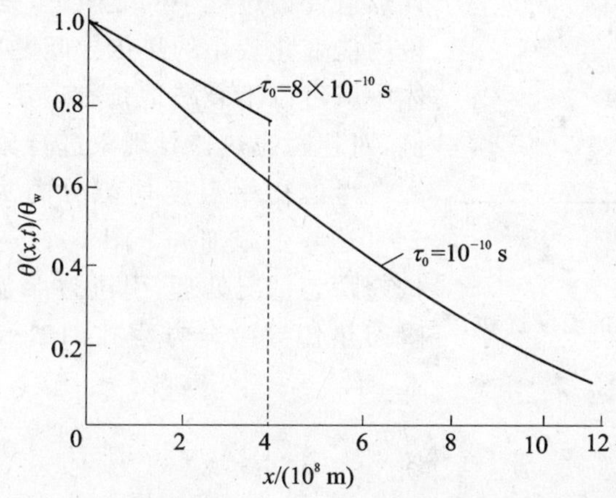

图 10－4　材料的松弛时间对半无限大物体内温度分布的影响

根据热量传播速度的定义知，材料的松弛时间随热扩散率的增大而变大，随热量传播速度的增大而减小。它是考虑到温度场的重新建立在时间上对边界条件的改变存在滞后而引进的，所以其值的大小对于温度场的重新建立有很大的影响。由通用傅里叶定律知，在瞬态程度较高，即$\partial q/\partial t$ 较大情况下，松弛时间的大小直接反映了 $\tau_0(\partial q/\partial t)$和 q 两项的相对大小，即松弛时间的大小是非傅里叶效应强弱程度的体现。图 10－4 所示的温度分布曲线明显地表明了这一点。

在材料的热扩散率保持为常数的情况下，当松弛时间 $\tau=10^{-10}$ s 时，热量传播速度为 $c_h=\sqrt{a/\tau_0}=230$ m/s。在 $\Delta t=5.0\times10^{-10}$ s 间隔内，热波的波前 $x_v(t)$运动的距离（热量渗透的深度或温度发生变化的区域）为 $x=c_h t=11.5\times10^{-8}$ m，当松弛时间 $\tau_0=8\times10^{-10}$ s 时，热量传播速度 $c_h=\sqrt{a/\tau_0}=81$ m/s。在同样的 $\Delta t=5.0\times10^{-10}$ s 时间间隔内，热波的波前 $x_v(t)$运动的距离为 $x=c_h t=4.0\times10^{-8}$ m。显然，材料松弛时间的大小对温度分布的影响是很大的。松弛时间大，热量传播速度就小，相应地，热量渗透的深度也将变小，但热波的波前处温度的跃变值却变大。这就是说，松弛时间越大，温度的动态冲击效应就越强，即非傅里叶效应表现得就越明显。

10.4.2　超瞬态热传导问题

前面曾对热量传播速度为有限值时的通用傅里叶定律式(10－2－1)或式(10－2－2)进行

了分析和讨论。情况之一是存在$\tau_0(\mathrm{d}q/\mathrm{d}t)$和$-\lambda(\mathrm{d}t/\mathrm{d}x)\gg q$的热传导过程，相应地，傅里叶定律取式(10-2-3)或式(10-2-4)的形式。以此为基础，结合能量守恒定律得到了式(10-3-8)表示的热传导微分方程。这是不存在温度对时间一阶导数项的波动方程。从物理上讲，就是不计热量传播过程中的热阻尼，是忽略内能变化或相对来说内能变化较小的热传导问题，这时温度在半无限大物体中就可以不衰减地传播。下面仍以半无限大物体为例，对超瞬态热传导现象进行分析和讨论。

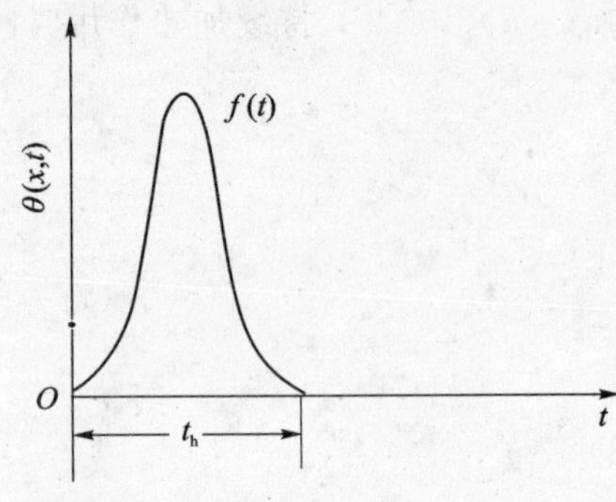

图 10-5　施加于边界上的温度扰动

考虑初始温度均匀分布为T_0，在$t=0^+$时刻，在$x=0$边界上施加一个图10-5所示的温度热扰动$f(t)$。按超瞬态情况处理，引进过余温度，根据无内热源的超瞬态热传导微分方程式(10-3-9)，该问题的数学描述为

$$\tau_0\frac{\partial^2\theta}{\partial t^2}=a\frac{\partial^2\theta}{\partial x^2}\qquad(0<x<\infty,t>0)\tag{10-4-12}$$

$$\theta_{x=0}=\begin{cases}0 & (t\leqslant 0)\\ f(t) & (0<t<t_{\mathrm{h}})\\ 0 & (t>t_{\mathrm{h}})\end{cases}\tag{10-4-13}$$

$$\theta_{t=0}=0\qquad(0\leqslant x<\infty)\tag{10-4-14}$$

$$\left.\frac{\partial\theta}{\partial t}\right|_{t=0}=0\qquad(0\leqslant x<\infty)\tag{10-4-15}$$

对时间进行拉普拉斯变换并代入初始条件和边界条件，整理后，得到脉冲式第一类边界条件作用下半无限大物体超瞬态热传导问题的温度分布，其表达式为

$$\theta(x,t)=f\left(t-\frac{x}{c_{\mathrm{h}}}\right)h\left(t-\frac{x}{c_{\mathrm{h}}}\right)-f\left[t-\left(t_{\mathrm{h}}+\frac{x}{c_{\mathrm{h}}}\right)\right]h\left[t-\left(t_{\mathrm{h}}+\frac{x}{c_{\mathrm{h}}}\right)\right]\tag{10-4-16}$$

式中：h为单位阶跃函数，定义为

$$h(t-t_0)=\begin{cases}1 & (t>t_0)\\ 0 & (t<t_0)\end{cases}\tag{10-4-17}$$

若以分段函数表示，则式(10-4-16)又可以写成

$$\theta(x,t)=\begin{cases}0 & \left(t<\dfrac{x}{c_{\mathrm{h}}}\right)\\ f\left(t-\dfrac{x}{c_{\mathrm{h}}}\right) & \left(\dfrac{x}{c_{\mathrm{h}}}<t<t_{\mathrm{h}}+\dfrac{x}{c_{\mathrm{h}}}\right)\\ 0 & \left(t>t_{\mathrm{h}}+\dfrac{x}{c_{\mathrm{h}}}\right)\end{cases}\tag{10-4-18}$$

或

$$\theta(x,t)=\begin{cases}0 & (x<c_{\mathrm{h}}(t-t_{\mathrm{h}}))\\ f\left(t-\dfrac{x}{c_{\mathrm{h}}}\right) & (c_{\mathrm{h}}(t-t_{\mathrm{h}})<x<c_{\mathrm{h}}t)\\ 0 & (x>c_{\mathrm{h}}t)\end{cases} \tag{10-4-19}$$

将式(10-4-18)结果描绘在坐标图上，得到图10-6所示的半无限大物体内部某点温度随时间的变化规律。图中所示温度曲线明显地表明了在时间 $t=0^+$ 时刻，$x=0$ 边界上出现的温度扰动在半无限大物体中的传播过程。和前面的强瞬态热传导过程的不同之处是，$x=0$ 边界上的温度扰动在半无限大物体中是一种无阻尼的传播，即沿途不存在任何衰减。因此，热扰动所到之处也出现和 $x=0$ 边界上完全相同的热扰动，这和无阻尼机械波在物体中的传播过程十分类似。瞬态热传导过程必然伴随着物体的加热或冷却，即内能必然发生变化，瞬态加热过程中沿途热流密度的降低正是由于自边界传进的热量中的一部分在以热传导方式向低温区传递时用在了沿途介质内能的增加上，如同克服摩擦必然要消耗一部分能量一样。因此，类比于机械阻尼，把这种现象称为热阻尼。

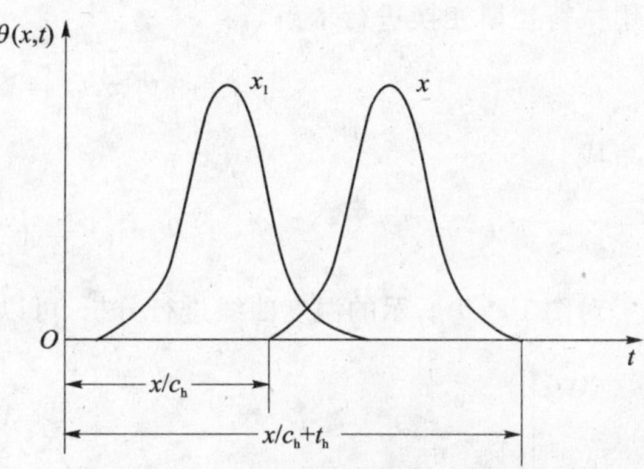

图10-6 温度波无阻尼的传播过程

强瞬态热传导微分方程式(10-4-5)又可以写成如下形式

$$\frac{\lambda}{c_{\mathrm{h}}^2}\frac{\partial^2\theta}{\partial t^2}+\rho c\frac{\partial\theta}{\partial t}=\lambda\frac{\partial^2\theta}{\partial x^2} \tag{10-4-20}$$

式中左端第2项表示的是单位时间内单位体积介质内能的变化量，正是热阻尼大小的体现。当材料的 ρc 很小，以至于式(10-4-20)左端第2项远小于其他两项时，按数量级分析，存在阻尼项的双曲型热传导方程就变成了无阻尼的一维波动方程，则热量在半无限大物体中的传播规律将受无阻尼的一维波动方程所制约。从物理上讲，当材料的 ρc 很小时，单位体积的这种物质温度升高1℃所需的吸热量就很小，也就是说，只要施加微小的热量就会使其温度升高到较高的数值。这样，自边界进入的热量在沿途传播过程中几乎没有被材料作任何的吸收就全部地向内部传递。因此，施加到边界上的温度波将保持形状不变以常速 c_{h} 在半无限大物体中传播。

当矩形加热脉冲宽度，即加热持续时间趋于无限大时，上述半无限大物体的超瞬态热传导问题的数学描述为

$$\tau_0\frac{\partial^2\theta}{\partial t^2}=a\frac{\partial^2\theta}{\partial x^2}\quad(0<x<\infty,t>0) \tag{10-4-21}$$

$$\theta_{x=0}=\begin{cases}\theta_w & (t>0)\\ 0 & (t\leqslant 0)\end{cases} \tag{10-4-22}$$

$$\theta_{t=0}=0 \qquad (0\leqslant x<\infty) \tag{10-4-23}$$

$$\left.\frac{\partial\theta}{\partial t}\right|_{t=0}=0 \qquad (0\leqslant x<\infty) \tag{10-4-24}$$

利用拉普拉斯变换进行求解,得

$$\theta(x,t)=\theta_w h\left(t-\frac{x}{c_h}\right) \tag{10-4-25}$$

或写成

$$\theta(x,t)=\begin{cases}0 & x>c_h t\\ \theta_w & x<c_h t\end{cases} \tag{10-4-26}$$

对图 10-7 所示的温度曲线进行分析,可以容易地得到其所代表的物理过程:当边界上温度在时间 $t=0^+$ 时刻突然升高到 θ_w,并在以后的时间里一直维持在这一数值时,那么经过一定的时间后,距边界一定距离的地点其温度也会突然升高到 θ_w,并在以后的时间里也一直保持这一数值。这和电学中的超导现象非常类似,所以将这类瞬态热传导问题称为超瞬态热传导。相应地,将能够出现超瞬态热传导现象的材料称作超导热体。若把传热性能相当好的热管看成一个当量导热体,那么在热端突然与高温介质接触后,在这个当量导热体中进行的瞬态热传导就有些接近超瞬态热传导,冷热两端温差极小,常被称为"超导热体"。

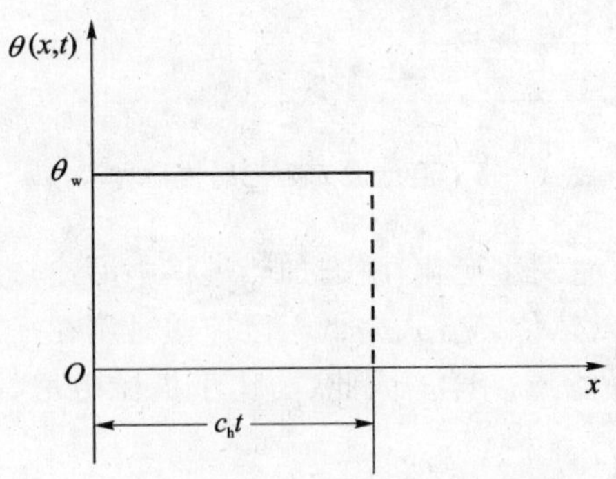

图 10-7　超瞬态热传导时温度的无阻尼传播

10.5　热冲击问题的非傅里叶分析

热冲击问题的特点是高强度、高突发性,或者说属于高强度的快速瞬态过程,此时的温度和由此而产生的热应力都是以冲击的形式作用于物体内各点,表现出很强的动力学效应。如火箭发动机的喷管受到高温燃气和金属颗粒的冲刷,高温物体的急剧冷却都是典型的热冲击现象。热冲击的出现在物体中将产生数值很高并以一定速度运动的尖峰应力,极具破坏性,由此在物体表面产生热损伤的现象在工程实际中相当常见,如激光加热在物体表面产生的热裂纹、喷管喉部表面在热冲击作用下出现的破损现象等。人们对此进行了很多的研究工作,得出了一些有意义的结论。对具有高强度、高瞬态特征的热冲击问题的非傅里叶分析的数学描述比起经典的热应力理论要更合理。

10.5.1　热应力问题的数学描述

由于物体内部不均匀的温度分布，导致物体内各部分之间产生大小不一的变形(应变)而形成约束，产生热应力，这种现象在日常生活中普遍存在，在工业特别是某些高技术领域更为常见。按线性热弹性理论，其应变由两部分组成，一部分是由于温度变化引起的；另一部分，则是由于机械应力引起的。考虑到温度变化这一因素，应变和应力之间的关系由下面的广义虎克(Hooke)定律(物理方程)所描述

$$\left.\begin{aligned}
\varepsilon_x &= \frac{1}{E}[\sigma_x-\nu(\sigma_y+\sigma_z)]+\alpha T\\
\varepsilon_y &= \frac{1}{E}[\sigma_y-\nu(\sigma_x+\sigma_z)]+\alpha T\\
\varepsilon_z &= \frac{1}{E}[\sigma_z-\nu(\sigma_x+\sigma_y)]+\alpha T\\
\varepsilon_{xy} &= \frac{\tau_{xy}}{2G}\\
\varepsilon_{yz} &= \frac{\tau_{yz}}{2G}\\
\varepsilon_{zx} &= \frac{\tau_{zx}}{2G}
\end{aligned}\right\}\tag{10-5-1}$$

式中：ν 为泊松比；α 为材料的线胀系数；T 为温度；E 为材料的拉压弹性模量；G 为材料的剪切弹性模量，它们之间的关系为

$$G=\frac{E}{2(1+\nu)}\tag{10-5-2}$$

各应力分量如图 10－8 所示。

用应变来表示应力时，广义虎克定律(物理方程)的表达式(10－5－1)变为

$$\left.\begin{aligned}
\sigma_x &= 2G\left(\varepsilon_x+\frac{\nu}{1-2\nu}\mathrm{e}-\frac{1+\nu}{1-2\nu}\alpha T\right)\\
\sigma_y &= 2G\left(\varepsilon_y+\frac{\nu}{1-2\nu}\mathrm{e}-\frac{1+\nu}{1-2\nu}\alpha T\right)\\
\sigma_z &= 2G\left(\varepsilon_z+\frac{\nu}{1-2\nu}\mathrm{e}-\frac{1+\nu}{1-2\nu}\alpha T\right)\\
\tau_{xy} &= 2G\varepsilon_{xy}\\
\tau_{yz} &= 2G\varepsilon_{yz}\\
\tau_{zx} &= 2G\varepsilon_{zx}
\end{aligned}\right\}\tag{10-5-3}$$

式中：$e=\varepsilon_x+\varepsilon_y+\varepsilon_z$ 为体积应变。在应变已知的情况下，由式(10－5－3)可方便地求得应力分量。

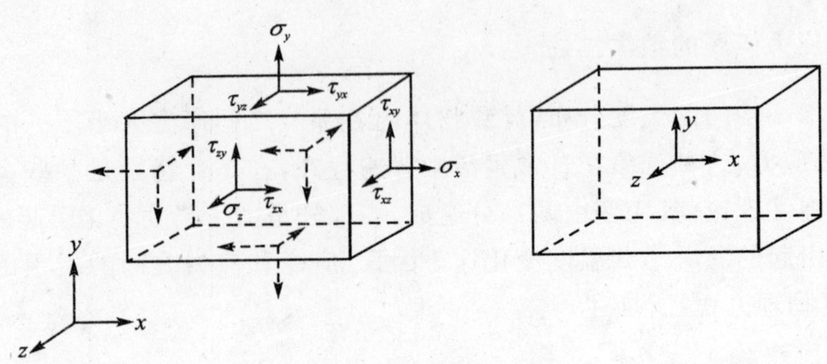

图 10-8 应力分量示意图

温度的变化导致物体的胀缩，若温度场是瞬态变化的，那么变形也将是时间的函数，其变形的运动规律必将受牛顿第二定律的制约。因此，严格地说，该问题属于动力学范畴。将牛顿第二定律应用到图 10-8 所示的微元控制体上，整理后得到

$$\left.\begin{aligned}\frac{\partial\sigma_x}{\partial x}+\frac{\partial\tau_{xy}}{\partial y}+\frac{\partial\tau_{xz}}{\partial z}+X=\rho\frac{\partial^2 u}{\partial t^2}\\\frac{\partial\tau_{xy}}{\partial x}+\frac{\partial\sigma_y}{\partial y}+\frac{\partial\tau_{yz}}{\partial z}+Y=\rho\frac{\partial^2 v}{\partial t^2}\\\frac{\partial\tau_{xz}}{\partial x}+\frac{\partial\tau_{yz}}{\partial y}+\frac{\partial\sigma_z}{\partial z}+Z=\rho\frac{\partial^2 w}{\partial t^2}\end{aligned}\right\}\qquad(10-5-4)$$

式中：u，v 和 w 分别为质点在 x，y 和 z 3 个方向上的位移；X，Y 和 Z 分别为作用在微元控制体上的质量力；ρ 为密度；右端项为热变形加速度引起的惯性力。

式(10-5-4)即为热弹性平衡方程，常称之为运动方程。

物体在热的作用下必然出现变形，因此各点对于初始位置就要产生位移。在物体的变形是小变形，即不计位移对坐标的二阶导数的情况下，根据微元体变形前后的几何关系，可得到所谓的几何方程，即

$$\left.\begin{aligned}\varepsilon_x&=\frac{\partial u}{\partial x}\\\varepsilon_y&=\frac{\partial v}{\partial y}\\\varepsilon_z&=\frac{\partial w}{\partial z}\\\varepsilon_{xy}&=\frac{1}{2}\left(\frac{\partial u}{\partial y}+\frac{\partial v}{\partial x}\right)\\\varepsilon_{yz}&=\frac{1}{2}\left(\frac{\partial v}{\partial z}+\frac{\partial w}{\partial y}\right)\\\varepsilon_{zx}&=\frac{1}{2}\left(\frac{\partial w}{\partial x}+\frac{\partial u}{\partial z}\right)\end{aligned}\right\}\qquad(10-5-5)$$

不均匀的温度分布导致物体内产生热应力是实际中最常见的一种情况，从以上各式可以看出，已知物体内的温度分布是定量确定热应力大小的前提。对于瞬态问题，温度分布规律由以下方程决定：

常物性不计内热源的弱瞬态热传导方程

$$a\left(\frac{\partial^2 T}{\partial x^2}+\frac{\partial^2 T}{\partial y^2}+\frac{\partial^2 T}{\partial z^2}\right)=\frac{\partial T}{\partial t} \tag{10-5-6}$$

常物性不计内热源的强瞬态热传导方程

$$a\left(\frac{\partial^2 T}{\partial x^2}+\frac{\partial^2 T}{\partial y^2}+\frac{\partial^2 T}{\partial z^2}\right)=\frac{\partial T}{\partial t}+\tau_0\frac{\partial^2 T}{\partial t^2} \tag{10-5-7}$$

式(10－5－3)～式(10－5－5)再加上热传导方程共计16个独立方程，其中正好包含了6个应力分量、6个应变分量、3个位移分量和1个温度分布，总共16个未知量。理论上这是一个封闭的微分方程组，只要给出相应的单值性条件并先对位移进行求解，即可得到自动满足变形连续方程的位移场和应力场。

10.5.2　热冲击问题的数学描述

当物体的受热具有明显的突发性时，瞬态温度场所引起的变形随时间的变化也带有突发的性质，热变形速度也是时间的函数，或者说热变形加速度已不再是零。显然，随着瞬态程度的提高，热变形加速度随之增大，从而使得热惯性力(运动方程中右端位移对时间的二阶导数项)的影响变大，以至于和作用于图10－8所示微元控制体上的其他各项作用力处于同一个数量级，成为一个必须考虑的因素。问题也就变成了真正的动力学问题，结果导致应力和温度都是以一个比较高的速度作用于物体内各点，表现出很强的冲击性，即相当明显的动态效应。这类瞬态热强度问题就是所谓的热冲击。热冲击问题的研究在过去并未引起人们的注意，其原因是热冲击现象只是在高强度的快速加热情况下才表现的比较明显。近些年来，随着技术的进步，加热和冷却手段不断提高，高强度的快速加热和冷却造成物体出现热损伤的现象在实际问题中也越来越多。因此，对热冲击或动态热变形问题的研究逐渐地受到了人们的重视。

最早对热冲击问题的研究都是采用所谓的准静态处理方法，即把温度看成是瞬态的，而把运动看做是一个接连一个的稳定状态，每一时刻的热应力场根据这一时刻的温度场来进行求解。这样的处理忽略了热应力的瞬态特性，或者说，不计由热变形加速度所引起的冲击效应。在物体内部没有内热源的情况下，其热传导微分方程、物理方程和几何方程分别为式(10－5－6)、式(10－5－3)和式(10－5－5)，而运动微分方程为

$$
\left.\begin{aligned}
\frac{\partial \sigma_x}{\partial x}+\frac{\partial \tau_{xy}}{\partial y}+\frac{\partial \tau_{xz}}{\partial z}+X=0 \\
\frac{\partial \tau_{xy}}{\partial x}+\frac{\partial \sigma_y}{\partial y}+\frac{\partial \tau_{yz}}{\partial z}+Y=0 \\
\frac{\partial \tau_{xz}}{\partial x}+\frac{\partial \tau_{yz}}{\partial y}+\frac{\partial \sigma_z}{\partial z}+Z=0
\end{aligned}\right\} \tag{10-5-8}
$$

显然，这种准静态处理实际上就是在运动微分方程中略去了惯性力的影响，因此，对应力来说，实际上就是一个静力学问题。这样的处理在大多数温度变化速度不高、加热或冷却较缓慢的场合，其结果还是令人满意的。

然而，正如前面所述，当加热速度较大或温度变化急剧时，热变形速度的影响相应地加大，动力学效应也就越明显。因此，必须在动力学的范畴内对其进行研究才能得到接近于实际情况的解。所以，在处理上是在运动方程中将热变形加速度考虑进去，其他方程的形式则不做任何变化，这样的动态处理比起准静态处理来说有了较大的进步。然而，这两种处理方法都是以抛物型热传导微分方程为基础，即认为热量传播速度为无限大。根据前几节的分析，在快速加热情况下，温度也具有动态变化的特性，热量传播速度是一个必须考虑的因素。快速的加热或冷却是产生热冲击现象的前提，因此，对热冲击问题更进一步的动态处理应该是在考虑热变形加速度的同时，还必须计及动态的温度效应。另外，从现象上看，热冲击问题属于典型的高瞬态物理过程，因此物体内的热量传递过程按强瞬态热传导处理更为合适。这说明，在传统的热冲击理论中应该引进非傅里叶分析，才能使热冲击问题的数学描述更接近实际的物理现象，并有助于对热冲击期间应力的变化规律作出更真实的描述。于是，在考虑热量传播速度这一因素时，热冲击问题的热传导微分方程和运动微分方程分别为式(10-5-7)和式(10-5-4)，而物理方程和几何方程的形式保持不变。

10.5.3 热冲击问题的非傅里叶分析

研究对象仍取第一类边界条件下的半无限大物体，前面给出了当时间 $t>0$ 时，边界 $x=0$ 表面温度突然上升到 θ_w，然后一直保持这一数值的情况，并对温度分布进行了非傅里叶分析。现在将热应力问题引进非傅里叶分析。

第一类边界条件下快速加热半无限大物体是经典的热冲击问题。假定半无限大物体为弹性体，并且运动是单向的，则变形只在 x 方向存在，而在 y 和 z 两个方向无任何变形。因此，对于位移有

$$
u=u(x,t),\qquad v=w=0 \tag{10-5-9}
$$

在运动为单向的情况下，角变形不可能出现，所以全部的剪应变必为零。根据几何方程式(10-5-5)，得

$$
\varepsilon_x=\frac{\partial u}{\partial x},\qquad \varepsilon_y=\varepsilon_z=0 \tag{10-5-10}
$$

另外，由物理方程式(10－5－3)又可得到

$$\varepsilon_x = \frac{1}{1-\nu}\left[\frac{1-2\nu}{2G}\sigma_x(x,t) + (1+\nu)\alpha\theta(x,t)\right] \tag{10-5-11}$$

因此有

$$\frac{\partial u}{\partial x} = \frac{1}{1-\nu}\left[\frac{1-2\nu}{2G}\sigma_x(x,t) + (1+\nu)\alpha\theta(x,t)\right] \tag{10-5-12}$$

按上面假设，剪应力全部为零。根据运动方程式(10－5－4)，得

$$\frac{\partial \sigma_x}{\partial x} = \rho\frac{\partial^2 u}{\partial t^2} \tag{10-5-13}$$

将式(10－5－13)两边对 x 求偏导数，得

$$\frac{\partial^2 \sigma_x}{\partial x^2} = \rho\frac{\partial}{\partial x}\left(\frac{\partial^2 u}{\partial t^2}\right) = \rho\frac{\partial^2}{\partial t^2}\left(\frac{\partial u}{\partial x}\right)$$

将式(10－5－12)代入上式，并整理得

$$\frac{\partial^2 \sigma_x}{\partial x^2} - \frac{1}{c_s^2}\frac{\partial^2 \sigma_x}{\partial t^2} = \frac{1+\nu}{1-\nu}\rho\alpha\frac{\partial^2 \theta}{\partial t^2} \tag{10-5-14}$$

式中：

$$c_s = \sqrt{\frac{2(1-\nu)}{1-2\nu}\frac{G}{\rho}} \tag{10-5-15}$$

由弹性理论知，c_s 正是膨胀波在弹性介质中的传播速度。这样，结合10.4节内容，可得到用应力表示的第一类边界条件下快速加热半无限大物体的热冲击问题的数学描述为：

瞬态温度场所满足的定解问题

$$\left.\begin{aligned}
&\frac{a}{c_h^2}\frac{\partial^2 \theta}{\partial t^2} + \frac{\partial \theta}{\partial t} = a\frac{\partial^2 \theta}{\partial x^2}\\
&\theta(x,t)\big|_{x=0} = \theta_w(t) = \begin{cases}0 & (t<0)\\ \theta_w & (t>0)\end{cases}\\
&\theta(x,t)\big|_{t=0} = 0\\
&\left.\frac{\partial \theta(x,t)}{\partial t}\right|_{t=0} = 0
\end{aligned}\right\} \tag{10-5-16}$$

应力场所满足的定解问题

$$\left.\begin{aligned}
&\frac{\partial^2 \sigma_x}{\partial x^2} - \frac{1}{c_s^2}\frac{\partial^2 \sigma_x}{\partial t^2} = \frac{1+\nu}{1-\nu}\rho\alpha\frac{\partial^2 \theta}{\partial t^2}\\
&\sigma_x(x,t)\big|_{x=0} = 0\\
&\sigma_x(x,t)\big|_{t=0} = 0\\
&\left.\frac{\partial \sigma_x(x,t)}{\partial t}\right|_{t=0} = 0
\end{aligned}\right\} \tag{10-5-17}$$

关于应力的两个初始条件与温度一样，认为热冲击之前半无限大物体具有一个均匀的温度分布，并且处于自然状态。

以上定解问题的瞬态温度分布已在式(10－4－9)和式(10－4－10)给出。

对上述的应力微分方程和边界条件施行对时间的拉普拉斯变换并代入初始条件，对温度微分方程施行对时间的拉普拉斯变换并代入初始条件，并结合温度分布的表达式进行运算和整理，可以得到应力分布的表达式为

$$\sigma_x(x,t)=k_1\left[\theta_w\left(t-\frac{x}{c_h}\right)e^{-\frac{c_h^2 x}{2a}}+\frac{c_h^2 x}{2a}\Delta\theta(x,t)\right]-k_2\int_{\frac{x}{c_h}}^{t}\sigma_{x1}(x,t')e^{-k_2(t-t')}dt'-k_1\theta_w\left(t-\frac{x}{c_h}\right)e^{-k_2\left(t-\frac{x}{c_h}\right)} \tag{10-5-18}$$

一旦确定了 $\sigma_x(x,t)$，便可用由应力表示应变的物理方程得到 x 方向的应变，即

$$\varepsilon_x=\frac{1}{1-\nu}\left[\frac{1-2\nu}{2G}\sigma_x(x,t)+(1+\nu)\alpha\theta(x,t)\right] \tag{10-5-19}$$

将其代入物理方程式(10－5－3)中，得 y 和 z 两方向的应力为

$$\sigma_y(x,t)=\sigma_z(x,t)=\frac{\nu}{1-\nu}\sigma_x(x,t)-\frac{\alpha E}{1-\nu}\theta(x,t) \tag{10-5-20}$$

应力分布解式(10－5－18)和式(10－5－20)清楚地表明了热量传播速度为有限值(强瞬态过程)时，瞬态应力在半无限大物体中的分布情况。

对于热量传播速度为无限大(即以抛物型热传导微分方程为基础)时，在半无限大物体中的瞬态应力分布，文献[3]给出的结果为

$$\sigma_x^*(x,t)=\frac{\alpha E\theta_w}{1-\nu}F_1(x,t)+\frac{\alpha E\theta_w}{1-\nu}\begin{cases}0 & (t<x/c_s)\\ F_2(x,t) & (t>x/c_s)\end{cases} \tag{10-5-21}$$

其中：

$$\left.\begin{aligned}F_1(x,t)&=-\frac{1}{2}e^{\frac{c_s^2 t}{a}}\left[e^{\frac{c_s^2 x}{a}}\operatorname{erf}\left(\frac{x}{2\sqrt{at}}-c_s\sqrt{\frac{t}{a}}\right)+e^{\frac{c_s^2 x}{a}}\operatorname{erf}\left(\frac{x}{2\sqrt{at}}+c_s\sqrt{\frac{t}{a}}\right)\right]\\F_2(x,t)&=e^{\frac{(c_s t-x)c_s}{a}}\end{aligned}\right\} \tag{10-5-22}$$

式中：erf 为高斯误差函数，参见式(3－2－25)的说明。由物理方程得到的另外两个方向应力为

$$\sigma_y(x,t)=\sigma_z(x,t)=\frac{\nu}{1-\nu}\sigma_x(x,t)-\frac{\alpha E}{1-\nu}\theta(x,t) \tag{10-5-23}$$

式中：$\theta(x,t)$为弱瞬态情况下半无限大物体内的温度分布，满足式(10－4－10)。

比较式(10－5－18)～式(10－5－24)，可以看出热量传播速度这一因素对瞬态应力的影响情况。

首先，式(10－5－20)和式(10－5－24)给出了在 $x=0$ 边界表面内各方向都相等的压应力为

$$\sigma=-\frac{\alpha E}{1-\nu}\theta(x,t)\bigg|_{x=0}=-\frac{\alpha E}{1-\nu}\theta_{\mathrm{w}} \qquad (10-5-24)$$

即傅里叶分析和非傅里叶分析在 $x=0$ 边界表面内给出的结果是相同的。在半无限大物体内部应力的跃变则和经典的热应力分析结果有明显的不同。从式(10－5－21)可以看出，由函数 $F_2(x,t)$ 给出的那部分应力代表了一个膨胀波，它的波前以速度 c_{s} 从半无限大物体表面向内部传播。对于半无限大物体内部任意一点 x，那里首先发生由 $F_1(x,t)$ 给出的那部分应力。从时间 $t=x/c_{\mathrm{s}}$ 瞬时开始，膨胀波通过该点，并引起该点应力发生跃变，这是热量传播速度为无限大时的结果。在热量传播速度为有限值时，从式(10－5－18)可以看出，前两项代表了一个热波，其运动速度为 c_{h}，而后一项则给出了一个以速度 c_{s} 运动的应力波。显然，以热量传播速度 c_{h} 运动的应力波是由温度波引起。因此，对于半无限大物体内部任意一点 x 来说，在热冲击期间该点应力要出现两次跃变，一次是由于边界上的温度热扰动在半无限大物体中的传播所形成的温度波的波前在 $t=x/c_{\mathrm{s}}$ 时刻通过所引起，另一次跃变则是由于考虑了热变形加速度的影响而形成的膨胀波的波前在 $t=x/c_{\mathrm{s}}$ 时刻通过所引起的。两次应力跃变出现的顺序则由热量传播速度和膨胀波在半无限大物体中的传播速度两者之间的相对大小所决定。

第 11 章 计算传热学

前面几章讨论了传热学的基本理论、固体火箭发动机中的传热和热防护基本知识。应该说明的是，描述传热问题的微分方程通常是一组复杂的非线性偏微分方程(控制方程组)，除了某些简单情形之外，很难得到控制方程组的解析解。对于绝大多数有实际意义的传热问题，如形状复杂、换热时间极短、热流密度又极大的固体火箭发动机中的传热，解析解不仅难以获得，而且多数只具有定性意义，因此必须借助于计算机进行数值求解，这就是计算传热学 NHT (Numerical Heat Transfer)。

计算传热学求解一个传热问题的基本步骤是：针对具体问题建立控制方程组并给定初始和边界条件，在需要求解的区域(求解域)上划分子区域(建立离散网格系统)，选择合适的数值格式将控制方程组离散化，求解离散方程组(代数方程组)，处理和分析计算结果。由于传热与流动的相互作用，计算传热学与计算流体力学 CFD(Computational Fluid Dynamics)有着密不可分的联系，在研究内容、求解步骤和数值方法等方面两者都是相通的，并有着基本上相同的发展历史。

应该指出的是，尽管计算传热学随着计算机技术的高速发展日益成为解决工程实际问题的主要工具，但它并不能完全取代解析方法和实验研究。首先，解析方法的结果具有普遍性，容易分析和比较各影响因素的作用，同时也为检验数值结果提供了依据，计算传热学和计算流体力学的所有数值方法都必须经历解析解的考核才能确定其有效性和准确性；其次，计算传热学的计算结果还必须通过实验的检验，对某些复杂的传热问题还必须借助于实验测量所得到的经验关系来求解，所以实验研究仍然是传热问题最基本的研究方法。

本章只简单介绍计算传热学的基本方法，目的是使读者了解计算传热学的基本概念和求解问题的基本步骤。

11.1 求解域及控制方程组的离散方法

11.1.1 传热控制方程组的类型

描述热量传递的偏微分控制方程组依据其数学性质可以划分成不同的类型，并对应着明显不同的物理意义。

在传热学中，控制方程组主要由二阶偏微分方程组成。二维稳态问题的一般形式可以写成

$$a\phi_{xx}+b\phi_{xy}+c\phi_{yy}+d\phi_x+e\phi_y+f\phi=g(x,y) \tag{11-1-1}$$

式中：ϕ 为一般待求变量，可以是传热问题中的温度、流动问题中的流速等等；下标 x 和 y 分别表示对该自变量的偏导数；系数 $a,b,\cdots,f$ 为自变量 x 和 y 的函数。对求解域中任一点 (x_0,y_0)，根据判别式 (b^2-4ac) 大于、等于或小于零，可将式(11-1-1)划分为3种类型：

双曲型，$b^2-4ac>0$；

抛物型，$b^2-4ac=0$；

椭圆型，$b^2-4ac<0$。

这3类方程在数学上的一个主要区别是它们的影响区和依赖区各不相同。以 Oxy 平面上的区域 R（边界为 B）为例，任一点 P 的依赖区是指 R 中这样一些点的集合，为了唯一确定点 P 的值，这些点上的条件必须完全给定；而点 P 的影响区则是指，当点 P 的函数值发生变化时，所有那些函数值也随之改变的点的集合。椭圆型方程在求解域的每一点上都是椭圆型的，它对应于物理上的一类平衡问题或称稳态问题，变量与时间无关且其求解必须在空间的一个闭合区域上进行。如图11-1所示，在求解域上，任一点 P 的依赖区是包围该点的求解域边界封闭曲线，亦即该封闭曲线内所有点的函数值都对点 P 的值有影响，或说所有点的影响区都包含点 P。同时点 P 的影响区就是整个求解域 R，或说所有点的依赖区都包含点 P。所以，椭圆型方程的特点是求解域上所有各点的函数值是互相影响的，这就要求求解域内全部点的求解必须同时进行，而不能先求解一部分再求解其余部分。例如，稳态导热的温度场求解就是一个典型的椭圆型问题。这类问题又称为边值问题。

二维抛物型方程有一条实的特征线（关于特征线的概念参见气体动力学方面的教材），它将计算域划分为两部分：依赖区和影响区，如图11-2所示。求解时，从已知的初值出发依次向前推进获得给定边界条件下的解。所以，抛物型方程具有推进性质，与物理上的一类推进问题相对应，其因变量或者与时间相关或者问题中包含有类似于时间的自变量，时间变量或类似时间变量就是求解时的推进方向（如图11-2中的 x 方向），它垂直于特征线。例如，一维非稳态导热是关于时间的推进问题，而边界层型的流动换热则是主流方向的推进问题。这类从初值出发推进求解的问题又称为初值问题。

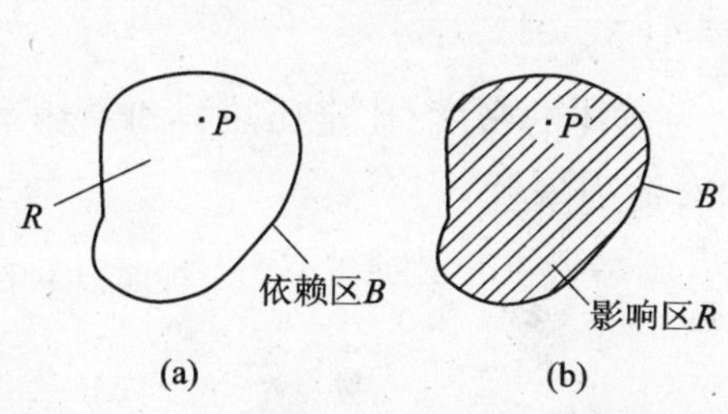

图11-1　椭圆型方程的依赖区和影响区

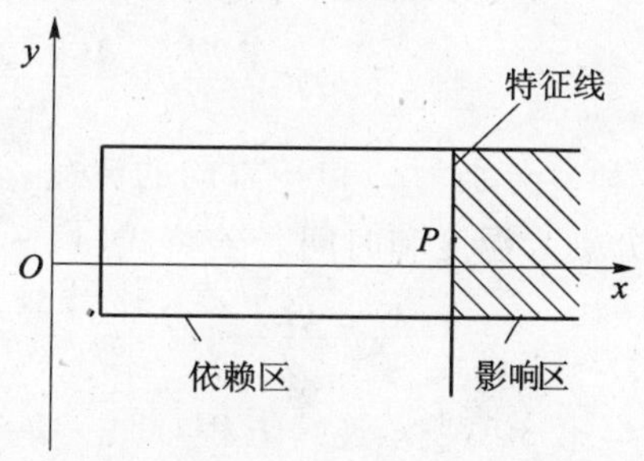

图11-2　抛物型方程的依赖区和影响区

双曲型方程所对应的物理问题也是推进问题，如图 11－3 所示。它有两条实的特征线。某点 P 的依赖区和影响区总是处在过点 P 的两条特征线之间，分别位于点 P 的上游和下游。

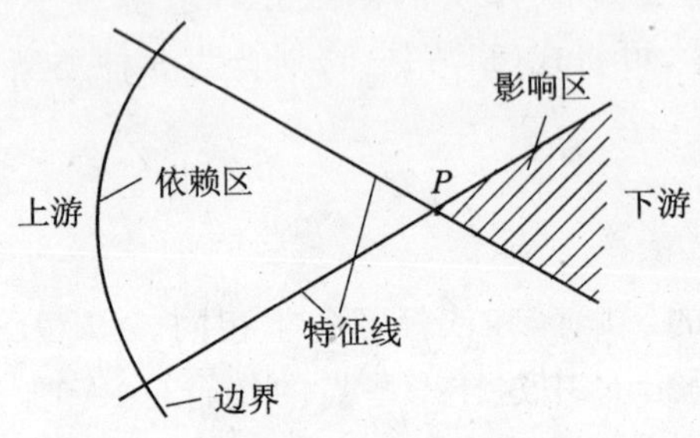

图 11－3　双曲型方程的依赖区和影响区

在传热学中，除无黏流体非定常流动和无黏流体定常超声速流动外，工程上的对流换热问题大多可用椭圆型或抛物型方程来描述。就抛物型方程的求解而言，要注意其推进方向。如一维非稳态导热问题只能沿时间进行推进，因为沿空间坐标它仍具有平衡问题的特性，即同一时间层上各空间点的值必须同时求解。又如二维稳态边界层问题，控制方程在主流方向上是抛物型的，而在垂直于主流的方向上是椭圆型的，所以求解时需要沿主流方向推进。从扰动传播的观点看，在一个坐标轴上如果扰动可以沿其正反两个方向传播，则该坐标可称为“双向坐标”，坐标轴上任一点的参数要受前后两个方向的影响；反之，若扰动只能沿一个方向传播，则称为“单向坐标”，坐标轴上任一点的参数值仅受单方向的影响。由此可见，单向坐标与抛物型方程的单向作用相对应，而双向坐标则与椭圆型方程的双向作用相对应。如果所研究问题包含一个单向的空间坐标，则将其称为边界层型问题；若所有空间坐标均为双向的，则称其为回流问题。所以，数学上的抛物型和椭圆型分别与物理上的边界层型和回流型相对应。

11.1.2　守恒型方程和非守恒型方程

在计算流体力学和计算传热学中，控制方程除按其数学性质进行上述分类外，还可从物理守恒律概念划分为守恒型和非守恒型，即凡是能使某物理量的总通量(由扩散和对流引起的总转移量)在任何有限大小的体积(有限体积)上都保持守恒的控制方程称为守恒型方程；反之则称为非守恒型方程。通俗地讲，当方程中所有变量都位于微分符号之内时它是守恒型的；否则即为非守恒型。如二维常物性流体流动的能量守恒方程为

$$\rho c_p\left[\frac{\partial T}{\partial t}+\frac{\partial(uT)}{\partial x}+\frac{\partial(vT)}{\partial y}\right]=\lambda\left(\frac{\partial^2 T}{\partial x^2}+\frac{\partial^2 T}{\partial y^2}\right) \tag{11-1-2}$$

式中：u 和 v 分别为 x 和 y 方向的流速；ρ，c_p 和 λ 分别为流体的密度、比定压热容和导热系数；T 和 t 分别为温度和时间。若将式(11－1－2)左端的对流项展开，则有

$$\frac{\partial(uT)}{\partial x}+\frac{\partial(vT)}{\partial y}=u\frac{\partial T}{\partial x}+v\frac{\partial T}{\partial y}+T\left(\frac{\partial u}{\partial x}+\frac{\partial v}{\partial y}\right) \tag{11-1-3}$$

式中右端第 3 项表示连续方程，即

$$\frac{\partial u}{\partial x}+\frac{\partial v}{\partial y}=0 \tag{11-1-4}$$

所以，应用连续方程后式(11－1－2)可改写成

$$\rho c_p\left(\frac{\partial T}{\partial t}+u\frac{\partial T}{\partial x}+v\frac{\partial T}{\partial y}\right)=\lambda\left(\frac{\partial^2 T}{\partial x^2}+\frac{\partial^2 T}{\partial y^2}\right) \tag{11-1-5}$$

显然，根据上述分类原则，式(11－1－2)是守恒型的，而式(11－1－5)则是非守恒型的。

应该指出的是，尽管上述两个方程在数学上是完全等价的，但在数值计算上却并不是等价的。在控制方程的离散过程中，从非守恒型方程出发所得到的离散方程不能保证物理量的守恒性质。为了使离散方程对任意大小的控制体积也具有守恒性，在数值计算时应尽可能选择守恒型的控制方程组。

11.1.3　求解域离散化与网络生成

所谓求解域的离散化是指按照计算的需要将求解域划分成许多互不重叠的子区域，以便于利用控制方程组通过数值计算确定这些子区域或相邻子区域交界点上的物理参数值，求解域离散化是通过网格生成来完成的。以二维问题为例，设求解域是由曲线边界 $\Gamma_1 \sim \Gamma_4$ 所围成的平面区域，如图 11－4 所示。其中，图 11－4(a)是物理求解域，而图 11－4(b)则是通过网格变换所得到的计算平面。由图可见，求解域被两族曲线(网格线)划分成许多个子区域，网格线的交点称为网格点。就物理量待求点的几何位置(物理量储存位置)而言，可以有两种网格系统，一种是直接以网格点为待求点，称为外节点法；另一种是以子区域(即两族网格线所围成的最小几何单元)内的某一点作为待求点，称为内节点法。如图 11－5 所示。确定了待求点的几何位置之后，就可以运用离散的控制方程组通过数值计算确定出待求点上的物理参数值。

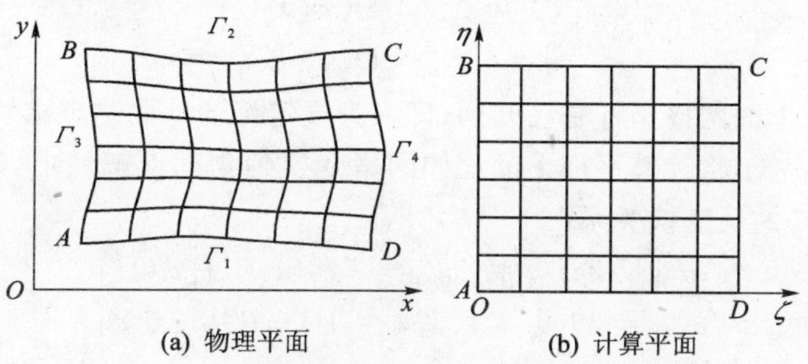

图 11－4　物理平面和计算平面的对应关系

不管采用何种网格系统，首先必须在求解域上生成网格。如果求解域形状简单，则可以使用简单的代数方法生成。但当求解域形状复杂时，网格生成并不是一件简单的事情。目前，有关文献中已经有许多成功的曲线网格生成方法，这里仅介绍经典的 Thompson 贴体网格自动生成方法。

Thompson 方法是通过求解一组偏微分方程来自动地将计算域(二维时为计算平面)上的均匀直线正交网格变换成物理求解域上的贴体曲线网格(参见图 11－4)，它可以直接推广到

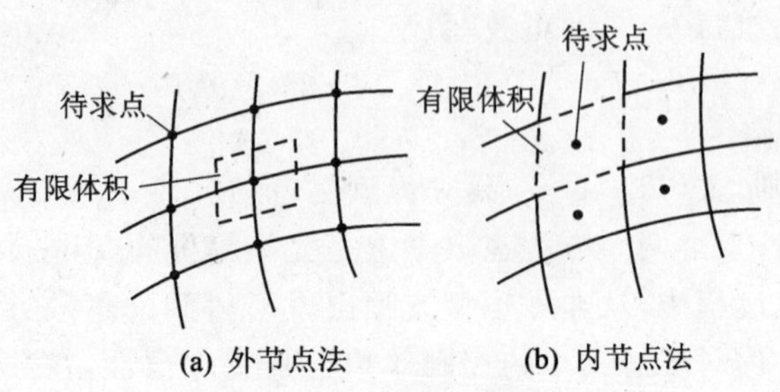

图 11-5　两种网格系统

三维情况。设在物理平面上某网格点的坐标为$(x_{i,j},y_{i,j})$，该网格点在计算平面上对应的坐标为$(\zeta_{i,j},\eta_{i,j})$，网格点在两个平面上是一一对应的，具有相同 i 值或 j 值的网格线也是一一对应的，下标"i"和"j"分别表示沿 ζ 方向(或 x 方向)和 η 方向(或 y 方向)的网格顺序编号。则两个平面的变换可以通过求解如下的拉普拉斯方程

$$\left.\begin{aligned}\zeta_{xx}+\zeta_{yy}=0\\ \eta_{xx}+\eta_{yy}=0\end{aligned}\right\}\tag{11-1-6}$$

来完成。于是，在指定边界条件下，通过数值求解式(11-1-6)即可将物理平面上的曲线网格变换成计算平面上的均匀直线正交网格，网格线的疏密则可以通过调整边界上网格点的疏密分布来控制。为了更好地控制网格线在求解域内部的疏密分布，多数情况下使用带有源项的泊松方程作为变换关系，即

$$\left.\begin{aligned}\zeta_{xx}+\zeta_{yy}=P(x,y)\\ \eta_{xx}+\eta_{yy}=Q(x,y)\end{aligned}\right\}\tag{11-1-7}$$

通常，计算平面上的网格坐标是已知的(即人为规定好的)，而物理求解域上的网格点坐标则是未知的。因此，为了将计算平面上的已知网格变换到物理求解域上，以获得曲线网格，需要使用式(11-1-7)的反变换关系

$$\left.\begin{aligned}\alpha x_{\zeta\zeta}-2\beta x_{\zeta\eta}+\gamma x_{\eta\eta}=-J^2(x_\zeta P+x_\eta Q)\\ \alpha y_{\zeta\zeta}-2\beta y_{\zeta\eta}+\gamma y_{\eta\eta}=-J^2(y_\zeta P+y_\eta Q)\end{aligned}\right\}\tag{11-1-8}$$

式中：

$$\alpha=x_\eta^2+y_\eta^2,\quad \gamma=x_\zeta^2+y_\zeta^2,\quad \beta=x_\zeta x_\eta+y_\zeta y_\eta,\quad J=x_\zeta y_\eta-x_\eta y_\zeta\tag{11-1-9}$$

于是，通过数值求解式(11-1-8)就可以得到求解域上的贴体曲线网格。

11.1.4　控制方程组的离散化

在计算流体力学和计算传热学中采用了多种数值求解方法，如有限差分法、有限元法、边界元法和有限分析法。其中后 3 种方法已得到了很大发展，但就方法的成熟程度、实施难易和应用广泛性而言，有限差分法仍是最基本的方法，所以本书只介绍这种方法。现在有关文献中

更常使用的术语是有限体积法，它是通过在有限大小的体积(简称有限体积，二维时是有限面积，但仍称为有限体积，如图 11-5 所示)上积分控制方程组来获得离散方程的一种方法，实际上也是一种有限差分法。

建立有限差分方程的常用方法有泰勒级数展开法、多项式拟合法和有限体积法等。通常，用不同方法得到的离散方程是不同的，在计算精度上也有差别。泰勒级数展开法和多项式拟合法侧重于数学推导，控制方程组中的各阶导数用相应的差分表达式来代替。这类方法易于对离散方程的数学特性进行分析；但当网格不均匀时离散方程的形式较复杂，且物理意义不明显。而有限体积法则侧重于物理分析，所得到的离散方程在有限大小的控制体积上仍保持物理量的守恒性质。

这里只介绍泰勒级数展开法和有限体积法，并以一维非稳态对流－扩散方程为例加以说明。

1. 泰勒级数展开法

在直角坐标系中，一维非稳态对流－扩散问题的模型方程为

$$\rho\frac{\partial\phi}{\partial t}+\rho u\frac{\partial\phi}{\partial x}=\frac{\partial}{\partial x}\left(\Gamma\frac{\partial\phi}{\partial x}\right)+S \tag{11-1-10}$$

式中：ϕ 为广义因变量(如速度、温度和浓度等)；ρ 和 u 分别为密度和速度；Γ 为广义扩散系数；S 为广义源项。

显然，该模型方程是非守恒方程。为了建立有限差分方程，需要将方程中的各阶偏导数在图 11-6 所示的节点上用泰勒级数展开。以均匀网格为例，将节点$(i+1,n)$上的函数 $\phi(x,t)$ 对节点(i,n)在 x 方向做泰勒级数展开，有

$$\phi(i+1,n)=\phi(i,n)+\left.\frac{\partial\phi}{\partial x}\right|_{i,n}\Delta x+\left.\frac{\partial^2\phi}{\partial x^2}\right|_{i,n}\frac{\Delta x^2}{2!}+\cdots$$

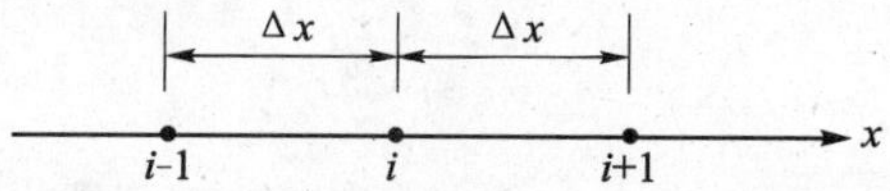

图 11-6　一维求解域上的均匀网格

式中：i 为节点在 x 方向上的编号；n 为沿时间的编号，表示第 n 时间层。上式可以改写成一阶偏导数在(i,n)处的差分表达式，即

$$\left.\frac{\partial\phi}{\partial x}\right|_{i,n}=\frac{\phi(i+1,n)-\phi(i,n)}{\Delta x}-\frac{\Delta x}{2!}\left.\frac{\partial^2\phi}{\partial x^2}\right|_{i,n}-\cdots=\frac{\phi(i+1,n)-\phi(i,n)}{\Delta x}+O(\Delta x) \tag{11-1-11}$$

式中：$O(\Delta x)$为二阶及更高阶偏导数项之和，称为截断误差，随 Δx 的减小而减小；$\phi(i,n)$为函数 $\phi(x,t)$在节点(i,n)处的精确值，但在数值计算中这一精确值是未知的，因而只能用其近似值 ϕ_i^n来代替。于是，一阶偏导数的一阶精度差分表达式可以写成

$$\left.\frac{\partial\phi}{\partial x}\right|_{i,n}\approx\left.\frac{\delta\phi}{\delta x}\right|_{i,n}=\frac{\phi_{i+1}^n-\phi_i^n}{\Delta x},O(\Delta x) \tag{11-1-12}$$

该式称为向前(从 i 到 $i+1$)差分格式。类似地，向后差分格式为

$$\left.\frac{\delta \phi}{\delta x}\right|_{i,n}=\frac{\phi_i^n-\phi_{i-1}^n}{\Delta x}, O(\Delta x) \tag{11-1-13}$$

如果将函数 $\phi(x,t)$ 在节点 $(i+1,n)$ 和 $(i-1,n)$ 处分别对点 (i,n) 做泰勒级数展开，然后再相减则可以得到具有二阶精度的中心差分格式，即

$$\left.\frac{\delta \phi}{\delta x}\right|_{i,n}=\frac{\phi_{i+1}^n-\phi_{i-1}^n}{2\Delta x}, O(\Delta x^2) \tag{11-1-14}$$

对非稳态项 $\frac{\partial \phi}{\partial t}$，其向前、向后和中心差分格式在时间层上按类似的方法构造。

为了对求解域中的每个节点建立差分表达式，必须将控制方程的每一项偏导数对同一节点做泰勒级数展开。求解非稳态问题时，还必须规定空间偏导数的差分按哪一个时间层计算。如果按前一时间层计算，则称为显式格式；否则，若按当前时间层计算则为全隐式格式。当然，也可以用前一时间层和当前时间层的中间时刻计算，这种格式称为克兰克—尼克尔森（Crank－Nicolson）格式。显式格式、全隐格式和克兰克—尼克尔森格式在时间—空间网格上的表示如图 11－7 所示。图中："·"为 ϕ 值已知的点；"×"为待求点；"○"为泰勒级数展开点。

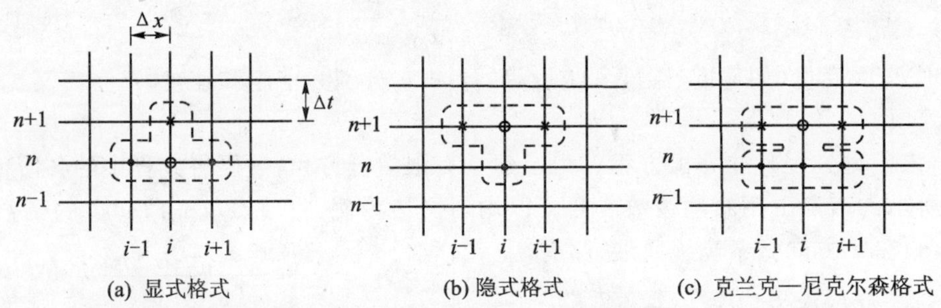

图 11－7 非稳态问题的显式、隐式和克兰克—尼克尔森格式示意图

将控制方程所包含的所有偏导数项全部进行泰勒级数展开后，代入原控制方程，就可以得到差分方程。以时间向前差分、空间中心差分为例，模型方程式（11－1－10）的差分格式为

$$\rho \frac{\phi_i^{n+1}-\phi_i^n}{\Delta t}+\rho u \frac{\phi_{i+1}^n-\phi_{i-1}^n}{2\Delta x}=\Gamma \frac{\phi_{i+1}^n-2\phi_i^n+\phi_{i-1}^n}{\Delta x^2}+S_i^n \tag{11-1-15}$$

2. 有限体积法

选择一个有限体积作为控制体，在此控制体内对控制方程进行空间和时间积分，也可以推导出离散方程。积分时，需要对未知函数及其偏导数关于时间和空间的局部分布形式（型线或插值公式）作出规定。

图 11－8 给出了常用的分段线性分布和阶梯式分布两种型线的示意图。其中，图 11－8(a)是函数 ϕ 随空间坐标变化的两种型线，而图 11－8(b)则是 ϕ 随时间变化的两种型线。在有限体积法中，型线的选取仅是一种手段，目的只是用来推导离散方程，而并不作为局部解，一旦离散方程建立起来，型线便不再具有任何意义。因此，选取型线时主要考虑方便性以及最终离

散方程的数值特性，而不必追求一致性。所以，型线的选取有很大灵活性，同一个控制方程中不同的物理量可以用不同的型线，同一物理量对不同的坐标可以用不同的型线，甚至同一物理量在方程的不同项中对同一坐标也可以用不同的型线。但是，应当注意，选择不同的型线将会得到不同的差分格式，且对离散方程的求解方法和计算结果也有很大影响。

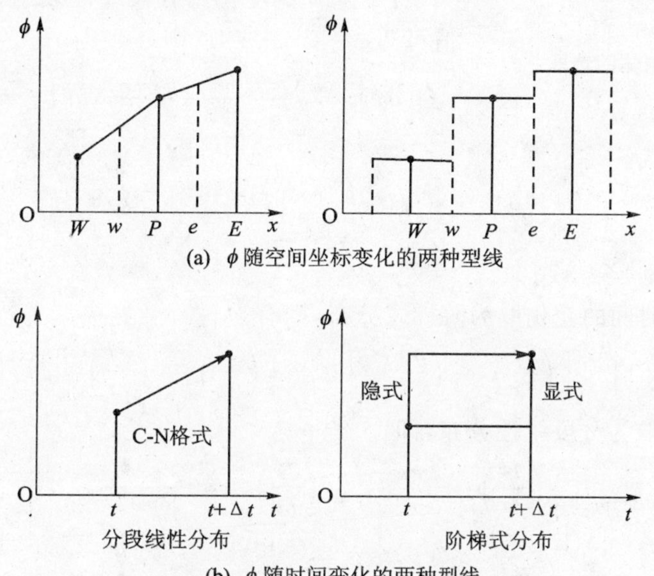

图 11-8 未知量随空间和时间分布的两种型线

以均匀网格为例，对图 11-9 所示的控制体积$[w,e]$，将一维模型方程式(11-1-10)的守恒形式

$$\frac{\partial\rho\phi}{\partial t}+\frac{\partial\rho u\phi}{\partial x}=\frac{\partial}{\partial x}\left(\Gamma\frac{\partial\phi}{\partial x}\right)+S \tag{11-1-16}$$

对空间和时间积分，有

$$\rho\int_w^e[\phi^{t+\Delta t}-\phi^t]\mathrm{d}x+\rho\int_t^{t+\Delta t}[(u\phi)_e-(u\phi)_w]\mathrm{d}t=\Gamma\int_t^{t+\Delta t}\left[\left(\frac{\partial\phi}{\partial x}\right)_e-\left(\frac{\partial\phi}{\partial x}\right)_w\right]\mathrm{d}t+\int_t^{t+\Delta t}\int_w^e S\mathrm{d}x\mathrm{d}t \tag{11-1-17}$$

下面通过引入函数ϕ及其偏导数的型线，对式(11-1-17)的各项分别进行处理。

(1) 非稳态项处理—第1项

变量ϕ沿x的变化取阶梯式分布，即ϕ在控制体中均等于节点P的值ϕ_P(不同控制体有不同的值)，即

$$\int_w^e(\phi^{t+\Delta t}-\phi^t)\mathrm{d}x=(\phi_P^{t+\Delta t}-\phi_P^t)\Delta x \tag{11-1-18}$$

(2) 对流项处理—第2项

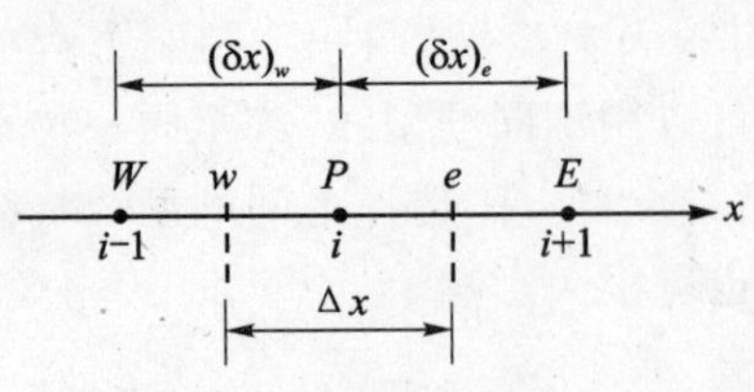

图 11-9 控制体的选取

变量 ϕ 随时间 t 的变化取显式的阶梯式分布，即在 $[t, t+\Delta t]$ 时间内，ϕ 取 t 时刻的值 ϕ^t。于是，第 2 项变成

$$\int_t^{t+\Delta t}[(u\phi)_e-(u\phi)_w]\mathrm{d}t=[(u\phi)_e^t-(u\phi)_w^t]\Delta t$$

式中：ϕ 随 x 的变化用分段线性表示，则控制体界面上的值可写成

$$(u\phi)_e=\frac{(u\phi)_P+(u\phi)_E}{2},(u\phi)_w=\frac{(u\phi)_W+(u\phi)_P}{2}$$

代入后，有

$$\int_t^{t+\Delta t}[(u\phi)_e-(u\phi)_w]\mathrm{d}t=\left[\frac{(u\phi)_E^t-(u\phi)_W^t}{2}\right]\Delta t \tag{11-1-19}$$

(3) 扩散项处理—第 3 项

一阶偏导数随时间的变化取为阶梯式分布，则有

$$\int_t^{t+\Delta t}\left[\left(\frac{\partial\phi}{\partial x}\right)_e-\left(\frac{\partial\phi}{\partial x}\right)_w\right]\mathrm{d}t=\left[\left(\frac{\partial\phi}{\partial x}\right)_e^t-\left(\frac{\partial\phi}{\partial x}\right)_w^t\right]\Delta t$$

如果 ϕ 随 x 的变化取为分段线性分布，即

$$\left(\frac{\partial\phi}{\partial x}\right)_e=\frac{\phi_E-\phi_P}{(\delta x)_e},\left(\frac{\partial\phi}{\partial x}\right)_w=\frac{\phi_P-\phi_W}{(\delta x)_w}$$

所以，第 3 项变成

$$\int_t^{t+\Delta t}\left[\left(\frac{\partial\phi}{\partial x}\right)_e-\left(\frac{\partial\phi}{\partial x}\right)_w\right]\mathrm{d}t=\left[\frac{\phi_E^t-2\phi_P^t+\phi_W^t}{\Delta x}\right]\Delta t \tag{11-1-20}$$

(4) 源项的处理—第 4 项

通常，源项随 x 和 t 的变化均取阶梯式分布，亦即

$$\int_t^{t+\Delta t}\int_w^e S\mathrm{d}x\mathrm{d}t=\overline{S}^t\Delta x\Delta t \tag{11-1-21}$$

式中：$\overline{S}^t$ 为 t 时刻控制体中 S 的平均值。

将式(11-1-18)～式(11-1-21)代入式(11-1-17)，整理后，最终的离散方程为

$$\rho\frac{\phi_P^{n+1}-\phi_P^n}{\Delta t}+\rho\frac{(u\phi)_E^n-(u\phi)_W^n}{2\Delta x}=\Gamma\frac{\phi_E^n-2\phi_P^n+\phi_W^n}{\Delta x^2}+\overline{S}^n \tag{11-1-22}$$

式中：n 为 t 时间层；$n+1$ 为 $t+\Delta t$ 时间层。观察式(11-1-22)可以发现，非稳态项的离散实际上就是一阶向前差分，而对流项则为二阶中心差分。与式(11-1-15)相比，除了方程形式(守恒型与非守恒型)的不同，两者的差分格式是相同的，而这正是选择特定型线的结果。

除了在控制体上积分控制方程外，有限体积法也可以直接将物理守恒律应用于选定的控制体，以推导出离散方程。例如，对图 11-9 所示控制体，物理守恒律为：控制体中函数 ϕ 在 Δt 时间内的增量，等于由对流和扩散作用在 Δt 时间内进入该控制体的 ϕ 的净值及源项产生值的总和，用数学式描述，即有

$$\rho(\phi_P^{t+\Delta t}-\phi_P^t)\Delta x=\rho[(u\phi)_w^t-(u\phi)_e^t]\Delta t+\Gamma\left[\left(\frac{\partial\phi}{\partial x}\right)_e^t-\left(\frac{\partial\phi}{\partial x}\right)_w^t\right]\Delta t+\bar{S}^t\Delta x\Delta t \tag{11-1-23}$$

于是,按照相同的型线选择方法,同样可以得到式(11－1－22)的离散方程。

11.1.5　离散方程的相容性、收敛性和稳定性

从前面给出的离散方程推导过程可以看出,无论用什么方法建立离散方程,都必须进行近似处理,因而不可避免地引入了误差,即差分方程的截断误差、差分方程解的离散误差和数值计算中的舍入误差。因此,推导出的离散方程不一定能够真正应用于数值计算,它必须满足相容性、收敛性和稳定性的要求,这就需要对离散格式的数值性能进行分析。最常用的方法是冯·诺伊曼(Von. Newmann)方法,其基础是傅里叶分析,可用以估计格式的稳定性和关于精度、误差结构的详细分析。第二种分析方法是基于等价微分方程和截断误差的 *Hirt* 方法,该方法在多数情况下可以给出稳定的充分条件和对精度的估计。第三种分析方法是矩阵法,这是最一般的方法,它将数值格式写成矩阵形式,通过分析其特征谱来研究格式的性能,由于解析求解矩阵特征值很困难,这种方法使用起来极为复杂和困难。

由于离散格式数值性能分析的复杂性,本书不打算详细讨论这一问题,而只对一些基本概念进行简单介绍。

以一维非稳态问题为例,其模型方程为式(11－1－10)。如前所述,该微分方程的精确解用 $\phi(x,t)$ 或 $\phi(i,n)$ 表示。对式(11－1－15)给出的差分方程,假设在其求解过程中不引入任何舍入误差(即使用字长可达到无限位的计算机),则所得到的解称为差分方程的精确解,在 (i,n) 处用 ϕ_i^n 表示。由于实际的计算机字长都是有限位的,在求解中必然引入舍入误差,故所得到的解不可能是 ϕ_i^n,而是一个数值解。根据上述各种解的定义,可以对差分方程的相容性、稳定性和收敛性问题进行如下讨论。

所谓相容性是指离散方程与微分方程之间的关系。截断误差定义为将微分方程代入离散方程后所得到的剩余,用 ε_T 表示。由于截断误差的存在,对任何有限的 Δt 和 Δx,离散方程的精确解不能精确地满足微分方程,而是满足一个修改的微分方程,或者等价地说成微分方程的精确解不能精确地满足差分方程,而是满足一个修改的差分方程。截断误差是就整个方程而言的,并不是指差分方程解的误差。通常,截断误差可以写成

$$\varepsilon_T=O(\Delta t^q,\Delta x^p) \tag{11-1-24}$$

式中:p 和 q 是截断误差中 Δx 和 Δt 的最低阶次,并据此认为离散方程对时间具有 q 阶精度,对空间具有 p 阶精度。例如,离散方程式(11－1－15)是时间一阶精度和空间二阶精度的。根据截断误差的表示形式,当时间步长 $\Delta t\to 0$,空间步长 $\Delta x\to 0$ 时,如果有 $\varepsilon_T\to 0$,则称差分方程与微分方程是相容的,或说差分方程具有相容性。应当注意,$\Delta t\to 0$ 和 $\Delta x\to 0$ 是各自独立进行的,若不独立,如保持 $\Delta t/\Delta x=\text{Const}$,则相容性仅在一定条件下才能满足,且式(11－1－15)的

整体空间精度只有一阶。

所谓收敛性是指差分方程精确解与微分方程精确解之间的关系。差分方程的离散误差定义为差分方程精确解偏离微分方程精确解的误差，即

$$\varepsilon_i^n = \phi(i,n) - \phi_i^n \tag{11-1-25}$$

它的大小与差分方程的截断误差有关。通常，对相同的网格步长，提高截断误差的阶次，离散误差将随之减小，而对同一差分格式，加密网格也将使离散误差减小。当 $\Delta t \to 0$、$\Delta x \to 0$ 时，如果各节点的离散误差均趋向于零，则称该差分方程是收敛的，或说差分方程具有收敛性。

所谓稳定性是指差分方程的数值解与差分方程精确解之间的关系。稳定性要求在某一时间步时引入的误差（包含舍入误差、初始条件误差、偶然误差等），在其后的计算中不能无限放大，而应逐步消失或保持有界。满足此要求的差分方程就是稳定的，或说差分方程具有稳定性。应当指出，稳定性是差分方程的固有属性，凡是稳定的格式，任何扰动都不会在计算过程中被无限制地放大；而不稳定的格式则无论什么误差都会被不断放大，以至于当计算时间足够长时，数值解变得毫无意义。

差分方程的相容性、收敛性和稳定性是互有联系的，其相互关系可以用如下的 *Lax* 等价定理来表示，即对一个适定的线性初值问题和与其相容的数值格式，稳定性是收敛性的充分与必要条件。该定理说明，对于时间相关问题或初值问题，只需分析格式的相容性和稳定性就足以定义其收敛性。需要指出的是，*Lax* 等价定理仅适用于线性问题，对非线性问题还没有与之相当的定理。

11.2 一维导热问题计算

在计算传热学中，导热计算是比较容易的。热传导计算所采用的方法和技巧，如边界条件处理、源项线化和代数离散方程组的求解方法等，对于某些对流问题也是适用的。

11.2.1 一维稳态导热的计算

在直角坐标系、圆柱坐标系和球坐标系中，一维稳态导热的微分方程可以写成如下的统一形式

$$\frac{1}{F(x)}\frac{\mathrm{d}}{\mathrm{d}x}\left[\lambda F(x)\frac{\mathrm{d}T}{\mathrm{d}x}\right] + S = 0 \tag{11-2-1}$$

式中：x 为热量传递方向的坐标；$F(x)$为与导热面积有关的因子；S 为源项；λ 为导热系数。对于不同的坐标和变截面导热问题，x 和 $F(x)$的取值列于表 11-1。对于任一点 P 的源项，可以将其表示成

$$S = S_C + S_P T_P \tag{11-2-2}$$

式中：S_C 为常数；S_P 为 $S=f(T)$的曲线在 P 点的斜率；T_P 为 P 点的温度。

取图 11－9 所示的控制体，将式(11－2－1)的两端同乘以 $F(x)$，然后在控制体上进行积分，整理后可得

$$a_P T_P = a_E T_E + a_W T_W + b \tag{11-2-3}$$

其中：

$$\left.\begin{aligned} a_E &= \frac{F_e(x)\lambda_e}{(\delta x)_e}, a_W = \frac{F_w(x)\lambda_w}{(\delta x)_w} \\ a_P &= a_E + a_W - S_P F_P(x)\Delta x \\ b &= S_C F_P(x)\Delta x \end{aligned}\right\} \tag{11-2-4}$$

式(11－2－3)就是一维稳态导热方程的离散形式。可以看出，方程中的系数 a_E 和 a_W 分别代表节点 P 与 E 之间和 W 与 P 之间的热导(即热阻的倒数)，其大小反映了节点 E 和 W 的温度 T_E 和 T_W 对 P 点温度 T_P 的影响程度。

表 11－1　一维稳态导热问题的坐标和面积因子

坐标系	空间变量 x	面积因子 $F(x)$	示意图
直角	x	1(单位面积)	
圆柱	半径 r	r(1 rad 包含的面积)	
球	半径 r	r^2(1sr 包含的面积)	
变截面	垂直于导热面积的坐标 x	截面积 $A(x)$	

对于图 11－9 所示的网格系统，特性参数是储存在网格点上的，所以为了完成导热方程的最终离散，还应该对式(11－2－4)中控制体界面上的导热系数 λ_e 和 λ_w 进行处理。根据傅里叶导热定律，在控制体界面上的热流密度应是连续的，亦即有

$$q_e = \frac{T_e - T_P}{\dfrac{(\delta x)_e^-}{\lambda_P}} = \frac{T_E - T_e}{\dfrac{(\delta x)_e^+}{\lambda_E}} = \frac{T_E - T_P}{\dfrac{(\delta x)_e^-}{\lambda_P} + \dfrac{(\delta x)_e^+}{\lambda_E}} = \frac{T_E - T_P}{\dfrac{(\delta x)_e}{\lambda_e}}$$

式中：$(\delta x)_e^-$ 和 $(\delta x)_e^+$ 分别为点 P 到 e 和 e 到 E 的半个网格间距。由此可得

$$\frac{(\delta x)_e}{\lambda_e} = \frac{(\delta x)_e^-}{\lambda_P} + \frac{(\delta x)_e^+}{\lambda_E} \tag{11-2-5}$$

用相同的方法可以求得 λ_w。这种处理方法称为调和平均法。此外，界面值也可以用按网格进

行平均的算术平均法,但一般不如调和平均法精确。

11.2.2 一维非稳态导热的计算

一维非稳态导热的通用形式控制方程为

$$\rho c\,\frac{\partial T}{\partial t}=\frac{1}{F(x)}\,\frac{\partial}{\partial x}\left[\lambda F(x)\,\frac{\partial T}{\partial x}\right]+S \tag{11-2-6}$$

式中符号意义同式(11-2-1)。仍选取图11-9为控制体,将式(11-2-6)在时间间隔$[t,t+\Delta t]$内对控制体进行积分,即

$$(\rho c)_P F_P(x)\Delta x(T_P^{t+\Delta t}-T_P^t)=\int_t^{t+\Delta t}\left[\frac{\lambda_e F_e(x)(T_E-T_P)}{(\delta x)_e}-\frac{\lambda_w F_w(x)(T_P-T_W)}{(\delta x)_w}\right]\mathrm{d}t+\int_t^{t+\Delta t}(S_C+S_P T_P)\Delta x\mathrm{d}t$$

为了将上式积分出来,需要选择T在控制体中变化的型线。示于图11-8(b)中的常用3种型线,可以用如下的统一形式表示

$$\int_t^{t+\Delta t}T\mathrm{d}t=[fT^{t+\Delta t}+(1-f)T^t]\Delta t \tag{11-2-7}$$

式中:f是在T^t与$T^{t+\Delta t}$之间的加权因子,其值在0和1之间。为方便计,以下用时间步n和$n+1$分别代表$t=n\Delta t$时刻和$t+\Delta t=(n+1)\Delta t$时刻。于是,积分方程可以写成

$$\begin{aligned}(\rho c)_P\,\frac{F_P(x)\Delta x}{\Delta t}(T_P^{t+\Delta t}-T_P^t)=&f\left[\frac{\lambda_e F_e(x)(T_E^{n+1}-T_P^{n+1})}{(\delta x)_e}-\frac{\lambda_w F_w(x)(T_P^{n+1}-T_W^{n+1})}{(\delta x)_w}\right]+\\&(1-f)\left[\frac{\lambda_e F_e(x)(T_E^n-T_P^n)}{(\delta x)_e}-\frac{\lambda_w F_w(x)(T_P^n-T_W^n)}{(\delta x)_w}\right]+\\&[f(S_C+S_P T_P^{n+1})+(1-f)(S_C+S_P T_P^n)]F_P(x)\Delta x\end{aligned}$$

将上式进一步整理,可得

$$\begin{aligned}a_P T_P^{n+1}=&a_E[fT_E^{n+1}+(1-f)T_E^n]+a_W[fT_W^{n+1}+(1-f)T_W^n]+\\&T_P^n[a_P^n-(1-f)a_E-(1-f)a_W+(1-f)S_P F_P(x)\Delta x]+S_C F_P(x)\Delta x\end{aligned} \tag{11-2-8}$$

其中,各系数分别为

$$\left.\begin{aligned}&a_E=\frac{\lambda_e F_e(x)}{(\delta x)_e},\quad a_W=\frac{\lambda_w F_w(x)}{(\delta x)_w},\quad a_P^n=\frac{(\rho c)_P F_P(x)\Delta x}{\Delta t}\\&a_P=fa_E+fa_W+a_P^n-fS_P F_P(x)\Delta x\end{aligned}\right\} \tag{11-2-9}$$

这就是一维非稳态导热微分方程式(11-2-6)的离散形式,当然为了得到最终的离散方程,也需要像一维稳态导热时一样对界面值进行处理。

式(11-2-8)是一维非稳态导热两层格式的一种通用形式,所谓两层是指格式中出现了两个时间层n和$n+1$的参数值。在离散方程中,加权因子f取不同的值就可以得到不同的格

式：$f=0$ 时为显式格式，$f=1$ 时为隐式格式，而当 $f=1/2$ 时则是克兰克-尼科尔森格式。例如，在直角坐标系中，无内部热源、物性为常数的一维非稳态导热问题，在均匀网格系统下的显式、隐式和克兰克－尼科尔森格式可以分别写成

$$\left.\begin{aligned}\frac{T_P^{n+1}-T_P^n}{\Delta t}&=a\,\frac{T_E^n-2T_P^n+T_W^n}{\Delta x^2}\\\frac{T_P^{n+1}-T_P^n}{\Delta t}&=a\,\frac{T_E^{n+1}-2T_P^{n+1}+T_W^{n+1}}{\Delta x^2}\\\frac{T_P^{n+1}-T_P^n}{\Delta t}&=\frac{a}{2}\left[\frac{T_E^{n+1}-2T_P^{n+1}+T_W^{n+1}}{\Delta x^2}+\frac{T_E^n-2T_P^n+T_W^n}{\Delta x^2}\right]\end{aligned}\right\}\tag{11-2-10}$$

式中：a 为导温系数，已在第 3 章中定义。

根据稳定性分析可以证明，对于源项不随时间变化的一维非稳态导热问题，数值格式(11－2－8)在 $1/2\leqslant f\leqslant 1$ 时是绝对稳定的，而当 $0\leqslant f<1/2$ 时则是条件稳定的，其稳定条件为

$$a\,\frac{\Delta t}{\Delta x^2}\leqslant\frac{1}{2(1-2f)}\tag{11-2-11}$$

11.2.3　边界条件与源项处理

1. 边界条件处理

以上推导的离散方程都是针对求解域内部网格点的，在具体计算中还要将边界条件进行离散化，以便使离散方程构成封闭的方程组。

边界条件有 3 类。第 1 类边界条件规定了边界上的温度值；第 2 类边界条件规定了边界上的热流密度 q_B；第 3 类边界条件规定了边界上的温度与其法向导数的关系。对第 1 类边界条件，离散方程组已封闭，不需要特殊处理。而在第 2、第 3 类边界条件中，边界温度是未知的，必须对边界条件进行离散化。

对第 2 类边界条件

$$\lambda\frac{\mathrm{d}T}{\mathrm{d}x}\bigg|_{x=L}=q_B\tag{11-2-12}$$

在图 11－10 所示的右边界点 $i=M$ 处作泰勒级数展开，有

$$T_M=T_{M-1}+\frac{q_B}{\lambda}\Delta x\tag{11-2-13}$$

根据规定，进入求解域的热流 q_B 为正值，反之则为负值。式(11－2－13)即为一阶精度的边界点离散方程。在数值计算中，通常希望边界点的离散格式精度与内部网格点的离散格式精度是同阶的。所以，如果内部网格点采用二阶离散格式，则边界点也应按二阶

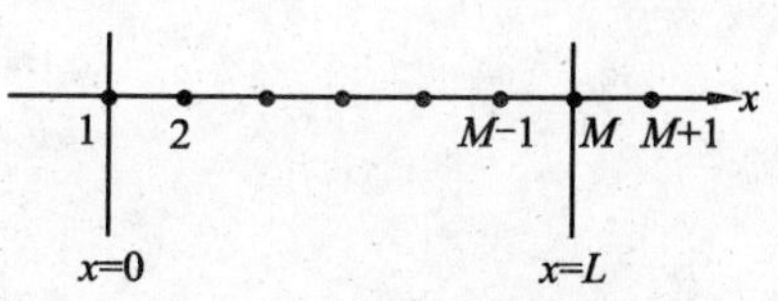

图 11－10　建立边界网格点的离散方程

精度离散。这时,可以采用虚拟网格点法。如图 11－10 所示,在边界外虚拟一个网格点 $M+1$,则原来的边界点 M 变成了内部网格点。于是,式(11－2－12)的二阶中心差分格式为

$$\lambda \frac{T_{M+1}-T_{M-1}}{2\Delta x}=q_{\mathrm{B}} \tag{11-2-14}$$

此外,将一维稳态含内部热源的导热控制方程在边界点 M 上离散,又可得

$$\lambda \frac{T_{M+1}-2T_M+T_{M-1}}{\Delta x^2}+S=0 \tag{11-2-15}$$

则联立式(11－2－14)和式(11－2－15),消去 T_{M+1},有

$$T_M=T_{M-1}+\frac{q_B}{\lambda}\Delta x+\frac{S}{\lambda}\frac{\Delta x^2}{2} \tag{11-2-16}$$

这就是二阶精度的边界点离散方程。

对流换热边界是典型的第 3 类边界条件,热流可表示成

$$q_{\mathrm{B}}=h(T_{\mathrm{f}}-T_M)=\lambda\frac{\mathrm{d}T}{\mathrm{d}x}\bigg|_{x=L} \tag{11-2-17}$$

式中:h 为对流换热系数;T_{f} 为流体的温度。将 q_{B} 代入式(11－2－13)和式(11－2－16),可分别得到一阶和二阶精度的边界点离散方程,即

$$T_M=\frac{T_{M-1}+\left(\dfrac{h\Delta x}{\lambda}\right)T_{\mathrm{f}}}{1+\dfrac{h\Delta x}{\lambda}} \tag{11-2-18}$$

$$T_M=\frac{T_{M-1}+\left(\dfrac{h\Delta x}{\lambda}\right)T_{\mathrm{f}}+\dfrac{S}{\lambda}\dfrac{\Delta x^2}{2}}{1+\dfrac{h\Delta x}{\lambda}} \tag{11-2-19}$$

为了使第 2、第 3 类边界条件具有统一的形式,以增加程序的通用性,可以将边界热流密度统一表示成

$$q_{\mathrm{B}}=A-BT_{\mathrm{W}} \tag{11-2-20}$$

式中:T_{W} 为边界上的温度值,亦即边界网格点 M 的温度 T_M。于是,对第 2 类边界条件有:$A=q_{\mathrm{B}}$(给定),$B=0$;对第 3 类边界条件有:$A=hT_{\mathrm{f}}$,$B=h$。则在右边界点 M 处,一阶和二阶精度的边界离散方程分别为

$$T_M=\frac{T_{M-1}+\dfrac{A}{\lambda}\Delta x}{1+\dfrac{B}{\lambda}\Delta x} \tag{11-2-21}$$

$$T_M=\frac{T_{M-1}+\dfrac{A}{\lambda}\Delta x+\dfrac{S}{\lambda}\dfrac{\Delta x^2}{2}}{1+\dfrac{B}{\lambda}\Delta x} \tag{11-2-22}$$

类似地，对左边界点 $i=1$，也可导出边界网格点离散方程。

2. 源项处理

在计算传热学中，源项是一个广义量，它既包括内部热源，也包括那些不能包含到控制方程非稳态项、对流项和扩散项中的所有其他各项。广义源项如果是一个常数，则在建立离散方程的过程中无需特殊处理。如果广义源项是待求未知量的已知函数时，则其数值处理方法在计算中是十分重要的。

在式(11-2-2)中，已将源项表示成 S_C 和 $S_P T_P$ 之和。这里的 S_C 是一个常数，而 S_P 是源项随温度变化曲线在 P 点的斜率。当 P 点的位置变化时，S_C 和 S_P 都可能发生变化，所以这种处理方法称为源项的局部线化，它是处理源项的标准方法。关于这种局部线化的处理方法作以下几点说明。

(1) 当广义源项是未知量的已知函数时，线化处理比假设源项为常数更合理。因为对 $S=f(T)$，若将 S 处理成常数，则意味着控制体中的 S 是用上一次计算所得到的温度值计算的，它相对于温度 T 的计算永远滞后一个时间步。而进行线化处理后，S 中的温度 T_P 本身就是一个未知量，即 T_P^{n+1}，是需要参与迭代计算的，因此源项 S 的值能更快地跟上温度的变化，有助于加快收敛速度和提高计算精度。

(2) 源项的线化处理也是建立线性离散方程组所必须的。如果将源项处理成温度 T 的二阶或更高阶多项式，则最终的离散方程组就不是线性代数方程组。

(3) 类似于式(11-2-3)和式(11-2-8)的离散方程都可以表示成

$$\left.\begin{aligned} a_P T_P &= \sum a_{nb} T_{nb} + b \\ a_P &= \sum a_{nb} - S_P \Delta V \end{aligned}\right\} \tag{11-2-23}$$

的形式。式中 ΔV 为控制体的体积，下标"nb"为 P 点的相邻网格点。将所有网格点都按式(11-2-23)写出后就构成了一个线性代数方程组，该方程组迭代收敛的充分条件是对角占优，即

$$a_P \geqslant \sum a_{nb} \tag{11-2-24}$$

要满足这一条件，在源项线化处理时，就必须保证

$$S_P \leqslant 0 \tag{11-2-25}$$

(4) 对于线性代数方程组式(11-2-23)，其迭代计算公式为

$$T_P = \frac{\sum a_{nb} T_{nb} + b}{\sum a_{nb} - S_P \Delta V} \tag{11-2-26}$$

可以看出，源项线化斜率 S_P 绝对值的大小将影响 T_P 在迭代过程中变化的快慢。S_P 绝对值越大，在相邻两次迭代之间 T_P 的变化就越小，表明收敛速度越慢。反之，S_P 绝对值越小，则相邻两次迭代之间 T_P 的变化越大，收敛越快。需要注意的是，收敛速度慢有利于克服迭代的

发散，而收敛速度过快则易导致迭代发散。

11.2.4 线性代数离散方程组的求解

形如式(11-2-3)或式(11-2-23)的方程对一维问题只包含3个网格点的未知数。为方便计，将其改写成

$$a_iT_{i-1}+b_iT_i+c_iT_{i+1}=d_i \tag{11-2-27}$$

式中：下标 i 为网格点编号。式(11-2-27)表明，方程中只包含3个相邻网格点 $i-1$，i 和 $i+1$ 的未知温度，而求解域中其他网格点的未知温度的系数均为零。

将式(11-2-27)对所有网格点写出，并用矩阵表示离散方程组，则有

$$\begin{bmatrix} b_1 & c_1 & 0 & \cdots & 0 & 0 & 0 \\ a_2 & b_2 & c_2 & \cdots & 0 & 0 & 0 \\ \vdots & \vdots & \vdots & & \vdots & \vdots & \vdots \\ 0 & 0 & 0 & \cdots & a_{M-1} & b_{M-1} & c_{M-1} \\ 0 & 0 & 0 & \cdots & 0 & a_M & b_M \end{bmatrix} \begin{bmatrix} T_1 \\ T_2 \\ \vdots \\ T_{M-1} \\ T_M \end{bmatrix} = \begin{bmatrix} d_1 \\ d_2 \\ \vdots \\ d_{M-1} \\ d_M \end{bmatrix} \tag{11-2-28}$$

这是一个三对角阵。显然，对于左边界网格点 $i=1$ 有 $a_1=0$，对于右边界网格点 $i=M$ 有 $c_M=0$。三对角阵可以用追赶法直接求解，这是一种简便高效的计算方法，又称为TDMA法，在许多文献中可以找到其标准计算程序。这里仅简单介绍一下计算的步骤。

TDMA的求解过程包括消去未知量求系数的正过程和回代求解未知量的逆过程两个步骤。在正过程中，对每一个方程消去一个未知量使其变成只包含两个未知量，则当进行到右边界时，原本包含两个未知量的边界点离散方程就变成了只包含一个未知量(即右边界温度值)的单变量方程，于是右边界的温度值 T_M 可以直接计算出来。然后进入逆过程，将 T_M 代入 $M-1$点的方程求出 T_{M-1}，再将 T_{M-1} 代入 $M-2$ 点的方程求出 T_{M-2}，并一直进行到左边界 $i=1$，则所有网格点的温度均可求出，从而完成回代过程。用数学公式表示以上过程，对正过程有

当 $i=1$ 时
$$T_1=-\frac{c_1}{b_1}T_2+\frac{d_1}{b_1}=P_1T_2+Q_1$$

当 $i=2$ 时
$$T_2=-\frac{c_2}{a_2P_1+b_2}T_3+\frac{d_2-a_2Q_1}{a_2P_1+b_2}=P_2T_3+Q_2$$

对任意点 i
$$T_i=-\frac{c_i}{a_iP_{i-1}+b_i}T_{i+1}+\frac{d_i-a_iQ_{i-1}}{a_iP_{i-1}+b_i}=P_iT_{i+1}+Q_i$$

对于右边界 $i=M$，原方程为

$$a_MT_{M-1}+b_MT_M=d_M$$

将 $i=M-1$ 的方程

$$T_{M-1}=P_{M-1}T_M+Q_{M-1}$$

代入,可得

$$T_M = \frac{d_M - a_M Q_{M-1}}{a_M P_{M-1} + b_M}$$

所以,右边界网格点的温度值 T_M 可从上式求出。于是,在正过程中,包含两个未知量的方程其通用形式为

$$\left.\begin{aligned} & T_i = P_i T_{i+1} + Q_i \qquad (i = 1,2,\cdots,M) \\ & P_i = -\frac{c_i}{a_i P_{i-1} + b_i}, \quad Q_i = \frac{d_i - a_i Q_{i-1}}{a_i P_{i-1} + b_i} \end{aligned}\right\} \tag{11-2-29}$$

注意,式中:$P_M = 0$。当已知 T_M 和各网格点系数 P_i 和 Q_i 后,进入逆过程。将 T_M 代入式(11-2-29),依次求出 $T_{M-1}, T_{M-2}, \cdots$,直到求出 T_1,从而完成整个计算过程。

从上述计算过程可以看出,为了计算所有的 P_i 和 Q_i,必须满足 $b_i \neq 0$ 和$(a_i P_{i-1} + b_i) \neq 0$,这与要求系数矩阵对角占优是一致的。

需要指出的是,只有三对角型的线性代数离散方程组才能用 TDMA 方法直接求解,当不满足此条件时,通常需用迭代方法求解离散方程组。此外,对于非稳态问题,离散方程中包含的上一时间层的所有项都要并入方程的 d 项中。

11.3 对流—扩散方程的差分格式

对流换热问题需要同时求解由连续方程、动量方程和能量方程组成的方程组。利用数值方法计算对流—扩散方程的主要困难,是方程中出现的非线性一阶导数项。此外,在不同条件下,对流项和扩散项所起的作用不同,所以扩散项的离散格式对解的精度也有影响。

11.3.1 对流—扩散方程及其精确解分析

一维稳态、无内部热源的对流—扩散方程可写成如下的守恒形式

$$\frac{\mathrm{d}}{\mathrm{d}x}(\rho u \phi) = \frac{\mathrm{d}}{\mathrm{d}x}\left(\Gamma \frac{\mathrm{d}\phi}{\mathrm{d}x}\right) \tag{11-3-1}$$

式中:u 为流动速度。假设 ρ, u 和 Γ 均为已知常数,则在下列边界条件下

$$\phi = \begin{cases} \phi_0 & (x = 0) \\ \phi_L & (x = L) \end{cases} \tag{11-3-2}$$

式(11-3-1)有如下形式的精确解

$$\frac{\phi - \phi_0}{\phi_L - \phi_0} = \frac{\mathrm{e}^{\frac{\rho u x}{\Gamma}} - 1}{\mathrm{e}^{\frac{\rho u L}{\Gamma}} - 1} = \frac{\mathrm{e}^{Pe\frac{x}{L}} - 1}{\mathrm{e}^{Pe} - 1} \tag{11-3-3}$$

式中:Pe 为贝克莱数,定义为

$$Pe = \frac{\rho u L}{\Gamma} \tag{11-3-4}$$

Pe 对 ϕ 的影响如图 11－11 所示。从图中可以看出，在不同的 Pe 下，ϕ 的分布形式不同，其一般规律为

(1) $Pe=0$：此时，式(11－3－1)为纯扩散方程，因而 ϕ 随 x 呈现出线性分布。

(2) $|Pe|>0$：当 Pe 增加时，对流项对 ϕ 分布的影响开始出现，使曲线向右下方弯曲。

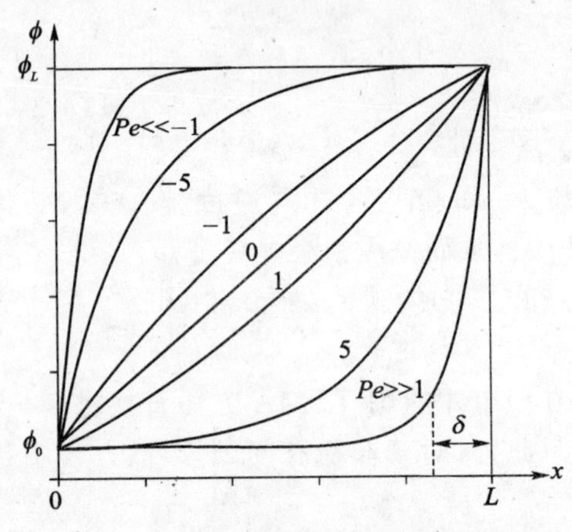

图 11－11　Pe 数对 ϕ 分布的影响曲线

(3) $|Pe|\gg 1$：当 Pe 继续增加时，对流项的影响开始变为主要因素。如果 Pe 增加到很大，则扩散项的作用将被限制在右边界附近一个很窄的范围内，呈现出边界层型问题的特点。

由此可见，Pe 的大小(绝对值)反映了对流与扩散作用的相对强弱。当 Pe 绝对值很大时，扩散或导热的影响可以忽略，而对流的作用是把上游的信息(即 ϕ_0)一直带到下游，由扩散引起的下游信息(即 ϕ_L)向上游传递的作用则非常微弱。因此，在构造式(11－3－1)的差分格式时，必须考虑 Pe 的这种影响，否则将得不到正确结果。

11.3.2　中心差分格式

用有限体积法对控制方程进行离散，将式(11－3－1)在图 11－9 所示的控制体上积分，假设网格均匀，由中心差分可得

$$\phi_P\left[-\frac{1}{2}(\rho u)_e+\frac{\Gamma_e}{(\delta x)_e}+\frac{1}{2}(\rho u)_w+\frac{\Gamma_w}{(\delta x)_w}\right]=\phi_E\left[\frac{\Gamma_e}{(\delta x)_e}-\frac{1}{2}(\rho u)_e\right]+\phi_W\left[\frac{\Gamma_w}{(\delta x)_w}+\frac{1}{2}(\rho u)_w\right]$$

或写成

$$\left.\begin{aligned}&a_P\phi_P=a_E\phi_E+a_W\phi_W\\&a_E=D_e-\frac{1}{2}F_e,a_W=D_w+\frac{1}{2}F_w\\&a_P=a_E+a_W+(F_e-F_w)\end{aligned}\right\}\qquad(11-3-5)$$

式中：F 和 D 分别定义为

$$F\equiv\rho u,\quad D\equiv\frac{\Gamma}{\delta x}\qquad(11-3-6)$$

观察式(11－3－5)可以发现，如果连续方程能够满足，即

$$F=\rho u=\text{Const}$$

则系数 a_P 就是相邻各点的系数之和。因为在式(11－3－1)中已假定 ρ 和 u 均为常数，故式(11－3－5)中的 a_P 自然能满足等于相邻点系数之和这一要求。在传热与流场共同迭代计算时，由于速度场尚未收敛，上述要求不一定能够满足。

根据式(11－3－6)的定义，有

$$\frac{F}{D}=\frac{\rho u\delta x}{\Gamma}=Pe \tag{11-3-7}$$

这是以 δx 为特征尺度的 Pe，称为网格 Pe。利用 Pe，可以将式(11－3－5)改写成

$$\phi_P=\frac{\left(1-\frac{1}{2}Pe\right)\phi_E+\left(1+\frac{1}{2}Pe\right)\phi_W}{2} \tag{11-3-8}$$

这就是对流—扩散方程式(11－3－1)的中心差分离散格式。

为了分析离散格式的特性，假设 $\phi_E=200$，$\phi_W=100$，分别计算 $Pe=0,1,2,4$ 时 ϕ_P 的值，如图 11－12 所示。图中实线是取 $2Pe$ 计算的精确解。

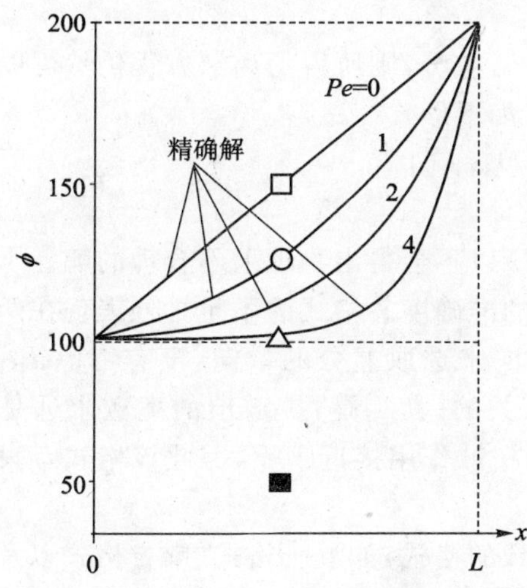

图中：

Pe	精确解	中心差分	符号
0	250.0	250.00	□
1	125.0	126.89	○
2	111.9	100.00	△
4	101.8	50.00	■

图 11－12　中心差分格式的特性

从图中可见，当 $Pe<2$ 时，用式(11－3－8)计算的结果与精确解很接近，而当 $Pe>2$ 后，数值解的误差增大，甚至失去了物理意义。从离散方程式(11－3－8)看，当 $Pe>2$ 时，ϕ_E 的系数 $a_E<0$。由于系数 a_E 和 a_W 分别表示相邻点物理量 ϕ_E 和 ϕ_W 通过对流与扩散作用对 ϕ_P 的影响，因此所有系数必须都大于零，否则将导致物理上不真实的解。

11.3.3　对流项迎风格式

前已述及，对流项的作用是将信息从上游顺流传递到下游，中心差分格式显然不能反映这一特性，因为它将来自上游(假设 $u>0$)的信息 ϕ_W 和下游的信息 ϕ_E 按同等影响进行处理。

为了克服中心差分格式的不足，发展了迎风差分格式。这种格式根据流动方向选择差分方向，当 $u>0$ 时，取向后差分；当 $u<0$ 时则取向前差分，即它永远取流动方向上的向后差分。在处理控制体界面上的值时，按如下方法选取

在界面 e 上：
$$\phi_e=\begin{cases}\phi_P & (u_e>0)\\ \phi_E & (u_e<0)\end{cases}$$

在界面 w 上：
$$\phi_w=\begin{cases}\phi_W & (u_w>0)\\ \phi_P & (u_w<0)\end{cases}$$

即界面上的值恒取上游值，而中心差分格式则是取上下游两点的平均值，这是两种格式的根本区别。

为了表达上的简洁和方便编程，可以将上述迎风格式写成

$$\left.\begin{aligned}(\rho u\phi)_e &= F_e\phi_e=\phi_P\max(F_e,0)-\phi_E\max(-F_e,0)=\phi_P[|F_e,0|]-\phi_E[|-F_e,0|]\\ (\rho u\phi)_w &= F_w\phi_w=\phi_W\max(F_w,0)-\phi_P\max(-F_w,0)=\phi_W[|F_w,0|]-\phi_P[|-F_w,0|]\end{aligned}\right\} \tag{11-3-9}$$

式中：符号[| |]表示取各量中的最大者。

用迎风格式离散对流项时，对扩散项仍可采用中心差分，则所得的离散方程仍然可以保持式(11－3－5)中第1式的形式，但其中的系数变成了如下形式

$$\left.\begin{aligned}&a_E=D_e+[|F_e,0|],a_W=D_w+[|F_w,0|]\\ &a_P=a_E+a_W+F_e-F_w\end{aligned}\right\} \tag{11-3-10}$$

由此可见，在迎风格式中各系数都是大于或等于零，所以不会得出物理上不合理的解。

但是，上述的迎风格式只有一阶精度，限制了解的准确度。格式的不足之处表现在两个方面，其一是，迎风格式只是简单地按界面上的流动方向来选取差分的取向，没有考虑 Pe 的影响，而精确解则表明界面上的取值与 Pe 的大小是有关的；其二是，扩散项的离散永远是中心差分格式，而精确解则表明当 $|Pe|$ 很大时，界面上的扩散作用接近于零，因此该格式夸大了扩散的影响。

所以，为了克服以上不足，应构造更为复杂和精致的格式，如混合格式、乘方格式以及二阶迎风格式等，详见有关文献，本书不再赘述。

11.4 求解非边界层型流动与换热问题的SIMPLE方法

对流换热问题一般可以分为边界层型和非边界层(含回流)型两种类型，描述这两类问题的控制方程组具有不同的数学性质，前者至少对一个空间坐标是抛物型的，而后者则对所有空间坐标都是椭圆型的。由于方程类型的不同，其求解方法也是不同的。

求解对流换热问题的关键是计算流场。二维定常不可压黏性流场的控制方程组包括连续方程和两个动量方程，即

$$\frac{\partial\rho u}{\partial x}+\frac{\partial\rho v}{\partial y}=0 \tag{11-4-1}$$

$$\frac{\partial\rho uu}{\partial x}+\frac{\partial\rho vu}{\partial y}=-\frac{\partial p}{\partial x}+\mu\left(\frac{\partial^2 u}{\partial x^2}+\frac{\partial^2 u}{\partial y^2}\right) \tag{11-4-2}$$

$$\frac{\partial \rho uv}{\partial x}+\frac{\partial \rho vv}{\partial y}=-\frac{\partial p}{\partial y}+\mu\left(\frac{\partial^2 v}{\partial x^2}+\frac{\partial^2 v}{\partial y^2}\right) \tag{11-4-3}$$

式中：u,v 为流动速度的两个分量；p 为压强；ρ,μ 分别为流体的密度和黏性系数。

对于常物性对流换热问题，上述方程组本身是封闭的，可以先行求解，获得速度场以后再通过求解能量方程确定温度场。本节以层流问题为例进行讨论。

11.4.1 流场数值计算的困难

在求解动量方程式(11-4-2)和式(11-4-3)时，所遇到的主要困难之一是奇偶失联问题。以一维流动为例，其动量方程可写成

$$\rho u\,\frac{\mathrm{d}u}{\mathrm{d}x}=-\frac{\mathrm{d}p}{\mathrm{d}x}+\mu\,\frac{\mathrm{d}^2 u}{\mathrm{d}x^2} \tag{11-4-4}$$

在均匀网格上，用中心差分离散时，有

$$\rho u_i\,\frac{u_{i+1}-u_{i-1}}{2\Delta x}=-\frac{p_{i+1}-p_{i-1}}{2\Delta x}+\mu_i\,\frac{u_{i+1}-2u_i+u_{i-1}}{\Delta x^2}$$

对于均匀流动，$u_{i+1}=u_i=u_{i-1}$，所以上式可化成

$$p_{i+1}=p_{i-1} \tag{11-4-5}$$

这表明，所有奇数编号的网格点压强是相等的，所有偶数编号的网格点压强也是相等的，但奇数网格点的压强与偶数网格点的压强相互之间没有任何关系。因此，如果所有奇数点压强是一个数值，而所有偶数点压强具有另一个不同的数值，亦即按照网格点的奇偶数编号呈现出锯齿形变化的压强场，完全能够满足均匀流动的动量方程，显然这是不可能的。这种现象就称为奇偶失联，它表明中心差分格式对振荡扰动没有抑制作用。对连续方程式(11-4-1)进行同样的推导，可得到类似的结果，即速度的奇偶失联。

在流场计算中，另一个主要困难是关于压强的求解。压强本身没有控制方程，它是以源项的形式出现在动量方程中的。实际上，压强场与速度场的耦合关系隐含在连续方程中，亦即如果压强场是正确的，则依据压强场通过求解动量方程所获得的速度场必满足连续方程。因此，如何构造求解压强场的方程，或者换句话说，当根据假设的压强场计算出速度场以后，如何构造修正压强场的方程，就成了流场数值计算的关键。这个问题解决不好，将导致速度场与压强场之间原有的耦合关系解耦。

11.4.2 交错网格与动量方程的离散

交错网格是为解决奇偶失联问题提出的。所谓交错网格是指，将速度场 u,v 和压强 p（以及其他标量、物性参数等）分别储存在网格的 3 种不同位置上，如图 11-13 所示。其中，图 11-13(a)是主控制体，压强以及其他标量和物性参数均储存在网格点上；图 11-13(b)是速度分量 u 的控制体，u 储存在左右网格点之间的交界面 e 上；图 11-13(c)是速度分量 v 的控制体，v 储存在上下网格点之间的交界面 n 上。所以，从变量的储存位置看，u 和 p 在 x 方向

向前错开半个网格，v 和 p 在 y 方向向上错开半个网格。

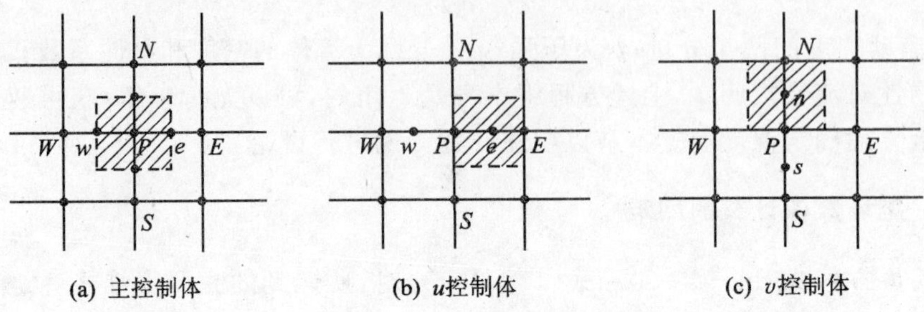

图 11-13　交错网格与各变量的控制体

在交错网格上，如果已知压强场，则动量方程式(11-4-2)和式(11-4-3)就是对流一扩散方程，按前述离散格式离散后，可以得到如下形式的离散方程

$$\left.\begin{aligned} a_e u_e &= \sum a_{nb} u_{nb} + b + (p_P - p_E) A_e \\ a_n v_n &= \sum a_{nb} v_{nb} + b + (p_P - p_N) A_n \end{aligned}\right\} \tag{11-4-6}$$

式中：A_e, A_n 为压强差作用面积，在直角坐标系中，$A_e = \Delta y, A_n = \Delta x$；$u_{nb}$ 和 v_{nb} 分别为 u_e 和 v_n 的邻点速度；b 为不包括压强在内的源项；a_{nb} 为相应邻点速度的系数。注意，两式中的相同符号其具体表达式是不同的。

值得指出的是，交错网格虽然能够成功地解决奇偶失联问题，但也付出了一定的代价，如计算量加大、编程烦琐等。此外，在曲线型网格中，由于交错而带来的几何计算量也是相当大的。因此，后来又发展了很多不使用交错网格的方法，详见有关文献。

11.4.3　压强修正与 SIMPLE 方法

离散形式的动量方程式(11-4-6)是在假设压强场已知的条件下得到的，但在一般情况下压强场是未知的。因此，动量方程只能在一个假设的压强场基础上进行计算，由于压强场的不正确，所得到的速度场也不可能是正确的，即不满足连续方程。SIMPLE 算法解决这一问题的思想是，利用连续方程校正压强场，然后再用校正的压强场计算速度场，重复进行这种校正、计算过程，直到解出的速度场和压强场同时满足动量方程和连续方程为止。自 1972 年帕坦卡(Patankar)和斯波尔丁(Spalding)提出 SIMPLE 算法以后，该算法得到了成功应用和不断改进，相继发展出 SIMPLER、SIMPLEC 以及 SIMPLEST 等多种算法。本书只简单介绍 SIMPLE 算法。

设速度场 u^* 和 v^* 是在假设的压强场 p^* 基础上计算出来的，根据连续方程，压强应修改为 p，它与原压强 p^* 之差 p' 称为压强修正量。于是，新压强场 p 与原压强场 p^* 的关系可以写成

$$p = p^* + p' \tag{11-4-7}$$

相应地，新速度场 u 和 v 也可以通过修正量 u' 和 v' 来得到，即

$$\left.\begin{aligned} u &= u^* + u' \\ v &= v^* + v' \end{aligned}\right\} \quad (11-4-8)$$

将式(11－4－7)和式(11－4－8)代入动量方程式(11－4－6)，并减去式(11－4－6)，可得关于修正量的方程

$$\left.\begin{aligned} a_e u'_e &= \sum a_{nb} u'_{nb} + (p'_P - p'_E) A_e \\ a_n v'_n &= \sum a_{nb} v'_{nb} + (p'_P - p'_N) A_n \end{aligned}\right\} \quad (11-4-9)$$

式(11－4－9)表明，任一点的速度修正量是由两部分组成的：一部分是相邻两网格点的压强修正量之差，另一部分是由邻点速度修正量引起的。SIMPLE 算法认为前者是主要因素，而后者则是次要因素，可以略去。于是，速度修正方程可以简化成

$$\left.\begin{aligned} u'_e &= d_e (p'_P - p'_E),\ d_e = \frac{A_e}{a_e} \\ v'_n &= d_n (p'_P - p'_N),\ d_n = \frac{A_n}{a_n} \end{aligned}\right\} \quad (11-4-10)$$

将式(11－4－10)代入式(11－4－8)中，得到校正后的速度场

$$\left.\begin{aligned} u_e &= u_e^* + d_e (p'_P - p'_E) \\ v_n &= v_n^* + d_n (p'_P - p'_N) \end{aligned}\right\} \quad (11-4-11)$$

有了新速度场以后，就可以利用连续方程推导压强修正量的方程。将连续方程式(11－4－1)在图 11－13(a)所示的主控制体上积分，有

$$[(\rho u)_e - (\rho u)_w]\Delta y + [(\rho v)_n - (\rho v)_s]\Delta x = 0 \quad (11-4-12)$$

再将校正速度场式(11－4－11)代入式(11－4－12)，并整理成关于 p' 的代数方程，即

$$a_P p'_P = a_E p'_E + a_W p'_W + a_N p'_N + a_S p'_S + b \quad (11-4-13)$$

其中：

$$a_E = \rho_e d_e \Delta y,\quad a_W = \rho_w d_w \Delta y,\quad a_N = \rho_n d_n \Delta x,\quad a_S = \rho_s d_s \Delta x \quad (11-4-14)$$

$$b = [(\rho u^*)_w - (\rho u^*)_e]\Delta y + [(\rho v^*)_s - (\rho v^*)_n]\Delta x \quad (11-4-15)$$

式(11－4－13)就是压强修正量的方程。

从式(11－4－15)可以看出，它实际上是原速度场 u^* 和 v^* 的离散连续方程，因此如果 u^* 和 v^* 能够使 b 等于零，则说明速度场已满足连续方程，不需再作校正，迭代已收敛了。若 b 不等于零，则速度场不满足连续方程。所以，b 代表了由于连续方程得不到满足而在控制体中留下的剩余质量，称为质量源项。因此，质量源项 b 的绝对值大小可以作为速度场迭代是否收敛的一个判据。

压强修正量方程式(11－4－13)不是一个基本的控制方程，因此其边界条件需要特别说明。通常，边界条件有两种，即给定边界上的压强值或给定边界上的法向速度。对于给定压强的情况，由于边界上压强值是已知的，故其修正量恒为零；对于给定边界法向速度的情况，由于

在边界上相应的速度值已知，由其引入到连续方程中的相应压强修正量也为零。所以，无论哪一种边界条件，在压强修正方程中将与边界相邻的相应压强修正量的影响系数取为零即可。

11.4.4 SIMPLE 算法的计算步骤与有关说明

SIMPLE 算法的主要计算步骤如下：

(1) 假设一个压强场 p^*；

(2) 用离散的动量方程式(11-4-6)计算速度场 u^* 和 v^*；

(3) 求解压强场修正方程式(11-4-13)，得到压强修正量 p'；

(4) 用式(11-4-7)计算校正后的压强场 p；

(5) 用式(11-4-8)计算校正后的速度场；

(6) 用校正后的速度场计算那些与速度有关的物性参数和未知变量(如自然对流问题的温度场)。如果不存在这样的物性参数和未知变量，则可以在速度场收敛以后再处理；

(7) 根据预定的收敛准则判断迭代是否已收敛。若不满足收敛要求，则用校正后的压强 p 作为下一轮迭代的 p^*，重复步骤(2)至(6)的计算，直到满足收敛要求为止。

在具体计算中，当解出压强修正量 p'后，不能直接用式(11-4-7)计算新的压强场 p。这是因为在推导速度修正量方程式(11-4-10)时，忽略了式(11-4-9)中的第1项，即邻点速度修正量的影响，虽然这一简化不影响最终的收敛解，但却加大了修正量 p'的负担，不仅会影响收敛速度，有时甚至会导致迭代发散。所以，在计算校正后的压强场 p 时，应采取低松弛措施，即用下式

$$p = p^* + \alpha_p p' \tag{11-4-16}$$

代替式(11-4-7)。式中 α_p 称为低松弛因子，其取值范围为 $0<\alpha_p<1$，一般取为0.8即可。

对压强修正量进行低松弛后，相应地也需要对速度场进行低松弛，以保证收敛。速度场的低松弛在动量方程中完成，即将式(11-4-6)改写成

$$\left.\begin{aligned} \frac{a_e}{\alpha}u_e^* &= \sum a_{nb}u_{nb}^* + b + (1-\alpha)\frac{a_e}{\alpha}u_e \\ \frac{a_n}{\alpha}v_n^* &= \sum a_{nb}v_{nb}^* + b + (1-\alpha)\frac{a_n}{\alpha}v_n \end{aligned}\right\} \tag{11-4-17}$$

式中：为简便计将压强项归入 b 中；u_e，v_n 为上一轮迭代值，是已知的；上标“*”表示本次迭代要求解的值；α 为速度低松弛因子，取值范围与 α_p 相同，一般取为0.5。需要指出的是，α_p 和 α 是保证收敛所采取的措施，它们的最佳取值随具体问题的不同而不同，需要根据计算情况确定。

11.5 CFD/NHT 商业软件简介

CFD/NHT 是近代流体力学、传热学、计算数学和计算机科学相结合的产物，是具有强大

生命力的边缘科学。它以电子计算机为工具,应用各种离散化的数学方法,对各类问题进行数值实验、计算机模拟和分析研究。计算流体力学、计算传热学以及相关的计算燃烧学的原理是用数值方法求解非线性偏微分方程组,求解结果能对流动、传热、传质和燃烧等过程的细节作出预测,成为过程装置优化和放大定量设计的有力工具。在实际求解一个流动换热问题时,从建模、编程计算到数据分析的整个过程,数值计算的前处理和编程调试往往是其中最困难的,所需要花费的精力也最多,要求计算者具有扎实的流体力学、传热学的知识以及丰富的数值计算经验。由于许多复杂问题以及计算者所研究的特定问题常常没有足够的有效实验数据,因此,在完成计算程序的编制和调试后,对程序进行算例考核是非常重要的一环,只有这样,针对某具体问题编制的计算程序所得到的结果才是可信的。用于程序考核的考题和算例在有关文献中可以找出很多,其中有些算例在长期使用中已经变成了某种意义上的标准算例。

正是由于流动与换热数值计算的实际困难和高度专业性,自 1981 年第一个求解流动与换热问题的通用软件 PHOENICS 出现以后,在国际软件行业迅速形成了 CFD/NHT 软件市场。现在,已经有很多这样的通用商业软件。这些软件都包含有大量的算例,既能说明软件的适用范围,又为用户提供了参考和示范作用。同时,它们都有较为完善的前处理(网格生成等)和后处理(计算数据处理、绘图等)功能,并提供了便于用户二次开发的模块接口以及与其他商业软件的数据通信接口。

本节简单介绍几个有代表性的软件。

1. CFX 软件

CFX 是英国 AEA 公司开发的软件,用于计算流体流动、传热、多相流、化学反应、燃烧以及热辐射等问题,适用于直角/柱面/旋转坐标系、定常/非定常流动、瞬态/滑动网格、不可压/弱可压/可压缩流体、浮力流、多相流、非牛顿流体、化学反应、燃烧、NO_x 生成、辐射、多孔介质以及混合传热过程。CFX 采用有限体积法、自动时间步长控制和 SIMPLE 算法,对流项离散有一阶迎风、混合格式、QUICK、CONDIF、MUSCL 格式以及高阶迎风格式等。代数方程组的求解包括线迭代、代数多重网格、ICCG、Stone 强隐方法及块隐式(BIM)方法等。采用贴体结构网格能有效、精确地表达复杂几何形状,在可以任意连接的每一个模块中能确保迅速、可靠地网格生成,这种分块式网格允许扩展和变形。滑动网格功能允许网格的各部分可以相对滑动或旋转。CFX 有多种湍流模型,如标准 $k-\varepsilon$ 模型、低雷诺数 $k-\varepsilon$ 模型、RNG(重整化群)$k-\varepsilon$模型、代数应力模型及雷诺应力模型等。CFX 的多相流模型可用于分析各种流动,包括粒子输运模型、连续相及分散相的多相流模型和自由表面的流动模型。传热包括对流传热、固体导热、表面对表面辐射、吉布斯(Gibbs)辐射模型以及多孔介质传热等。

2. FLUENT

这是我国引进较多的软件,有很多介绍资料。FLUENT 是目前国际上比较流行的商用软件包,与流动、热传递及化学反应等有关的问题均可使用。它具有丰富的物理模型、先进的数值方法以及强大的前后处理功能,在航空航天、汽车设计、石油天然气和涡轮机设计等方面都

有着广泛的应用。该软件从用户需求角度出发,针对各种复杂流动的物理现象,采用不同的离散格式和数值方法,以期在特定的领域内使计算速度、稳定性和精度等方面达到最佳组合,从而高效率地解决各个领域的复杂流动换热计算问题。基于上述思想,FLUENT 开发了适用于各个领域的模拟软件,能够模拟流体流动、传热传质、化学反应和其他复杂的物理现象,软件之间采用了统一的网格生成技术及共同的图形界面,而各软件之间的区别仅在于应用背景不同,因此大大方便了用户。软件模块包括:GAMBIT——专用前置处理器,用来建立几何形状及生成网格,是一具有很强建构模型能力的前处理模块。FLUENT 5.4——基于非结构网格的通用 CFD 求解器,求解不可压流及中度可压缩流流场问题,应用范围有湍流、传热、化学反应、混合和旋转流等。FIDAP——基于有限元方法的通用 CFD 求解器,求解有关流体力学、传质及传热等问题,是全球第一套使用有限元法的 CFD 软件。应用范围有一般流体的流场、自由表面的问题、湍流、非牛顿流体流场、热传和化学反应等。FIDAP 本身含有完整的前后处理系统及流场数值分析系统。POLYFLOW——针对黏弹性流动的专用 CFD 求解器,用有限元法仿真聚合物加工的 CFD 软件,主要应用于塑料射出成形机、挤型机和吹瓶机的模具设计。MIXSIM——针对搅拌混合问题的专用 CFD 软件,是一个专业化的前处理器,可建立搅拌槽及混合槽的几何模型,不需要一般计算流体力学软件的冗长学习过程。它的图形人机接口和组件数据库,让工程师直接设定或挑选搅拌槽大小、底部形状、折流板配置和叶轮型式等,MIXSIM 随即自动产生三维网络,并启动 FLUENT 做后续的模拟分析。ICEPAK——专用的热控分析 CFD 软件,专门仿真电子电机系统内部气流、温度分布的 CFD 分析软件,特别是针对系统的散热问题作仿真分析。

3. PHOENICS

PHOENICS 是第一个投放市场的通用商业软件,由英国 CHAM 公司开发,所采用的基本算法是基于该软件创始人斯波尔丁和帕坦卡发明的 SIMPLE 类算法。软件用有限体积法离散,用于计算传热、流动、化学反应和燃烧过程等问题。网格包括非正交和运动的直角、圆柱、曲面与多重网格等。可以对三维定常或非定常的可压缩流、不可压缩流进行模拟,包括非牛顿流、多孔介质中的流动。PHOENICS 内置了多种适合于各种雷诺数的湍流模型,如雷诺应力模型、多流体湍流模型、通量模型和各种版本的 $k-\varepsilon$ 模型等,软件包括 8 个多相流模型和一阶迎风、混合格式以及 QUICK 格式等 10 多个差分格式。PHOENICS 的 VR(虚拟现实)彩色图形界面菜单系统提供了非常方便的前处理,可以直接读入 Pro/E 建立的模型(需转换成 STL 格式),使复杂几何体的生成更为方便。在边界条件定义方面也极为简单。缺点是网格比较单一粗糙,对复杂曲面或曲率大的地方网格不能细分,也就是说不能在 VR 环境里采用贴体网格。另外,VR 的后处理也不是很好,要进行更高级的分析则需要采用命令格式进行,在易用性上比其他软件差。PHOENICS 的算例库包含 1 000 多个算例与验证题,带有完整的可读可改的输入文件。PHOENICS 的开放性很好,提供对软件现有模型进行修改、增加新模型的功能和接口,可以用 FORTRAN 语言进行二次开发。

4. STAR－CD

STAR－CD是基于有限体积法的通用流体计算软件。在网格生成方面,采用非结构网格,单元体可为六面体、四面体、三角形截面的棱柱体、金字塔形的锥体以及6种形状的多面体,具有与CAD、CAE软件的接口,如ANSYS、IDEAS、NASTRAN、PATRAN、ICEMCFD和GRIDGEN等,还能处理移动网格,这使STAR－CD在适应复杂区域方面具有特别优势。在差分格式方面,可以选择一阶迎风、二阶迎风、中心差分和QUICK等格式。在压强与流速耦合方面,采用SIMPLE、PISO以及SIMPLO等算法,并包括了多种湍流模型和边界条件处理方法。可以计算定常与非定常流动、牛顿/非牛顿流体流动、多孔介质流动、亚声速和超声速流动、多相流动、换热流动、含化学反应流动以及气-固-液耦合流动等问题。

以上是4个目前比较流行的CFD/NHT软件,其中除了FLUENT是美国公司的软件外,其他3个都是英国公司的产品。值得指出的是,对软件的优劣进行评价并不是一件容易的事。一方面,一种软件对某特定问题的计算是否令人满意,不仅取决于软件自身的功能和格式精度,而且也与用户的数值经验有很大关系。用户只有具备深厚的CFD/NHT知识,在深入了解软件功能、特点及使用技巧的基础上,才有可能充分发挥软件的功能和作用,获得有价值的计算结果,从而解决工程实际问题。

附　录

附录1　干空气($M=28.966$)在标准大气压,即101 325 Pa下的热物性参数

T /K	ρ /(kg·m^{-3})	c_p /(kJ·kg^{-1}·K^{-1})	λ /(W·m^{-1}·K^{-1})	$\mu\times10^5$ /(Pa·s)	$\nu\times10^6$ /(m^2·s^{-1})	Pr
100	3.598 5	1.028	0.009 22	0.706	1.962	0.787
150	2.367 3	1.011	0.013 75	1.038	4.385	0.763
200	1.769 0	1.006	0.018 10	1.336	7.552	0.743
250	1.411 9	1.003	0.022 26	1.606	11.370	0.724
263	1.342 1	1.003	0.023 28	1.670	12.440	0.720
273	1.293 0	1.004	0.024 07	1.720	13.300	0.717
283	1.247 3	1.004	0.024 86	1.769	14.180	0.714
293	1.204 7	1.004	0.025 63	1.817	15.080	0.712
300	1.176 6	1.005	0.026 14	1.853	15.750	0.711
303	1.165 0	1.005	0.026 37	1.864	16.000	0.710
313	1.127 7	1.005	0.027 09	1.911	16.950	0.709
323	1.092 8	1.006	0.027 80	1.957	17.910	0.708
333	1.060 0	1.007	0.028 51	2.002	18.890	0.707
343	1.029 1	1.008	0.029 21	2.047	19.890	0.706
350	1.008 5	1.008	0.029 70	2.081	20.630	0.706
353	1.000 0	1.008	0.029 89	2.091	20.910	0.705
363	0.972 4	1.009	0.030 58	2.134	21.950	0.704
373	0.946 3	1.010	0.031 26	2.177	23.010	0.703
400	0.882 5	1.013	0.033 05	2.294	26.000	0.703
450	0.784 4	1.020	0.036 33	2.493	31.780	0.700
500	0.706 0	1.029	0.039 51	2.682	37.990	0.699
550	0.6418	1.039	0.042 60	2.860	44.560	0.698
600	0.588 3	1.051	0.045 60	3.030	51.500	0.699
650	0.543 1	1.063	0.048 40	3.193	58.800	0.701
700	0.504 3	1.075	0.051 30	3.349	66.410	0.702
750	0.470 6	1.087	0.054 10	3.498	74.320	0.703
800	0.441 2	1.099	0.056 90	3.643	82.560	0.703
850	0.415 3	1.110	0.059 70	3.783	91.100	0.703
900	0.392 2	1.121	0.062 50	3.918	99.900	0.702
950	0.371 6	1.131	0.064 90	4.049	109.000	0.705
1 000	0.353 0	1.141	0.067 20	4.177	118.300	0.709

续表附录 1

T /K	ρ /(kg·m^{-3})	c_p /(kJ·kg^{-1}·K^{-1})	λ /(W·m^{-1}·K^{-1})	$\mu\times10^5$ /(Pa·s)	$\nu\times10^6$ /(m^2·s^{-1})	Pr
1 100	0.320 9	1.160	0.073 20	4.440	138.000	0.705
1 200	0.294 2	1.177	0.078 20	4.690	159.000	0.705
1 300	0.271 5	1.195	0.083 70	4.930	182.000	0.705
1 400	0.252 1	1.212	0.089 10	5.170	205.000	0.704
1 500	0.235 3	1.230	0.094 60	5.400	229.000	0.704
1 600	0.220 6	1.248	0.100 00	5.630	255.000	0.703
1 700	0.207 6	1.266	0.105 00	5.850	282.000	0.702
1 800	0.196 1	1.286	0.111 00	6.070	310.000	0.701
1 900	0.185 8	1.307	0.117 00	6.290	339.000	0.700
2 000	0.176 5	1.331	0.124 00	6.500	368.000	0.699
2 100	0.168 1	1.359	0.131 00	6.720	404.000	0.696
2 200	0.160 5	1.392	0.139 00	6.930	432.000	0.693
2 300	0.153 5	1.434	0.149 00	7.140	465.000	0.688
2 400	0.147 1	1.487	0.161 00	7.350	500.000	0.681
2 500	0.141 2	1.556	0.175 00	7.570	536.000	0.673

附录 2 气体在大气压力下的热物性参数

T /K	ρ /(kg·m^{-3})	c_p /(kJ·kg^{-1}·K^{-1})	λ /(W·m^{-1}·K^{-1})	$\mu\times10^5$ /(Pa·s)	$\nu\times10^6$ /(m^2·s^{-1})	Pr
			氧(M=31.999)			
100	3.990 6	0.947	0.009 05	0.768	1.925	0.804
150	2.618 6	0.918	0.013 76	1.127	4.304	0.754
200	1.955 7	0.914	0.018 24	1.465	7.491	0.735
250	1.559 8	0.912	0.022 54	1.777	11.390	0.718
300	1.299 8	0.918	0.026 74	2.067	15.900	0.710
350	1.114 1	0.929	0.030 56	2.337	20.980	0.710
400	0.974 9	0.942	0.034 20	2.589	26.560	0.713
450	0.866 5	0.956	0.037 70	2.828	32.640	0.717
500	0.779 9	0.971	0.041 20	3.054	39.160	0.720
600	0.649 9	1.002	0.048 00	3.470	53.390	0.725
700	0.557 1	1.031	0.054 40	3.850	69.110	0.730
800	0.478 4	1.045	0.060 30	4.210	86.370	0.736
900	0.433 3	1.074	0.066 10	4.540	104.800	0.737
1 000	0.389 9	1.090	0.071 70	4.850	124.400	0.737
1 100	0.354 5	1.103	0.077 10	5.140	145.000	0.736
1 200	0.325 0	1.115	0.082 10	5.420	166.800	0.736
1 300	0.300 0	1.125	0.087 10	5.690	189.700	0.735
1 400	0.278 5	1.134	0.092 10	5.950	213.600	0.733

续表附录 2

T /K	ρ /(kg·m^{-3})	c_p /(kJ·kg^{-1}·K^{-1})	λ /(W·m^{-1}·K^{-1})	$\mu\times10^5$ /(Pa·s)	$\nu\times10^6$ /(m^2·s^{-1})	Pr
			氮(M =28.013)			
100	3.480 0	1.072	0.009 41	0.687	1.974	0.783
150	2.289 0	1.047	0.013 85	1.000	4.369	0.756
200	1.710 7	1.043	0.018 26	1.286	7.520	0.734
250	1.365 7	1.039	0.022 22	1.546	11.320	0.724
300	1.138 1	1.039	0.025 98	1.786	15.690	0.714
350	0.975 5	1.040	0.029 39	2.008	20.580	0.711
400	0.853 6	1.044	0.032 52	2.214	25.940	0.711
450	0.758 7	1.049	0.035 64	2.408	31.740	0.709
500	0.682 9	1.056	0.038 64	2.590	37.930	0.708
600	0.569 1	1.075	0.044 10	2.927	51.440	0.713
700	0.487 8	1.097	0.049 30	3.235	66.320	0.720
800	0.426 8	1.122	0.054 10	3.520	82.480	0.730
900	0.379 4	1.145	0.058 70	3.786	99.800	0.739
1 000	0.341 4	1.167	0.063 10	4.036	118.200	0.746
1 100	0.310 4	1.186	0.067 20	4.270	137.600	0.754
1 200	0.284 5	1.204	0.071 30	4.500	158.200	0.760
1 300	0.262 6	1.219	0.075 40	4.710	179.300	0.761
1 400	0.243 9	1.232	0.079 70	4.920	201.700	0.761
			二氧化碳(M=44.010)			
220	2.472 8	0.778	0.010 83	1.119	4.525	0.804
250	2.165 2	0.806	0.012 89	1.263	5.833	0.790
300	1.796 7	0.852	0.016 62	1.499	8.343	0.768
350	1.536 9	0.897	0.020 50	1.726	11.230	0.755
400	1.340 8	0.938	0.024 41	1.942	14.480	0.746
450	1.191 8	0.977	0.028 34	2.150	18.040	0.741
500	1.072 6	1.013	0.032 28	2.348	21.890	0.737
600	0.893 9	1.075	0.040 30	2.720	30.430	0.726
700	0.766 2	1.125	0.048 70	3.060	39.940	0.707
800	0.670 4	1.168	0.056 00	3.390	50.570	0.707
900	0.595 9	1.204	0.062 10	3.690	61.920	0.715
1 000	0.536 3	1.234	0.068 00	3.970	74.020	0.720
1 100	0.487 6	1.259	0.073 30	4.240	86.960	0.728
1 200	0.446 9	1.280	0.078 00	4.490	100.500	0.737
1 300	0.412 5	1.298	0.082 50	4.740	114.900	0.746
1 400	0.383 1	1.313	0.086 70	4.970	129.700	0.753

续表附录 2

T /K	ρ /(kg·m^{-3})	c_p /(kJ·kg^{-1}·K^{-1})	λ /(W·m^{-1}·K^{-1})	$\mu\times10^5$ /(Pa·s)	$\nu\times10^6$ /(m^2·s^{-1})	Pr
氢(M=2.016)						
100	0.245 7	11.16	0.067 6	0.421	17.14	0.695
150	0.163 8	12.61	0.098 6	0.557	34.01	0.712
200	0.122 8	13.52	0.128 0	0.678	55.20	0.716
250	0.098 3	14.03	0.156 0	0.790	80.39	0.711
300	0.081 9	14.27	0.181 5	0.894	109.20	0.703
350	0.070 2	14.38	0.203 3	0.994	141.60	0.703
400	0.061 4	14.49	0.221 2	1.091	177.60	0.715
450	0.054 6	14.49	0.238 9	1.184	216.90	0.718
500	0.049 1	14.50	0.256 4	1.274	259.30	0.720
600	0.040 9	14.53	0.291 0	1.450	354.10	0.724
700	0.035 1	14.60	0.325 0	1.610	458.70	0.723
800	0.030 7	14.71	0.360 0	1.770	576.40	0.723
900	0.027 3	14.83	0.394 0	1.920	703.40	0.723
1 000	0.024 6	14.99	0.428 0	2.070	842.60	0.725
1 100	0.022 3	15.17	0.462 0	2.220	994.00	0.729
1 200	0.020 5	15.36	0.495 0	2.360	1 153.00	0.732
1 300	0.018 9	15.57	0.528 0	2.500	1 323.00	0.737
1 400	0.017 5	15.80	0.562 0	2.630	1 499.00	0.739
氦(M=4.003)						
100	0.487 8	5.194	0.073 6	0.978	20.05	0.690
150	0.325 2	5.194	0.096 9	1.250	38.44	0.670
200	0.243 9	5.193	0.118 0	1.510	61.91	0.665
250	0.195 1	5.193	0.137 0	1.760	90.20	0.667
300	0.162 6	5.193	0.155 0	1.990	122.40	0.667
350	0.139 4	5.193	0.172 0	2.220	159.30	0.670
400	0.122 0	5.193	0.189 0	2.430	199.30	0.668
450	0.108 4	5.193	0.205 0	2.640	243.50	0.669
500	0.097 6	5.193	0.221 0	2.840	291.10	0.667
600	0.081 3	5.193	0.251 0	3.220	396.10	0.666
700	0.069 7	5.193	0.280 0	3.590	515.20	0.666
800	0.061 0	5.193	0.307 0	3.940	646.20	0.666
900	0.054 2	5.193	0.334 0	4.280	789.70	0.665
1 000	0.048 8	5.193	0.360 0	4.620	947.10	0.666
1 100	0.044 3	5.193	0.385 0	4.940	1 114.00	0.666
1 200	0.040 7	5.193	0.410 0	5.250	1 291.00	0.665
1 300	0.037 5	5.193	0.434 0	5.560	1 482.00	0.665
1 400	0.034 8	5.193	0.457 0	5.860	1 682.00	0.666

续表附录 2

T /K	ρ /(kg·m^{-3})	c_p /(kJ·kg^{-1}·K^{-1})	λ /(W·m^{-1}·K^{-1})	$\mu\times10^5$ /(Pa·s)	$\nu\times10^6$ /(m^2·s^{-1})	Pr
			氨($M=31.042$)			
250	0.846 9	2.213	0.019 68	0.852 9	10.07	0.959
300	0.697 1	2.170	0.024 55	1.027 0	14.73	0.908
350	0.594 8	2.211	0.030 21	1.206 0	20.28	0.883
400	0.519 3	2.289	0.036 48	1.390 0	26.77	0.872
450	0.461 0	2.381	0.043 24	1.576 0	34.19	0.868
500	0.414 6	2.477	0.050 42	1.763 0	42.52	0.866
550	0.376 8	2.572	0.057 97	1.951 0	51.78	0.866
600	0.345 3	2.665	0.065 63	2.138 0	61.92	0.868
650	0.318 7	2.755	0.073 24	2.324 0	72.92	0.874
700	0.295 9	2.844	0.081 20	2.509 0	84.79	0.878
			一氧化碳($M=28.010$)			
220	1.553 6	1.042 9	0.019 06	1.383	8.903	0.758
250	1.367 0	1.042 5	0.021 44	1.540	11.280	0.750
300	1.138 8	1.042 1	0.025 25	1.784	15.670	0.737
350	0.974 3	1.043 4	0.028 83	2.009	20.620	0.728
400	0.853 6	1.048 4	0.032 26	2.219	25.990	0.722
450	0.758 5	1.055 1	0.043 60	2.418	31.880	0.718
500	0.682 2	1.063 5	0.038 63	2.606	38.190	0.718
550	0.620 2	1.075 6	0.041 62	2.789	44.970	0.721
600	0.568 5	1.087 7	0.044 46	2.960	52.060	0.724
			水蒸气($M=18.015$)			
380	0.586 3	2.060	0.024 6	1.271	21.6	1.060
400	0.554 2	2.014	0.026 1	1.344	24.2	1.040
450	0.490 2	1.980	0.029 9	1.525	31.1	1.010
500	0.440 5	1.985	0.033 9	1.704	38.6	0.996
550	0.400 5	1.997	0.037 9	1.884	47.0	0.991
600	0.365 2	2.026	0.042 2	2.067	56.6	0.986
650	0.338 0	2.056	0.046 4	2.247	66.4	0.995
700	0.314 0	2.085	0.050 5	2.426	77.2	1.000
750	0.293 1	2.119	0.054 9	2.604	88.8	1.005
800	0.273 9	2.152	0.059 2	2.786	102.0	1.010
850	0.257 9	2.186	0.063 7	2.969	115.2	1.019

附录 3　未饱和水(大气压力下)和饱和水的热物性参数

T /℃	$p\times10^5$ /Pa	ρ /(kg·m^{-3})	c_p /(kJ·(kg·K)$^{-1}$)	λ /(W·m^{-1}·K^{-1})	$a\times10^7$ /(m^2·s^{-1})	$\mu\times10^4$ /(Pa·s)	$\nu\times10^6$ /(m^2·s^{-1})	$\beta\times10^4$ /K^{-1}	Pr
0	1.013	999.9	4.212	0.551	1.310	17.890	1.789	−0.63	13.67
10	1.013	999.7	4.191	0.575	1.370	13.060	1.306	+0.70	9.52
20	1.013	998.2	4.183	0.599	1.430	10.040	1.006	1.82	7.02
30	1.013	995.7	4.174	0.618	1.490	8.020	0.805	3.21	5.42
40	1.013	992.2	4.174	0.634	1.530	6.540	0.659	3.87	4.31
50	1.013	988.1	4.174	0.648	1.570	5.490	0.556	4.49	3.54
60	1.013	983.2	4.179	0.659	1.610	4.700	0.478	5.11	2.98
70	1.013	977.8	4.187	0.668	1.630	4.060	0.415	5.70	2.55
80	1.013	971.8	4.195	0.675	1.660	3.550	0.365	6.32	2.21
90	1.013	965.3	4.208	0.680	1.680	3.150	0.326	6.95	1.95
100	1.013	958.4	4.220	0.683	1.690	2.830	0.295	7.52	1.75
110	1.430	951.0	4.233	0.685	1.700	2.590	0.272	8.08	1.60
120	1.990	943.1	4.250	0.686	1.710	2.380	0.252	8.64	1.47
130	2.700	934.8	4.267	0.686	1.720	2.180	0.233	9.19	1.36
140	3.620	926.1	4.287	0.685	1.730	2.010	0.217	9.72	1.26
150	4.760	917.0	4.313	0.684	1.730	1.860	0.203	10.30	1.17
160	6.180	907.4	4.346	0.683	1.730	1.730	0.191	10.70	1.10
170	7.920	897.3	4.380	0.679	1.730	1.620	0.181	11.30	1.05
180	10.030	886.9	4.417	0.675	1.720	1.530	0.173	11.90	1.06
190	12.550	876.0	4.459	0.670	1.710	1.450	0.165	12.60	0.96
200	15.550	863.0	4.505	0.663	1.710	1.360	0.158	13.30	0.93
210	19.080	852.8	4.555	0.655	1.690	1.300	0.153	14.10	0.91
220	23.200	840.3	4.614	0.645	1.660	1.240	0.148	14.80	0.89
230	27.980	827.3	4.681	0.637	1.640	1.200	0.145	15.90	0.88
240	33.480	813.6	4.756	0.628	1.620	1.150	0.141	16.80	0.87
250	39.780	799.0	4.844	0.618	1.590	1.090	0.137	18.10	0.86
260	46.950	784.0	4.949	0.605	1.560	1.060	0.135	19.70	0.87
270	55.060	767.9	5.070	0.590	1.510	1.020	0.133	21.60	0.88
280	64.200	750.7	5.230	0.575	1.460	0.983	0.131	23.70	0.90
290	74.450	732.3	5.485	0.558	1.390	0.945	0.129	26.20	0.93
300	85.920	712.5	5.736	0.540	1.320	0.921	0.128	29.20	0.97
310	98.700	691.1	6.071	0.523	1.250	0.885	0.128	32.90	1.03
320	110.940	667.1	6.574	0.506	1.150	0.854	0.128	38.20	1.11
330	128.650	640.2	7.244	0.484	1.040	0.813	0.127	43.30	1.22
340	146.090	610.1	8.165	0.457	0.917	0.775	0.127	53.40	1.39
350	165.380	574.4	9.504	0.430	0.789	0.724	0.126	66.80	1.60
360	186.740	528.0	13.980	0.395	0.536	0.665	0.126	109.00	2.35
370	210.540	450.5	40.320	0.337	0.186	0.568	0.126	264.00	6.79

附录 4　金属的热物性参数

金属		20 ℃下的性质				导热系数 λ/(W·m^{-1}·K^{-1})									
		ρ/(kg·m^{-3})	c_p/(kJ·kg^{-1}·K^{-1})	λ/(W·m^{-1}·K^{-1})	$a\times10^5$/(m^2·s^{-1})	−100 ℃	0 ℃	100 ℃	200 ℃	300 ℃	400 ℃	600 ℃	800 ℃	1 000 ℃	1 200 ℃
铝	纯铝	2 707	0.896	204.0	8.418	215.0	202.0	206.0	215.0	228.0	249.0				
铝	Al-Cu(杜拉铝)94−96Al,3-5Cu,微量 Mg	2 787	0.883	164.0	6.676	126.0	159.0	182.0	194.0						
铝	Al-Mg(镁铝合金)91-95Al,5-9Mg	2 611	0.904	112.0	4.764	93.0	109.0	125.0	142.0						
铝	Al-Si(硅铝合金)87Al,13Si	2 659	0.871	164.0	7.099	149.0	163.0	175.0	185.0						
铝	Al-Si(含铜的硅铝合金)86.5Al,1Cu	2 659	0.867	137.0	5.933	119.0	137.0	144.0	152.0	161.0					
铝	Al-Si(硅铝合金)78-80Al,20-22Si	2 627	0.854	161.0	7.172	144.0	157.0	168.0	175.0	178.0					
铝	Al-Mg-Si 97Al,1Mg,1Si,1Mn	2 707	0.892	177.0	7.311		175.0	189.0	204.0						
铅		11 373	0.130	35.0	2.343	36.9	35.1	33.4	31.5	29.8					
铁	纯铁	7 897	0.452	73.0	2.034	87.0	73.0	67.0	62.0	55.0	48.0	40.0	36.0	35.0	36.0
铁	锻铁(C<0.5%)	7 849	0.460	59.0	1.626		59.0	57.0	52.0	48.0	45.0	36.0	33.0	33.0	33.0
铁	铸铁(C≈4.0%)	7 272	0.420	52.0	1.703										
钢 C_{max}≈1.5% 碳钢	C≈0.5%	7 833	0.465	54.0	1.474		55.0	52.0	48.0	45.0	42.0	35.0	31.0	29.0	31.0
钢 C_{max}≈1.5% 碳钢	1.0%	7 801	0.473	43.0	1.172		43.0	43.0	42.0	40.0	36.0	33.0	29.0	28.0	29.0
钢 C_{max}≈1.5% 碳钢	1.5%	7 753	0.486	36.0	0.970		36.0	36.0	36.0	35.0	33.0	31.0	28.0	28.0	29.0
钢 C_{max}≈1.5% 镍钢	Ni≈0%	7 897	0.452	73.0	2.026										
钢 C_{max}≈1.5% 镍钢	10%	7 945	0.460	26.0	0.720										
钢 C_{max}≈1.5% 镍钢	20%	7 993	0.460	19.0	0.526										
钢 C_{max}≈1.5% 镍钢	30%	8 073	0.460	12.0	0.325										
钢 C_{max}≈1.5% 镍钢	40%	8 169	0.460	10.0	0.279										
钢 C_{max}≈1.5% 镍钢	50%	8 266	0.460	14.0	0.361										
钢 C_{max}≈1.5% 镍钢	60%	8 378	0.460	19.0	0.493										
钢 C_{max}≈1.5% 镍钢	70%	8 506	0.460	26.0	0.666										
钢 C_{max}≈1.5% 镍钢	80%	8 618	0.460	35.0	0.872										
钢 C_{max}≈1.5% 镍钢	90%	8 762	0.460	47.0	1.156										
钢 C_{max}≈1.5% 镍钢	100%	8 906	0.448	90.0	2.276										

续表附录 4

金属			20 ℃下的性质				导热系数 λ/(W·m^{-1}·K^{-1})									
			ρ/(kg·m^{-3})	c_p/(kJ·kg^{-1}·K^{-1})	λ/(W·m^{-1}·K^{-1})	$a\times10^5$/(m^2·s^{-1})	−100 ℃	0 ℃	100 ℃	200 ℃	300 ℃	400 ℃	600 ℃	800 ℃	1 000 ℃	1 200 ℃
铁	殷钢 Ni=36%		8 137	0.460	10.7	0.286										
	铬钢	Cr=0%	7 897	0.452	73.0	2.026	87.0	73.0	67.0	62.0	55.0	48.0	40.0	36.0	35.0	36.0
		1%	7 865	0.460	61.0	1.665		62.0	55.0	52.0	47.0	42.0	36.0	33.0	33.0	
		2%	7 865	0.460	52.0	1.443		54.0	48.0	45.0	42.0	38.0	33.0	31.0	31.0	
		5%	7 833	0.460	40.0	1.110		40.0	38.0	36.0	36.0	33.0	29.0	29.0	29.0	
		10%	7 785	0.460	31.0	0.867		31.0	31.0	31.0	29.0	29.0	28.0	28.0	29.0	
		20%	7 689	0.460	22.0	0.635		22.0	22.0	22.0	22.0	24.0	24.0	26.0	29.0	
		30%	7 625	0.460	19.0	0.542										
	铬镍钢	15Cr,10Ni	7 865	0.460	19.0	0.526										
		18Cr,8Ni(V2A)	7 817	0.460	16.3	0.444		16.3	17.0	17.0	19.0	19.0	22.0	26.0	31.0	
		20Cr,15Ni	7 833	0.460	15.1	0.415										
		25Cr,20Ni	7 865	0.460	12.8	0.361										
	镍铬钢	80Ni,15Cr	8 522	0.460	17.0	0.444										
		60Ni,15Cr	8 266	0.460	12.8	0.333										
		40Ni,15Cr	8 073	0.460	11.6	0.305										
		20Ni,15Cr	7 865	0.460	14.0	0.390		14.0	15.1	15.1	16.3	17,0	19,0	22,0		
		Cr-Ni-Al:6Cr,1.5Al,0.55Si(铝铬硅耐热钢 8)	7 721	0.490	22.0	0.594										
		24Cr,2.5Al,0.55Si(铝铬硅耐热钢 12)	7 673	0.494	19.0	0.501										
	锰钢	Mn=0%	7 897	0.494	73.0	1.863										
		1%	7 865	0.460	50.0	1.388										
		2%	7 865	0.460	38.0	1.050		38.0	36.0	36.0	36.0	35.0	33.0			
		5%	7 849	0.460	22.0	0.637										
		10%	7 801	0.460	17.0	0.483										
	钨钢	W=0%	7 897	0.452	73.0	2.026										
		1%	7 913	0.448	66.0	1.858										
		2%	7 961	0.444	62.0	1.763		62.0	59.0	54.0	48.0	45.0	36.0			
		5%	8 073	0.435	54.0	1.525										

续表附录 4

金属		20 ℃下的性质				导热系数 λ/(W・m⁻¹・K⁻¹)									
		ρ/(kg・m⁻³)	c_p/(kJ・kg⁻¹・K⁻¹)	λ/(W・m⁻¹・K⁻¹)	$a\times10^5$/(m²・s⁻¹)	−100 ℃	0 ℃	100 ℃	200 ℃	300 ℃	400 ℃	600 ℃	800 ℃	1 000 ℃	1 200 ℃
铁	10%	8 314	0.419 0	48.0	1.391										
铁	20%	8 826	0.389 0	43.0	1.249										
铁	硅钢 Si=0%	7 897	0.452 0	73.0	2.026										
铁	硅钢 1%	7 769	0.460 0	42.0	1.164										
铁	硅钢 2%	7 673	0.460 0	31.0	0.888										
铁	硅钢 5%	7 417	0.460 0	19.0	0.555										
铜	纯铜	8 954	0.383 1	386.0	11.234	407.0	386.0	379.0	374.0	369.0	363.0	353.0			
铜	铝青铜 95Cu,5Al	8 666	0.410 0	83.0	2.330										
铜	青铜 75Cu,25Sn	8 666	0.343 0	26.0	0.859										
铜	红铜 85Cu,9Sn,6Zn	8 714	0.385 0	61.0	1.804		59.0	71.0							
铜	黄铜 70Cu,30Zn	8 522	0.385 0	111.0	3.412	88.0		128.0	144.0	147.0	147.0				
铜	锌白铜 62Cu,15Ni,22Zn	8 618	0.394 0	24.9	0.733	19.2		31.0	40.0	45.0	48.0				
铜	康铜 60Cu,40Ni	8 922	0.410 0	22.7	0.612	21.0		22.2	26.0						
镁	纯镁	1 746	1.013 0	171.0	9.708	178.0	171.0	168.0	163.0	157.0					
镁	Mg-Al(电解的)6%~8% Al,1%~2%Zn	1 810	1.000 0	66.0	3.605		52.0	62.0	74.0	83.0					
镁	Mg-Mn 2%Mn	1 778	1.000 0	114.0	6.382	93.0	111.0	125.0	130.0						
钼		10 220	0.251 0	123.0	4.790	138.0	125.0	118.0	114.0	111.0	109.0	106.0	102.0	99.0	92.0
镍	纯镍(99.9%)	8 906	0.445 9	90.0	2.266	104.0	93.0	83.0	73.0	64.0	59.0				
镍	不纯的镍(99.2%)	8 906	0.444 0	69.0	1.747		69.0	64.0	59.0	55.0	52.0	55.0	62.0	67.0	69.0
镍	Ni-Cr:90Ni,10Cr	8 666	0.444 0	17.0	0.444		17.1	18.9	20.9	22.8	24.6				
镍	Ni-Cr:80Ni,20Cr	8 314	0.444 0	12.6	0.343		12.3	13.8	15.6	17.1	18.9	22.5			
银	最纯的银	10 524	0.234 0	419.0	17.004	419.0	417.0	415.0	412.0						
银	纯银(99.9%)	10 524	0.234 0	407.0	16.563	419.0	410.0	415.0	374.0	362.0	360.0				
钨		19 350	0.134 4	163.0	6.271		166.0	151.0	142.0	133.0	126.0	112.0	76.0		
纯锌		7 144	0.384 3	112.2	4.106	114.0	112.0	109.0	106.0	100.0	93.0				
纯锡		7 304	0.226 5	64.0	3.884	74.0	65.90	59.0	57.0						

附录 5　金属材料的热物性参数

附录 5-1　优质碳素结构钢的热物性

钢　号	T/℃	$c_p/(kJ \cdot kg^{-1} \cdot K^{-1})$	T/℃	$\lambda/(W \cdot m^{-1} \cdot K^{-1})$	T/℃	$\beta \times 10^6/K^{-1}$
25	20～100	0.469	100	51.1	20～100	12.18
	20～200	0.481	200	49.0	20～200	12.66
	20～300		300	46.1	20～300	13.08
	20～400	0.523	400	42.7	20～400	13.47
	20～500	0.569	500	39.4	20～500	13.92
			600	35.6	20～600	14.41
35	20～100	0.469	100	75.4	20～100	11.10
	20～200	0.481	200	64.5	20～200	11.90
	20～400	0.523	400	44.0	20～400	13.40
	20～600	0.565	600	37.7	20～600	14.40
45	20～100	0.469	100	48.1	20～100	11.59
	20～200	0.481	200	46.5	20～200	12.32
	20～400	0.523	300	44.0	20～300	13.09
	20～600	0.574	400	41.4	20～400	13.71
			500	38.1	20～500	14.18
			600	35.2	20～600	14.67
60	100	0.481	100	50.2	20～100	11.10
	200	0.486	300	41.9	20～200	11.90
	400	0.528	600	33.5	20～300	12.90
	600	0.574	900	29.3	20～400	13.50
					20～500	14.10
					20～600	14.60
30Mn	20	0.461	100	75.4	20	11.00
	300	0.544	200	64.5	20～200	12.50
	400	0.599	300	52.3	20～400	13.50
	500	0.762	400	44.0		
	550	0.929	500	38.0		
50Mn	300	0.561	200	38.5	20～100	11.10
	500	0.641	300	37.7	20～300	12.90
	600	0.703	400	35.6	20～600	14.60
	650	0.795	600	34.3		
65Mn	100	0.481			20～100	11.10
	200	0.486			20～300	12.90
	400	0.527			20～400	14.60
	600	0.578				

附录 5-2　合金结构钢的热物性

钢　号	T/℃	$c_p/(kJ\cdot kg^{-1}\cdot K^{-1})$	T/℃	$\lambda/(W\cdot m^{-1}\cdot K^{-1})$	T/℃	$\beta\times 10^6/K^{-1}$
16Mn	20	0.461	20	53.2	20～100	8.31
	100	0.481	100	51.1	20～200	10.99
	200	0.523	200	47.7	20～300	12.31
	300	0.557	300	44.0	20～400	13.22
	400	0.607	400	39.6	20～500	13.71
	500	0.678	500	36.0	20～600	13.94
					20～700	14.00
18MnMoNb	50	0.461	100	25.5	20～100	12.80
	100	0.515	200	33.5	20～200	13.40
	200	0.582	300	35.2	20～300	13.70
	300	0.620	400	33.9	20～400	14.30
	400	0.657	500	32.2	20～500	14.60
	500	0.724	600	29.3	20～600	14.90
35Mn2			200	37.6	20～100	11.10
			300	37.3	20～200	12.10
			400	36.0	20～400	13.50
					20～600	14.10
35SiMn	20	0.461	200	45.2	20～100	11.50
			300	42.7	20～200	12.60
			400	41.0	20～400	14.10
			600	36.4	20～600	14.60
40Cr	20	0.461	20	41.9	20～100	11.00
			100	40.2	20～200	12.50
			200	36.8	20～400	13.50
			300	33.5		
			400	31.8		
38CrSi	20	0.461	200	36.8	20～100	11.70
			300	35.6	20～300	12.70
			400	34.8	20～400	14.00
			600	33.5	20～600	14.80

续表附录 5－2

钢 号	T/℃	c_p/(kJ・kg^{-1}・K^{-1})	T/℃	λ/(W・m^{-1}・K^{-1})	T/℃	β×10^6/K^{-1}
40CrV			100	52.3	20～100	11.00
			200	48.6	20～300	12.90
			300	45.2	20～600	14.50
			400	41.9		
35CrMo			100	40.6	20～100	12.30
			200	39.8	20～200	12.60
			300	38.5	20～400	13.90
			400	37.3	20～600	14.60
35CrMoV			100	41.9	20～100	11.80
			200	41.4	20～200	12.50
			300	41.0	20～300	12.70
			400	40.6	20～400	13.00
					20～500	13.40
					20～600	13.70
					20～700	14.00
45CrNi			100	44.8	20～100	11.80
			200	42.7	20～200	12.30
			300	41.0	20～400	13.40
			400	39.4	20～600	14.00
30CrNi3	34	0.465	200	37.7	20～100	11.60
	204	0.544	300	36.0	20～200	13.20
	512	0.641	400	34.8	20～400	13.40
			600	32.2	20～600	13.50
34CrNi3Mo			100	41.0	20～100	10.80
			200	37.7	20～200	11.60
			300	33.9	20～300	13.30
			400	30.6	20～400	13.70
50CrV	20	0.461	20	46.1	20～100	11.30
					20～200	12.40
					20～400	12.90
					20～500	13.75
					20～600	17.35

附录 5-3　铝合金的热物性

牌号及材料状态		$\rho\times10^{-3}$ /(kg·m^{-3})	c_p/(kJ·kg^{-1}·K^{-1})				λ/(W·m^{-1}·K^{-1})					$\beta\times10^{-6}$/K^{-1}			
			100/℃	200/℃	300/℃	400/℃	25/℃	100/℃	200/℃	300/℃	400/℃	20～100/℃	20～200/℃	20～300/℃	20～400/℃
LY1	淬火和自然时效	2.75	0.921	1.005	1.089	1.172	154.9					22.0	23.4	24.8	
	退火的						163.3	171.7	180.0	184.2	192.6				
LY8 及 LY11,淬火和自然时效		2.80	0.921	0.963	1.005	1.047	117.2	129.8	150.7	171.7	175.8	22.0	23.4	24.8	
LY12,淬火和自然时效		2.80	0.921	1.047	1.130	1.172	117.2					22.0	23.4	24.8	
LY10,淬火和自然时效		2.75	0.963	1.047	1.130	1.172	146.5	154.9	163.3	171.7	184.2				
LY16,淬火和人工时效		2.84					138.2	142.3	146.5	154.9	159.1	22.6	24.7①	27.3②	30.2③
LC3,淬火和人工时效		2.85	0.712	0.921	1.047		154.9	159.1	163.3	167.5		21.9	24.85①	28.87②	32.67③
LY4	淬火和人工时效	2.85					125.6					23.6	24.2	26.0	
	退火的						154.9	159.1	163.3	163.3	159.1				
LC5,淬火和人工时效		2.86	0.837	0.921	1.005	1.047	138.2	146.5	154.9	159.1	159.1				
LD2	淬火和人工时效	2.69	0.795	0.879	0.963	1.089	154.9					23.5	24.5	25.5	
	退火的						175.8	180.0	184.2	188.4					
LD5,淬火和人工时效		2.75	0.837	0.879	0.963	1.005	175.8	180.3	184.2	184.2	188.4	21.4			
LD6,淬火和人工时效		2.75	0.837	0.921	1.005	1.047	163.3	167.5	171.7	175.8	180.0	21.4	23.7①	26.2②	30.5③
LD7,淬火和人工时效		2.80	0.795	0.837	0.921	0.963	150.7	159.1	171.7	180.0		22.0	23.1	24.0	24.8
LD8	淬火和人工时效	2.80	0.837	0.921	0.963	1.047	150.7	159.1	171.7	180.0		22.0	23.1	24.0	24.8
	退火的						180.0	184.2	192.6	201.0					
LD9,淬火和人工时效		2.80	0.754	0.837	0.963	1.005	154.9	159.1	166.3	171.7	180.0	22.0	24.1	25.0	
LD10,淬火和人工时效		2.80	0.837	0.879	0.963	1.047	159.1	167.5	175.8	180.0	180.0	22.5	23.6	24.5	

注:① 温度为 100～200 ℃;② 温度为 200～300 ℃;③ 温度为 300～400 ℃。

附录 6 非金属材料的热物性参数

材料名称	T/℃	ρ/(kg·m^{-3})	c_p/(kJ·kg^{-1}·K^{-1})	λ/(W·m^{-1}·K^{-1})
沥青	20～55			0.740～0.760
钢筋混凝土	20	2 400.0	0.840	1.540
普通建筑砖	20	1 600.0	0.840	0.690
红黏土砖	20	1 668.0	0.750	0.430
铬转	900	3 000.0	0.840	1.990
耐火黏土砖	800	2 000.0	0.960	1.070
平板玻璃	20	2 500.0	0.840	0.760
花岗岩		2 643.0	0.816	1.730～3.980
石炭石	100～300	2 483.0	0.908	1.260～1.330
大理石	20	2 499.0～2 707.0	0.808	2.070～2.940
砂石	20	2 162.0～2 307.0	0.710	1.630～2.100
黄松(横纹)	23	641.0	2.800	0.147
白松(横纹)	30	432.0		0.112
软木	20	230.0	1.840	0.057
密实刨花	20	300.0	2.500	0.120
松散锯末		304.0	0.750	0.148
硅胶	120	136.2		0.022
石棉	−200	469.3		0.074
	0	469.3		0.156
	0	576.7	0.816	0.151
	100	576.7	0.816	0.192
	200	576.7		0.208
	400	576.7		0.223
石棉板	51			0.166
绝热纤维板	21	237.1		0.048
厚纸板		700.0	1.470	0.170
油毛毡	20	600.0	1.470	0.170
玻璃纤维	20	200.2	0.670	0.040
玻璃钢	20	1 780.0		0.500
胶木	20	1 273.5	1.590	0.232
硬橡皮	0	1 198.2		0.151
聚苯乙烯塑料	20	30.0	2.000	0.027

续表附录 6

材料名称	T/℃	ρ/(kg·m^{-3})	c_p/(kJ·kg^{-1}·K^{-1})	λ/(W·m^{-1}·K^{-1})
聚苯乙烯硬脂塑料	20	50.0	2.100	0.031
脲醛泡沫塑料	20	20.0	1.470	0.047
聚异氰脲酸脂泡沫塑料	20	41.0	1.720	0.033
聚四氟乙烯	20	2 190.0	1.470	0.290
有机玻璃	20	1 188.0		0.200
棉花	20	50.0	0.880～1.840	0.027～0.064

附录 7　各种材料的发射率 ε

材料名称及表面状况		温度/℃	ε
铝	抛光的，纯度 98%	200～600	0.040～0.060
	工业用铝板	100	0.090
	严重氧化的	100～500	0.200～0.330
黄铜	高度抛光的	260	0.030
	无光泽的	40～260	0.220
	氧化的	40～260	0.460～0.560
铬：抛光板		40～550	0.080～0.270
铜	高度抛光电解铜	100	0.020
	轻微抛光的	40	0.120
	氧化变黑的	40	0.760
金：高度抛光的纯金		100～600	0.020～0.035
钢铁	钢，抛光的	40～260	0.070～0.100
	钢板，轧制的	40	0.650
	钢板，粗糙，严重氧化	40	0.800
	铸铁，抛光的	200	0.210
	铸铁，新车削的	40	0.440
	铸铁，氧化的	40～260	0.570～0.660
	不锈钢，抛光的	40	0.070～0.170
银：抛光的或蒸渡		40～540	0.010～0.030
锡：光亮的锡渡铁皮		40	0.040～0.060
锌：渡锌，灰色		40	0.280
木材：各种木材		40	0.800～0.900

材料名称及表面状况		温度/℃	ε
石棉	板	40	0.96
	石棉水泥	40	0.96
	石棉瓦	40	0.97
砖	粗糙红砖	40	0.93
	耐火黏土砖	980	0.75
碳：灯黑		40	0.95
石灰砂浆：白色，粗糙		40～260	0.87～0.92
黏土	耐火黏土	100	0.91
	土壤(干)	20	0.92
	土壤(湿)	20	0.95
混凝土：粗糙表面		40	0.94
玻璃：平板玻璃		40	0.94
瓷：上釉的		40	0.93
石膏		40	0.80～0.90
大理石：浅灰，磨光的		40	0.93
油漆	各种油漆	40	0.92～0.96
	白色油漆	40	0.80～0.95
	光亮黑漆	40	0.90
纸	白纸	40	0.95
	粗糙屋面焦油纸毡	40	0.90
橡胶：硬质的		40	0.94
雪		−12～−7	0.82
水：厚度 0.1 m 以上		40	0.96
人体皮肤		32	0.98

附录 8 金属材料的高温机械强度

附录 8－1 优质碳素结构钢高温机械强度

钢 号	材料状态	机械强度		
		试验温度/℃	σ_b/(N・mm^{-2})	$\sigma_{0.2}$/(N・mm^{-2})
25	热轧	20	492.3	318.7
		100	498.2	330.5
		200	561.9	322.6
		300	539.4	198.1
		400	466.8	164.8
35		20	534.5	324.6
		100	506.0	306.9
		200	578.6	306.9
		300	580.6	203.0
		400	502.1	183.4
45	920 ℃正火	20	626.6	358.9
		100	593.3	331.5
		200	688.4	350.1
		300	713.9	257.9
		400	559.0	224.6
40Mn	热轧	20	627.6	294.2
		450	490.3	

注：1. σ_b—抗拉强度极限；$\sigma_{0.2}$—屈服强度极限(0.2%的永久变形)。

2. 附录 8 各表中所列均为短时机械强度。

附录 8-2　合金结构钢高温机械强度

<table>
<tr><th rowspan="2">钢　号</th><th rowspan="2">材料状态</th><th colspan="4">机械强度</th></tr>
<tr><th>试验温度/℃</th><th>$\sigma_b/(N \cdot mm^{-2})$</th><th colspan="2">$\sigma_{0.2}/(N \cdot mm^{-2})$</th></tr>
<tr><td rowspan="6">14CrMnMoVB</td><td rowspan="6">800 ℃正火
400 ℃回火</td><td>20</td><td>921.8</td><td colspan="2">725.7</td></tr>
<tr><td>300</td><td>902.2</td><td colspan="2">789.4</td></tr>
<tr><td>400</td><td>916.9</td><td colspan="2">769.8</td></tr>
<tr><td>500</td><td>745.3</td><td colspan="2">686.5</td></tr>
<tr><td>550</td><td>671.8</td><td colspan="2"></td></tr>
<tr><td>600</td><td>514.8</td><td colspan="2"></td></tr>
<tr><td rowspan="8">$18Cr_2Ni_4W$</td><td rowspan="8">880 ℃淬火
560 ℃回火</td><td>20</td><td>1 235.6</td><td rowspan="8">σ_s</td><td>1 088.5</td></tr>
<tr><td>250</td><td>1 186.6</td><td>1 059.1</td></tr>
<tr><td>300</td><td>1 196.4</td><td>1 049.3</td></tr>
<tr><td>350</td><td>1 137.6</td><td>1 010.1</td></tr>
<tr><td>400</td><td>1 059.1</td><td>961.1</td></tr>
<tr><td>450</td><td>1 010.1</td><td>921.8</td></tr>
<tr><td>500</td><td>882.6</td><td>814.0</td></tr>
<tr><td>550</td><td>755.1</td><td>706.1</td></tr>
<tr><td rowspan="5">30CrMnSiA</td><td rowspan="5">880 ℃淬火
油冷,560 ℃回火</td><td>20</td><td>1 055.2</td><td colspan="2">946.3</td></tr>
<tr><td>250</td><td>1 007.1</td><td colspan="2">841.4</td></tr>
<tr><td>350</td><td>972.8</td><td colspan="2">813.0</td></tr>
<tr><td>400</td><td>902.2</td><td colspan="2">785.5</td></tr>
<tr><td>450</td><td>772.8</td><td colspan="2">702.2</td></tr>
<tr><td rowspan="5">30CrMo</td><td rowspan="5">880 ℃淬火
600 ℃回火</td><td>20</td><td>832.8</td><td colspan="2">734.5</td></tr>
<tr><td>200</td><td>789.4</td><td colspan="2">684.5</td></tr>
<tr><td>300</td><td>844.4</td><td colspan="2">689.4</td></tr>
<tr><td>400</td><td>744.3</td><td colspan="2">611.0</td></tr>
<tr><td>500</td><td>691.4</td><td colspan="2">580.6</td></tr>
<tr><td rowspan="4">35CrMo</td><td rowspan="4">880 ℃淬火
油冷,650 ℃回火</td><td>20</td><td>877.7</td><td colspan="2">771.8</td></tr>
<tr><td>400</td><td>733.5</td><td colspan="2">575.7</td></tr>
<tr><td>450</td><td>669.8</td><td colspan="2">555.1</td></tr>
<tr><td>500</td><td>546.2</td><td colspan="2">487.4</td></tr>
</table>

续表附录 8-2

钢 号	材料状态	机械强度		
		试验温度/℃	$\sigma_b/(N \cdot mm^{-2})$	$\sigma_{0.2}/(N \cdot mm^{-2})$
38CrMoAlA	900～934 ℃淬火，油冷，600 ℃回火，空冷	20	814.0	657.0
		200	794.3	588.4
		300	823.8	563.9
		400	725.7	544.3
		500	460.9	421.7
40Mn2		20		$\sigma_s=$ 539.4
		300		411.9
		350		372.7
		400		323.6
40MnB		250	836.5	642.3
		350	748.2	560.9
		450	544.3	427.6
		550	399.1	173.6
40Cr	820～840 ℃淬火，油冷，550 ℃回火	20	936.5	789.4
		200	887.5	711.0
		300	877.7	681.6
		400	686.5	612.9
		500	490.3	392.3
	820～840 ℃淬火，油冷，680 ℃回火	20	696.3	568.8
		200	647.2	475.6
		400	593.3	426.6
		500	421.7	362.8
		600	245.2	210.8
40Cr2MoV	855 ℃淬火，油冷，550 ℃回火	20		$\sigma_s=$ 882.6
		100		833.6
		200		764.9
		300		686.5
		350		637.4
40CrNi2Mo	900 ℃淬火，480 ℃回火	250	1 265.1	
		350	1 152.3	
		450	956.1	
37Si2MnCrNiMoV	淬火＋回火	200	1 980.9	
		300	1 716.2	
		400	1 539.6	
		500	1 039.5	

注：σ_s—屈服点。

附录 8-3　铝合金高温机械强度

组　别	钢　号	材料状态	机械强度		
			试验温度/℃	σ_b/(N·mm^{-2})	$\sigma_{0.2}$/(N·mm^{-2})
硬铝	LY1	CZ	25	294.2	σ_s 166.7
			150	206.0	176.5
			200	117.7	88.3
			260	53.9	39.2
			315	29.4	19.6
			370	19.6	14.7
	LY11	锻 淬火时效	20	402.1	245.2
			150	274.6	206.0
			200	147.1	107.9
			250	88.3	63.7
			300	49.0	34.3
	LY12	轧制 CZ	20	431.5	284.4
			100	402.1	269.7
			150	372.7	259.9
			200	323.6	250.1
			250	215.7	191.2
			300	147.1	112.8
		挤压 淬火时效	20	509.9	372.7
			100	480.5	372.7
			150	431.5	333.4
			200	411.9	294.2
			250	284.4	215.7
			300	186.3	137.3
	LY16	挤压 CS	20	392.3	245.2
			150	338.3	215.7
			200	294.2	205.9
			250	235.4	156.9
			300	176.5	127.5
超硬铝	LC4	锻 淬火时效	20	509.9	431.5
			100	470.7	402.1
			150	402.1	343.2
			200	274.6	235.4
			250	147.1	117.7
		挤压 CS	20	588.4	539.4
			100	519.8	490.3
			150	421.7	392.3
			200	323.6	304.0
			250	156.9	147.1
			300	98.1	78.5

续表附录 8－3

组别	钢号	材料状态	机械强度		
			试验温度/℃	σ_b/(N·mm^{-2})	$\sigma_{0.2}$/(N·mm^{-2})
锻铝	LD2	CS	25	323.6	$\sigma_s=$ 274.6
			150	132.4	103.0
			200	53.9	39.2
			260	39.2	29.4
			315	29.4	24.5
			370	24.5	19.6
	LD5	锻 CS	100	382.5	
			150	323.6	
			200	284.4	
	LD7	轧制 CS	20	392.3	343.2
			150	343.2	323.6
			200	304.0	255.0
			250	235.4	186.3
		挤压 CS	20	411.9	353.0
			150	353.0	323.6
			200	313.8	284.4
			250	245.2	225.6
	LD8	挤压 CZ	20	382.5	313.8
			100	372.7	304.0
			150	348.1	299.1
			200	318.7	284.4
			250	274.6	245.2
			300	161.8	142.2
	LD9	CS	25	436.4	$\sigma_s=$ 372.7
			150	338.3	304.0
			260	78.5	49.0
			370	29.4	19.6
	LD10	轧制 CS	20	431.5	372.7
			150	323.6	274.6
			200	304.0	245.2
			250	196.1	166.7
			300	68.6	
		挤压 CS	20	480.5	441.3
			150	402.1	362.8
			200	333.4	304.0
			250	225.6	215.7

注：CS—淬火并人工时效的；CZ—淬火并自然时效的。

参考文献

[1] 张育林.变推力液体火箭发动机及其控制技术[M].北京:国防工业出版社,2001.

[2] 陶文铨.计算传热学的近代进展[M].北京:科学出版社,2000.

[3] 姜任秋.热传导、质扩散与动量传递中的瞬态冲击效应[M].北京:科学出版社,1997.

[4] 董师颜等.固体火箭发动机原理[M].北京:北京理工大学出版社,1996.

[5] 陶文铨.数值传热学[M].西安:西安交通大学出版社,1988.

[6] 郭宽良.计算传热学[M].合肥:中国科学技术大学出版社,1988.

[7] 陈汝训.固体火箭发动机设计与研究[M].北京:宇航出版社,1987.

[8] 卞伯绘.辐射换热的分析与计算[M]. 北京:清华大学出版社,1986.

[9] 马庆芳等.实用热物理性质手册[M]. 北京: 中国农业机械出版社,1986.

[10] 章熙民等.传热学[M].北京: 中国建筑工业出版社,1985.

[11] 杨世铭.传热学[M].北京:高等教育出版社,1985.

[12] 杨强生.对流传热与传质[M].北京:高等教育出版社,1985.

[13] 罗森诺 W M,等.传热学手册[M].李荫亭,等译. 北京:科学出版社,1985.

[14] 维尼茨基 A M,等.固体火箭发动机的结构与试验[M].王罗禹,等译. 北京:国防工业出版社,1985.

[15] 威尔特 J R,等.动量、热量、质量传递原理[M].李为正,等译. 北京:国防工业出版社,1984.

[16] 奥西波娃 B A.传热学实验研究[M].蒋章焰,等译.北京:高等教育出版社,1984.

[17] 王元有等.固体火箭发动机设计[M].北京:国防工业出版社,1984.

[18] 匹茨 D R 等 .传热学的理论和习题[M].夏雅君,译.北京:机械工业出版社,1983.

[19] 南京航空学院,西北工业大学,北京航空学院.传热学[M].北京:国防工业出版社,1982.

[20] Welty J R.工程传热学[M].任泽霈,等译.北京:人民教育出版社,1982.

[21] 维尼茨基 A M.固体火箭发动机[M].俞金康,等译.北京:国防工业出版社,1981.

[22] 霍尔曼 J P.传热学[M].马庆芳,等译.北京:人民教育出版社,1980.